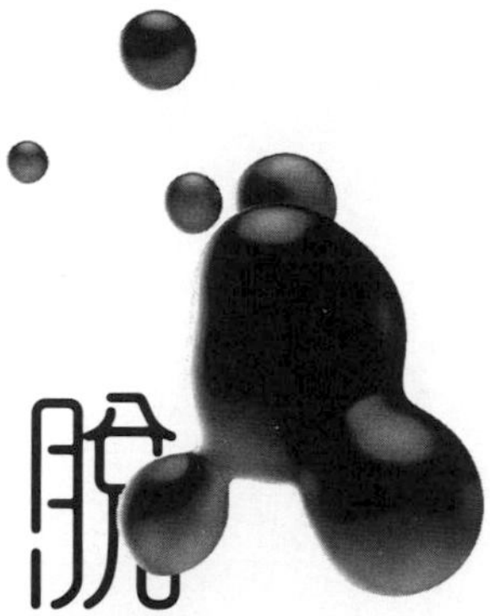

九品脫

NINE PINTS

A JOURNEY THROUGH THE MONEY, MEDICINE, AND MYSTERIES OF BLOOD

打開血液的九個神祕盒子，探索生命的未解之謎與無限可能

ROSE GEORGE

蘿絲・喬治——著　張綺容——譯

獻給

英國國家健保局

「血讓我感覺好多了，每次輸完血，我就又想玩玩具了。」

——歐文·波特（十歲）

CONTENTS

推薦序

染血的羊皮毯

黃韻如（永媽）（臺大醫學系教授、臺大月經課主授開課講師）

好不容易讓嗜睡的自己從沙發上爬起來，在那一瞬間，我的手滑過鋪在沙發上的羊皮毯，指頭沾上了溫熱濕潤的感覺。

轉頭一看，果然，一塊鮮紅染在奶白色的羊皮毯上，不偏不倚地就落在剛才屁股安穩停留的位置。

「又漏了……」我默默地感嘆著。

正想開始上谷歌搜尋「如何清理沾血的羊皮毯」時，阿永在最精準的時機出現在這個染血的羊皮毯現場。

「媽咪，羊皮毯上有血！」

我八歲的兒子像是發現新大陸一般指著那一塊鮮紅驚呼著。

這真是再尷尬不過的時刻了。

身為一個婦產科醫師，我知道總有一天會跟阿永談女人來月經這件事。

我曾經想像過跟他談月經的場景，那應該要是一個設計好的教育時段。我們先去紀伊國屋書店找書，想像中的書還要是圖文並茂甚至有立體模型講述男女生殖系統，然後一家三口認真地把月經當成醫學科普知識來講，最好再搭配一下Discovery頻道的影片應該就萬無一失了！

但，不是現在啊！

我理想中跟兒子談月經的場景，絕對不是在他目睹媽媽經血外漏在沙發上的羊皮毯的尷尬時刻，媽媽在這場月經教育中的人物設定，是傳遞科普知識的專業人士，而不是流著月經血的狼狽婦人啊！

「好，冷靜。」我安撫自己要鎮靜。

「對，媽咪流血了。」我故作輕鬆，試圖掩飾內心的尷尬與緊張。

「妳為什麼會流血？妳受傷了嗎？」小暖男阿永關心地問著。

「你知道嗎？每一個女生每個月都會流血幾天。」我竟然把月經的定義就這樣說了出來。

「每個月都會流血？那這樣女生會死掉嗎？」阿永不可思議地問著。

「不會，她們每個月流血的那幾天，可能會肚子痛，可能會頭痛，可能會容易生氣，可是血流過幾天之後，就好了。」我竟然還能不疾不徐地對他講出月經不適的症狀。

「喔，那不會死掉就OK。」阿永一溜煙離開染血的羊皮毯現場，繼續玩樂高去了。

我愣在客廳，望著那一塊鮮紅，想要整理出一個有邏輯的思緒。

沒想到，給兒子的第一堂月經課，就這麼發生了。

往往，上帝給人的時機都是這種很幽默的瞬間，從來都不是讓人萬全準備好的所謂最佳時機。

神奇的是，月經從此成為我們家裡很自然會提到的話題。

尤其是當永爸想要提醒自己跟阿永，在每一個月的某些日子不要惹媽媽生氣的時候，父子間就會出現「媽媽月經要來了」這樣的對話。

在盼望他們父子倆避免藉此加深月經標籤化的同時，我的自我解嘲是，起碼這對於同理月經不適的教育是有幫助的。

而月經成為家庭談論的話題，自從我在臺灣大學開了一堂月經課之後，就變得更加理所當然。月經課利用一部印度寶萊塢電影《護墊俠》讓學生們認識月經貧窮與月經汙名化的議題，電影改編自真人真事，所描寫的主角就是《九品脫》書裡第七章的主人翁。因著預備課程的需要得重看電影溫習情節與劇本的設計，永爸與阿永也跟著成了家庭電影院的當然觀眾。

衛生棉、pad這些名詞，從此取代了阿永認知中那個媽媽流血時會穿的尿布，也解開了羊皮毯上為什會有那一攤鮮紅的祕密。

夫妻倆是專科醫師的我們，其實從來不會羞於跟兒子解釋有關於血的議題。

甚至，對於血相關的話題減敏，似乎到了有一點太過火的地步。例如，兒子每年都會被提醒他是怎麼來到這個世界上的。

阿永要從子宮裡蹦出來的第一個產兆，就是我躺在沙發上（另一座沙發）滑著平板電腦查看社區房地產成交價，發現竟然漲價不少而很興奮時，一陣和著血與羊水的暖流從跨間流出。

這一張曾經沾滿血與羊水，留下深刻DNA印痕的乳白沙發，怎樣都無法被列進每年年終大掃除的斷捨離清單中，因為每年阿永都會被提醒，媽媽就是在這張沙發上破水的。

進了產房待產，正當一切看似平穩的時候，一陣陣溫熱的血又繼續從陰道流出，下一秒就看見胎心音急遽減速到每分鐘六十下，回過神後的瞬間，場景已經轉移到開刀房的剖腹產台上，阿永就這麼被抓了出來。

所以，新生命的誕生和著血而來，而在這前後，也得經歷過無數流著血的歲月。

知道要為《九品脫》的繁體中文版寫序，我決定要來好好地設計一下這個序文。我們到紀伊國屋書店找英文版的原著，一路上還爭論著品脫的英文「pint」的發音該是什麼，因為某一個發音聽起來會很像松果「pine」的英文。

兒子問我這本書在講什麼，為什麼要特別大費周章地上書店去找實體書來讀，他有Kindle可以幫我買電子書啊。

「媽媽就是喜歡逛街。」皮在癢的永爸在一旁幫腔。

平時伶牙俐齒的我一時語塞，只能用實體紙本書比較有觸感來搪塞。

進了書店，父子倆很有效率地詢問櫃檯有沒有這本書在架上，然後阿永就像一隻鴿子一般穿梭在層層書架間，根據定位找到了*NINE PINTS*這本書。

「媽咪，這是最後一本！」他高舉起書，一副好像獲得奧運金牌勝利的模樣。

我接過書，終於知道是什麼力量的驅使要來找到實體書了。

乳白色的書皮，上面印滿了一滴滴紅色的血滴。像極了染血的羊皮毯與沾滿血與羊水的沙發。

怎麼能不帶書回家呢？

《九品脫》從作者蘿絲．喬治個人捐血的經驗開場，她望著自己的血流入血袋裝滿了大約一品脫的量，以一個成年人平均的總血量約為九至十二品脫而言，想著那時的自己應該只剩下八品脫的血。而這本書的起心動念來自蘿絲．喬治在寫完上一本有關於衛生清潔的書《廁所之書》（*The Big Necessity*，中文書名暫譯）之後，被身旁的人鼓動應該繼續書寫一本關於月經的作品，她因而決定將這個「血」的概念擴大到各種不同與血有關的場景，於是乎就組織成九個章節的《九品脫》。

《九品脫》的章節穿梭在捐血、輸血、血型、血友病、經血液傳染的病毒、吸血水蛭的放血治療中，書中文字拆解「血」這個跨越醫學、科學、歷史、文化、宗教、哲學等面向的神祕世界。蘿絲．喬治在這些章節中，展現她出身為一位調查記者的紀實風格，讓人在不同「血實」的現場身歷其境，並與他人的血液生命經歷相遇。而特別在探討月經迷思的第六章裡，蘿絲．喬治在段落間也透露出她自身與月經相關的血液生命經歷，她訴說自己來了月經三十五年，受子宮內膜異位症之苦，在《九品脫》的寫作過程中，她正在經歷前更年期的賀爾蒙波動。

「以血實的生命經歷進入反思」，我突然理解了臺大月經課帶給學生們最核心的意義，或許就在讓每一個人都可以透過月經，找到與自身生命經驗相共鳴的點，而能進一步對他人同理共感的過程。

所以，我決定寫下自己與阿永、還有那張染血的羊皮毯相遇的經歷。

你的血實生命經歷是什麼呢？希望蘿絲．喬治的《九品脫》能幫助你找到它。

二〇二二年二月九日，於新加坡

Chapter 1

第一章

漫談血液：我的一品脫

My Pint

人類最初開始嘗試輸血時，認為輸血的同時也灌注了靈魂。古人都挑選牛犢、羔羊等溫馴的動物，認為這些動物比較適合捐血，並用其美善的靈魂來治療癲狂和憂鬱。我們大可嘲笑古人，但後代也會反過來嘲笑我們。血液學博大精深，而我們只略懂一二。

雖然有電視，但我看著自己的血。血從我血管比較好找的右手肘內側，通過抽血針流入採血管，再從採血管流進捐血袋，捐血袋安躺在像搖籃的機器上，機器搖一搖、顛幾下，晃動著捐血袋裡的血液，以防血液凝結。搖一搖，擺一下，搖一搖，再擺一下。

我捐了大約一品脫，捐血的感覺總是很療癒、很寬心。我看著捐血袋裡充滿鮮紅色的液體，大約是我全身血量的一三％。[1]九品脫（現在剩八品脫）的血時時刻刻在我體內循環，以時速二到三英里的速率運送氧氣到我的器官和組織，同時把二氧化碳帶走，讓我的心臟得以運作，也讓我得以運作，[2]光是曉得這一點，就讓我覺得安心。

每個人的血液流速都不同，如果流速太慢，那台像搖籃的機器就會嗶嗶叫。我今天的流速還行。記得有一次，英國國家健保局血液暨移植署（National Health Service Blood and Transplant，簡稱NHSBT）說我的血管太細不能捐血，我覺得飽受羞辱，這拒絕明明是出於醫學考量，我卻覺得彷彿是自己品行不良。人類研究血液都研究上千年了，但一談到血不免還是會讓人（稍微）氣血上衝、理智（稍微）斷線。

捐血不會花太多時間，我十分鐘就捐好了——女性，A型，Rh陽性，捐血時間：早上十一點。現在我要來接受感謝了。這間捐血中心洋溢著感謝，連Wi-Fi密碼都是「thank you」（感謝你）。我的家鄉里茲（Leeds）是一座人口七十五萬的城市，我捐血的地方是里茲最主要的捐血中心，這裡空間明亮、人手充足、位在全市最繁華的街區，對街就是「熱騰騰自助餐」（Red Hot），這家吃到飽餐廳供應來自世界各地的美食，菜色多達一百種。躺在捐血中心裡能做的事情不多，除了夾緊屁股增加血液流速之外，就是捐血一袋、救三條命。負責處理英格蘭和威爾斯血液及器官移植事務的公共衛生機關NHSBT，將捐出去的血分離成令人永生難忘的救命「禮物」——也就是紅血球、血小板、血漿等有用的血液成分，這些細節（包括「採血日期」）都記錄在NHSBT的檔案裡，早年還有「放血雅座」（bleeding couches）的說法，如今這些直白的生物學用語都轉為利他的修辭，例如「捐贈」啦、「禮物」啦，我當眾流血的事實不僅裝進了透明的捐血袋，也裝進了語言裡。

一旦裝進了容器，我的血便成為了商品，雖然是免費捐贈，但卻可以像錠子、麥子那樣經銷販售。我的血品比在靜脈裡的血液更容易腐壞，就算是添加了保存液的紅血球，官方公告的保存期限也只有三十五到四十九天，保存天數依各地法規不同而互異，[3]有效期雖然比牛奶長，但卻遠遠不如乳酪耐久。血品容易腐壞但卻威力無窮，可以治病、可以救人，而且比石油還要珍貴，而我卻免費捐出去，只因為我知道有人需要，只因為我知道人體會自動造血，很快就可以將我捐出去的血補滿。我不求任何報償，只要一份薄荷餅乾、一杯茶、一張貼紙，上面寫著：「對我好一點，我今天捐了血。」

全世界每三秒鐘就有一個人接受來自陌生人的血液，全球一百七十六個國家共計一萬三千二百八十二個捐血中心，每年總共採血一億一千萬個單位，美國每年的輸血單位是一千六百萬，英國則是兩百五十萬，全數輸給癌症病友、貧血病患、分娩婦女，或是用於協助治療創傷和慢性病患，有些事故傷患一輸血就是六十個單位，肝臟移植手術則需要一百個單位、甚至全身換血，新生兒則只要一茶匙的血就能保命。閱讀現代的血液用途，會發現「珍貴」、「特殊」等形容詞與「醫療資源」一同出現。儘管經濟學家聲稱販售器官等人體部位「令人作嘔」，但卻對血液另眼看待，血液也是人體部位，但血液移植卻稀鬆平常、無人過問，但這無損血液移植的神奇——跟血液本身一樣神奇。

在希臘史詩《奧德賽》（*Odyssey*）裡，倒楣的主角奧德修斯（Odysseus）深入冥府遭到魑魅魍魎包圍，遇上了母親的亡魂卻又搭不上話，幸好奧德修斯遊冥府前先從不情不願的黑羊身上取了血，母親喝下黑羊血之後，便能與兒子互訴衷腸。對於《奧德賽》的作者荷馬（Homer）而言，血就像電一樣擁有無形的強大威力，一口血下肚——開關打開，安提克勒亞（Anticlea）便能與兒子奧德修斯對談。[4]荷馬當然敬畏血液，血液獨一無二，是星塵也是海洋，血液中的鐵質跟地球上的鐵礦一樣，都來自超新星爆炸，[5]紅豔豔的血液裡頭含有鹽和水，一如我們的起源地——海洋。動脈裡的血液比靜脈裡的血液稍微鮮豔一點，將氧氣從心臟運送到全身上下，靜脈裡的血液因為不帶氧，因此色澤稍微黯淡一些。

現代雖然不再殺生獻祭，但血液的威力卻依然存在我們的語言裡，例如血海深仇、歃血兄弟、血緣血統。血也存在隱喻裡，用來表達情緒，例如熱血沸騰、面無血色、血液凍結。此外，血的威力也存在真實生活中，許多人一談起自行車賽車手藍斯·阿姆斯壯（Lance Armstrong），就會想到他作弊使用禁藥「促紅血球生成素」（EPO），這種激素會刺激人體製造更多紅血球，但我一想起這位車手，腦中揮之不去的畫面卻是滿冰箱的血，這些血從他身上取出來，需要時再輸回去。[6]一劑新鮮的血能帶給車手足夠的體力，額外的血代表額外的紅血球，額外的紅血球代表額外的氧氣，讓車手上坡時踩得更賣力，也讓賽道上的跑者更具爆發力。世界運動禁藥管制機構（World Anti-Doping Agency）將血液列為禁用物質，舉凡自體輸血（使用自己身上預採出來的血）、同種輸血（使用他人捐贈的血）、跨種輸血（使用其他物種的血），[7]一律違禁。

血是一把雙面刃，希臘神話的蛇髮女妖美杜莎（Medusa）就是絕佳例證，她左半身的血會致命，右半身的血能救人。輸血同樣也是一把雙面刃，血型對了能救命，血型錯了會要命。看著自己的血流入採血管令我安心，看著自己的血因為抓破皮而滲出來也很舒心，但我也會咒罵自己的血、咒罵自己誤入歧途的子宮內膜，由於我的子宮內膜長年流浪到不該去的地方，導致我因為子宮內膜異位症引發的沾黏吃盡苦頭，每個月都在嘈雜的憐憫中淌血。

儘管我們對血有所了解，但我們依然害怕，並且依賴血告訴我們應該要懼怕誰。一一四四年，諾里奇市的英國少年威廉（William of Norwich）遇害身亡，市民歸罪給猶太人，說是猶太人將威廉釘上十字架作為血祭，這是史載第一樁「血誣案」（blood libel），影響力歷久不衰，無數猶太人因此喪命，數百年來，整個北歐誣衊猶太人血祭基督徒，屢次三番以此作為藉口屠殺猶太人、劫掠猶太人。[8]二〇一五年，加薩的伊斯蘭組織「哈瑪斯」（Hamas）宣稱猶太人擄掠孩童、使用童血揉製逾越節麵包，《以色列時報》（*The Times of Israel*）以「中世紀思維」（MEDIEVAL MINDSET）作為標題大肆報導。[9]仔細想一想，當代禁止同性戀捐血也是出於恐懼，而非基於科學根據，儘管相關法規已經放寬，但禁令依舊存在；此外，雖然愛滋病患早就能依靠治療將傳染率降至零，但卻會因未告知性伴侶病情而被判處監禁。反觀披衣菌感染（chlamydia）和肝炎（hepatitis）這兩種疾病，雖然比愛滋病更有致命之虞、對健康的危害更大，但病患隱匿病情卻不會招致懲戒。藝術家向來喜歡用血來營造視覺震撼，近年則越來越常使用經血作為媒材。

使用正確的儀器檢查我的血液，檢驗結果會顯示我的現在、我的過去、我的未來。我設了提醒通知，把所有提到「血液檢測」的新聞蒐集起來，瀏覽之後我發現血液檢測可以顯示我的生物年齡和實際年齡，偵測我罹患阿茲海默症、帕金森氏症和各種癌症的機率，判斷我是否罹患腦震盪、是否會經歷術後譫妄（delirium）或心臟功能衰竭。這些檢測雖然都還在研發階段，距離問世還有數年的時間，但血液已經是監控攝影機，同時也是一扇最寬廣的窗戶，可以望見我的過去、現在，和可預測的未來。血液是醫生的三大診斷工具之一，與醫學影像和身體檢查並列。

或許好萊塢才是描述血液檢測的第一把交椅。一九五七年，好萊塢大導演法蘭克．卡普拉（Frank Capra）拍了一部電視電影，隸屬貝爾實驗室（Bell Laboratories）贊助的教育影片系列；卡普拉先是拍了《宇宙射線奇案》（*The Strange Case of the Cosmic Rays*, 1956），用兩隻玩偶客串大文豪杜斯妥也夫斯基（Dostoyevsky）和狄更斯（Dickens）。在這樣的前提之下，卡普拉這部新片《血大人》（*Hemo the Magnificent*）或許還算正常，這是一部真人角色結合動畫人物的精彩電影，講述血液功能及血液循環，由卡通猛男扮演「血大人」，「血大人」十分高大上，身上的肌肉有多猛，一身的態度就有多威。「你們這些穿白袍的，根本不配講述我的故事。」血大人四周環繞著森林動物（我可沒說這畫面很合理），用鄙夷的語氣對著兩位人類演員說話（一位是「研究博士」，一位是「作家」）：

> 人類以為血液代表疾病、傷口、疼痛，這些（動物）朋友曉得我的真面目——血大人是健康、是生命，是雲雀的歌聲，是雨頰的紅暈，是小羊的蹦跳，是古人獻給神靈的珍貴祭品，是銀製聖杯裡的神聖酒水，是歷來人類為自由付出的代價，但是，看在你們這些科學家眼裡，血是載玻片上的一抹紅，是汙跡、是檢體、是疾病。我的故事該由詩人吟唱，不該由戀病癖者訴說。[10]

這段話令我折服，森林動物的輕柔和聲也令我傾倒，至於把血管括約肌比喻作鐵道轉轍員，我就有些猶豫了。不過，我那有話直說的約克魂喜歡ＮＨＳＢＴ一位醫學專家的說法，血在她眼裡「是身體不舒服時會噴出來的東西」。[11]

脾臟最多人猜，也有人說是胰臟，還有人說：「心臟？」大家都被問倒，沒有人曉得造血器官在哪裡。答案是——骨頭，骨頭是主要的造血器官，確切位置是在骨髓，大多數人都認為骨頭是給狗啃的食物，但骨髓是我們的精髓。我把沒人答對這件事告訴一位血液專科醫生，他說：「天啊！不然大家以為骨髓是做什麼用的？」

或許大家覺得骨頭慘白又易碎，感覺沒什麼生命力和活力，又或許大家以為體內循環的血液是現成的，從生到死都是同一批血。事實上，血液細胞會不斷死亡、不斷更新，而且汰換速度極快。人手斷了不能重生，大量失血卻能倖存。骨髓每秒鐘製造兩百萬顆紅血球細胞和可分化為各種人體細胞的多能性幹細胞，紅血球細胞在排出細胞核之後便能在最細的微血管中遊走，其影像既像填了餡的圈圈餅，又像誘人的枕頭，我每次看到紅血球的模擬圖，就巴不得跳進畫面裡找顆紅血球窩著，美國血液學會（American Society of Hematology）則偏好將紅血球比喻為甜甜圈。[12]

三十兆顆紅血球細胞每天在我們體內循環，行經一萬兩千英里，比從我家門口走到俄羅斯新西伯利亞市（Novosibirsk）長上三倍。我們全身上下的靜脈、動脈、微血管加起來總長約六萬英里，將近地球周長的兩倍，大部分是通往全身上下細胞的微血管。人在休息時，心臟每分鐘跳動七十五下，每十秒鐘輸送出一公升的血液，和綿羊的心臟功率一樣；藍鯨的心臟則跟國民車一般大，每分鐘跳動五下，潛入深海後心跳會更慢；至於鼩鼱的心跳則是每分鐘一千下。[13]心臟是忙碌的器官，血液也是。血液的工作繁多，除了要將氧氣運送到各個器官和組織之外，還要運送養分、熱能、荷爾蒙，其中荷爾蒙是傳導訊息的化學物質，用於調節人體機能，影響我們的體力、睡眠、心情。血液運走代謝廢物，將二氧化碳等無用的物質排出體外，同時打擊感染、抵抗外來入侵，既是組織也是器官。一位血液專科醫生告訴我：「心臟是讓人體重大器官得以循環的幫浦。」血液身兼補給、控溫、排汙、防禦等重要職務，鞠躬盡瘁，至死方休。

自從第一滴血濺出之後，人類就對血液深深著迷，然而，對於歌德（Johann Wolfgang von Goethe）筆下的這種「和善汁液」，[14]我們所知依然不多。就拿血型來說吧，你聽過的ABO系統包含A、B、O、AB四種血型，獼因子（rhesus factor）則將血型分為Rh陽性和Rh陰性。當前血型系統是依據紅血球表面的抗原和血漿上的抗體來分類，所有紅血球細胞表面都有H抗原，A型血則多了A抗原，B型血多了B抗原，AB型血兼有A抗原和B抗原，抗原就像血液的信號和記號，如果輸入的血液帶有與自身不同的抗原，就會產生排斥反應，這是非常有效的警報系統。O型血、A型血、B型血都有H抗原，因此O型人可以輸血給A型人和B型人，但是A型血會排斥B型血，B型血也會排斥A型血。Rh陰性O型血不含A抗原和B抗原，也不含Rh血型系統中的D抗原，因此可以捐給任何人，是急診室冰箱中的必備血品。

輸錯血型會導致凝集反應，從而引發急性溶血，輕則全身發癢，重則身亡。

在血源充足的國家，輸錯血型是罕見案例，英國視之為「重大醫療疏失」（never event），這類疏失都可以事先預防，一旦不慎發生則後果嚴重。二〇一五年，英國發生的重大醫療疏失包括將手術鑿刀遺留在病患體內、明明要割闌尾卻割成輸卵管、將Rh陽性B型血輸給Rh陽性A型病患，後者導致病患胸痛、發燒等明顯症狀。二〇一六年，英國的輸血單位為兩百五十萬，其中共計三起輸血錯誤，跡近錯誤則有兩百六十四起。[15]若將視野放大到全球，目前輸血導致感染的機率低於以往，舉例而言，在低收入國家的血庫中，只有〇・三％的血品帶有B型肝炎病毒，在高收入國家則只有〇・〇三％。[16]

全世界大概有三百多種血液系統，ＡＢＯ只是其中一種，國際輸血協會（International Society of Blood Transfusion，簡稱ＩＳＢＴ）總共列出三十五種血型系統，常見的包括Lutheran、Kell、Lewis、Duffy、Kidd、Diego、Dombrock、John Milton Hagen、Indian、Globoside，[17]大多是以發現者的名字來命名，害我好想見一見Yt、Xg、Ok系統的發現者，尤其是Ok血型，聽著多開心啊！至於Landsteiner-Wiener血型系統中的「Landsteiner」，則是一位奧地利生物學家的姓氏，全名卡爾・蘭希戴納（Karl Landsteiner），他好奇為什麼某些血液之間會產生凝集反應，因此在一九〇一至一九〇三年間研究出血液的差別，這才發現原來世界上有不同的血型，這些血型彼此互異，[18]從而將血型分為Ａ、Ｂ、Ｃ三類，這就是後來ＡＢＯ系統的雛形，這項驚人的發現讓他獲得了諾貝爾獎，也讓上百萬人能夠安全接受陌生人的輸血，但願這項成就能讓他比照片上看起來快樂一些（這位輸血醫學之父的照片不是一本正經，就是嚴肅到嚇死人），又或許他的眉頭之所以深鎖，是來自他對血型的不解——為什麼世上要有不同的血型？這在今天仍舊是無解之謎。

無解不代表血液學家都在偷懶，如今我們可以將B型血轉為O型血——只要利用咖啡豆上的酵素，就可以除去紅血球表面的B型抗原，將B型血改造成人見人愛的O型血。血液學家也發現：血型和地域、種族、染病率有關，高加索人有四成是A型人，亞洲人則只有二成七是A型人。[19]此外，科學家在一九七七年發現O型人更容易罹患霍亂：一九九一年秘魯爆發霍亂，O型人的住院率是其他血型的八倍，[20]再看看霍亂的故鄉——恆河三角洲，這裡的O型人口比世界各地來得少，根據最近的研究顯示，霍亂毒素在O型幹細胞分化出的腸道細胞中特別活躍，導致O型人一染上霍亂就特別嚴重。[21]A型和AB型男性也別高興得太早，一群土耳其泌尿科醫生最近發現：比起O型男性，A型和AB型男性更容易不舉。[22]此外，O型人對瘧疾的抵抗力比較強，B型則最差。每種血型都有優點也有缺點，這些發現都只是蛛絲馬跡，其中暗藏深意，比如說：究竟為什麼要有血型？為什麼不同的血型在不同的地區、不同的時代有不同的發展？對於這些問題我們只有粗淺的理論，科學界還無法給出確切的答案。

在大多數國家（包括英國），只有病患、士兵、生過孩子的婦女知道自己的血型。有一次，在一艘葡萄牙戰艦上，我看見護送我的海軍名牌上寫著「裴德洛，A型」，這讓我十分詫異，害我一直盯著人家的名牌不放，這件事自始至終都讓我十分過意不去，怎麼想都覺得不對，知道這些海軍的血型就像讀到他們最新檢查出來的精蟲數量，或是曉得他們的女友最愛的性愛體位，那感覺就像意淫了人家，又像窺探了人家的隱私。

真是越說越離譜了，但只要一碰上血液，常識往往潰不成軍。德國納粹黨想著血統純正想到走火入魔，認為雅利安人（Aryan）的血統最高尚，連帶認為「A」型是高等血、「B」型則是劣等血。[23]日本人則認為血型不僅是紅血球細胞表面的抗原，還可以決定一個人的個性，例如A型是完美主義者，寬容和善，臨危不亂，搭他們的車最安全；B型則陰陽怪氣、自私自利，但很會逗人開心；O型人精力充沛、行事謹慎；至於AB型既有A又有B，光想就知道很複雜難懂。[24]《美女的血型書》在日本大賣，作者再接再厲，又出了一本暢銷書——《血型美人的便當》。[25]血型影響深遠，有人因此求職遭拒，有人則依此選擇約會對象。二〇一一年，日本大臣松本龍到福島災區視察，因出言冒犯災民，僅就職一週便辭職下台，並將自己的不當行徑怪罪給血型。他在接受記者訪問時表示：「我是B型，所以個性衝動易怒（……）我太太稍早打電話給我，指出這一點。」[26]血型歧視恰好符合日本矮化少數民族的觀點，例如台灣人和愛奴人（Ainu）AB型和B型的比例較高，因此被日本人認為個性暴力、殘忍、遲鈍。

美國在冷戰時期認為血型很重要，不論大人還是小孩，身上一律都要用刺青標示血型，一旦空襲來臨便能派上用場，根據某位醫生預測，像芝加哥這樣大小的城市遭到轟炸，需要用上將近一百萬品脫的血品。[27]歷史學家蘇珊・萊德勒（Susan E. Lederer）在著作中提到：在印第安納州北部，「刺青師使用Burgess Vibratool的工具箱，裡頭的刺青器材包括三十到五十根針嘴和一罐無菌墨水，在園遊會上替一千多位居民刺青，在居民的前胸刺上血型」，[28]這個「血型刺青作戰計畫」（Operation Tat-Type）後來在五所小學試辦，然而，由於醫生認為血型刺青並非萬無一失，[29]「血型刺青作戰計畫」就此喊停。根據美國猶他州洛根市（Logan）一位社論主筆回憶：「當地中年人的身上還可以看到這些黑糊糊的刺青，但已字跡難辨。」[30]

其實血液早就不只是生物學領域的問題，而且這問題至今依舊無解——不同國家對血液的分類互異，甚至同一國家的不同機關之間也存在矛盾。舉例來說，儘管血液是由紅血球細胞、白血球細胞等組成的結締組織，但英國的《人體組織法》（Human Tissue Act）卻將血液排除在外。美國則認為血液隸屬於「生物學」，世界衛生組織（World Health Organization，簡稱WHO）則於二〇一三年將血液列為「基本藥物」（essential medicines），就算是貧窮國家也應該要預先儲備。場景來到倫敦一間醫院的實驗室，身穿白袍的男子從顯微鏡旁讓開要我上前觀察，血液細胞對於醫生而言早就司空見慣，而我卻是第一次看到，醫生將血液均勻塗在載玻片上，並用染液上色，好讓我能看個清楚：紅血球細胞真的是雙凹圓盤狀，既像啞鈴又像甜甜圈，感覺如此生猛鮮活，而我體內的紅血球細胞卻不斷死去、更新。人體全身上下的細胞每七年更新一輪，[31]這樣算來我已經更新到第六輪了，但紅血球細胞的平均壽命是一百一十五天，[32]因此我的紅血球細胞已經更新到第一百四十三輪。有個探討自我和身分的哲學問題叫「忒修斯悖論」（Theseus's paradox），又稱「忒修斯之船」（Theseus's ship），十分受到大眾歡迎。這個哲學問題是這樣的：如果忒修斯之船的木板一塊一塊替換掉，最後所有的木板都不再是原來的木板，那忒修斯之船還是原來的忒修斯之船嗎？同樣的道理，如果我全身上下的細胞跟出生時都不一樣了，紅血球細胞也跟耶誕節時的我不一樣，我還是原來的我嗎？

人類最初開始嘗試輸血時，認為輸血的同時也灌注了靈魂。一六六八年，一批輸血學家刊出了最早的實驗成果，某位雅克頓（Acton）先生讀了之後對其中一項實驗特別激賞，這項實驗「將疥癬犬的血輸給健康犬，想看看疥癬會不會透過血液傳輸」，結果疥癬犬痊癒，「健康犬接受捐血後也沒有染上疥癬」。[33]由於輸血治癒的不是疾病而是靈魂，因此，古人都挑選牛犢、羔羊等溫馴的動物，認為這些動物比較適合捐血，並用其美善的靈魂來治療癲狂和憂鬱。

我們大可嘲笑古人，但後代也會反過來嘲笑我們。血液學博大精深，而我們只略懂一二。

先去拿一件藍色長袍，壁櫃裡有很多件，雖然看起來髒髒舊舊，但聞起來很乾淨。接著坐在凳子上，把頭髮塞進像浴帽的無邊軟帽裡，再用塑膠袋把鞋子捆紮起來，照著洗手台上的指示將雙手洗乾淨。不行，還不夠乾淨。好了，可以了。這幾年限制放寬，所以用不著套圍脖，也不需要把鬍子包起來。現在請踏進加壓艙，凡是跑過銀行或是搭過潛水艇，對加壓艙應該都不陌生，只要踏進去，後方的門就會關起來，再等一會兒，另一扇門就會打開，在等待門打開的過程中，上方的高壓氣流會將你身上的灰塵和蟲子除去，這時你就可以從灰色地帶進入白色管制區，來到全歐洲最大的血液機構，身處在其專門製造血品的樓層。

今天的捐血單位是二千七百零六。從週一到週六，每天午餐過後都有一千加侖的血液湧進來，這些血液來自方圓數百英里的慷慨人士，他們伸出手臂捐出熱血給菲爾頓（Filton）——這間血液機構就位在英格蘭西南部的小鎮菲爾頓，市值六千萬英鎊（約台幣二十三億七千萬元），由英國國家健保局血液暨移植署（NHSBT）營運，負責處理英格蘭和威爾斯三分之一的捐血。想要進來這裡採訪得拜託上好幾個月，而且報導時還不能指名道姓，也不能引用受訪者的話，這真是令人喪氣，明明我在這裡遇到的人都極富人情味，雖然他們身穿白袍、頭戴塑膠軟帽，但都有著多采多姿的人生。在靠近員工餐廳的走廊上有一面牆，牆上展示著員工下班後的休閒照——有人在潛水，有人在編織，有人參加狗拉人越野賽，有人蒐集蠑螈……這還只是其中一面牆而已。不過，我明白NHSBT為什麼要嚴加戒備：全國的血品是重要且敏感的資源，當然不能隨便開放讓外人參觀。從我捐血出去到別人接受我的輸血，這整個過程稱為「vein to vein」，意即「血品從捐血人的血管到受血病人的血管」，這中間要經過層層關卡，才能做到所謂的血液預警。

裝在捐血袋裡的血液一車一車運送過來。當初我親眼看著自己的血液流入捐血袋，如今這個捐血袋跟另外九袋血一起裝在類似野餐袋的藍色保冷袋裡，裡頭除了捐血袋還有血液樣本，每一袋血需要採集三個樣本，兩者一起放到傳送帶上，捐血袋走一邊，血液樣本走另一邊，一邊加工製造血品、一邊檢驗血樣。所有捐來菲爾頓的血液都要經過檢驗，此外，由於名列英國前三大捐血中心的科林達（Colindale）沒有檢驗設備，因此由菲爾頓代為篩檢。菲爾頓每天總計要化驗四千單位的血液，首先是血型檢驗，除了分成A、B、O、AB四類，還要區分Rh陽性和Rh陰性，接著篩檢梅毒、愛滋病、B型肝炎、C型肝炎、E型肝炎，首次捐血還要加做人類嗜T淋巴球病毒抗體檢驗，這種病毒證實會引發白血病，至於曾赴特定地區或曾對身體使用利器的捐血者，則須檢驗瘧疾、克氏錐蟲（查加斯氏病的元凶）、西尼羅病毒、巨細胞病毒。此外，刺青術後四個月內不得捐血，曾赴茲卡病毒疫區者二十八天內不得捐血。目前大致如此，但舊的疾病會被消滅，新的傳染病會再出現，未來的檢驗項目勢必會有所增減；例如茲卡病毒一九七〇年代便被篩檢出來，但當時沒人料到會爆發大流行。再則，由於許多感染病都經由白血球傳播，因此，所有捐贈的血液都必須減除白血球。凡是一九八〇年代長大的英國人應該都還記得新型庫賈氏病（variant Creutzfeldt-Jakob），當時英國牛隻爆發狂牛症，病原跨物種傳染給人類，引發人類新型庫賈氏病，其病原普立昂蛋白（Prion）便是經由白血球傳染，這種來勢洶洶的惡疾會使患者腦部退化——形銷骨立的路人步伐不穩，成群牛隻就地焚燒——這些景象許多英國人仍歷歷在目。

安全的血品。安全的血液預警系統。各國政府再三重申「安全」，彷彿「安全」並非遙不可及的理想，而是近在眼前的現實。然而，安全是相對的概念，尤其血液是生物藥品，下一波茲卡病毒、伊波拉病毒、愛滋病毒又無法預知，一旦爆發勢必措手不及，因此血品根本無法保證百分之百安全。[34]

菲爾頓的血品加工區占地廣大、色調統一，藍的是員工袍，紅的是血——上百袋的血，一袋又一袋懸掛在白血球減除過濾器的鉤子上，狀似旋轉烤肉架，宛若吸血鬼的饗宴。儘管血液穩妥地裝在捐血袋裡，但那抹豔紅彷彿在尖叫，尖叫聲劃過無菌的空間，在藍色的長袍和無邊軟帽之間徘徊流連——這血液可不是死氣沉沉的物質，而是生氣勃勃、生意盎然、生命旺盛。那一袋一袋的血一面旋轉，一面透析、過濾、減除白血球，剩下的血品則沉澱在捐血袋底。

接下來可以做的事情可多了，每一袋捐血可以製成數種血品，視各地需求和後勤而定。菲爾頓製造的血品包括紅血球、新鮮冷凍血漿（用於燙傷病患和補充失血）、血小板（用於癌症病患和凝血）、冷凍沉澱品（有助於凝血）、減除白血球之紅血球濃厚液（用於嬰幼兒），所有血品都登錄在電腦系統上集中管理，這套系統理所當然叫做「Pulse」（心跳）。

ＮＨＳＢＴ規劃菲爾頓時參考了汽車製造業，起初打算採用工業製造流程，打造出高效率的生產線，就像工廠生產那樣——如同生產汽車。因此，菲爾頓的血品加工區最初規劃得像汽車工廠，將空間分成三條長長的生產線，但這套辦法不管用，因為血品加工過程複雜，必須時時有人監督，而這些血品監督員受不了來回奔波，因此，菲爾頓將血品加工區像太空船那樣隔成數間分離艙，每一間的空間都不大，一間只規劃一條流水線，將減除白血球之紅血球濃厚液從一頭送進來，經過智慧機器和眼花撩亂的科技加工處理後，再從另一頭送出去，以不同血品的型態進入下一個處理艙。倘若其中一間處理艙出了差錯，最多只有九十六單位的血液需要隔離檢疫，不會汙染到整條生產線。所有捐血來到菲爾頓之後都得先經過離心分層，用離心機將血漿與血液細胞分離。菲爾頓的員工還記得：有一次某個捐血袋破了洞（原廠瑕疵品），放上離心機之後，捐血袋裡的血全被離心力甩了出來，那力道之猛，導致血濺處理艙，工作人員紛紛躲避，出去換了件藍色長袍，回來繼續上工。

剩下的事情就交給精巧的機器和管件，血液在管件和血袋之間流動，又是壓取、又是冷凍、又是過濾、又是透析，一堆專門技術複雜得要命——我想我的心事一定都寫在臉上，因為導覽員客氣詢問我會不會聽到腦筋打結，但這絕對不是他的問題，他已經盡力化繁為簡，一下子把儀器比喻成巨大保險套，一下子又比喻成玻璃雪球，還警告我留意「血液腫瘤」，並邀請我找一找分離術處理袋中的血小板在哪裡——他建議我看看「漩渦處」，想像自己在飛機上往海裡看，血小板就像魚群中的鯡魚。雖然我在飛機上看不到鯡魚（除非這鯡魚跟船一樣大），但我看到了血小板，好美好美。整趟導覽下來，我知道血小板完全不像鯡魚，也知道血液只要離開貯藏溫度半個小時就必須丟棄，那些抱怨紅血球每單位一百二十四・四六英鎊（台幣四千九百二十三・八三元）的人，根本不曉得這有多物超所值，而且不管什麼血型都是這個價錢。菲爾頓也負責製造罕見血型的血品，並且由位於利物浦的ＮＨＳＢＴ冷凍保存十年。血漿則比紅血球便宜，每單位二十八・七五英鎊（約台幣一千一百三十五元），其他血品則昂貴許多，例如冷凍沉澱品每單位一千一百一十三・四五英鎊（約台幣四萬四千零五十元）。

二〇一二年，菲爾頓淹大水，幸好那天是星期一，前一天星期日沒有運血車送血過來，因此沒有製造任何血品，如果是星期五晚上就慘了，其他像是奧運、重要運動賽事（例如足球）、國定假日、耶誕節、暑假、復活節，也都是淹水的好時機，因為這些時期通常會鬧血荒。二〇一二年那次淹水原本也可能災情慘重，畢竟處理過的紅血球細胞必須以華氏三十九・二度（攝氏四度）冷藏在冰箱裡，直到血液樣本通過檢驗才可以脫離檢疫，至於血漿則是與血液細胞分離後立刻冷凍起來（所以叫「新鮮冷凍血漿」），直到使用時才解凍。

這裡的血漿是指男性的血漿。導覽員帶我離開加工區處理艙，來到幾個箱籠前面，裡頭是一袋又一袋應該要是黃色的血漿，但卻不是。以我為例，我的血漿可能是綠色，因為我是女性，又值更年期，正在接受荷爾蒙補充療法，以上因素（或是服用避孕藥）都會讓女性的血漿變成綠色——看起來很詭異，好像變質似的，沒有人曉得這背後的原因，反正不要緊，二〇〇三年NHSBT頒布「優先使用男性血漿」政策之後，女性的血漿便遭到棄置，畢竟服用荷爾蒙的女性捐血者太多，只要NHSBT的血漿儲存量足夠，大可不用一一篩檢。

除了女性的血漿會被丟棄，其他症狀也會導致血漿不能使用。導覽員在血漿袋之間翻找了一番，終於得意洋洋抽出其中一袋。這個好，這個好。我覷了一眼。他說：「看！是脂肪。」我看見一坨一坨的油脂在金色的血漿裡載浮載沉。捐贈者的血脂如果超標，NHSBT的員工有義務告知，即便這袋油滋滋的血可能只是捐血前吃太油的結果。肥胖會威脅生命，跟愛滋病一樣，而且愛滋病還有藥可醫，肥胖卻無可救藥。NHSBT拍攝的菲爾頓宣導片從來沒有提過這些遭到棄置的血品，我個人是不介意自己的血漿變成醫療廢棄物，反正剩下的血液細胞都還可以用。以前報廢的血品會拿去火化，但火化太貴，而且「燒血」這個典故出自《舊約聖經》，宗教意味濃到令人不安，因此現在都「另做處理」，根據導覽員的說法，大概是某種高級的掩埋法。

未遭棄置的血品會在二十四小時之內加工處理完畢。每天晚上六點，捐贈者的血品會運往目的地。菲爾頓固定將血品運送至九十間醫院，偶爾有些醫院會要求加運，這時就會出動計程車，像載乘客那樣讓血品坐在前座前往醫院。如果加運的時間太早或太晚，則會由志工騎機車運送。法國的百代電影公司（Pathé）一九六七年推出過一支動人的影片，主角是一群年輕的緊急救援志工，騎著機車在倫敦街頭狂飆，將運送血品當作慈善事業。百代電影公司這部影片或許是在向比爾・謝高德（Bill Shergold）致敬，不同於當時英國大眾對機車騎士既鄙視又害怕，這位倫敦東區的牧師認為機車騎士是現代騎士的化身，展現出勇敢、殷勤、俠氣的騎士精神，因此，他開放教堂作為這些騎士的聚會場所，這群騎士則稱他為「法夫」（Farv）。法夫七十歲退休，藍哥（Wrangler）牛仔褲找他代言拍廣告，法夫請教區長裁示，教區長回覆：「這支廣告你非接不可，這對教會是好事，讓大家看看教會也會做一些正常的傻事。」另一件正常的傻事則是一九七〇年代普利茅斯醫院的醫生想出來的，說是要用信鴿來運送血液樣本。幸好這個點子和信鴿都沒有上路。[35]

雖然查不到這群急救騎士後來去哪裡了，但是騎車運血至今仍蓬勃發展，並成為重要的醫療資源傳遞管道。英國運血車協會（Nationwide Association of Blood Bikes）及其分會每年免費運送上千袋血品，除此之外，這些急救騎士還運送母乳、脊髓液、手術器械以及糞便移植使用的糞便；其口號是「省錢救命」，其官網小編則說「雖然我們大多中年發福」，但是運送的物資卻越來越多，受到的表揚也越來越多。因為是在英國，所以這些表揚不外乎：「特定咖啡廳招待免費熱飲，警察和救護人員點頭揮手致意」。

一般來說，菲爾頓從下午一點到晚上十一點都會收到捐血中心採集的血液（菲爾頓的用語比較直白，不像捐血中心都說「捐血」、「贈血」），快的話，隔天下午一點就可以將前一天送來的血液製成血品出庫。首捐血的製程比較長，為了安全起見，首捐血必須檢查兩遍。因此，血庫人員最喜歡兩種捐血者：年輕捐血者和重複捐血者，巴不得這些人多多益善。一個國家要維持血庫儲備，至少需要一%到三%的人口捐血，[36]百分比越高越好。英國每年需要二十萬「新血」，而且捐血者必須自願無償捐血，因為世界衛生組織（WHO）認為這是最安全的血品來源——既然沒錢拿，自然就不會有人謊報健康狀況。然而，WHO調查了一百七十二個國家，其中八十個國家的捐血人口只有一%，捐血量遠遠不夠。此外，根據WHO判斷，非洲國家的捐血人口不足，血庫供給和安全堪虞。

在WHO調查的一百七十二個國家中，七十一個國家採用指定捐血（即親屬間捐血）或付費買血——原來我被寵壞了，既享有菲爾頓的科學魔法，又有高效率的捐血和運血系統，英國的供血不僅優良而且安全，這是別國人民所沒有的待遇。

在印度德里的大醫院走廊徘徊，保全或醫護人員很少會來問東問西。位於市中心的薩夫達君醫院（Safdarjung Hospital）是德里的大醫院，走廊上常常人聲嘈雜、水泄不通，對於我這張外國面孔毫無興趣，光是顧著自己的病痛和煩惱都來不及了。

印度法律規定醫院採行自願無償捐血制，相關單位必須嚴密監控——但這謊言如紙一般薄。單靠捐血者或賣血者就達到血庫充盈的國家少之又少。事實上，印度採行指定捐血制，病患如果需要輸血，必須仰賴家屬或朋友捐血。我在薩夫達君醫院樓上的捐血中心遇到一位青年，他來捐血給懷孕的太太，這是他第一次捐血，雖然口頭上說不緊張，但是針一扎下去便痛得呲牙裂嘴，這頓苦頭為他換來一單位的血，得以存給太太備用，這個概念跟美國最初的捐血制度一模一樣，血庫（blood bank）這個詞就是這樣來的，又稱血液銀行，源自美國芝加哥庫克縣醫院治療科主任柏納德．梵圖斯（Bernard Fantus）。美國當時雖然已經有儲備用血，但「借血」、「還血」制度是由梵圖斯醫生提出，他認為血液不是贈禮而是交易商品，並且對此直言不諱，還在一九三七年表示：「想從銀行提款必須先存款，同樣的道理，除非有借有還，否則存血科不得無端供血出去。」[37]

美國今天的供血制度依然受到梵圖斯醫生的影響，大至紅十字會的捐血中心，小至街頭巷尾的單間社區血庫，全美共有七百八十六間採血中心，大體按照銀行業的原則在運作。捐血者為了自家社區公益捐出去的血，最終可能在全美各地交易。此外，美國甚至有血品現貨市場（或說是血品清算所），買賣雙方在此磋商，有急需的買家必須連同滯銷血型一起購買，比方說購買O型Rh陰性血的買家必須加購AB型血。金錢和血液往往牽扯不清，舉世皆然。[38]

既然印度採行親屬之間互相「捐血」（講「捐血」總比講「交易血品」好聽），因此，沒有血親、沒有姻親、沒有印度國籍，就很難找到人互捐，但也因為如此，印度發展出另一套指定捐血的人脈網絡。一位男士告訴我，他和朋友有一個WhatsApp群組，裡面的人都喜歡同一位坦米爾電影明星，因此決定成為彼此的指定捐血者。此外，印度還有媒合血品供需的臉書社團和WhatsApp群組。我在薩夫達君醫院捐血中心的候診區碰到一群人在辦「捐血營」（blood camps），他們彼此認識，個個都是大好人。

帶頭的長者是醫院志工，專門送牛奶給清貧的病患，人人尊稱他為「上師」。上師每天七點半到醫院報到，長年當志工下來，發現病患對血品的需求跟對牛奶一樣殷切。薩夫達君醫院的截肢手術很有名，每次截肢手術至少需要兩單位的輸血，有時候甚至要用到四單位，病患需要指定捐血者，但要指定誰呢？上師卡亞司特（Kayast）先生表示，「這些病患都是外地人，有的來自奧里薩邦（Orissa），有的來自尼泊爾（Nepal），有的來自賈坎德邦（Jharkhand）」，他們出了意外，在當地又治不好，只好獨自來德里接受治療，人生地不熟，當然找不到捐血者。

因此，每逢星期天早上，上師便帶著熱血人士來醫院捐血給陌生人，採訪當天共有十一位熱血人士，每一位都指定捐血給特定患者。薩夫達君醫院規定捐血年齡上限為五十五歲，上師早已年滿，但還記得最後一次捐血是指定給三十九號病床，讓患者可以做截肢手術。儘管印度現行政策打算讓指定捐血制退場，但在執行面上困難重重。二〇一六年印度愛滋防治組織（National AIDS

Control Organisation，簡稱NACO）公布的數據顯示：從二〇一一年至二〇一六年，印度指定捐血的個案共一千萬件，這些受血者未來必須「血債血還」。[39]

NACO希望自願者到醫院捐血，這在印度稱之為「捐血營」。我在無意中辦了一次個人捐血營，記得當時我離開德里去參觀扶輪社的血庫，這是印度少數採行自願無償制的民間血庫，但那次採訪不太順利，接待我的人員雖然彬彬有禮，但說起話來缺乏亮點。我被安排參觀整間血庫，走進捐血室時，裡頭空無一人，設備看起來還算乾淨，而扶輪社的小姐剛剛竟然還說印度沒人在賣血，聽也知道是胡說八道，這令我倍感挫折，不如捐出幾百萬的白血球和紅血球來打發時間。接待我的人員先是一臉錯愕，接著露出愉快的笑容。我在表單上簽了名，伸出右手臂，就算是我的個人捐血營了。這下大家都打開話匣子，熱烈跟我聊起家庭和工作。灑熱血，開話題，值得。

然而，英國特派記者的熱血解決不了印度的血荒。話說回來，他們根本不該接受我的捐血。凡是一九九六年前出生或長居英國者，都是遭國際唾棄的捐血者，像我就是。由於新型庫賈氏病的普立昂蛋白會經由輸血傳染，並且可潛伏在人體內長達數年，因此，在找到治療方法之前，世界各國都認為我的血品不安全，只有英國本土除外。

印度採行指定捐血制造成的血荒，單靠上師帶領志工心血來潮挽袖子還不夠，不過，上帝和神祇卻另有辦法。社會人類學家雅各．柯普曼（Jacob Copeman）在北印度研究宗教和血液，據他表示：「在大師和政黨的號召下，信徒爭相捐血，場面盛大，儼然是全國行善大賽。」二〇〇五年，宗教團體「真業之家」（Dera Sacha Sauda）北印度分會舉辦一日捐血挑戰金氏世界紀錄，一天之內採了滿滿六十五座浴缸的血，共計一千二百萬二千四百五十毫升。[40]不過，印度醫療人員不喜歡這種大規模的捐血營，根據柯普曼記載，醫療人員說這根本是「血品大屠殺」，因為醫療水準低落、

「品質不合格」的血品太多，導致捐出來的血都浪費掉了。[41]此外，印度醫療人員也不喜歡指定捐血制，他們只想要自願無償的匿名捐血，因為這種方式最安全。問題是，印度人民可不這麼想，他們認為捐血是非不得已，而且只能捐給血親，血液就是生命力，損失血液可能會讓男人雄風不振、女人受孕不易。一九四二年，印度獨立後首任總理賈瓦哈拉爾·尼赫魯（Jawaharlal Nehru）被人拍到在捐血，引發輿論群起撻伐，批評他不愛惜健康——總理的健康可是國家的寶藏。[42]

一九九六年，印度最高法院禁止賣血。[43]此外，印度最高法院也廢除了賤民制度。這兩道禁令同樣具有詮釋空間，遭到禁止的活動依然蓬勃發展。二〇〇八年，印度警方接獲線報，突襲中央邦（Madhya Pradesh）戈勒克布爾（Gorakhpur）市郊的破舊鐵皮屋，當場破獲血牛組織。[44]根據史考特·卡尼（Scott Carney）的《人體交易》（*The Red Market*）記載，當地酪農帕普·亞達夫（Pappu Yadhav）將一群貧窮的移民關在鐵皮屋裡，頻繁採血直到奄奄一息。那次突襲警方共破獲五間鐵皮屋，釋放十七位每週採血兩次的血奴，其中幾位已經被監禁了兩年半，血紅素濃度每公合只剩四公克，正常成年人每公合應為十四至十八公克。

亞達夫的血牛組織雖然極端，但並非絕無僅有。二〇一七年，勒克瑙市（Lucknow）警方逮捕了莫哈·阿里夫（Mohd Arif），綽號「希步」（Shibbu），原為工匠，後來轉行當掮客，他先向「捐贈者」買血，將血貯存在家用冰箱，再將血轉賣給血庫和醫院，中間付仲介五百盧比（台幣二百一十元），付賣血者一千盧比（台幣四百二十元），最後以四千盧比（台幣一千六百八十元）賣出。[45]你只要在醫院外頭徘徊，露出若有所需的表情，就會有人來問你要不要買血。對於印度記者來說，要找到像普拉莫（Pramod）這樣的掮客並非難事，普拉莫接受印度記者尼基爾（Nikhil M. Babu）採訪，說自己有一群「乾淨的男孩」，採血一次四千盧比（台幣一千六百八十元）。[46]在印度北方邦（Uttar Pradesh）本德爾肯德（Bundelkhand）等貧困的農業區，過去五年來因作物歉收、窮愁潦倒，共有三千五百名農民自殺，如今農民轉而採收血液謀生，明知道與醫院交易血液違法，但為了微薄的薪水，這些農民照賣不誤。其中一位農民接受路透社採訪時，說自己賣了兩瓶血，賺了一千二百盧比（台幣五百二十五元）。[47]

印度社運人士科坦（Chetan Kothari）請ＮＡＣＯ提供愛滋病毒感染資料，共計二千二百三十四人說自己因輸血染上愛滋病，[48]雖然有些愛滋病患寧可歸罪於輸血，也不願歸咎給用藥或非法性交，因此其自我陳述不能盡信。但是，在印度因輸血感染愛滋病的機率是美國的三千倍，[49]美國等高收入國家因輸血而罹患愛滋病的風險是〇・〇〇一％。[50]

像薩夫達君這樣的大醫院應該都有做血液篩檢（但醫院一樓的血庫接待櫃檯實在有夠破舊），上師和上師的親朋好友也都盡了一份心力，他們發光發熱，將血液無償捐給陌生人。捐血稱得上是最完美的禮物，在餽贈的同時也稍稍紓緩了印度的血荒。印度需要上百萬這樣的熱血人士，跟印度處境相同的國家也需要。

說服他人挽起袖子捐血不是容易的事，血液是稀少且珍貴的資源，憑什麼要免費讓給他人？所有捐血制度都有獎勵機制，就連自願無償制也有。美國政府法規禁止任何能折現、轉手、販售的捐血獎勵，例如運動賽事、展覽活動等門票可以贈與轉賣，因此不得作為捐血獎勵，但飯店房價折扣可以。[51]即便如此，血庫為了鼓勵捐血，常常祭出披薩、橄欖球賽門票、冰淇淋券（由Ben &

Jerry's贊助，以「一品脫換一品脫」作為口號）、剪髮券、一日健身房體驗券等捐血獎勵。[52]除了獎勵之外，還有其他強制捐血的辦法。二〇一五年，阿拉巴馬州的巡迴法官馬文・維金斯（Marvin Wiggins）告訴聲請人——如果沒錢繳罰鍰，那就去捐血，如果不想捐，「警長多的是手銬」。針對維金斯法官的說法，某位醫學倫理學教授指出「共犯了三千條錯誤」。[53]然而，維金斯身為法官，自然是遵循判例裁決，例如歷史學家萊德勒的《血與肉》（*Flesh and Blood*）便有如下記載：「一九四〇年，芝加哥法官命令湯瑪士・多諾（Thomas Donohue）捐血給庫克縣醫院，藉以償還積欠妻子的贍養費（但其妻不願接受『酒鬼捐的血』）。」此外，珍珠港事件之後，檀香山市長要求交通違規者捐血。萊德勒的書中還提到，「開車到美國麻州伍斯特市的觀光客，若想參觀一九五三年龍捲風留下的滿目瘡痍，必須支付『一品脫的血當作入場費』」。[54]大家都捲起袖子乖乖付費。

為了吸引捐血者，相關單位絞盡腦汁。畢竟每次捐出去的血量不算少，因此，想哄人伸出手臂，必須先了解捐血背後的動機，最顯而易見的是利他主義，社會學家稱之為「溫情效應」（warm glow effect），但就算是這麼平凡無奇的理由，成因都比我們想像的還要複雜。各個自願無償捐血制國家的捐血率相去甚遠，例如盧森堡的捐血率是一四％，鄰國法國則是四四％。你可能以為捐血者都是想要行善的好人，因此各國的捐血率和志工服務率應該要成正比，然而事實並非如此。根據經濟學家基蘭・希利（Kieran Healey）研究，真正影響捐血率的是採血機構，其中最受歡迎的是紅十字會，再來是國營單位（例如ＮＨＳＢＴ）。自從德國政府允許採血機構付費買血，德國境內的捐血率陡降，即便這些採血單位買血買到破產，捐血率仍舊低迷。[55]

我很久很久之前曾經拿過捐血紀念品，那是一個鑰匙圈，上面有我的血型：A+（這是第二常見的血型），不過ＮＨＳＢＴ最近都不送小禮物了，因為他們發現捐血者想要的只是一句感謝。八三％

的首次捐血者記得醫護人員的道謝，看來感激之情遠比鑰匙圈管用。二〇一二年，瑞典斯德哥爾摩的血液中心（Blodcentralen）開始寄送簡訊，每當捐血人的血液用於病患，便會告知捐血人受血者是誰。在匿名捐血制下，你的血進入血袋、送入密室、推上廂型車、消失無蹤，瑞典的溫情簡訊讓捐血制度多了人情味，這是強而有力的捐血獎勵。WHO將科技擴大醫療服務的做法（例如簡訊）歸類為行動健康醫療（mHealth），瑞典血液中心的公關經理卡洛琳娜（Karolina Blom Wiberg）滿腔熱情談論這套做法：「捐血人，包括我自己在內，都好喜歡收到感謝簡訊，一想到收到簡訊的當下，我的血液正在拯救一條性命，心頭就覺得好暖好暖。」[56]

NHSBT也決定試試溫情簡訊這一招，其捐血服務部主任麥克・史崔德（Mike Stredder）表示：「我們以借用這個點子為傲。」NHSBT做不到在血液用於病患時通知捐血者，但能在血液送抵醫院時發送簡訊，因此簡訊內容不像瑞典那麼細膩。（我最近收到的兩封簡訊分別送達德比市和雪菲爾市的醫院：嗨，德比市和雪菲爾市的癌症患者、新手媽媽、重大事故傷患、貧血患者，不客氣啦！）史崔德表示，溫情簡訊獲得各方正面迴響：「我們決定縮短試行期，直接正式推行。我出社會之後推行過許多措施，這還是我第一次在短時間之內看到這麼多正面的迴響。」

溫情簡訊在社交媒體上獲得一面倒的好評，並且讓捐血者發誓終生為捐血人。容我說一句話：NHSBT早就該這麼做了。簡訊很便宜，一封三便士（台幣一元），每位捐血者都寄也才三萬五千英鎊（約台幣一百三十八萬元）。[57]數十年來NHSBT為了讓捐血者一捐再捐，試行過各種辦法，其中溫情簡訊成效最佳。重複捐血者是最佳捐血者：需要篩檢的項目少，捐血頻率值得信賴，就算碰上足球決賽、溫布頓網球決賽也不忘捐血。至於招募新血則又是另外一回事，尤其是年輕的新血。英國的捐血人口正在老化，年輕一輩都不太捐血，從二〇〇五年至二〇一五年，十年間首次捐血者的人數少了將近四分之一，NHSBT因此針對青年族群推出捐血廣告，例如「A、B、O去哪裡」讓機關行號名稱的A、B、O字母消失，英國首相官邸「Downing Street」（唐寧街）變成「Dwning Street」，「Google」搜尋引擎變成「Ggle」，「Daily Mirror」（《每日鏡報》）變成了「Dily Mirrr」，這個做法既聰明又融入大眾，效果勝過無數號召捐血的活動，例如澳洲當地的血液中心曾經鼓吹大學生捐血，結果好多體重不足的女大生捐血捐到一半昏倒，同行的朋友一看也跟著暈了過去，急得血液中心趕忙喊停。

「我們需要黑人的血。」

「什麼？」我並非沒聽清楚史崔德主任說的話，只是想聽他再說一遍，因為我不敢相信自己的耳朵。血液與種族之間向來有著敏感的歷史。早年美國的血庫以「N」或「AA」表示採自黑人（Negro）或非裔美國人（African American）的血，約翰．霍普金斯等貴族醫院不肯替白人患者輸黑人的血，病理學家萊穆爾．迪格（Lemuel Diggs，一九〇〇—一九九五）在美國田納西州曼非斯市（Memphis）管理約翰加斯頓醫院（John Gaston Hospital）血庫，公然將不同「顏色」的血液存放在不同的冰箱層板上，至於美國南方各州則依慣例隔離黑人的血與白人的血。實行血液隔離政策的主事者大多承認這種做法毫無科學根據。紅十字會曾經拒收非裔美國人的血漿，並承認背後的理由「並不科學，純粹是承襲傳統和憑感覺行事」。[58]美國陸軍部也曾下令：「雖然並無確鑿的生物學依據，但是基於國人普遍的重要心理因素，敝部門認為：混採、混用白人與黑人的血並輸給我陸軍弟兄，此舉並不可取。」[59]納粹也採取同樣的做法，除非是雅利安人的血，否則一概不准輸給雅利安人，因而造成雅利安人傷口流血過多致死的案例。美國直到一九七二年才撤銷血液隔離政策，當時路易斯安那州廢除標記血液等種族隔離法，黑人與白人從此可以通婚，並且可以共用飲水機、洗手間、跳舞廳。[60]

不過，史崔德主任確實強調要「黑人的血」，不是「有色人種」（BAME）的血喔，而是指明要「黑人的血」。史崔德主任說：過去確實曾呼籲有色人種捐血，包括黑人（Black）、亞洲人（Asian）、少數族裔（Minority Ethnic），但現在他們需要更「純」的血液。黑人的血液包含特有的抗原和抗體，因此特別適合輸給鐮刀型貧血症患者，這種遺傳疾病導致紅血球細胞畸形（呈鐮刀狀），引發貧血、疲勞、疼痛等症狀。鐮刀型貧血症病患每個月需要輸血好幾次，每次都可能會對外來抗原產生免疫反應，因此，交叉試驗後抗原種類越相近的血液，對病患來說越安全。黑人的血液比較有可能是Rh血型系統中的Ro型，這種血型常用於治療鐮刀型貧血，但全英國只有二%的人是Ro型。

而這二%的英國人，竟然讓我在倫敦南部圖廷區的捐血中心見到了。我說我想認識年輕的捐血者，阿齊茲（Azeez）這個人名就被拱出來了，原因有兩個，第一，阿齊茲是重複捐血者，第二，阿齊茲的血型極為罕見，不僅是Ro型，而且還不含Du抗原，這是非洲黑人特有的血型。阿齊茲之所以與眾不同，一來是因為他的血型，二來是因為他的身分。我們彼此都不知道對方的長相，但我略占優勢：只要看到黑人青年走進捐血中心，應該就是阿齊茲了，因為會捐血的黑人青年比阿齊茲的血型還要罕見。英國年輕人越來越少捐血，捐血者的年齡平均落在四十五歲。此外，阿齊茲信奉伊斯蘭教。招募伊斯蘭教徒捐血可是一大挑戰，在NHSBT的調查中，擔心違反教義是某位教徒婉拒捐血的理由，而這位教徒本身還是伊斯蘭教的教長。不過，學者大多認為：只要是發自善心而非賣血營利，伊斯蘭教徒可以捐血。阿齊茲不須援引《可蘭經》與人唇槍舌戰，他打從心底相信捐血就是行善，是伊斯蘭教的五善功之一。

阿齊茲曾勸說朋友一起捐血，同儕之間口耳相傳是招募新血的有效方法，只要聽說認識的人也去捐血，或是家族親戚急需用血，從未捐過血的人多半也會挽起袖子。英國每年需要一百六十萬至一百七十萬單位的血，每天需血量平均六千單位，但NHSBT通常會保留緩衝帶，因此每天必須備血三萬至四萬單位，[61]這些數據讓英國舉世無雙。最近一次WHO匯編的全球血液安全報告彙集了一百八十個國家的資料，結果顯示當年度（二〇一三年）捐血人次為一億一千二百五十萬，高收入國家（人口占全球一九％）囊括了將近一半，中低收入國家（人口占全球近五成）捐血人次占二七％。[62]為了維持血庫安全存量，NHSBT每年需要募集二十萬新血，如果全球最優秀的捐血系統都如此艱難，其他人的處境又能好到哪裡去呢？

我在圖廷捐血中心看書，周圍是一派尋常景象——捐血儀器的聲響此起彼落，便宜的超市濃縮果汁隨處可見，櫃檯人員閒聊著一些有的沒的，一切是這麼的親切又療癒，讓人忘記捐血、輸血的歷史其實很短，血液本身更是謎樣物質，科學家屢次嘗試理解都以失敗作結。我們就是不知道該如何止血，才需要這麼多的備用血。此外，我們雖然可以製造人工心臟，也可以用3D列印技術列印器官，但經過數十年的研究、花費了數百萬美金，我們仍然製造不出血液。我們似乎知道血液的功能，也似乎知道血液如何發揮功能；我們似乎知道血液攜帶的物質，也似乎知道血液如何攜帶物質。但是，這些都只是粗淺的理解，並非完整的認知。我們只確定一件事：血液始終令人著迷，越探究，越成謎。

我手上這本書的封面是皮革精裝（不確定是真皮革還是人工皮革），字體打凸燙金，這表示這本書值得一讀，是珍品中的珍品，裡頭充滿了生與死，字字句句都是受血者對捐血者的感謝。我一頁一頁翻看，心想：如果我從未捐過血，看了這本書肯定會想加入捐血行列，裡頭雖然都只是隻字片語，但字字都透露著受血者的驚喜——居然有人肯將身體的一部分送給自己，而且不求任何回報，這是多麼不凡的舉動。

這本留言本問受血者兩個問題，第一題是：「輸血對你的意義是什麼？」第二題是：「如果有機會，你想對捐血者說什麼？」一位受血者說輸血提升了她的生活，她比以前更能買衣服了（意思是說她現在可以下床了）。另一位受血者心懷感恩，他說輸血「改善了我的血液品質，以前是蒼白的粉紅色，現在變成紅色的了」。

血液既鮮豔奪目又複雜難解，其中一則留言將血液的威力描述得淋漓盡致，那字跡十分蒼老，既沒有說明為什麼需要輸血，也沒有敘述輸血對健康帶來的助益，只以精簡的用字傳達無窮的深意。在第一題「輸血對你的意義是什麼？」底下，他用一個字做了充分的回答：「好。」

Chapter 2

第二章

珍奇爬蟲：水蛭療法[I]

That Most Singular and Valuable Reptile

水蛭的叮咬若有似無，咬下去的當下水蛭會分泌目前最有效的抗凝血劑，讓這頓血液大餐暢快供應。水蛭在許多方面雖然是簡單的生物，但卻有著科學家研發不出來的天然麻醉藥和抗凝血劑，光是唾液大概就有上百種有用成分，目前科學界只認得八種。

只要六秒鐘。或是十秒鐘。生性謹慎或昏沉遲緩的可能需要十二秒。接著，下顎一縮，上百顆牙齒咬緊，水蛭把你的血當作美饌佳餚，開始享用大餐。你曾經在溽暑時涉水經過熱帶池塘嗎？你曾經回到旅館時大驚失色，發現腿上多了一位乘客嗎？你是冒險動作片《非洲女王號》（*African Queen*）的男主角亨佛萊．鮑加（Humphrey Bogart）嗎？一手拖著船隻、一手牽著凱薩琳．赫本（Katharine Hepburn），嘴裡咒罵緊咬住你不放的「骯髒小惡魔」。你的答案可能都是「是」，大概只有最後一題例外。不過，你同樣也可能待在現代醫院的無菌室裡，讓負責照料你的護理師將水蛭吸附在你身上，護理師的舉止從容鎮定，而你也表情平靜——因為醫護人員已經向你解釋：水蛭能拯救你的胸部、你的手指、你的耳朵、你的性命。

在英國威爾斯西南部，開車下了繁忙的Ｍ４高速公路再往前開半英里，會開進路名是威爾斯語的道路，路名我不會唸，但路邊有一堵牆，沿著牆開便會開到入口，入口有個小招牌，上頭寫著「生物製藥廠」（Biopharm），開進去之後是一條蜿蜒的車道，沿途經過好幾間用途不明的棚屋，車道的盡頭是一幢氣派的奶油色莊園別墅，車子可以開到別墅的後院停放。眼前的景色出乎我的意料之外，儘管高速公路的車流聲近在咫尺，遠方的喧囂也仍在耳際，但我卻身處靜謐的田園，翠綠的原野一望無際，全英國唯一的水蛭養殖場竟然像一座健康農場，想必真的很健康。

生物製藥廠的創辦人羅伊．索耶爾（Roy Sawyer）是一位美國動物學家，後來移居威爾斯，成立了這間生物製藥廠，這間公司的名稱說有多籠統就有多籠統，但其營業項目說有多具體就有多具體——專門提供客戶醫療水蛭。全球這樣的公司大約只有五家。前來接待我的是薄妲妮（Bethany Sawyer），她是索耶爾先生的女兒，年紀輕輕，舉止端莊，說起話來微帶威爾斯腔，在生物製藥廠擔任經理，陪同她的同事卡爾．彼得龐（Carl Peters-Bond）長相俊美，婆婆媽媽看了都要誇一聲

「古錐」，但一聽到他的職稱——水蛭養殖專員，婆婆媽媽可能都要改口。此外，卡爾也是經驗老到的生物製藥廠導覽員，由於廠內沒有路線標示，訪客難免閒晃進狹窄的迴廊，搞不清楚自己究竟是來參觀某人家的車房，還是全球知名的醫蛭供應廠。

會客廳裡擺著一張大桌子，四周的書架上擺滿水蛭圖書和動物學書籍，櫃子裡則有幾個陶罐，上頭用裝飾字體拼寫著「LEECHES」（水蛭），以前藥商都用這種藥罐來販售水蛭，在水蛭產業的全盛時期，藥商有時會用這種藥罐來出租水蛭，這股「水蛭熱」（leech mania）從十九世紀延燒到二十世紀初，當時眾人崇尚用水蛭來放血——或說是「帶有醫療目的從人體身上取血」，這種療法行之千年，從頭痛到上吊窒息，都可以用放血療法來醫治，[2]幾乎沒有任何疾病或症狀不能靠放血來舒緩，甚至連嚴重出血都適用。從歷史來看，我們是放血的多、補血的少。一直到十九世紀末，大家依然對放血療法深具信心，「習慣主動要求放血，一如今日主動要求拔牙」。[3]放血療法要用刀或刺血針劃開靜脈（更早以前則用石頭、魚齒等利器），[4]相較之下，水蛭吸血法溫和許多，水蛭不僅是從微血管（而非靜脈）吸血，而且還自帶麻醉藥。[5]進入二十世紀後，由於手術發達、醫學進步，再加上病菌說興起，放血療法和水蛭吸血法才漸漸退燒；水蛭也因為濫捕，在英國和歐洲各地幾近絕跡。今日的水蛭迷雖然仍懷抱希望，期盼能找到全新的水蛭族群，但目前全英國只有三個醫蛭棲息地：肯特郡鄧傑內斯角（Dungeness）的沼澤、漢普郡新森林（New Forest）的池塘、威爾斯拉內利市（Llanelli）近郊的生物製藥廠。[6]

咖啡端上，主客圍桌而坐，我們在等斯旺西大學的實習護理師，他們來做水蛭醫療培訓，但是在半途迷路了。那就先聊天吧。卡爾已經在生物製藥廠待了二十四年，前一份工作是養魚，「就是水族館那一類」，後來這些搞水蛭的找上門，理由是水蛭也養在水族箱裡，於是卡爾就換到生物製藥廠來上班了。卡爾的威爾斯腔聽著讓人心情平靜，威爾斯腔就是這麼療癒，即便他描述的生物黏糊糊的，長得像蛞蝓，讓人一流血就是十個鐘頭。

但並非所有水蛭都黏糊糊的。水蛭不是蛞蝓，不是爬蟲，不是昆蟲。水蛭屬於環節動物門，是動物界的其中一門，底下包括一萬五千多種有環節的蠕蟲（有的還具有剛毛）。環節動物門的蛭綱（Hirudinea）包括六百五十種水蛭，[7]有的水蛭不吸血，就算會吸血也不一定會吸人類的血。大部分的水蛭都進化到擁有專屬的血源，有一種沙漠水蛭居住在駱駝的鼻孔裡，還有一種水蛭以蝙蝠為食，有的以倉鼠、青蛙為食，亞馬遜巨蛭（身長四十五公分）則會將宛如吸管的口器（長達十公分）插進獵物的皮肉裡吸血。[8]

我開了幾百英里的路，為的是見一見這裡的吸血水蛭，這種多環節蠕蟲生活在淡水中，身上有十個胃、三十二個腦、九對睪丸、上百顆牙齒，吸食後會在獵物身上留下獨一無二的齒痕，[9]不同年代的人對這種齒痕的描述也不一樣，有的說像圓鋸，也有的說像賓士的商標。生物製藥廠養殖馬鞭水蛭（Hirudo Verbana）和醫療水蛭（Hirudo Medicinalis）。過去我們以為馬鞭水蛭就是醫療水蛭，統稱為「歐洲醫蛭」，直到最近才知道這兩者的基因其實截然不同：醫療水蛭來自北歐，馬鞭水蛭則源自地中海一帶。[10]此外，生物製藥廠還養殖菲擬醫蛭（Hirudinaria Manillensis），是菲律賓馬尼拉的原生種，又名亞洲醫蛭，以牛血為食，俗稱牛蛭。歐洲醫蛭用來醫人，亞洲醫蛭用來醫獸。亞洲醫蛭比歐洲醫蛭肥美，胃口好又不挑食，面對毛茸茸的牛腿、牛腹照樣吸血不誤；而同樣是吸血生物，歐洲醫蛭文雅許多，對於鬍渣、香水、美髮產品、獨特體味敬謝不敏。

亞洲醫蛭和歐洲醫蛭有個共通點：兩種醫蛭在切割宿主皮膚時都會施行局部麻醉，往往要等到醫蛭大快朵頤，宿主才會發現醫蛭的存在。正因如此，水蛭的叮咬不像指掐或抓撓，反而若有似無，咬下去的當下水蛭會分泌目前最有效的抗凝血劑，讓這頓血液大餐暢快供應，常常一流就是十個鐘頭。水蛭在許多方面雖然是簡單的生物，但卻有著科學家研發不出來的天然麻醉藥和抗凝血劑。索耶爾常常戲稱醫蛭是「活藥局」。光是唾液大概就有上百種有用成分，目前科學界只認得八種，其中一種由約翰．貝里．海克拉夫特（John Berry Haycraft）於一八八四年發現，後來提煉成水蛭素，[11]其抗凝血作用遠遠超過人造肝素，是最佳的血液稀釋劑。另一種有用成分是「強效膠原介導之血小板黏附及活化抑制劑」，[12]當時科學家發現水蛭咬傷的傷口會流血長達數個鐘頭，但卻不是水蛭素搞的鬼，這才發覺事有蹊蹺，從而化驗出水蛭唾液中的第二種有用物質，索耶爾以威爾斯語命名為「calin」（心），其效用在於讓血小板無法發揮凝集功能。[13]在專利資料庫裡，共有十項專利為生物製藥廠所擁有，包括抗凝血酶、透明質酸酶、纖維蛋白交聯抑制劑、蛋白酶抑制劑、含肝素之抗凝血配方。[14]水蛭不僅是醫藥百寶箱，其賓士商標的咬痕也大有講究——比起手術刀的切口，三芒星狀的咬痕對組織的破壞較小，傷口得以快速復元。撇除吸血一事不談，水蛭算是挺懂禮數的寄生蟲，在各個方面都令人驚豔，但我還是不想徒手抓取把玩。

實習護理師到了，一進門就活力滿點、熱情爆棚，先是盛讚水族箱裡的麝香龜（在我眼裡就只是一隻名叫金咪的寂寞母龜），接著讚嘆水蛭陶罐和水蛭圖片。我在筆記裡寫道：「他們好像一點都不覺得很噁心，」後面又補了一句，「他們一定會成為很好的護理師。」這下終於可以來看生物製藥廠的介紹影片了，影片一開頭是一九八三年英國喜劇《黑爵士》（*Blackadder*）的片段，主角黑爵士穿越回伊莉莎白一世時期（一五五八—一六〇三），因為害了相思病而到處找解藥，他問醫生該怎麼辦才好，醫生要他試一試水蛭。這裡的笑點在於：伊莉莎白一世時期的人不管生什麼病，解藥都是水蛭；此外，當時的「醫生」別稱「水蛭」，但不是因為他們愛用水蛭治病，而是因為「水蛭」和「醫生」在中古英文裡正好是同一個單字：「水蛭」的中古英文是「laece」，意思是蟲子，源自中古荷蘭文；「醫生」的中古英文也是「laece」，但是源自古菲士蘭文，意思是「治療士」，[15]一直到文藝復興時期，英國人都用「laece」指稱水蛭和醫生，直到現在，我們還是可以從當時的英文書名略見端倪，例如《英格蘭早期的治療術、草藥學、占星術》（*Leeching, Wortcunning, and Starcraft of Early England*）。

水蛭自古就是人類的良伴，早在數千年前，人類就想到用水蛭來治病。古代醫學認為：疾病的成因之一是血液過剩，當時的放血師除了隨身攜帶放血刀和放血針，工具箱裡必備的工具就是水蛭。巴比倫人雖然說這種身上帶有條紋的吸血蟲「沾滿了血」，但也說水蛭是醫治女神古拉（Gula）之女。此外，印度的四手醫神曇梵陀利（Dhanvantari）常常捧著一罐水蛭，埃及文官烏瑟哈特（Userhat）的陵墓壁畫繪有施放水蛭的人物，這座陵墓推估已有三千年的歷史。[16]至於最早的水蛭療法文獻記載應該是《毒與解毒劑》（*Alexipharmica*），作者是希臘名醫尼坎得（Nicander），他遵循當時醫典的寫作規範，以六音部詩歌體列舉各種毒物及其解藥。尼坎得據說出身希臘古城克羅豐（Colophon），活躍於西元前二至三世紀，不過，除了這部希臘醫典之外，梵文、波斯文、中文、阿拉伯文典籍亦可見水蛭的記載。[17]根據羅伯特・柯克（Robert Kirk）和尼爾・潘伯頓（Neil Pemberton）合著的佳作《水蛭》（*Leech*），東漢學者王充講過一則惠王用膳誤吞水蛭的故事，惠王因為怕庖廚監食難堪，所以沒有多說什麼，「後來，惠王發現痼疾不藥而癒，王充解釋說，這是水蛭吸食了惠王腹中的瘀血，因而有此療效」。[18]事實上，被誤吞的水蛭會在喉嚨膨脹，導致誤食者窒息。

此外，放血療法與盛行千年的體液學說一拍即合。體液學說認為人體由四種液體構成，醫史學家赫曼·葛拉夏伯（Hermann Glasscheib）稱之為「四大汁液」，人體只是四大汁液的盛器，裡頭裝著黃膽汁、黑膽汁、白黏液、紅血液，黃膽汁過多會使人面色蠟黃，白黏液過剩則會導致感冒，透過鼻子和嘴巴將過多的白黏液排出去。葛拉夏伯寫道：「人體有三道門，有害物質可由此排出，一是透過皮膚排出汗液，二是透過腎臟排出尿液，三是透過腸道排出糞便。然而，既然人體有四大汁液，就應該有四道出口，醫生因此發明了第四道門：放血療法。」上自古希臘名醫希波克拉底（Hippocrates）、古羅馬醫學大師蓋倫（Galen），下至瑞士毒理學之父帕拉塞爾蘇斯（Paracelsus），這些醫界名人都相信放血療法的功效。十四世紀波斯通才伊本·西那（Ibn Sina，拉丁名為Avicenna）的著作《醫典》（*Canon of Medicine*）花費許多篇幅談論放血，認為「主要功能是疏泄」，任何症狀都適用，既可用於預防亦可用於治療，「只要是血液過剩導致的病灶，不論是未發病或已發病」，都適用放血治療。[19] 放血的部位不同，療效也不同，例如在眉心扎針放血能緩解長期頭痛，舌下靜脈放血可治心絞痛和扁桃腺膿瘍（但記得要縱切，橫切很難止血），髖靜脈放血可舒緩足痛風和象皮病，隱靜脈放血可舒緩月經問題並排出其他器官的血瘀。不過，伊本·西那認為少年（十四歲以下）和長者（七十歲以上）不宜放血，青少年則可透過「少量取血」來增加身體對放血的耐受性。[20] 從二十一世紀的醫學角度來看，我們大可嘲笑前人將講究的力氣用錯了地方。我的扁桃腺很小就摘除了，這在當時是正規做法，還記得我術後臉側向一邊躺著，連續流了好幾個鐘頭的血，護理師接著淡漠地幫枕頭翻了個面，要我側躺向另一邊。扁桃體切除術在今日已經過時，幾乎沒有人會開這種刀，可惜四十年前並非如此。

在過去，放血就像貼ＯＫ繃，不會引發任何爭議，有時甚至是職業要求。早年修道院設有「流血廂房」（phlebotomaria），又稱「刺絡房」（seyney），修道士每年必須放血數次，一來作為身體保健，二來……就有趣了：修道士不是要禁欲嗎？據信，長期強迫禁欲會導致精液阻塞，進而引發毒血症，危及人體健康。[21]放血可以避免毒血症。[22]對於這項職業需求，修道士似乎不以為意。他們把放血當作放假：這一天醫務室會點火，修道士卸下日常重擔，享用大魚大肉。[23]

在《醫典》成書的時代，放血可以由醫生操刀，也可以由理髮師執行。理髮師本來就慣用利器，加上當時教令禁止修道士行醫，修道院理髮師順勢拓展業務，開始執行外科小手術，此一風氣傳開後，理髮師兼職外科醫生成為常態，理髮外科醫生公會應運而生，英國理髮外科醫生同業工會的首位成員於一三一二年開業，[24]正因為早年放血由理髮師操刀，因此今日理髮店外才會擺放紅白雙色燈柱：紅色代表鮮血，白色代表繃帶，柱子則供病人抓握，上方的圓球大概是盛血碗的變形。

一四一九年出版的《倫敦白皮書》（*Liber Albus: The White Book of the City of London*）是一本規章手冊，由倫敦市長李察．惠廷頓（Richard Whitington）發行，英國民間傳說〈惠廷頓賣貓致富〉講述了這位市長發跡的故事，而其編纂的《倫敦白皮書》則提供倫敦生活指南，內容除了瞧不起外地人（不准他們開旅社、當肉販）、禁止烤麵包摻入麥麩，還明令理髮師不得「大膽妄為讓民眾見血，也不可在窗邊擺血，必須私下將血倒入泰晤士河，違令者由行政司法官裁處罰鍰兩先令」。[25]在外科醫學成為獨立學科之前，放血一事都由理髮師執行，外科成立之後，雙方還為誰有資格操刀唇槍舌戰，為了化解爭端，英國國王喬治二世於一七四五年敕令成立皇家外科醫學會，[26]從此之後，外科醫生負責開刀、理髮師負責理髮，拔牙則由雙方兼管。

過去兩千五百年來，任何疾病只要找不出病因，一律採用放血療法處理。

《黑爵士》的橋段終於播完，接著我們來到十九世紀，此時「水蛭熱」開始延燒，水蛭吸血法廣為流傳，就連王室成員也接受水蛭放血。一八一六年，英國攝政王病倒，御醫使用三十六隻水蛭治療。[27]一八二五年，俄國沙皇亞歷山大一世在克里米亞半島高燒不退，皇后力勸沙皇接受水蛭療法，但沙皇「勃然大怒，抵死不從」，[28]直到病情惡化，才不甘不願在頭上放了幾條水蛭，最後依舊死於病榻。

除了英國攝政王和俄國沙皇之外，促成水蛭熱潮的君主另有其人。拿破崙的軍醫布魯塞斯（François Joseph-Victor Broussais）是史上「最嗜血的醫生」。[29]柯克和潘伯頓合著的《水蛭》寫道：拿破崙戰爭讓「民醫成了軍醫，導致民間會用刺針放血的醫生短缺。布魯塞斯的聰明之處在於提出全新醫理，儘管聽起來時髦，卻是根植於平易近人的簡易療法，絕對不會鬧出人命」。[30]這套醫理源於布魯塞斯驗屍時在消化系統內發現血跡，他因此推論所有疾病都源於內臟發炎，統稱為「液病」（phlegmasies），並認為「液病」可用放血療法緩解，包括傷風、梅毒、行經、流感、霍亂、痛風，皆可採用放血治療。不過，布魯塞斯知道放血很危險，病人常常放血放到昏厥或是彌留，切開靜脈則會引發感染，因此，布魯塞斯認為水蛭吸血法比放血療法更佳，至少比起切開靜脈，水蛭吸血的致死率低多了，更何況水蛭俯拾皆是，水蛭吸血法對於治療外傷又特別有效，「例如車輪輾過造成的創傷」。[31]此外，將數隻水蛭置於肛門可以消炎，「大大小小的液病都能立刻消除，小則六英吋，寬則一英尺」。[32]布魯塞斯並未多費筆墨描述細節，讓我不禁好奇（了一下）：一英尺寬的肛門膿瘍究竟長怎樣？根據布魯塞斯的說法，治療幼童需要一到三隻水蛭，治療婦女需要十五隻，成年男子放血一次需要六十隻。布魯塞斯一時紅遍醫學界，演講場場爆滿，有一次還出動國防部長（另一說為警方）親自關門，以防外頭群眾破門而入。由於布魯塞斯的醫理備受敬重，因此，原本法國的水蛭產量在十九世紀初還多到可以出口，到了一八三三年反而必須從國外進口水蛭四千一百六十萬條，[33]當時法國醫生簡直是用水蛭治百病，甚至連病患的面都還沒見到，就先讓病患放血，讓水蛭成了另類的「預防病蟲」。

這麼多的醫療水蛭從哪裡來呢？早年歐洲沼澤和池塘盛產水蛭，採蛭人只要光腳涉水就能捕獲，倫敦的惠康博物館（Wellcome Collection）收藏了一幅牧野版畫，畫面上的約克郡採蛭女正在將捕獲的水蛭裝進小木桶。英國浪漫派詩人華茲華斯（William Wordsworth）在詩中描繪湖區的採蛭夫：「雲遊池塘與荒野／棲息上帝的恩典／如此老實地掙錢」。[34]採蛭確實是老實的行業，但既不浪漫也不閒適，在法國稱之為「血釣」：

> 只見少女身子一軟，腳步不穩，既像醉酒又像頭暈，一時跌入池塘——腳在泥裡、頭在雲裡。身旁的夥伴心知肚明：這少女之所以渾身酥軟，實則是水蛭吸人膏血不知饜足的緣故。大夥兒七手八腳將摔昏的少女抬出池塘，遠離這些黏答答的寄生蟲。[35]

這時通常會遞上加烈紅酒讓少女補身體，一則提神，二則補血，少女光溜溜的腿上覆滿了吸血水蛭，等少女醒轉後再用熱灰或鹽巴將水蛭取下。採蛭收入極為微薄，從事這一行都是家境貧苦或迫不得已，隨著西歐當地的水蛭在十九世紀中葉幾近絕跡，採蛭的前景日漸黯淡，有人開始改以養殖代替採獲，但是困難重重，首位成功者是法國吉倫特省的貝夏先生（M. Béchade），他在一八三五年發明了令人作嘔的水蛭餵養法，將牛、馬、驢趕到池塘裡讓水蛭飽餐一頓。[36]不難理解的是：這些家畜開始反抗任人宰割、以血養蛭，這時主人便會抽打這些牲口，將牲口趕進囚籠裡，再把囚籠推入池塘中，讓水蛭大快朵頤。通常被選去餵水蛭的都是老馬。克勞德．賽紐雷（Claude Seignolle）因此寫道：這等於宣判這些忠心侍主的老馬「兩次死刑」，而且第一次還比第二次更恐怖。[37]

誰叫養水蛭有利可圖呢？貝夏先生的養殖事業越做越大，其公司「希卡杭貝」（Ricarimpex）至今仍在經營，是生物製藥廠的主要競爭對手。由於水蛭養殖是暴利事業，各種詐術因此層出不窮。一八五六年，法國農業部宣判不得以（屠宰場等）廢血灌肥水蛭，指明此舉違反一八五一年刑法第一條和第二條，並派遣督察至各家藥局臨檢：先挑幾條水蛭起來秤重，接著將水蛭放入鹽水中，捏一捏、壓一壓，然後再次秤重，看看有沒有灌血虛報重量。[38]正所謂物以稀為貴，野生水蛭日漸稀少，價格自然攀升，從前一千條五法郎（約台幣三十元），這時漲到二十法郎（約台幣一百二十元），而且入冬後行情更好。

眼看水蛭價格飆漲，商人便做起了進出口和走私生意。匈牙利、俄國、葡萄牙的水蛭多到有剩，紛紛加入賣蛭謀利的行伍，而且謀到的還不只是蠅頭小利，船王自然樂得順水行舟，滿載著一船又一船的水蛭越洋跨海，從德國、俄國、匈牙利、葡萄牙到美國、巴西，都有港口停靠，錫罐、陶罐、玻璃罐、箱子都可以用來裝水蛭，前提是要夠堅固，畢竟水蛭很狡詐，許多船隻進港時，甲板上都是水蛭。巴西的水蛭熱源起於皇帝佩德羅一世（一七九八－一八三四）接受水蛭療法，皇后利奧波丁娜（Leopoldina）與葡萄牙皇室成員也紛紛使用水蛭放血，許多來自安哥拉、莫三比克、剛果的少年接受理髮師技術（包括放血）訓練後，身價便高過沒受過訓練的奴僕。索耶爾寫過一份詳盡的研究報告，主題是一八四四年葡萄牙和巴西的水蛭貿易，當時一位女傭要價二億二千萬瑞斯（約台幣二百九十五萬元），精通水蛭療法的奴隸身價是女傭的三倍，而水蛭則每條要價二十萬瑞斯（約台幣二千七百元）。「易言之，」索耶爾寫道，「曾經，具備理髮師技藝的男僕，身價只值五百條水蛭，女傭的身價則低於一百七十五條水蛭，儘管這表示奴僕身價低賤，但更重要的是水蛭在當年是物以稀為貴。」[39]

令人意外的是，這股水蛭熱的批評者屈指可數，或許是批評者的命都不長，根本來不及反對便過世了。早期的反對聲浪中可以聽見英國詩人拜倫的聲音，其批駁帶有詩意，讀起來十分痛快。拜倫於一八二四年逝世，隔年《泰晤士報》（*Times*）刊載其醫生法蘭西・布魯諾（Francis Bruno）的信件片段，內容記敘拜倫的臨終軼事。拜倫於一八二三年赴希臘參加獨立戰爭，力抗鄂圖曼帝國，在邁索隆吉翁（Missolonghi）度過「非常愉快的一天」後，便染上熱病一病不起，起初醫生想採用水蛭放血，但因拜倫勛爵腸胃不適而作罷；兩天後，拜倫勛爵前額頭痛，醫生因此在其太陽穴上放置七隻水蛭，總共吸了兩磅血。布魯諾醫生寫道：「我發覺勛爵極端厭惡放血。」[40]「除了放血之外沒有其他療法了嗎？」勛爵問。「死於刺血針下的人比死於刺矛下的人還要多。」[41]拜倫的文采確實令人折服，都已經奄奄一息了還能這樣妙語如珠，可惜依舊擋不住醫生想放血的心，勛爵也只能稱了醫生的意。「來吧，」拜倫在嚥氣前說道，「我明白了，你們這夥可惡的屠夫，要多少血儘管拿！動手吧！」[42]於是醫生放血，拜倫勛爵氣絕。

一八二七年，約瑟馬利・奧丁盧弗（Joseph-Marie Audin-Rouvière）醫生發表了〈別再用水蛭！〉（No more leeches!），在文中大力抨擊放血療法。在奧丁盧弗醫生的筆下，放血療法是「要命的做法」，名氣大到「簡直莫名其妙」。據他描述，當時醫生到府看診，都還沒見到病人的面，或是根本沒問病人的症狀，一進門就大喊：「水蛭！水蛭！」

「要幾隻？」

「六十隻。八十隻。」

「但病人很虛弱，已高齡八十。」

「水蛭會讓他恢復氣力！」

〈別再用水蛭！〉一文還提到了法柏特醫生（Dr. Frappart），他在治療某位病患的過程中用了一千八百條水蛭（如此一來，療程走完病人大概也死了）；此外，報社編輯馬爾坦維爾先生（Monsieur Martainville）罹患痛風，十根手指頭總共用了五百隻水蛭治療，「大家都曉得馬爾坦維爾先生的痛風還是沒有好」。假設每隻水蛭吸血一盎司——奧丁盧弗醫生寫道——一次療程下來病人大約失血十二磅，如果遇到拿破崙的軍醫布魯塞斯，病人失血量大約是全身血量的八成，這難保不會造成嚴重的創傷性大出血，一旦如此，病人通常只有死路一條。奧丁盧弗醫生巴不得布魯塞斯遭到報應，但並未如願。[43]一八三八年，布魯塞斯過世，水蛭熱還要再過數十年才會退燒，這都多虧了水蛭和採蛭人的幫忙。哀悼這位「名醫」的訃聞莫不對醫學界痛失英才深感哀切，布魯塞斯確實留給了後世瑰寶，據說其帶動的水蛭熱潮啟發了變形蟲圖騰（但這種圖騰其實源自波斯），而他對體液學說的質疑也大有用處，可惜其得出的結論簡直要命。一位訃聞作者說布魯塞斯「誓死捍衛發炎學說和水蛭」，[44]在其有生之年，水蛭在許多國家被濫捕到絕種，此外，他還謊報接受放血療法的病人存活人數。[45]對於這樣一位嗜血的混帳，卻有義大利和法國的醫院以他的名字命名，[46]至於那上百萬隻因其液病學說冤死的水蛭和被害死的病患，卻連一座紀念碑都找不到。

生物製藥廠的介紹影片播放完畢，我的神經都醒了，噁心機制也醒了，因為接下來要參觀水蛭箱和把玩水蛭。儘管水蛭是生物學家口中的簡單生物，但照顧起來卻十分複雜。生物製藥廠用了三間房間來養殖水蛭，每一間的溫度都不同，越往裡面溫度越低，水蛭的狀態也越接近醫療器材。這裡所有的水族箱和設備都有明確的規格，大多由卡爾親自設計，他可以在生物製藥廠待這麼久，靠的是工程技術和一絲不苟，而不是單靠水蛭。卡爾得意地說：這裡所有物品都是量身打造。

第一間房間定溫在華氏七十八．八度（攝氏二十六度），這溫度令人精神一振，就像冬天的旅人走進熱帶的溫室，頓時覺得暖意襲來。我拍了張照片，雖然照片裡只是數十個蓋著白布的水族箱，但卡爾一發現我在拍照，立刻說：「妳可以拍整間房間，但不能對著水族箱拍。」繁殖水蛭必須慎重其事，要餵幾餐、餓幾餐，一下暖、一下涼，全程不得馬虎，就連智慧型手機的拍照聲都可能會嚇到水蛭。水蛭寶寶就誕生在這間房間的水族箱裡，水蛭雌雄同體又懂得變通，只要兩條水蛭相見歡，便能交配產下後代。卡爾掀起棉布一角，從水族箱中抓出一隻水蛭。這隻是歐洲醫蛭，腹部可見金綠條紋交錯，色彩斑斕，美得出人意表，就連卡爾這麼正經的工程師也承認：「這色澤真是不錯，你去看看別人家的水蛭，可不像我們家的這麼漂亮。我就是看上這顏色才養的。」

其他水族箱裡的都是牛蛭，專門用來醫治動物，罹患真性紅血球增生症（Polycythemia Vera）的貓可以採用水蛭放血，藉以降低血液中的血紅素濃度。狗則常因為耳朵腫脹感染而使用水蛭，這種症狀稱為耳血腫，俗稱菜花耳，尤其好發於法國鬥牛犬，卡爾認為：十隻法鬥有九隻使用過生物製藥廠的牛蛭——這個數據我喜歡，但不確定是否有憑有據。卡爾還說牛蛭貴到剁手剁腳，這個隱喻具體得恰如其分，但牛蛭可以重複使用，就像從前藥商的水蛭一樣——先出租吸血，歸還後擠出血，然後再次出租。況且，牛蛭本來就比歐洲醫蛭更容易餓，使用頻率自然比歐洲醫蛭還要高：一隻牛蛭就算吸貓血吸到飽，六到八週之後就能再次進食，歐洲醫蛭光是消化一餐就要一年。

生物製藥廠端出的料理永遠是血腸，一隻歐洲醫蛭要花兩年的時間才能長成醫材，期間每半年得餵一次羊血腸。以前生物製藥廠餵的是牛血腸，牛血腸比羊血腸好餵得多，一來水蛭吃得高興，二來一頭牛的血量可以抵十頭羊，但是，牛海綿狀腦病（Bovine spongiform encephalopathy，俗稱狂牛症）爆發後，牛血從此禁用，人和水蛭都不能吃。

水族箱底部有一隻水蛭一動也不動，卡爾指著這隻水蛭，說：「牠們在野外就是這樣。水蛭體內的血液貯存空間很大，因此會埋在泥土或沼澤中進食。」卡爾把水蛭的構造形容得像油輪，生殖器官在前頭，好比油輪的駕駛艙，「重要器官在身體兩側，心臟左右各一，身軀大多用於貯存血液」。吸飽血的水蛭會膨脹成原本體重的五倍，體型小一點的會膨脹至八倍。卡爾將一根手指頭伸進水裡，一隻水蛭立刻游過來。「牠正在東聞西嗅。」但其實人家正在嘗味道，卡爾的手上沾了油和糖，水蛭察覺到了，他拎起一隻水蛭，但沒被咬。「我對水蛭沒什麼吸引力。」水蛭咬人還沒什麼，水蛭互咬才令人頭疼。每隻水蛭消化的速度都不一樣，「同樣的水族箱，一隻水蛭可能已經縮小到只剩三百毫克，另一隻水蛭卻還有三到四公克」，這就是大開殺戒的前奏了——大水蛭吃小水蛭，有時甚至一咬斃命。為了維護水蛭之間的和平，最好的辦法就是調節溫度，讓水蛭處於半睡半醒之間——放空的水蛭就是最安全的水蛭。

生物製藥廠還實驗了各種大小的水族箱，藉以提供水蛭最佳的運動空間。卡爾不僅親手打造水族箱養殖水蛭，此外還親自擔任水蛭的健身教練。水蛭每天運動兩次，從訓練項目來看，水蛭的健身菜單相當簡單。「我就去把其中一隻拎起來，擺到水族箱的另一邊。」然後水蛭就會游回原來的地方，達到快速減重的效果，有時候運動量甚至比卡爾指望的還要大。水蛭最煩人的天賦就是逃脫——卡爾說——就連生物製藥廠的水族箱都關不住，常常一回家才發現腳踝上吸附著幾隻水蛭。

「我要是沒在駕駛座的擱腳處找到水蛭，反而會覺得很詫異。水蛭會吸附在鞋子上，然後慢慢乾掉。」他話一說完，大家都往腳邊看了看。

水蛭會移動。如果蛞蝓和水蛭賽跑，誰會贏呢？薄妲妮說這要看天候和環境，「很多人以為水蛭和蛞蝓是親戚，都黑黑的，長得又像，所以我們接到電話，說要借水蛭拍一些古怪詭異的照片」。有一次是服裝設計系的學生，大多數是各種物品、活動、場所的「怪異」推廣活動。「他們拿到水蛭，心想水蛭動作那麼慢，多的是機會拍出完美的照片，只要他們叫水蛭乖乖待著，坐好不要動。」

「就這樣，」卡爾說，「燈一打，咻！水蛭就跑走了。」可以跑多遠？「哪裡潮濕哪裡去，所以整個威爾斯都是水蛭的活動範圍。」

水蛭游起泳來，不僅姿態優美而且速度飛快，在陸地上則靠吸盤移動，先用前吸盤吸附，再用後吸盤吸附，以尺蠖式運動前進，姿勢雖然難看，但是效率極高。（水蛭移動的方式跟蚯蚓完全不一樣，蚯蚓採用波浪式蠕動前進。）但是一進到水裡，水蛭的姿態便截然不同，改而呈現S型，根據《水蛭》一書的兩位作者描述，「水蛭會扁著身體做波浪狀運動，不僅泳速飛快，姿態更是優美到少有物種能敵」。達文西曾經在筆記本中描繪水蛭，試圖理解水蛭運動的物理。[47]水蛭跟鯨魚、海豚、鰻魚一樣，都是採取背腹式運動，也就是上下拍動而非左右擺動。不妨想像一下蝶式，而且是奧運選手的蝶式，優雅中帶有爆發力。

生物製藥廠的這些游泳好手毫無用武之地，牠們被包在凝膠裡送進醫院的藥局，而且遲早（一旦任務完成）都會沒命。二〇〇四年，美國食品藥物管理局（U.S. Food and Drug Administration，簡稱ＦＤＡ）將醫療水蛭列為未分級醫療器材，[48]僅限單次使用，凡是在醫療場域吸飽血掉落的水蛭都得用酒精處決，此舉雖然看似忘恩負義，但吸飽血的水蛭確實是生物危害，牠們會把吸來的血輸到另一個人身上，「糟糕的事不僅於此，」卡爾說，「牠們簡直是會走路的針筒。」生物製藥廠推出水蛭專用的安樂死套組，品名以威爾斯語取為「晚安」（Nosda），產品內容包括酒精、罐子和（好心用錯地方的）「水蛭專用鑷子」，[49]讓醫護人員以仁慈的方式處決水蛭。

冷室裡的水蛭差不多可以送往醫院了，牠們這一生已經吃了四餐、餓了六個月的肚子。如果運氣好——卡爾說——一隻水蛭從出生到長成醫材只要兩年，但通常需要三年，因為還要讓水蛭餓一下，飢餓的水蛭工作起來效率會更好。最後一間房間不開放參觀，裡頭以紫外線照射，幫水蛭殺菌消毒。最後的包裝程序我們也無緣看到：水蛭在上路之前，要先用專利聚合體凝膠包覆。水蛭養殖有水蛭養殖的祕辛：我問卡爾生物製藥廠有沒有商業間諜活動，他不願正面回答，只說：「沒必要這麼做，我們的產量冠居業界。」生物製藥廠孵育的水蛭中，有九成長成走路針筒，這都多虧水蛭適應力極強，耐溫範圍從華氏二十三度（攝氏零下五度）到華氏一百零四度（攝氏四十度），如果溫度太高則用碎冰運送，以確保水蛭運抵時狀況良好，他們可是去工作的。

內中有一個人、把大祭司的僕人砍了一刀、削掉了他的右耳。耶穌說，到了這個地步，由他們罷，就摸那人的耳朵、把他治好了。（《路加福音》二十二章，五〇—五一節）

耳朵被切掉可不如《聖經》宣稱的那麼容易醫治。耳朵充滿細小的血管，一旦被切下來（醫學術語稱為「割裂」）就很難再接回去，就好比一小塊織錦斷成兩截，織錦的絲線直徑只有〇・三至〇・七公釐（人髮都沒有那麼細），每一條絲線都必須毫無損傷地接回去，工程龐雜到令人害怕。正如三位醫生在一篇醫學論文中所述：「全耳割裂的微細血管再植手術，成功案例少到引人側目。」這篇論文發表於一九八七年，一出版便造成轟動，光看論文題目——〈全耳割裂的微細血管再植手術〉，實在看不出轟動在哪裡，從論文中的圖片也看不出轟動的原因，圖片是手繪的，有割下來的耳朵，也有接回去的耳朵，但仍舊沒有畫出這篇論文跟其中一位作者（小兒外科醫生約瑟夫・厄普頓〔Joseph Upton〕）爆紅的原因——水蛭。[50]

一九八五年，麻州有位三歲小男孩的耳朵被家裡養的狗咬了下來，小男孩名叫蓋伊・康德利（Guy Condelli），[51]家人送他到波士頓兒童醫院（Boston Children's Hospital）接受治療，厄普頓是當時其中一位外科醫生，他和其他醫生依照全耳割裂案例處理，先在手術室顯微鏡下觀察被割裂的耳朵，認出幾組血管的位置，每條血管直徑〇・二至〇・五公釐，〈全耳割裂的微細血管再植手術〉的作者認為「根本辨認不出動脈和靜脈的位置」。接著，小男孩上了麻藥，耳朵縫了回去，但顏色卻越來越鐵青。由於動脈較強健、恢復速度較快，已經將血液輸送到患處，但靜脈還沒復元，血液來不及被帶走，導致血液凝集、發黑，在皮膚底下透出不祥的預兆。小男孩在手術期間施打了五千單位的肝素，這種強效抗凝血劑能避免積血，但在小男孩身上卻沒效。術後第五天，依據論文圖示，小男孩的耳朵發黑，這下麻煩可大了。

厄普頓曾在越戰期間擔任軍醫，聽說過用水蛭和蛆來治療病患。「我開始打電話給美國各地的朋友，」厄普頓醫生告訴記者，「努力尋找飢餓的水蛭。」[52]但成功機率微乎其微。卡爾說美洲水蛭「根本是廢物」。根據卡爾估算，亞洲醫蛭的效率比歐洲醫蛭少二成五，美洲醫蛭更是連歐洲醫蛭的一半都不到，分泌出的抗凝血劑也不太管用，而厄普頓需要的是全球最強效的抗凝血劑。換句話說，厄普頓需要歐洲醫蛭，美國卻連半隻都找不到，也還未將水蛭列為醫療器材。最後，厄普頓找上生物製藥廠，向一年前成立這家公司的索耶爾下了幾張訂單。我問薄妲妮當年是怎麼把水蛭運到波士頓的？她說：「用飛機載。機長親送。」想像一下這幅畫面：機長開飛機飛越大西洋，一邊擔心暴風和亂流，一邊確保機上三百名乘客安全，同時還要顧及座位後方那一箱水蛭。這機長肯定坐立難安。

生物製藥廠的水蛭平安抵達後，馬上被放到積血組織上，厄普頓在論文中描述了療程經過：「水蛭吸飽了血，便從耳朵掉落，一旦耳朵開始變色，就再施用一批水蛭。一放上去，黑青現象立刻改善。」厄普頓在接受採訪時說得更直白：「耳朵馬上有起色。」耳朵豎起來了，有血色了，得救了。

雖然說科學論文寫作多半不帶感情，但以描述成功創新醫案的論文來說，這篇論文簡直含蓄到出奇，儘管圖示畫出了割裂的全耳，卻沒有畫出拯救耳朵的水蛭，這可是數十年來成功使用水蛭的首例，但作者不僅沒有自吹自擂，反而語帶抑鬱地表示水蛭治療「並非創舉」，實在沒什麼看頭，也不是什麼了不得的事，不過就是人見人厭的多環節蠕蟲被放進了最無菌的環境，並且在三歲小男孩的身上實施了創新的抗凝血治療，而小男孩現在有了一雙健全的耳朵。

在某種程度上，作者如此妄自菲薄也在情理之中。一九六〇年代，兩位斯洛維尼亞的外科醫生開始復興水蛭療法，[53]但是美國和英國的手術室已經長達數十年不曾使用醫蛭。康德利手術成功三十年之後，水蛭在現代生活中占據了一席之地，只是這地位十分詭異。看在大眾眼裡，水蛭很噁心，薄妲妮還說，水蛭療法在大眾心中是「邪惡的江湖醫術」，跟瘟疫、膿瘡、黑爵士一樣，都是中世紀的產物。二〇一六年，奧運金牌泳將菲爾普斯（Michael Phelps）被爆出熱中「拔罐」，這種療法已風行世界數百年，[54]先將玻璃罐（或是牛角）置於體表，藉由點火將玻璃罐內的空氣燒光，以真空負壓效果來疏通血脈、促進血行、引發抗炎反應，但菲爾普斯身上的拔罐印記卻引來了訕笑，某位科普寫手在推特上寫道：「下次是要換用水蛭嗎？」《紐約客》（*The New Yorker*）則刊載了一篇文章，作者為了表示拔罐根本是無稽之談，於是寫下了這段文字：「拔罐就跟用水蛭治療頭傷一樣有效。」[55]儘管康德利的全耳割裂傷是絕佳的反證，但是水蛭依然是無知和落伍的象徵，就如同相信子宮亂跑會導致女性歇斯底里，也如同將老鼠對切用於敷療肉瘤。[56]

除非你比大眾更了解水蛭，或者你本人就是整型外科醫生。伊恩·惠特克（Iain Whitaker）醫生曾於二〇〇二年做過電話訪問，調查全英國六十二間整形外科單位，其中五十間過去五年曾於術後使用水蛭搶救皮瓣移植或斷指再植導致的血供障礙，每年使用水蛭療法超過十六次的共有三間，回答每年至少五次的共有十五間。[57]此外，水蛭治療的期刊論文不勝枚舉，包括整形外科、顎面外科、顯微手術，都詳細記載水蛭療法的適當程序，並經判定可有效搶救手指、耳朵、乳頭、鼻尖、陰莖等重要身體部位。閹夫案男主角波比特（John Wayne Bobbitt）的陰莖再植手術聞名全球，水蛭全程在一旁待命，雖然最後沒有派上用場。[58]

現今最常使用水蛭療法的是皮瓣重建手術，也就是將自體組織移植到其他部位，常用於乳房重建、開放性骨折、大面積傷口、唇顎裂改善。皮瓣和植皮不同，皮瓣移轉的組織帶有血管，必須與組織缺損處的血管接合，過程複雜到惱人，需要以手術顯微鏡進行微血管縫合，如果血管瘀血，顯微手術醫生就需要用到水蛭，這是不受質疑的現行做法。生物製藥廠每天都會出貨幾批水蛭，今天這批要運到賽普勒斯和芬蘭。

自從厄普頓那次披星戴月運送水蛭至今，世事已幾經變化，醫療水蛭和馬鞭水蛭都成了瀕危物種，列於《瀕臨絕種野生動植物國際貿易公約》（Convention on International Trade in Endangered Species of Wild Fauna and Flora，簡稱CITES）附錄二，[59]如需出口必須經過CITES允准，申請程序長達六週，這在水蛭養殖場的人看來似乎很奇怪。「我們的水蛭哪有瀕臨絕種，」卡爾說，「我們多的是水蛭。」

薄妲妮說：「有一次是這樣的，有個沙烏地阿拉伯的醫生打來說：『我們真的、真的需要水蛭，有位五歲男童的腳快不保了。』這下大家都瘋了，一下忙著跟CITES當局打交道，一下忙著跟航空公司搞定空運的事情，我們這裡距離希斯洛機場大約兩個多鐘頭，快遞人員都出去了，我們還在跟海關溝通，看能不能當天就出貨，不要等到兩、三週之後。為了等我們的快遞送達，機場將沙烏地阿拉伯航空的班機延後了兩個鐘頭。」而接下來的事態發展，更進一步證明了這位五歲男童的後台應該很硬——生物製藥廠的水蛭交到了沙烏地阿拉伯航空的老闆娘手裡，一路捧到沙烏地阿拉伯去。

跟CITES打交道令人挫折。「等到哪一天他們有人斷臂，」卡爾說，「再親耳聽聽他們說要等候許可。」航空公司也是個大麻煩。活體的醫療器材很少見。水蛭雖然是醫療器材，但航空公司卻認為水蛭是動物，而航空公司不喜歡運載動物。有些航空公司願意在夏天時配合低溫運送，但還是有可能出現溫水煮水蛭的情況。

把玩水蛭的時間到了。卡爾找不到合適的歐洲醫蛭，因而邀請我們抱抱看牛蛭。他挑了一隻又黑又大的……我知道水蛭不是蛞蝓，但他挑的這隻真的很像蛞蝓。卡爾說：「牛蛭很黏滑。真的超級、超級黏滑。」等等，他是在津津樂道嗎？卡爾邀請第一位新進護理師伸出雙手，自己則在底下捧著，以免護理師太害怕，不小心把水蛭弄掉在地上，但她一點也不害怕，反而十分熱血，是那種看到便盆也不會畏縮的護理師，卡爾在一旁語音導覽，水蛭則在護理師手上爬來爬去、東聞西嗅，尋找下口的位置。「這裡是咬人的前吸盤，這裡是後吸盤，生殖器官在這邊。」他說從這顏色來判斷，這隻水蛭懷孕了，護理師一聽，差點把水蛭掉在地上。「別擔心，牛蛭跟牛一樣壯。」

掉下去會啪嗒一聲嗎？

「不會。而且水蛭從接近獵物到咬下去要花一段時間。」從吸附到開咬要六秒鐘，還在把玩的就更久了。「可以把玩的時間多到令你詫異。」卡爾估計可以把玩十二到十五秒，但其實用不著數秒，「我一看那下顎肌肉就知道牠是不是要咬人了，看得一清二楚」。此外，卡爾認得這隻水蛭，也知道這隻水蛭的生父和生母：牠身上有兩條橫紋，一條來自生父，一條來自生母。我問他會不會幫水蛭取名字，他露出「這是什麼蠢問題」的表情。「不會，但每隻確實各有特色，有的比較凶猛，有的比較敏捷，有的非常溫和。」

輪到第二位護理師把玩水蛭。她尖叫了一聲。「別擔心，」卡爾說，「牠的頭還離得很遠。冷靜！」我問她是什麼感覺，她說：「有一隻水蛭在我手上的感覺。」接著輪到第三位護理師，然後又是不到十五秒的把玩時間，接著就輪到我了。

我完全不記得當下的感受。根據錄音紀錄，我起初還說：「還好嘛，其實。」接著馬上改口：「好了可以拿回去了。」照片裡的我一臉厭惡，整張臉皺在一起。我記得那感覺不像黏糊糊，但又說不上來是什麼手感，就冰涼冰涼、活生生的，打死我都不想放在手上。就算我耳朵重傷、乳房重建、手指斷裂，我還是不知道該怎麼忍受水蛭在自己身上爬動，也不知道該怎麼接受醫護人員的勸服。

一連讀了幾個月水蛭的論文，我發現了一件事。水蛭療法「幾乎為所有人接受，」惠特克醫生在針對整形外科單位所作的調查報告寫道，「過去五年來只有少數單位碰到病人違抗醫囑。」[60]而在頭頸手術期刊中則有這麼一句話：「沒有病患因無法忍受而中止水蛭治療」。[61]某份水蛭療法的衛教傳單上寫道：「護理師會向您解釋水蛭療法，確認您了解整套療程後，才會開始施用水蛭。」[62]由此看來，勸說病患接受水蛭療法，並不比勸說病患乖乖打針棘手。儘管卡爾將水蛭比喻為會走路的針筒，但水蛭畢竟不是針筒，而是有吸盤、有牙齒的吸血寄生蟲，很噁心，不是嗎？

人類會覺得噁心背後都有原因，根據噁心學家（對！世界上有噁心學家，他們很棒！）的說法，令人反胃的事物都是危險的事物。如果掉落的毛髮會傳染疾病，就比身上的毛髮更教人噁心。比起蠕蟲，毛毛蟲比較不容易害人生病，因此也就沒有那麼惹人生厭。這種生物決定論並非固定不變，年齡、地域、身分都會影響人對噁心與否的判斷。噁心學家薇勒莉・柯蒂斯博士（Valerie Curtis）發現：印度人覺得噁心的事物包括尿液、汗液、經血、剪下的頭髮、分娩、嘔吐、小老鼠、大老鼠、低賤的種姓、腐敗的廢棄物。[63]荷蘭人感到反胃的事物則包括糞便、黏糊、魚販的手、貓、狗。《剖析厭惡》（*The Anatomy of Disgust*）的作者威廉・米勒（William Miller）考察美國人厭惡的事物，發現「排泄物、體液、膿包、腐爛廢棄物、斷肢、陰毛、淫水、墳場、屠宰場、堆肥、腐肉、蛞蝓、蛆、吸血寄生蟲、畸形」令美國人反胃作嘔。[64]

因為厭惡，水蛭遭人曲解，成為惡毒、寄生、邪惡、墮落的象徵。在字典的定義中，水蛭除了是「寄生／肉食性環蟲」，也可以引申指「剝削他人或仰人鼻息者」。因為厭惡，希特勒（Adolf Hitler）和納粹文宣將猶太人比喻成水蛭，昭告大眾說猶太人「哭著要『陛下』恩寵卻恃寵而驕，像水蛭般吸附著德意志帝國」。[65]因為厭惡，彼得．馬克．羅吉特博士（Dr. Peter Mark Roget）編纂近義詞辭典時，一共列了五個水蛭的近義詞，除了禍害、搗蛋鬼之外，還包括寄生蟲、蟯蟲、條蟲。身為《羅吉特近義詞辭典》的愛用者，我不得不說這些近義詞對水蛭很不公平。我承認醫蛭雖然很有用，但並非完全無害：由於醫蛭缺乏內源性消化酶，必須依賴嗉囊中的細菌來消化血液，造成病人感染河流弧菌（Vibrio fluvialis）或親水性產氣單胞菌（Aeromonas hydrophila）等氣單胞菌屬，所以通常會要病人事先服用抗生素作為預防。然而，水蛭不像條蟲會侵襲人體臟器，也不像蟯蟲會危害人體健康，上百隻水蛭可能會取人性命，但一隻水蛭不會造成生命威脅。從人類對水蛭的利用、濫用來看，我還真不敢說誰才是寄生蟲、誰才是獵物。

確實，水蛭療法存在風險。要水蛭咬在該咬的地方並不容易，關於如何將水蛭引導至正確的位置，文獻中有許多有用的建議。根據二〇〇九年《整形、重建暨美容外科期刊》（*Journal of Plastic, Reconstructive & Aesthetic Surgery*）刊載的研究成果，孟買醫生建議將水蛭裝在注射筒裡，這個辦法「顯然最為美觀」，[66]另一個辦法則是在紗布中間剪一個洞，以此將水蛭引導至需要治療的患部。我個人最喜歡的水蛭施用建議刊載於一八四九年的醫學期刊《柳葉刀》（*Lancet*），題目是〈水蛭喝醉會吸血到酒醒〉（Leeches Drunk Will Bite Till Sober），文中有一段水蛭施用說明：「將預備使用的水蛭泡入溫啤酒中，水蛭一掙扎便取出，用布包裹，一施放即吮血，屢試屢成，對曾經施用失敗的水蛭也同等有效。」[67]

作為醫療器材，水蛭的活動範圍很廣，這在醫學文獻中稱為「蛭徙」，水蛭會遷徙到人體內外，因此帶來無數困擾，有的跑進病人的喉嚨裡，有的跑進支氣管裡，有的跑進呼吸道裡。在從前，馴蛭人為了訓練水蛭，會用線縫在水蛭身上。十九世紀的詹姆斯．羅林斯．詹森醫生（James Rawlins Johnson）發表過關於水蛭的論文，認為水蛭可用以治療因月經滯留而引發的「譫妄」（phrenitis），十六世紀的葡萄牙醫生路斯坦尼（Zacutus Lusitanus）也說：治療譫妄最好的辦法，就是將四隻水蛭綁在一條線上，將其引導至子宮附近吸咬。「路斯坦尼醫生對水蛭療法相當熱中，宣稱所有病情都可以藉由水蛭療法舒緩，尤其以治療肛門血管疾病最為有效。」[68]醫學界有多少對付「蛭徙」的辦法，就有多少篇研究修補皮瓣的論文。不過，說到讓水蛭在正確的位置吸咬並且不亂跑，最好的辦法就是在一旁盯著，而這個負責盯著的人就是護理師。

我讀了好幾個月關於水蛭的文獻，卻都沒有讀到護理師的身影。護理師一定在場，但卻遭到消音。護理師是那塊缺漏的拼圖。少了護理師，誰來施放水蛭？誰來安撫病患？誰來盯住水蛭不亂跑？誰來在水蛭功成身退後進行撲殺？此外，身而為人，護理師要怎麼克服噁心機制，才不會在病人眼前面露厭惡？某天深夜，我在《英國護理期刊》（*British Journal of Nursing*）上讀到一篇論文——〈從護理師角度談整形與重建手術中的水蛭療法〉（Nurses’ Experience of Leech Therapy in Plastic and Reconstructive Surgery），作者是艾莉森．蕾若（Alison Reynolds）和寇姆．歐伯利（Colm OBoyle），[69]研究場域是都柏林某間一流教學醫院的整形外科病房，總共三十床，編制二十六位護理師、五位整形外科主治醫生、八位住院醫生，施用水蛭的頻率大約三個月一次。

蕾若護理師起初並非水蛭專家。她在擔任實習護理師期間輪調各科，在整形外科病房初次接觸水蛭。到了二〇〇〇年代初期，水蛭的施用突然頻繁起來，這是有時代背景的，當時愛爾蘭經濟起飛，吸引東歐（特別是波蘭）的勞工前來就業，由於外籍勞工的英文差強人意，無法理解工廠的機器操作指示，於是——破英文遇上重機械，創傷事故一下子多了起來。我問蕾若護理師第一次施用水蛭的經驗，無奈年代太過久遠，中間又經歷了多次水蛭療法，她只依稀記得是在值夜時被交代了一句：「有人需要水蛭治療。」換作是我，反應大概也會跟她一樣：「那要怎麼弄？」既沒有明文規範，也沒有施用指南，只能詢問同事，然後拿起像是蛞蝓的東西全力醫治。

之所以會有那篇論文，是因為蕾若當時在攻讀碩士，合著者歐伯利是她的論文指導教授，同時也是一位助產士。有一回，蕾若找歐伯利討論整形外科的護理工作，蕾若提到整形外科手術會用到水蛭，歐伯利說：「就是這個！」沒有比水蛭更好的題目了！接著她開始做學生該做的功課——查找文獻，「結果連半點影兒都沒有」。這是標準愛爾蘭式的加強語氣。連半點影兒。都沒有。只有一篇一九九〇年代後期的論文，作者是一位護理師；皮瓣和血管接合的論文卻是汗牛充棟，作者都是外科醫生。沒有任何護理師解釋過什麼叫做「有人需要水蛭治療」，也沒有任何護理師談過端著一盆水蛭前往病房的感受。蕾若驚慌失措跑去找指導教授：「我沒有任何前行研究作為依據！」但歐伯利說：「毫無依據就是妳的依據。」

蕾若訪談了七位整形外科護理師，每一位都討厭施用水蛭。「一說起水蛭，一談到自己必須接近水蛭、施用水蛭，每一位護理師都表情扭曲、侷促不安。」他們將水蛭形容成「黑色蛞蝓」、「黏答答的吸血蟲」、「噁心的爬蟲」。而他們之所以討厭水蛭，原因之一在於水蛭這「骯髒的走路針筒」牴觸了所有的護理訓練。衛生管控明明是護理師的首要之務，卻得眼睜睜看著這毒血帶原生物在衛生的病房裡動來動去。蕾若在論文中引用了人類學家瑪麗・道格拉斯（Mary Douglas）對汙穢的著名定義——「踰越界線的事物」，蕾若寫道：「該物（寄生蟲）在概念上是踰越界線的事物，要重塑似乎是一大挑戰。」有人需要水蛭治療表示需要加倍小心，但卻沒有加倍的人力、也沒有加倍的薪資。整形外科手術護理不像腫瘤科或助產科，後兩者是專科，整形外科手術護理卻不算專科，這實在是荒唐，蕾若為此感到憤憤不平。水蛭治療需要專門技術，並非所有人都做得來，這是很困難的工作。

比方說蛭徒吧，大部分的外科醫生都只想掩飾過去，我把這件事告訴蕾若，她還算有禮貌，沒有對此嗤之以鼻，只是口氣仍然難掩嘲諷：「外科醫生就是這樣啦。蛭徒絕對是個大問題，說沒問題的一定沒有親手施用過水蛭。」水蛭會動。水蛭永遠在動。「牠們會到處爬。到處喔。尤其是值夜的時候，燈光很暗，只有幾盞夜燈，走進去一定要留意腳下，否則很有可能會踩到。」她曾經發現水蛭在窗簾上、在暖氣口、在地板上、在浴室裡、在淋浴間。「雖然已經盡量每隔十五分鐘或半個鐘頭就進去查看，但水蛭一吸飽就會掉下來，也不曉得掉在什麼地方，而且一落地就開溜，弄得到處是血痕。」

聽起來好陰森好可怕啊，病人怎麼會同意接受治療？因為別無選擇啊。會需要水蛭治療的病患都是因為再植手術失敗，實在是萬不得已才出此下策。「這可不像『我不需要吃藥，我不要吃』，反正不吃藥也不會怎樣。」不接受水蛭治療的下場是斷指、斷耳，或是一邊有胸部、一邊沒胸部。「你以為你只是來醫院、開個刀、出院、正常生活，只是從此多了個經驗。」病患聽到要接受水蛭治療從來都沒有拒絕——蕾若這麼告訴我，但我繼續追問。就算真的是這樣吧，病人是怎麼被勸服的？蕾若說外科醫生會先來建議水蛭療法，態度正經八百，白袍加身，術語齊發。「但我知道其實

（病人）有聽沒有到，他們心裡在想：『等一下我要問護理師。』主治醫生負責拿出醫學專業，至於芝麻綠豆大的小事，病人全部都問護理師。」果然，主治醫生前腳剛走，病人立刻反映：「醫生剛剛說的我聽不太懂，他說的是那個像蛞蝓的東西嗎？」蕾若每次都老實回答。「接著我會鼓勵病患，我親眼見到這方法有效，就算真的沒效，至少我們能試的都試了。」

病人的接受程度有高有低。蕾若說了一位農民的故事逗我開心。「他愛死了，覺得太神奇了，還說：『快放上來，我要看，別擔心，等那小傢伙忙完我會按鈴。』他全程緊盯，覺得這是世界上最迷人的事情，還說什麼『那隻工作很認真，對吧？』」成功治癒後，他打電話給所有的親朋好友，說自己接受了水蛭治療。「但農民是農民，看法很不一樣。」

生物製藥廠的影片中有一段新聞報導，主角是蜜雪兒・富樂（Michelle Fuller），她住在布拉德福德市（Bradford），年輕，有小孩，罹患口腔癌。我與友人穿過約克郡的荒原去拜訪她，沒想到蜜雪兒聽到我在寫水蛭相關的文章竟然毫不驚訝，原來我們見到的蜜雪兒是蜜雪兒的堂姊，她說蜜雪兒之所以嘗試水蛭療法，是因為確定水蛭能救她一命，並對此毫不懷疑。醫護人員在她以皮瓣重建的舌頭上施放水蛭，療程總共十天，每天施放四次。「我從來不覺得噁心，」蜜雪兒在接受當地報紙採訪時表示，「我告訴醫護人員：做該什麼就做什麼。」[70]《每日郵報》（*Daily Mail*）說「吸血水蛭拯救癌症婦女」，[71]但事實並非如此。八個月後，蜜雪兒逝世，享年三十三歲，幾週後就是她原訂的婚期。我向她行禮致敬。[72]

前面提到的農民、蜜雪兒……等開明的病患都很好說話，「有些病患則完全不想知道。『什麼都別告訴我，我看都不想看，你就進來、出去，該做什麼就做什麼，我不參與就是了。』」臉部和胸部是最困難的。經歷乳房重建的女性「情緒已經夠低落，自然比一般人更難接受」。以延遲重建者為例：這些女性先做了化療、放射治療，最後逼不得已才接受乳房重建，等了好幾個月，開了刀，卻有一邊重建失敗，「這對女性來說是大事，乳房是女性身分的一部分，定義了妳是誰，現在卻出了問題，得放水蛭在妳的胸部上吸吮」。

有幾位蕾若訪問的護理師也受不了水蛭，但因為他們是護理師，而且是很棒的護理師，所以硬著頭皮也得做。雪松醫學中心（Cedars Medical Centre）一位不具名的醫生寫過一篇報紙文章，標題是〈分分鐘騙人上當〉（A Sucker's Born Every Minute），裡頭提到一項很有趣的小技巧，可以讓護理師接受水蛭療法。「我們先問他們喜不喜歡動物，」這位醫生寫道，「接著再慢慢引導他們接受水蛭也是動物。」[73]另一個辦法就是讓資淺護理師找不怕水蛭的資深護理師做條件交換。蕾若是明理人，但仍舊顧不得自己的知識和專業，一廂情願認為水蛭是「蛞蝓。百分之百是蛞蝓」。

還有，水蛭比針筒更難處理，針筒丟進垃圾桶就可以了。生物製藥廠有一種仁慈且俐落的水蛭處置法，但殺害動物能仁慈到哪裡去呢？完全仁慈不起來，蕾若說，事情沒那麼簡單。野生馬鞭水蛭和醫療水蛭的平均壽命是二十七年，[74]但輔助治療動物的壽命則掌握在人類手裡，水蛭一旦完成任務，就會被裝進塑膠罐（有點類似尿罐）接受酒精溶液噴灑。我原本以為水蛭會接受麻醉無痛死去，沒想到卻是在爆炸噴血中離世。「牠們吃撐了，」蕾若說，「一噴上七十度酒精立刻爆血身亡。」

新聞很少一五一十報導某位病患接受皮瓣手術並熬過靜脈充血，這些水蛭療法的成功案例默不作聲，沒有大眾為其歡欣鼓舞。這些病患或許需要遺忘。他們或許難以協調對水蛭由衷的恐懼與水蛭強大的治癒力。他們或許無法對這蛞蝓般的生物心生感激。但他們應該好好向水蛭道謝。

十九世紀有位名叫湯瑪士・厄斯金（Thomas Erskine）的男子，深信兩隻為他放血的水蛭救了他一命。當時水蛭療法的案例雖然很多，但是感恩的事蹟卻很少。厄斯金大法官是「賢能內閣」（Ministry of All the Talents）的國璽大臣，「賢能內閣」是英國史上最樂觀的內閣，厄斯金則是最知恩圖報的大法官，他把兩隻水蛭當作寵物，取名為「荷姆」（Home）和「克林」（Cline），與兩位維多利亞時代的名醫同名。[75]另一位還給水蛭公道的是喬治．梅里韋瑟（George Merryweather），他在約克郡惠特比鎮行醫，《吸血鬼德古拉》（*Dracula*）的場景就在這裡，暴風雨偵測器的起源地也在這裡，設計者正是梅里韋瑟醫生。一八五一年，梅里韋瑟醫生提交了一篇長文給惠特比文學與哲學學會，文中提出驚人的主張：一隻水蛭可以感知天氣，多隻水蛭可以預測天氣。[76]早在梅里韋瑟醫生之前，就有傳聞說水蛭能感知氣壓。十八世紀詩人威廉．古柏（William Cowper）曾經給表親寫了一封信，信中提到了暴風雨，也提到了「瓶中的水蛭能預測所有大自然的奇觀和災變（……）任何天氣變化都驚擾不了水蛭，要論快速和精準，世界上沒有任何氣壓計比得上水蛭」。

梅里韋瑟醫生讀到這段話，決定自行設計氣壓計，這次不是用一隻水蛭，而是用十二隻水蛭，每一隻住一個玻璃罐，每一罐的容量是一品脫。因為怕水蛭寂寞，梅里韋瑟醫生還確保十二隻水蛭可以彼此看見，並稱之為「哲學顧問團」、「我的小夥伴」。他的筆端常帶感情，對於在晴空萬里時預測暴風雨深表歉意。一八五〇年二月，他如此寫道：「春和景明，打擾君務，深感抱歉，然因風雨欲來，不得不叨擾。」而梅里韋瑟醫生之所以與眾不同，在於他對遭人利用、濫用的水蛭也帶有感情。

梅里韋瑟醫生原本打算將水蛭氣壓計取名為「動物本能驅動之大氣電磁電報」（Atmospheric, Electro-Magnetic Telegraph, conducted by Animal Instinct），但怕外國人看不懂，乾脆直接叫「暴風雨偵測器」（Tempest Prognosticator）。他建議海邊除了擺放救生艇之外，也應該配備暴風雨偵測器，以協助船務順利運行，此外，每位水手也應該發一本暴風雨信號手冊，用以解讀暴風雨偵測器的讀數。暴風雨偵測器在一八五一年的萬國博覽會上展出，倫敦勞合社也做了測試。[77]然而，水蛭氣壓計輸給了機械氣壓計，後者將液體密封在容器裡，無須照顧、餵養，也不用每隔幾個月就換水，因而為普世所採用。梅里韋瑟醫生的小夥伴被迫退休，繼續扮演沒人愛的蠕蟲。

隨著外科手術進步，水蛭現在比較少用了。我問卡爾生意如何，他說：「其實挺清淡的。」參觀生物製藥廠的實習護理師則說：以前燒燙傷中心會養幾隻水蛭，現在都不養了。然而，外科醫生的血管接合術和引流術雖然都較過往嫻熟，但前提是切口平整、血管夠粗，「如果是重大事故、燒燙傷，或是被鎖鏈、輸送帶卡住，沒辦法將血管拉直接合，就只能盡量動脈接動脈、靜脈接靜脈，並利用水蛭爭取時間」。在美國，生物製藥廠的水蛭常常用於治療頭皮損傷。「都是熊惹的禍，」卡爾說，「熊會掀人頭皮，這是少數手術無法處理的外傷，醫生只能將頭皮擺正，再靠水蛭把頭皮黏回去，效果卓越。」罐頭工廠曾經也是生物製藥廠的大戶。卡爾回憶說：芬蘭有一位罐頭廠工人斷了兩根手指和一根拇指，「我記得他們五天內用了八百多隻水蛭，不曉得是怎麼用的」。此外，皮膚撕脫傷也比以前少見了。

不過，倘若碰上天災人禍，每位病患開刀少則十個鐘頭、多則二十五個鐘頭，外科醫生忙不過來，便會利用水蛭來爭取時間。根據索耶爾撰寫的見聞事略，一九八五年舊金山大地震發生後，生物製藥廠一連接獲訂單，要求數百隻水蛭，倫敦七七爆炸案的情況也差不多。[78]對水蛭的需求通常伴隨戰爭而至。根據卡爾的說法：伯明罕市皇家國防醫藥中心（Royal Centre for Defence Medicine）的藥局備有兩百隻水蛭，「他們庫存很多，」卡爾說，「因為國防醫藥中心會有斷腿、斷腳的病患，這類醫案可不是一、兩隻水蛭就能解決，少說也要出動五十隻水蛭。」一般醫院過去也會預留庫存，在藥局備個六隻水蛭，但現在很少備用了。

這幾年的七月也較往年平靜。夏天盛行手作ＤＩＹ……卡爾的語氣意有所指：「大家會自己修剪樹籬……」我問卡爾會不會參加外科研討會拓展業務。「如果負擔得起就去。」他們很少跟醫生或外科醫生面對面，大多只跟藥師打交道，水蛭由藥局訂購，有時訂得不太專業。「我們會在早上六點接到藥師打來的電話，說能不能訂六隻水蛭？我們會跟他說不能只訂六隻，等到快遞送到，你就會發現六隻絕對不夠用。」

橄欖球界和拳擊界用水蛭用得很凶吧？常常這裡挫傷、那裡挫傷，或是被打到耳朵開花？卡爾說目前只有散客會來買水蛭，是當地搏擊俱樂部的選手，他們都直接走進來，用不著事先預訂，都是有需要的時候才來買，卡爾不記得賣給這些拳擊手的零售價，但通常一隻是九．五至十英鎊（台幣四百至四百二十五元），畢竟醫用水蛭要花兩年的時間辛苦養殖，耳朵被打到開花更是要跑好幾趟急診室，斷指、乳房重建、頭皮再植也都得靠水蛭醫治，不管怎麼看，這定價都很划算。

如果多角化經營水蛭療法呢？薄妲妮和卡爾說過：大眾不是把水蛭放血看成江湖醫術，就是把水蛭跟蛆聯想在一起。然而，我一提起水蛭療法，他們立刻臉色一沉、一臉厭惡，接著露出「難怪」的表情。英國水蛭治療法協會的網站可見女性治療者的照片，有些是嘴巴掛著水蛭，有些是外陰掛著水蛭。在水蛭治療師充滿好奇的腦袋裡，正確施用水蛭可以治療「循環不良」導致的疾病，包括血液缺陷、關節疾病、精神官能症、膿瘡、痔瘡、靜脈曲張、氣喘、心臟病、中風、憂鬱症、不孕、記憶障礙、糖尿病、掉髮、視網膜剝離。美國女演員黛咪．摩爾（Demi Moore）上脫口秀節目時自爆使用水蛭「清除血中毒素」，聲稱水蛭在吸血時會釋放酵素排毒，這從科學角度來看完全是胡說八道，水蛭分泌的是抗凝血素，如果未能局限水蛭僅於患部吮血，宿主將流血至死。卡爾說：水蛭治療師聲稱無法治療的，只有死亡而已。然而，無論科學也好、法律也好，水蛭治療師根本不放在眼裡。我請教卡爾：水蛭治療師不跟生物製藥廠買水蛭，那是跟誰買水蛭？卡爾沉默了一會兒，接著鬆口道：「不知道哪裡的池塘，大多未經過ＣＩＴＥＳ許可直接從俄國走私，用手提箱裝著帶過來。」這件事要查核倒也不難，原因在於ＣＩＴＥＳ控管了水蛭的進出口。二〇一七年，羅馬尼亞獲准出口四萬隻醫療水蛭，土耳其獲准出口兩百公斤的馬鞭水蛭，俄國從二〇一六至二〇一七年都沒有配額。[79]卡爾說道，俄國每幾年出口兩百隻水蛭，「但是水蛭治療師每週用掉五百隻水蛭」。

在水蛭治療法長長的課程清單上，或許有幾項並非妄言。卡爾聽說水蛭療法對肌腱炎很有效，其唾液具有抗發炎的效果，「但沒有明確的科學理論解釋其原理」。二〇〇三年，《英國醫學期刊》（*British Medical Journal*）刊登了外科醫生理查．菲迪恩格林（Richard Fiddian-Green）的信函，記述某次在倫敦聖瑪麗醫院巡診，同行者還有一位資深主治醫生，兩人巡到一位心包膜炎患者，因為心臟周圍的纖維囊發炎腫脹而疼痛異常，通常會開消炎藥對治，但是，這位主治醫生卻持不同的看法：「在我看過的案例中，治療心包膜炎最有效的方法，就是將三隻水蛭施用在病患的心口。」[80]

從眾多傳聞來看，水蛭有助於對抗關節炎等炎症，我想請教索耶爾是否真有此事，但薄妲妮說索耶爾不再接受採訪，她朝著奶油色莊園別墅抬了抬下巴，那是索耶爾的住所，我的想像力開始馳騁，滿腦子都是《簡愛》（*Jane Eyre*）等故事中被關押在閣樓裡的瘋女人，但嘴巴上卻說索耶爾在我的想像裡是印第安納·瓊斯（Indiana Jones）那樣的冒險家，在沼地裡跋涉尋求科學真理，動作果決，光著雙腿，腳步敏捷。他們一聽，哈哈大笑，笑了好一陣子才止住。薄妲妮說：「算是對了一半。」她爸媽在計畫度假：「我媽想要放鬆放鬆，但我爸已經計畫好要去沼澤看一看。」她和卡爾看起來都不太欣賞這個行程。每次索耶爾外出尋水蛭，都會定期寄電子郵件來報告進度，他們一早收信，常常可以收到水蛭生殖腺的解剖照片。

索耶爾雖然已經不接受採訪，但可沒有停止研究水蛭，因此還是要去沼澤看一看，關於水蛭這種多環節蠕蟲，有待發現的疑團還很多，既是禍害、搗蛋鬼、寄生蟲，也是悠遊於古今醫學的吸血蟲，既在水中悠遊，也在卡爾的褲管遊走。這黑漆漆的小蛞蝓雖然一身是寶，但索耶爾深信還有更多寶藏等待挖掘，他過去受訪時表示：「從前盤尼西林可以治療多少傳染病，吸血動物分泌的物質就可以治療多少心血管疾病。」他列舉出各種疾病，對於水蛭的治癒力深具信心，對水蛭的期望高過雨林：「凝血、消化、結締組織、治病、止痛、抑制酵素、消炎……等，只要你說得出，水蛭就做得到。」[18]

Chapter 3

第三章

血液捐輸：珍妮特與柏西

Janet and Percy

這場供血革命從後勤開始。在西班牙內戰期間，空襲傷亡人員中每十個就有一個需要輸血，如果倫敦也是這樣，則每天有六萬五千名傷患需要輸血。珍妮特效法俄國的低溫儲血技術，再搭配上運魚車、玻璃工匠和幾分聰慧，開始策劃一套戰時供血系統。

她是牌子上的名字，是牆壁上的肖像，我在她的目光底下吃了三年的飯，除了注意到畫家筆下的她十分拘謹，此外並未多加留心。我的母校牛津大學薩默維爾學院出過許多傑出女性校友，肖像掛滿了整面牆壁，包括前印度總理兼肄業校友英迪拉・甘地（Indira Gandhi）、諾貝爾化學獎得主桃樂絲・霍奇金（Dorothy Hodgkin）以及三位女文豪：薇拉・布里坦（Vera Brittain）、艾瑞斯・梅鐸（Iris Murdoch）、桃樂絲・榭爾絲（Dorothy L. Sayers），柴契爾夫人（Margaret Thatcher）則是敝校化學系系友，我們上法文課的教室有她的半身像，擺在（據說）防彈的玻璃後方。在我就讀牛津大學期間（一九八八—一九九二），全校只有兩所女子學院，薩默維爾學院就是其中之一（目前已收男生），滿牆都是知名的女強人。

她的名牌掛在我大一宿舍的外牆，這棟宿舍以珍妮特・瑪麗亞・沃恩女爵士（Dame Janet Maria Vaughan）為名，她既是牆上的肖像，也是薩默維爾學院的院長（一九四五—一九六七），[1]我在學期間她還在世，根據訃聞所載，她總是穿著斜紋軟呢，雖然高齡近九十，但仍然天天上博德利圖書館（Bodleian Library），助聽器在館內嗡嗡作響卻渾然不覺，因而惹來讀者不悅，但只要人家拜託，她就會把助聽器關掉。我剛上大學被分派到沃恩宿舍，當時大大鬆了一口氣，心想：這下大家都會拼寫我的中間名「沃恩」（Vaughan）了，「沃恩」是威爾斯姓氏，許多英文母語人士都不會拼，當年在宿舍外牆看到「沃恩」兩個字時，我既沒有想起自己動過的三次手術，也沒有想起我出生時的情景——產房裡吊著一袋又一袋陌生人的血，這些血救了我的小命。我在珍妮特・沃恩的畫像底下吃了那麼多頓晚餐，卻從來不曾抬頭看她一眼，感謝她讓輸血成為標準醫療行為。真是太不應該了。

在擁有良好醫療照護和捐血制度的已開發國家中，平均每兩秒鐘就有人接受捐血，[2]這雖然是美國的研究數據，但卻適用於許多國家。不過，匿名捐血制從普及至今還不滿一百年，以我所在的英國為例，NHSBT的前身輸血服務中心（Blood Transfusion Service）成立於一九四六年，兩年後英國國家健保局（National Health Service）創立。[3]NHSBT去年採血將近二百萬個單位；美國每天用掉紅血球三萬六千個單位，採血一千三百六十萬個單位；[4]全球每年總計捐血一億一千二百五十萬個單位，[5]這在一九二〇年代是難以想像的事情，當時珍妮特・沃恩還在牛津大學薩默維爾學院攻讀醫學，什麼大規模捐血、儲血、運血，都還只是天方夜譚。

沃恩女爵士出身名門，家族充滿傳奇，滿門都是貴族御醫，高祖威廉・沃恩（William Vaughan）侍奉英國長公主瑪麗二世及其丈夫荷蘭奧蘭治親王威廉三世（William of Orange），祖父亨利・哈爾佛・沃恩（Henry Halford Vaughan）也是御醫，侍奉過喬治三世、喬治四世、威廉四世、維多利亞女王。外祖母愛德琳・瑪莉亞・傑克森（Adeline Maria Jackson）「是裴拓家（Pattle）七朵花之一，以美貌著稱，七朵花的父親詹姆士・裴拓（James Pattle）於孟加拉擔任公職，以作風狂誕聞名，『是印度第一大騙子』」，就連最後喝酒喝到掛，都還有本事惹出麻煩。當時，他的屍體泡在蘭姆酒桶裡，準備運回英國（蘭姆酒可以防腐，用以存放屍體並非什麼離奇的事），這桶蘭姆酒就擺在新寡妻子的房外，不料卻在夜裡爆炸。珍妮特・沃恩在其未出版的自傳《緩緩前行》（*Jogging Along*）中寫道：「一聲爆炸巨響，她衝出去一看，發現丈夫不僅生前威嚇她，死後也照樣威嚇她。」[6]

珍妮特．沃恩的母親是位美人，名叫瑪姬．席孟茲（Madge Symonds），外祖父約翰．艾丁頓．席孟茲（John Addington Symonds）是詩人兼學者，專門研究文藝復興時期的歷史，長年在婚姻生活中探索同性愛戀，其生平記事多采多姿，在義大利的佩魯賈（Perugia）、威尼斯（Venice）和瑞士的達佛斯（Davos）都有房產，不過，在這光鮮亮麗的外表之下，我猜席孟茲太太和瑪姬．席孟茲都吃盡了苦頭，必須忍受席孟茲先生和年輕男子的風流韻事。因此，瑪姬．席孟茲一嫁給威廉．魏瑪．沃恩（William Wyamar Vaughan），立刻卸下千金小姐的光環，遷居布里斯托郊區，這裡是珍妮特．沃恩的出生地，後來威廉．魏瑪．沃恩先後出任吉格斯維克中學（Giggleswick School）、威靈頓公學（Wellington College）、拉格比公學（Rugby School）校長，舉家便隨之搬遷到校長宅邸。珍妮特．沃恩筆下的母親是「檻裡的蝴蝶，籠中的蜂鳥」，被囚禁在校長夫人的身分裡，為了嚇一嚇男管家，不惜以威靈頓公學校長夫人的身分，徒手將雞肉扒下來啃。不過，她應該偶爾還是可以外出，得以結識丈夫的表親女作家吳爾芙（Virginia Woolf），吳爾芙以瑪姬為原型，刻畫出小說《戴洛維夫人》（*Mrs. Dalloway*）中紗麗．賽頓（Sally Seton）這號人物：「紗麗坐在地上，雙手環膝，抽著菸（……）她最仰慕這種超凡的美……一種不羈的美，彷彿什麼話都敢說、什麼事都敢做。」[7]布倫斯貝里文藝圈的愛好者則認為：瑪姬．沃恩就是吳爾芙的初戀。

沃恩家族人脈廣但不富裕，對珍妮特的教育並不上心，只請了個女家教打發，卻將兩個兒子送到名校就讀。珍妮特十五歲入學，該校的辦學理念是將少女調教成知書達禮的賢妻良母，女校長認為珍妮特「太笨，教不來」，珍妮特則差點因為死掉而學不成；當時正值第一次世界大戰，學校被疏散到「大馬爾文區的四幢空屋」避難，珍妮特在此染上肺炎，險些病死。她對第一次世界大戰的印象是冷和餓，永遠吃不飽的那種餓，在家裡飢寒交迫，在學校也飢寒交迫。儘管如此，珍妮特不顧校長看輕，發憤讀書參加牛津大學的入學考，考試全名是「學位初試」，牛津人俗稱「小試」，劍橋人俗稱「小考」，[8]珍妮特兩次小試都落榜。第三次應考之前，母親訂了牛津的米特飯店，「堅持每天晚上都點一瓶紅葡萄酒」。[9]這次珍妮特順利通過口試，進入牛津大學四所女子學院之一——薩默維爾學院，從此走上醫學之路。

一九一九年一月，珍妮特正式進入薩默維爾學院，她對學問一竅不通，只會一點點淑女該會的植物學。[10]當時牛津大學只准女子入學就讀，不能畢業拿學位，因此，大一的她還不算真正的牛津人，直到一九二〇年放寬規定，她才算是真正的牛津學生。[11]珍妮特不懂物理，也沒聽過酸和鹼。在接受記者波莉．湯因比（Polly Toynbee）專訪時，珍妮特說自己「是公共危險」，當時是英國廣播公司「二十世紀傑出女性」系列專訪，共計六位女性受訪。珍妮特回憶道：「（我）在實驗室處理磷，卻對磷毫無概念。」[12]但是她學得很快，畢業成績單寄到拉格比公學的校長宅邸時，全家都對她出色的成績大感詫異，但最詫異的還是她本人，家人只是感到不解：這女兒不是太笨教不來嗎？怎麼拿了個名校學位，而且還是以前女子拿不到的名校學位？而珍妮特之所以詫異，是因為學位口試時，資深考官連連搖頭，說：「想想看：牛津大學的學士，卻連『嘔吐』（vomiting）都拼錯。」（她大概患有閱讀障礙。）

連嘔吐都拼錯的珍妮特以第一名的成績從牛津大學畢業，就此展開從醫生涯，先在不同的外科「醫團」之間輪調，每個「醫團」都由一位資深主治醫生帶領一群菜鳥醫生，她選擇跟隨比爾．威廉斯（Bill Williams），這位醫生雖然會在手術室用解剖刀丟令人惱火的徒弟，但卻教導珍妮特外傷和燒傷方面的寶貴知識，這些知識後來在戰時醫治傷患時派上用場。輪調到產科時，珍妮特被派到貧民窟，「真是窮得可怕」，她在接受湯因比專訪時回憶道。她遇見「鋪報紙當床鋪的婦女」，[13]

還看到一排一排的孩童坐在床鋪上，因為罹患風濕性心臟病，英國國家健保局又還沒有成立，孩童家裡拿不出錢治病，只能等死。珍妮特親眼見到了貧窮會要人命之後，一筆一畫寫下了這段文字：「當時行醫的人當中，怎麼會有人不支持社會主義？這我實在想不透。我最痛恨的，就是人們逆來順受，『對，我有過七個孩子，其中六個入土，這是上帝的旨意。』我恨透了上帝的旨意！」[14]

珍妮特的兩個弟弟都是保守主義者，但行醫的經驗卻讓珍妮特「堅決並永遠」成為社會主義者，那段在貧民窟的歲月讓她對政治大開眼界——而且是美善的政治，可以救人的政治，此外，珍妮特也因此認識了血液，從此對血液研究樂此不疲。貧血伴隨貧窮而至，因為富含鐵質的營養食物太貴，窮人根本吃不起，當時治療貧血用的是砒霜，這在珍妮特看來不僅缺德而且療效極差（其實根本沒效）。因此，她發揮在牛津所受的訓練——埋頭翻找文獻，因而讀到美國血液學家喬治．麥諾特（George Minot）的論文，麥諾特醫生用生牛肝治癒了貧血病患，後來還因此榮獲諾貝爾生理醫學獎。[15] 生牛肝療法比砒霜療法合理多了，珍妮特對此躍躍欲試。由於母親過世，珍妮特認為與其在病房巡診，在實驗室做研究更能照顧喪偶的父親，因而轉行當病理學家，想實驗生牛肝療法只能偷偷來，她跟一位醫生朋友商量妥當，找了一間合適的病房，開始用生牛肝治療貧血病患。「我負責做血液常規檢驗，每次資深醫生來巡房，展現給學生看自己開的砒霜療效有多卓越，病患一個一個都康復了，我的住院醫師朋友只能在一旁板著臉。」[16]

她想：比起生牛肝，濃縮的牛肝萃取液或許療效更佳。她跑去找她的藥學教授，這位教授嫌女人礙事，認為年紀輕不利學術發展，因此向來拒見年輕女性，他告訴珍妮特：要試驗牛肝萃取液可以，但要先拿狗做實驗。「教授給了我一些錢，讓我用哈靈頓的實驗室，對，就是那位很厲害的化學家，但碎肉機要我自己找朋友拿，裝碎肉的桶子也要我自己找朋友借，因為醫院裡面沒有碎肉機。我兜轉了一圈，看看誰家有碎肉機，最後跟姑姑吳爾芙借到了，我把麥諾特醫生的論文放在姑姑家的桌子上，按照上面的指示碎牛肝，最後弄出一坨看起來髒兮兮的東西。」[17]這件軼事後來被吳爾芙寫進《自己的房間》（*A Room of One's Own*）：珍妮特在廚房用碎肉機，麥諾特的論文像食譜一樣攤開立著，看起來既搞笑又鼓舞人心——除了「經年累月操持家務」，誰說女性不能擁有其他消遣和勞務呢？[18]

牛肝萃取液拿去餵了狗，狗吃了生病，再餵另一條狗，狗又生病。珍妮特說不能再餵狗了，這牛肝萃取液珍貴無比，她回家自己吃掉。「隔天回到醫院，藥學教授、化學教授、外科教授全都站在門口，為的就是要看看我是不是還活著。」牛肝萃取液接著拿去餵病患，「一位老好人，辛苦了大半輩子」，因為罹患惡性貧血，所以時日無多，[19]吃了牛肝萃取液之後活了下來，一位資深教授獨攬功勞，自稱發明了這套神奇的療法，珍妮特則忙別的事情去了。由於父親再娶，她用不著每個週末都跑去拉格比鎮幫他理家，因此，她拿了洛克菲勒獎學金、進了哈佛大學，成為校園裡唯一的女學生。礙於女性身分，她不得接觸病患，因此，她轉而與鴿子為伍，拿鴿子來研究血液中的維他命B_{12}，結果取得突破性的成果，掌握了這項過去五十年來得不到認可的血液物質。她把這群鴿子叫做「血鴿哥」。[20]

珍妮特作風明快、處事淡然，真是深得我心，這一方面跟她出身名門有關，但多半還是因為她自己的個性使然，至少她在「自己的房間」裡確實是如此。她既有把握趁隙進入男性主導的醫界，也有把握進入一段婚姻——因為她想婚，所以就結了。她從哈佛回到倫敦，嫁給了大衛・古萊（David Gourlay），他在布倫斯貝里的高登廣場（Gordon Square）開「行腳旅行社」（Wayfarers Travel Agency），旅行社開在一樓，夫妻倆就住在樓上，她決定不冠夫姓，「不是因為什麼女性主義，只是因為我已經發表了幾篇論文，如果改了名字，減損我在醫學界的聲量，豈不是很可惜」。這理由夠女性主義了。[21]

她後來換到倫敦醫院，同事在走廊上遇到她，都沒有人跟她搭話。她在血液疾病方面的名聲雖然很響，但碰到病人有狀況，其他醫生只是傳紙條諮詢她，她再傳紙條回去給予意見。臨床看診從來輪不到她，因為上頭不准。午餐時，她和朵蘿希．羅素（Dorothy Russell）一起用餐，同桌的還有各處祕書，朵蘿希後來成為著名的病理解剖學教授。後來，喬治．麥諾特到瑞典領取諾貝爾獎，途中取道倫敦，由古萊夫婦接待，期間麥諾特獲邀出席正式的醫院盛會，珍妮特卻連張邀請函都拿不到。「我親自開車載他到會場面見那些醫生和教授，大家都曉得他是我的客人，卻只告訴我幾點回來接他。」[22]

她描寫這些事情時不帶怒氣，或許是因為在她的幫助下，當時那些最惡劣的戰役都已經打贏，反倒是談起接受牛肝治療的貧血病患時，她卻動怒了，因為病患跟她說：「醫生，不要再給我吃那種藥了，我吃了肚子好餓，我可沒錢（吃飯）啊！」[23]她教病患跟院方爭取額外的牛奶配給，就說是牛奶富含鐵質，可以供給額外的營養。她教育學生：如果想當醫生，就必須學會跟社會救助機關打交道、學會應付官僚、學會跟藥劑科套交情。我喜歡她清晰的嚴詞批評，從年輕時在貧民窟當實習醫生就是如此，六十年不改本色，我真希望她也能砲轟一下我們的英國國家健保局、譴責譴責正在分崩離析的狡猾福利制度，她一定會看不下去，而我們也不應該忍氣吞聲。

她和丈夫在鄉間蓋了一間小屋，取名為「鴴之野」（Plover's Field）。他們生了兩個女兒，一九三四年大女兒出生前夕，珍妮特出版了《貧血症》（*The Anaemias*），至今仍舊是血液學教科書的開山之作。漢默史密斯醫院（Hammersmith Hospital）邀請她成立病理學科，她一口答應，並且讓漢默史密斯醫院的病理學科蓬勃發展。她常常接受徵詢，解答難以醫治的血液疾病，她開著車在倫敦四處跑，車子上「永遠滿載著有趣的血液樣本」，[24]日子過得充實又快樂。

然而，當時是一九三〇年代，戰爭一觸即發，西班牙首先爆發內戰，布倫斯貝里（Bloomsbury）文藝圈的文友都上了戰場，吳爾芙的姊姊凡妮莎・貝爾（Vanessa Bell）因而喪子，其子名叫朱利安・貝爾（Julian Bell），是英國詩壇新秀。珍妮特開始跟西班牙醫療救援會合作，並且加入共產黨，但不久便退了黨，據她說當時悄悄退出，似乎沒人發現。[25]她變賣家當，籌錢幫助飽受戰火波及的巴斯克孩童，並在街頭為弱勢者發聲。當時情勢未明，時局十分緊張。一九三七年，大英帝國國防委員會估計：倘若倫敦遭受轟炸六十天，傷亡人數將超過一百萬人。[26]一九三八年，慕尼黑會議召開，醫界同仁接獲通告：倘若和平協商破局，週末倫敦將有三萬七千人至五萬七千人傷亡。[27]不論人數多寡，珍妮特從西班牙內戰學會一件事：「我們會缺血。我們需要很多很多血。」[28]

美狄亞（Medea）是輸血始祖。根據羅馬詩人奧維德（Ovid）的《變形記》（*Metamorphoses*），美狄亞是人見人怕的女巫，傑生（Jason）拜託她讓老邁的父親埃宋（Aeson）延壽，美狄亞因此在埃宋的喉頭劃了一刀，讓衰老的血液流乾，再用藥草和藥水灌回去，埃宋活了過來，返老還童，恢復生氣，充滿活力。美狄亞的「輸血」並不科學，只是口中念念有詞，甩著飄逸的頭髮走來走去，甚至也沒有真的輸「血」，而是用「色薩利山谷的藥草根」熬藥，裡頭加了「月夜下的白霜、邪惡嗚角鴞的肉和翅膀，以及狼人獻祭時口吐的白沫」。[29]

美狄亞的做法雖然魔幻又不可靠，但確立了輸血的基本原則：如同失血會耗盡生命力，適當的補血可以找回生命力。兩千多年來，人們顯然放血成痴，卻從來沒有想過要從哪裡把血補回身體裡，唯一想得到的就只有從嘴巴——喝血補血這回事，就像（羅馬的）山丘一樣古老。輸血在過去是件顯而易見的難事。血液一離開血管就會迅速凝固（不會凝固就糟了），讓血流回血管裡則需要高超的技巧，甚至連近代的醫生和放血治療師都做不到。此外，在能夠放血、輸血之前，必須先了解血液在體內的循環。

大約在一六一六年，英國王室御醫威廉．哈維（William Harvey，一五七八－一六五七）破解了血液循環的奧祕，他解剖了數十隻動物，觀察動物體內心臟和血液的活動。[30]英王查理一世允許哈維用御苑的鹿做實驗，但鹿的心跳太快，快到他抓不到脈搏、參不透奧祕。於是，他轉而拿血液流速慢的動物做實驗，例如冷血動物和奄奄一息的動物，這些動物的心臟跳動很慢，他得以清楚觀察，從而明白血液循環是單向流動，心臟將血液從心室推向動脈，血管瓣膜控制血液單向流動，最後再從靜脈流回心臟，整套循環系統巧妙至極，許多城市規劃師都自嘆不如。義大利解剖學者更早發現這些血管瓣膜，並命名為「ostiole」（小門）。[31]一六二八年，哈維發表了研究成果，這篇論文前有一篇獻辭，讀來十分不可思議，既阿諛逢迎又精彩逼人，他說動物的心臟「是生命之本，是首席政務官，是體內小宇宙的太陽（……）權勢由此而生，恩澤由此廣被」，正如一國之君，「為國王之本（……）為一國之心」。[32]這篇獻辭看似油腔滑調，但正是這樣的交際手腕和高超醫術讓哈維逃過一劫——查理一世上了斷頭台，御醫哈維卻活了下來。然而，哈維的研究成果在生前並未獲得認可。一六八〇年，英國皇家學會成員約翰．奧布里（John Aubrey）寫道，哈維本人親口說：「拙著《血液循環》（*Circulation of the Blood*）問世以來，醫務一落千丈，庶民咸信其昏聵矣。」[33]

然而，《血液循環》開啟了輸血年代。數以千計的狗、馬、羊、雞遭人解剖，先將其血液抽乾，再將血液輸回。牲畜的性命無足輕重，一時之間引來無數野心家跟風。一六五九年，克里斯多夫・雷恩爵士（Sir Christopher Wren）做了輸血實驗，根據英國皇家學會的史學家記載，雷恩爵士「首開皇家解剖實驗風氣，將液體注入動物的血管（……）藉此手術，不同生物依所注入液體之品質，或腹瀉、或嘔吐、或中毒、或暴斃、或復甦」。[34]

此外，人體輸血實驗成為幾位男士之間的競賽。理查・羅爾（Richard Lower）是英國的輸血先驅，背後由皇家科學院（Royal Academy of Science）資助，其對手尚巴帝斯・德尼（Jean-Baptiste Denis）則是法王路易十四的御醫。羅爾先進行狗對狗輸血，從文字和插圖的記載來看，這項輸血實驗令人毛骨悚然：狗呈大字型攤開著，靜脈或動脈被切開，捐血犬和輸血犬的血管之間以羽翮相連，一旦捐血犬開始「哀號、昏厥、抽搐，最後死在羅爾醫生身邊」，實驗便宣告結束。[35]羅爾醫生的實驗是冷酷無情活體解剖的開端，至今仍方興未艾。另一位醫生湯瑪士・考克斯（Thomas Coxe）則用鴿子做輸血實驗，一六六五年「巴望著能嘗試幫狗換皮」，但結果並不傑出。[36]

輸血先驅之所以選擇用動物來幫人類輸血（又稱異種輸血），原因在於他們相信血中帶有性格，可藉由輸血傳給對方，例如小羊「溫順、值得歌頌的特質」會隨著羊血液流入人體，小牛的血液也有同樣的效果。法王御醫德尼率先用羊血為日漸孱弱的男孩輸血，男孩不僅沒事還日漸康復，一天一天胖了起來，「真是令人驚奇的案例」。德尼接著找了位年齡稍長的男性，這次純粹就是做實驗，該名男子「並無任何不適」，輸了羊血後依舊沒事。[37]德尼最著名的醫案是他最後一位病患——安東尼・莫華（Antoine Mauroy）。莫華原本是貴族僕從，後來發了瘋，在家打太太，德尼兩度幫他輸血，為了平撫莫華的暴躁脾性，德尼選擇了小牛的血，儘管當時科學界對於血型一無所知，不知道什麼叫血型不合，對血液的本質理解也有限，但莫華接受第一次輸血後並無不良反應，第二次德尼增加了輸血量，並在不知情的狀況下精準描述了溶血性休克：「血液一輸入靜脈，患者立刻覺得手臂在燒（……），脈搏加速，不久我們便看見他滿頭大汗。」莫華嘔出了培根和油脂，但隔天起床卻是心平靜氣。「他尿了一大壺尿，尿色發黑，彷彿跟煙囪的血混在一起似的。」[38]（但那發黑的不是煤灰，而是異種血液殺死的細胞。）

莫華接受第二次輸血後又活了一段時日，德尼自稱率先成功完成人體輸血實驗。不久之後，莫華去世，莫華的妻子大概因為殺夫罪遭到處決，德尼從此蒙羞。與此同時，羅爾也挑了一位狂人來做實驗——神學學士亞瑟·寇嘉（Arthur Coga），根據塞繆爾·畢博思（Samuel Pepys）的《日誌》（*Diary*）記載，寇嘉「腦筋有點秀逗」，雖然出身體面，哥哥是劍橋潘布洛克學院（Pembroke College）碩士，但寇嘉本人卻是酒鬼，羅爾答應給寇嘉二十先令，答謝他願意接受折磨[39]——在一分鐘之內接受十二盎司的羊血，[40]寇嘉挺過了輸血，但輸血一事卻岌岌可危，原因在於異種輸血不僅釀成死亡和人禍，還引發外科醫生傑佛瑞·蘭敦·凱因斯（Geoffrey Langdon Keynes）所說的恐懼：「將動物的血輸入人體後，恐怕會帶來頭上長角等可怕的下場。」[41]湯瑪士·夏德威爾（Thomas Shadwell）在復辟時期寫作的諷刺劇本《行家》（*The Virtuoso*）中斥責輸血根本是江湖醫術，其筆下角色尼古拉斯·金廉賈爵士（Sir Nicholas Gimcrack）對其病人有以下描述：

> 原本是發狂、暴躁，如今卻變得跟頭羊似的，成天咩咩叫個不停，還會反芻，身上長出一團一團的羊毛，不久之後，北罕普頓羊的尾巴就從屁屁、肛門冒出來，越長越長、越長越長。

面對眾人的訕笑，金廉賈爵士抗議說：病人寫信來，把身上的羊毛送給我這位良醫，「再過不久我就會有一大群羊病患，」金廉賈爵士說，「我以後所有的衣服都要用羊毛來做，羊毛可比海狸毛精緻多了。」

於是，輸血在法國遭到禁止、在英國遭到廢除。十九世紀初，英國產科醫師詹姆斯・布倫岱爾（James Blundell）再度嘗試替十位病患輸血，其中兩位已斷氣，輸完血依舊氣絕，另外有三位身亡、五位存活。布倫岱爾醫生手腳很快，克服了血液一離開血管就凝固的難關，此外，他不肯用異種輸血，只接受人對人輸血，因為：

> 遇到緊急情況怎麼辦？沒錯，狗只要一吹口哨就會過來，但狗的體型太小；在某些醫生看來，牛啊、羊啊可能更合適一些，但偏偏牛、羊不會爬樓梯。[42]

布倫岱爾醫生最初就是用狗來做輸血實驗，因此對狗相當了解。他用人血幫五隻狗輸血，一隻死在實驗台上，兩隻（另一說為三隻）幾個鐘頭後猝死，另一隻多活了五天，最後身亡。有鑑於此，布倫岱爾醫生下了個結論：「一種物種的血，若是毫無差別用於替代另一物種的血，必會招致回天乏術的後果。」因此，不論男女，都不應該輸「牲畜的血」。布倫岱爾是著名的產科醫生，在愛丁堡行醫數十年，經常目睹產婦死於血崩，其著作《產科原理與實踐》（*Principles and Practice of Obstetricy*）其中一節的標題就是〈血崩後的處置〉（After-management of floodings）。分娩本來就會出血，即便是在今天也是一樣，大多由胎盤娩出、傷口撕裂造成，五%的產婦會在生產後二十四小時之內失血超過一品脫，這稱之為產後大出血，[43]儘管這五%的產婦大多能熬過來，但產後大出血仍在全球奪走十二萬七千名婦女的性命。至於布倫岱爾醫生那個年代的產婦呢？從十九世紀初期的死亡率推估，當時的婦女大多挺不過產後大出血。布倫岱爾醫生的產婦有些確實死在產檯上，有些則在失血後恢復（例如案例五、案例六），案例五的產婦子宮出血、性命垂危，因而接受十四盎司的輸血，才輸完六盎司，她就說自己「健壯如牛」。[44]

布倫岱爾醫生認為輸血「對人類至關重要，因此（……）本人樂於把握良機探討此項議題」。然而，儘管布倫岱爾醫生殫智竭力做了多項實驗，甚至還發明了非凡的「採血器」（Impellor），但由於輸血的風險太高、未知太多，因此依舊不為醫界採用。後來，卡爾・蘭希戴納（Karl Landsteiner）發現了血型、知道血型不同不能輸血，這才解開了莫華的尿為何如煤灰一般黑、病人為何抽搐身亡——原來血液雖然看起來都一樣，但其實很不一樣。蘭希戴納發現血型之後過了十三年，科學界獲得了完美的實驗環境，得以深入探索血液的奧祕，這個實驗環境就是——第一次世界大戰。

一九一四年十月十六日，法國西南部的比亞里茨城（Biarritz），法國第四十五步兵團的下士杭利・樂格亨（Henri Legrain）躺在病床上，他剛從前線下來，傷口出血不止，隔壁幾床的傷患一個一個因失血而死去。同一間病房裡有一位「短小精悍的英國人」，名叫伊西多爾・古拉斯（Isidore Colas），同月稍早與砲兵團在法國馬恩谷（Marne Valley）奮戰，腿部不幸遭砲彈炸傷，因此被送到比亞里茨醫院（l'Hôspital Biarritz）療養，如今傷勢一天一天好轉，醫生來問他能不能捐血，倒也在情理之中：為了趕在血液凝固之前完成輸血，捐血者與輸血者必須相鄰，而古拉斯的病床就在樂格亨下士的旁邊。報紙大讚古拉斯勇敢，一來因為他傷勢尚未痊癒，二來因為他必須在未麻醉的情況下讓醫生用解剖刀切開靜脈，古拉斯「靜靜聽著，臉上不帶一絲猶疑，也沒有任何表情」，等輸血時間一到，他伸出手臂，讓血順著銀管輸給樂格亨，就這樣輸了兩個小時，只有額頭上的汗水顯示他在忍受疼痛。[45]輸血的結果令人驚豔。「我看見（樂格亨）氣色回來了，」某位醫生說，「臉色越來越紅潤，整個人又活了過來。」[46]樂格亨下士甦醒後，將頭湊到這位小英國佬身旁，親了親他的臉頰，一邊親一下（因為人家是法國人，而且是生龍活虎的法國人）。樂格亨和古拉斯後來都很高壽，兩位先生的佳話開啟了輸血的現代紀元。

一九一五年，加拿大外科醫師勞倫斯．布魯斯．羅伯遜少校（Lawrence Bruce Robertson）開始採行間接輸血，這是他從軍前在多倫多一間醫院學到的技術：先抽血，將血轉入針筒，再用針筒輸血，這個方法讓輸血不僅限於直接輸血，從此之後，羅伯遜少校不需要再找士兵來切開手臂血管，更不用隨時把士兵帶在身邊。輸血帶給休克士兵的轉變之大，羅伯遜少校可是親眼目睹過的。「病患原本臉色蒼白，有些甚至陷入半昏迷狀態，脈搏既快且弱；輸完血之後，病患看起來健康不少，而且意識恢復，整個人舒服許多，脈搏變得既慢且強。若要問輸血的價值，這樣的轉變就是明證。」另外一位醫生則以詩情畫意的文字寫道：死氣沉沉的病患一旦輸了血，「就像在炎熱的日子將半蔫的花朵放入水中」。[47]年輕的美國軍醫奧斯沃．羅伯森（Oswald Robertson）上校則運用了最新的血液保存技術，他在血液裡加入檸檬酸鈉，再倒入瓶子裡放在冰上保存，羅伯森稱之為「血液堆棧」，[48]但這既是首次血液體外移植，也是全球第一座血庫。

一九一八年，西方戰線的基地醫院和救護站平均每天輸血五十到一百品脫，每日受血傷兵大約五十位，當時掛彩的人數以百萬計，這樣的輸血量其實不算多。到了第二次世界大戰，英國軍隊全面採用輸血，並在戰爭爆發前設立有效的軍需供血系統，而且運轉得相當順暢，新鮮的全血裝滿冰箱，由野戰輸血隊（Field Transfusion Unit）用卡車運載，每輛卡車運送一千一百品脫的全血，其他部隊則負責運載血漿，「就懸吊在用來裝載迫擊砲的貨櫃底部，原本該掛三顆砲彈的地方，如今掛著四瓶血漿和兩套輸血設備」。[49]輸血在當時是例行公事，英國資訊部的戰時用血紀錄《生命之血》（*Life Blood*）有一章叫做〈九死一生〉（The Tenth Man's Chance）：在埃及的阿拉曼戰役，每十個人就有一個人接受輸血，每位受血者各分到三瓶血。[50]

我在倫敦的惠康圖書館找到一支宣傳片，由英國資訊部於一九四一年發行，當時「宣傳」並非壞事，「資訊部」也並非陰險的字眼，這支影片的片名叫做《輸血》（*Blood Transfusion*），旁白咬字清晰，帶著現在聽來相當貴族的口音，但在當時是廣播和電視的標準發音，[51]並以相輔相成的影像告訴大眾：輸血在第一次世界大戰的西方戰線廣為應用，接著鏡頭來到倫敦南部坎伯韋爾區塔爾福德路（Talfourd Road）某幢房屋的客廳，劇組重建一九二一年的場景：首先，一台黑色的電木電話鈴聲大作，接著，柏西・萊恩・奧利弗（Percy Lane Oliver）拿起話筒——扮演柏西的演員正是柏西本人，這位中年的中階文官未來將名留千古。柏西的父親在康沃爾郡當燈塔員，但柏西從小在倫敦長大，後來進入坎伯韋爾區的議會工作，閒暇時熱心公益，一九一八年因經營四間難民收容所而獲頒大英帝國勳章（Order of the British Empire）。一九二一年，柏西四十三歲，擔任英國紅十字會坎伯韋爾區分會的名譽祕書長，娶了個太太名叫愛瑟兒・葛雷斯（Ethel Grace）。柏西・奧利弗戴著眼鏡，頭髮微禿，由於禿在前額，給人向來額頭高的印象，長相則中規中矩，很適合柏西這個名字。

這通電話從一英里半外的國王學院醫院（King's College Hospital）打來，對方需要血，接著影片照著史實走：柏西擔心自己的血型不符，因此找了三位紅十字會的同事，一行四人浩浩蕩蕩前往醫院，最後由紅十字會的林思德護理師（Nurse Linstead）捐出「最佳血液」，成為英國首位自願捐血者。[52]幾週後，柏西和太太組了一支二十二人的自願捐血隊，只要外界有需要，自願捐血隊的成員都願意伸出手臂——英國的自願無償捐血制就此成立，一直沿用至今。[53]

以上是官方記載的正史，但真實情形不像這支宣傳片那麼石破天驚。根據歷史學家晶・沛莉絲（Kim Pelis）考證，在那通劃時代的電話之前，坎伯韋爾區的紅十字分會已經自願捐血數次，[54]林思德護理師並非英國史上首位自願捐血者。早在輸血尚未普遍的十九世紀，做丈夫的便會自願捐血給臨盆的太太。第一次世界大戰爆發後，戰事讓輸血廣為人知，但輸血本身並未發生重大變革，直到戰事尾聲，即便是最好的戰地醫院，每天的輸血量也不超過五十位傷患，比起當時駭人的傷兵數，五十這個數字根本聊勝於無，而且都是由失血的士兵捐給失血的士兵。戰時要找到捐血者並非難事，威廉・麥克弗森（W. G. MacPherson）少將在一戰醫療史中寫道，「軍中同袍同澤，捐血源源不絕」，捐血者多半「輕傷，或只是鬧牙痛、扭傷，或只是患有扁平足等輕症」。[55]捐血的士兵雖然沒有報酬，但可以回英國放假三週，這是很誘人的獎勵。[56]美國名醫哈維・庫興（Harvey Cushing）表示，每次要找自願者做輸血實驗，只要祭出「返國休假」，士兵就像「鱒魚看到飛蟲」那樣爭先恐後報名參加。[57]

然而，隨著戰事結束，同袍情誼也畫下了句點。在兩次大戰之間的和平時期，自願無償捐血制搖搖欲墜，醫事人員食古不化，一味陷入塞默維斯效應（Semmelweis reflex）——這個專有名詞源自伊格納茲．塞默維斯（Ignaz Semmelweis）醫生，他發現解剖完屍體替產婦接生不僅不衛生，還很有可能導致產婦身亡，因此呼籲醫界在接生之前洗手，但其他醫生都對洗手不屑一顧。而說到儲血，維特．霍斯利．里德（Victor Horsley Riddell）寫道：「全英國都覺得這樣做太躁進了。」[58]外科醫生等醫療人員因循守舊，堅持輸血要用現採的鮮血，輸血者必須待在病患身邊，先由醫護人員切開靜脈（醫學術語是「切入穿刺」），再看是要用直接輸血（輸血者與受血者的血管相連）還是要用間接輸血（用針筒或血液唧筒輸血）。捐血者大多指望報償，利物浦彙編了一本有償捐血者名冊供當地醫院參考，布拉福市（Bradford）的捐血者則只要通過瓦氏梅毒篩檢（Wassermann test），便能向醫院領取十英鎊（台幣一千零八十元）。

自願無償捐血也不是不行，但這類捐血者比較難找到，不是醫事人員私下認識，就是由病患的親朋好友熱血相助，反正能找誰就找誰，或是看誰近就找誰。根據艾雷斯泰．麥森醫生（Dr. Alastair Masson）的說法，愛丁堡的醫院會找資淺醫生或醫學院學生捐血，「例如我的住院外科醫生卡邁克爾醫生」，或是「身強體壯的醫學院學生韓德曼先生」；[59]請親戚幫忙也時有所聞，但這招不見得每次都見效。有一次，麥森醫生找不到親戚幫忙，只好拜託學生捐血：「但考量到學生再過幾天就要期末考，捐血量不能太多。最後，筆者的病患總共受血六百毫升，捐血者包括一位護理師、兩位住院醫生、三位學生和筆者本人。」許多人不贊成這種做法，醫學期刊《柳葉刀》刊過一封讀者投書，內容譴責醫界剝削醫學院學生：「他們已經夠賣命了，沒有力氣再捐血，無論一品脫、半品脫都不行。」那怎麼辦呢？有些醫生會在路上找人買血，此外，警消等公務人員也是公認好說話的自願捐血者，但有一位外科名醫卻不苟同：「警察整天都得像超人那樣行善，命已經夠苦了，還要人家捐血給有需要的人，豈不是火上澆油嗎？」美國伊利諾州艾凡斯頓市則要求消防人員捐血，原因在於當地警長抱怨部下太愛捐血，每個都一副貧血樣。[60]

此外，捐血者之所以銳減，問題在於醫生不接受地球上半數人的血，例如麥森醫生就認為女性「膽小無能」，加上女性的血管比較細，美國的醫生多半不忍心切穿女性的血管，因此偏好男性捐血者，[61]反正女性就是不適合捐血。[62]

有償捐血制在英國之外也很常見。第二屆國際輸血大會（Second International Blood Transfusion Congress）在巴黎召開，根據會議報告，在巴黎捐血越多、報酬越多，第一次捐兩百公克可以獲得一百法郎，之後每多捐一百公克可以獲得五十法郎。[63]《英國醫學期刊》刊過一篇特派員報導，據說一位法國人一年捐了兩百五十七公升的血還不收手，依然賣血不輟。[64]此外，紐約的醫院一直到一九二〇年代，都以一百美元購買一品脫的血。[65]根據美國報紙報導，年輕婦女靠著捐血所得創辦學院，到了經濟大蕭條時期，輸血已用於治療三十多種疾病，賣血因而成為少數不受景氣影響的產業。雖然醫院聲稱努力確保血源健康無虞，但《紐約時報》（*New York Times*）報導卻說：「賣血太賺錢，有人難免受不了誘惑拚命捐血。」儘管當時不乏保護捐血者健康的有趣措施（例如麻州法律規定捐血者的報酬包括一品脫威士忌和二十五美元），但還是可以聽到醫生抱怨捐血者比輸血者更需要輸血。[66]在金錢誘因下，血液交易逐漸成形，有血牛、有掮客、有殘酷的市場競爭。查爾斯·尼莫（Charles Nemo，生平不詳）在一篇雜誌文章中自述一九二九年在紐約賣血的事蹟，當時他住在血牛宿舍，由一位掮客照管，宿舍裡某位血牛跑遍全美國，就只為了讓自己的血液賣個好價錢。據說巴爾的摩最沒搞頭，當地醫院規定每年賣血上限兩品脫，費城則行情看俏，「當地警方不想再捐血逞英雄」，因此導致捐血者短缺。[67]當時的媒體不時會冒出反對賣血的聲浪。一九二〇年代初期，紐約傅勞爾教學醫院（Flower Hospital）的女學生眼看著血價飆漲，伸出手臂免費捐血，但卻不見同校男學生效法。[68] 這種捐血助人的行為雖然受到媒體讚揚，但賣血依舊是主要的血源，即便到了一九三○年代，賣血事業依舊興盛，強大到足以組成賣血工會。

柏西和妻子想要扭轉情勢。這種心血來潮、有一個是一個的賣血制度毫無效率，夫妻倆懷抱著志工的理想，深信自願無償制也適用於輸血。在一個國家中，如果捐血可以賺錢，就容易吸引到吸毒者和濫交者前來賣血，這種買血的行為會引來「階級與自己大相逕庭的人」。除了柏西之外，傑佛瑞・蘭敦・凱因斯也相信無償捐血制比較好，這位外科醫生雖然反對異種輸血，但卻在一次大戰期間轉而支持輸血，後來還寫了一本輸血教科書，讓他與親哥哥經濟學家凱因斯（John Maynard Keynes）齊名。「要找到有償捐血者不難，」凱因斯醫生寫道，「但要從中找到瓦氏梅毒篩檢呈陰性者就沒那麼簡單了。」自從林思德護理師到國王學院醫院捐了一品脫的血，柏西和妻子就決定豁出去，計畫自己動手編纂可靠的無償捐血者名冊。柏西在「資料庫」（這在一九二一年的意思是「索引卡」）記下捐血者的名字、聯絡資訊、血型、健康史。由於捐血者必須接受篩檢，血型資訊便是由此得知。此外，柏西安排人手守在電話旁邊，只要醫院打來問有沒有血源，柏西夫婦立刻「指派人選」送血過去，抵達時血還熱騰騰地儲存在人體裡。為了回報這番熱血，醫生必須遵照柏西夫婦訂定的規矩，「只准用針筒抽血，不准切開靜脈，不准切入穿刺，不准用血液唧筒」。[69] 這些規定是有道理的：一來針筒造成的傷口小，捐血者能重複捐血，二來針筒抽血比較不痛，捐血者自然樂意伸出手臂。

柏西夫婦的計畫就此展開，他們把家當作辦公室（與此同時，柏西依然繼續議會的工作），並取名為「倫敦輸血服務中心」（London Blood Transfusion Service），由志工提供輸血服務，裡頭雖然只有一台電話和幾張索引卡，但柏西經營的自願捐血隊獨步全球，捐血救人一事在英國跌跌撞撞了一百多年，如今終於見到曙光。倫敦輸血服務中心第一年只有四位無償捐血者，醫院只打電話來叫過一次血。[70]到了第二年，無償捐血者增加到十三位。[71]一九二二年八月，倫敦蓋伊醫院（Guy's Hospital）有位男病患性命垂危，太太「情急之下在大街上攔阻陌生人，問對方願不願意捐血」。有一位陌生人隸屬紅十字會坎伯韋爾區分會，在其牽線下，這位心急如焚的太太聯絡上柏西，丈夫因此得救。「從那次之後，」柏西的太太回憶道，「消息似乎就在醫院傳開來，說坎伯韋爾區這裡有一群瘋子，樂意把血免費捐給任何有急需的醫院病患。」[72]

免費的血？而且捐血者都通過篩檢，一個個身體健康、隨傳隨到？醫院應該愛死這個點子了！然而，付費買血的習慣根深柢固，翻轉形勢困難重重，有些捐血者莫名其妙遭到鄙視，有些「從公事或私事中抽空趕往醫院，卻被醫護人員三言兩語打發，說用不到他們請回去，連個可以向老闆交代的理由都沒有」。[73]為了保護名冊中的捐血者，柏西必須時時警惕，「提防採血新手因技術不純熟導致捐血者受傷，並且堅持雙方以禮相待」。[74]捐血者大多都很客氣，「最怕人家過分殷勤」，某份報導寫道：「至少一位著名捐血成員就抗議過醫院太溫柔，還說不喜歡『像溫室的花朵那樣備受呵護』，或讓漂亮的護理師小姐摸來摸去。不過，對於最後一項抗議，倫敦輸血服務中心的成員大多不會認同。」[75]即便捐血者對醫院心生不滿，也幾乎不會向輸血服務中心打小報告，頂多在捐贈卡上客氣附注：下次不想替某某醫院服務，後來才知道：由於醫護人員認為捐血有錢可拿，因而對這些捐血者漫不經心。

此外，人員調度也是一大挑戰。從索引卡上找到捐血人是一回事，要在一九二〇年代的倫敦找到擁有電話的捐血人又是另外一回事。（即便時間快轉來到倫敦輸血服務中心成立的第十年、註冊捐血人數達到二千零五十人，其中擁有電話的還是只有四百人。）[76]柏西夫婦憑著熱忱克服難關。「每次醫院打進來，」晶・沛莉絲寫道，「他們就發電報、派員警、請司機，有時候甚至騎腳踏車，想盡辦法聯絡到捐血人。」[77]透過消防局協助也是個好辦法，「消防隊長都很樂意幫忙，」弗雷德里・沃特・米爾斯（Frederick Walter Mills）在一九四九年倫敦勤務年鑑中寫道，「不過，捐血者大多不喜歡員警來敲門，因為鄰居多半不願相信員警是來找他們做公益的。有一位捐血者接受員警的好意，卻讓家人十分難堪，因為他三更半夜捐完血之後搭著警用卡車返家。」[78]

隨著時間過去，各種疑難雜症一一排解，包括訂定男性的理想捐血量是一次四百cc，女性是三百cc，男性的捐血間隔時間是三個月，[79]女性則是四個月，原因是女性血紅素再生速度比男性慢，而且血液中的鐵含量天生低於男性，這種性別差異僅限於人類，而且僅限於行經婦女（停經後則無此差異）。這些捐血相關措施訂定後，自願捐血者的身心健康皆獲得改善，並成為划算的血品來源，當時英國內陸城市賣血一次可得四基尼（台幣六百元），賣血者還可收取年度預付金，柏西得知之後計算了一下：發現有償捐血制每年花掉倫敦二萬五千英鎊（台幣三百六十三萬元），而這明明是十分之一的價格就可以辦到的事。[80]一九三〇年時，「倫敦輸血服務中心」已改名為「英國紅十字會輸血服務中心」（British Red Cross Transfusion Service），此時採行自願無償捐血制的醫院共計六十八間，每叫血一次收取一英鎊一先令（台幣一百五十元），用以支付輸血服務中心的營業費用，[81]其他資金則來自與古德魯伊教團（Ancient Order of Druids）合夥的營收，該教團在第一次世界大戰期間回收十萬磅錫箔，並將這些錫箔捐出去製造軍火，因而聲名大噪。柏西・奧利弗的輸血服務中心與古德魯伊教團合作，將出售錫箔所得用於招募新血。奧利弗先生直覺知道該怎麼做。一九三二年，柏西・奧利弗投書《德比每日電訊報》（*Derby Daily Telegraph*），抗議一則德比青年捐血給父親的報導。「奧利弗先生認為此舉不容小看，但『對於尋常事件做不必要的吹捧，恐怕會讓世人對於單純的捐血舉動抱持嚴重誤解』。」[82] 捐血不應視為英勇事蹟，這會使民眾卻步，以為捐血是英雄才做得到的事情。民眾必須知道：捐血只是單純的醫療程序，不會造成任何傷害。喜歡自己嚇自己的家屬已經夠多了，這為捐血服務帶來許多困擾。某人的女兒接到電話後豪爽答應捐血，她是首捐者，「母親陪同她來到醫院，堅持不准外科醫生採血」。柏西還提到，大約有兩百位捐血者在同意捐血之餘附加但書——不得讓雙親或妻子知情。[83]

因此，招募新血還是要靠現身說法。柏西還在通風良好的鄉公所演講，利用投影片和現場問答向民眾宣導，效果勝過將捐血者塑造成大公無私的聖人——這種媒體宣傳手法令人無感。說來諷刺，輸血原本仰賴捐血者和受血者彼此緊鄰，後來因為儲血技術成熟，捐血者不再需要躺在受血者旁邊，捐血者和受血者互相不知道對方的身分，輸血變得毫無人情味可言，更不准捐血者追蹤自己的血液輸給了誰。有一次，一位捐血者捐完血之後跑進病房看受血患者，這讓輸血服務中心的經理憤慨不已。「幾次要求解釋未果後，這位捐血者自己打電話來說要移民澳洲，省了我們不少麻煩。」[84]

柏西晚年健康每下愈況，但仍執意巡迴全國演講，光是一九三四年就講了一百零四場，旅費大多是他自掏腰包。依據弗雷德里・沃特・米爾斯的說法，柏西認為有必要讓大眾明白：「捐血並非用於實驗，而是真正有其需求。」真人真事比數據更加撼動人心，科學和事實則是對抗偏見和迷思的利器。「講者要有心理準備，觀眾可能會質疑捐出去的血並未妥善利用，尤其是在血庫，提問者會在拿不出證據的情況下，堅稱聽說捐出去的血都變成了種植番茄的肥料。」[85]

柏西四處走訪效果卓越，全英國都明白捐血的真諦，也知道如果在倫敦要叫血，就撥給柯樂敦路五號的柏西夫婦（由於塔爾福德路的房東受不了屋內堆滿古德魯伊教團撿來的錫箔，一氣之下漲了房租，柏西夫婦只好遷居柯樂敦路）。這些捐血助人的小人物受到媒體一片好評、熱情報導。有篇報導是這樣寫的：在某個晴朗宜人的日子，布朗先生正在繁忙的倫敦辦公室裡頭，突然電話「叮鈴鈴鈴」召喚，說有一位口腔癌病患需要血，布朗先生雖然兩週前才捐過血，但因為擔心對方找不到其他捐血者，因此隱瞞剛剛捐過血的事實，立刻動身前往醫院。這類報導中的名字都是化名。艾迪森在（W. Addison）《週六評論報》（*Saturday Review*）提到：「我筆下的人物不屬於任何輸血組織，而且都不願具名，這些奇人異士還有一項耐人尋味的共通點——他們來自各行各業，為了捐血，有的放下手中的筆、有的放下鑽頭、有的放下鶴嘴鋤，匆匆忙忙趕往醫院，再回到工作崗位繼續工作。」他們的資料都登記在英國紅十字會輸血服務中心，「為因應輸血需求，該組織於近年成立，提供捐血者給有受血需求者」。[86]

無償捐血制在倫敦順利推行，不僅引來各界注意，更成為各地的榜樣。一九三〇年，外科醫生傑克・柯普蘭（Jack Copland）因親戚失血致死餘悸猶存，決定在愛丁堡成立捐血小組。六年後，柯普蘭醫生的捐血小組人數眾多而且樂於捐血，當年愛丁堡的輸血人次達五百六十人，[87]其他地區也陸續成立自願捐血組織，而且多少都做出了一點成績。即便如此，賣血風氣依舊。有位來自布達佩斯的遊客到倫敦的英國紅十字會輸血服務中心登記，卻因為捐血沒拿到錢而詫異不已，還抱怨說他在布達佩斯捐血兩品脫索價二十英鎊（台幣二千八百八十元），「簡直便宜如糞土，這明明就是世界上最珍貴的液體」，並且因此提告受血者，要對方支付十英鎊（台幣一千四百四十元），最後敗訴。[88]一九三四年，雪菲爾市民捐血一次可賺取一英鎊一先令（台幣一百五十元）。一九三七年，在巴黎召開的第二屆國際輸血大會上，倫敦的無償捐血制和自願捐血組織被斥責是「痴人說夢」，[89]

只有荷蘭和丹麥跟進，各自建立一套自願無償的捐血機制。柏西的輸血服務中心每年接獲七千通來電，而且每次輸血服務只要收取八先令就能支應中心的營運成本，儘管如此，各國對於無償捐血制的疑慮仍然無法破除。[90]

第二次世界大戰爆發前夕，自願捐血制已經遍及全英國，柏西的紅十字會輸血服務中心成功樹立深植人心的典範，自願捐血制順利運轉，但這是在太平時代，一旦戰事開打，大城市必定陷入血荒。

一九三八年，倫敦，全城備戰。英國各地總計發放三千八百萬副防毒面具，大人小孩都有，[91]兒童防毒面具暱稱為「米老鼠」，好讓這些面具感覺平易近人些，後來則乾脆做成米老鼠的樣式。[92]（我媽當時剛學會走路，覺得米老鼠面具很恐怖。）政府宣導人民開挖園圃種菜，卻沒告訴人民上百萬副紙棺材正在趕工生產。[93]同一時間，第一代家用防空壕開始販售，並以當時的內政部長約翰・安德森（John Anderson）為名，這款「安德森防空壕」（Anderson shelter）價格親民，每座七英鎊（台幣八百四十元）。這年歲月不再靜好：紅色郵筒塗上了黃色偵毒漆，一遇到毒氣就會變色；防空氣球布滿天空，根據《紐約客》通訊記者茉莉・潘多恩（Mollie Panter-Downes）描述，天空像染患了「銀色皮膚炎」。[94]

棺材、孩童、甘藍菜。倫敦當局耗費數年防範各種災情，卻從來沒有想過要儲血。一九三七年，陸軍大臣被問到如果供血需求大增該如何應變，他回說：「靈活供血比較能回應需求。」[95]意思是天然儲血法就是最佳儲血法，血液最好儲藏在人體裡面。一九三九年初，唯一一座緊急血庫設在倫敦郊區琴畝（Cheam）的防彈建物裡，共可儲存一千品脫的血品，但這座血庫形同虛設，裡頭空空如也。營管人員認為：大戰一旦爆發，七天內就能將血庫補滿，在那之前，倫敦這座上百萬人口的大城市，只能依靠四間醫院的產科儲血作為緊急用血，總計八品脫。[96]

珍妮特・沃恩心裡有數：這些營管人員把事情想得太簡單了。在關注西班牙內戰期間，珍妮特見識到加泰隆尼亞醫生弗雷德里克・杜蘭約爾達（Frederic Durán-Jordà）的高強本領，他在戰時的巴賽隆納率先大量採血、儲血、運血，讓血品成為機動物資，一品脫一品脫裝在玻璃瓶裡，用改裝過的運魚車送往前線。杜蘭約爾達醫生既富遠見又細膩踏實。巴賽隆納這間捐血中心雇用了玻璃工匠，專門為杜蘭約爾達醫生吹製安瓿。[97]他實驗檸檬酸鈉的比例（這在當時已經是標準的血品添加物，用來防止儲血凝固），其實驗結果發現：在檸檬酸鈉中加入葡萄糖，可以讓紅血球更健康。此外，杜蘭約爾達醫生也跟著眾人排班運送血品，他會一邊開車一邊哼歌，有時候哼唱〈大力水手卜派〉（I'm Popeye the Sailor Man），有時候哼唱〈誰怕大野狼！〉（Who's Afraid of the Big Bad Wolf）。[98]

杜蘭約爾達醫生也在一九四一年的宣傳片《輸血》裡軋上一角，影片旁白（大概是杜蘭約爾達醫生的同事）說「我們將四千五百位民眾的血溶進檸檬酸鈉溶液中」，而我腦海裡的畫面，是上千位西班牙民眾一起將血液滴進檸檬口味的游泳池裡。一九三七年，美國外科醫生悉尼・沃格（Sidney Vogel）參訪巴賽隆納這間捐血中心，他是西班牙內戰期間的國際志願兵，協助西班牙第二共和國對抗西班牙法西斯主義。這位沃格醫生在捐血中心看到樓梯上站滿了排隊捐血的工人，又看到男男女女趴在光禿禿的病房中讓訓練有素的助理採血，心裡大感詫異。「原來戰時輸血用的瓶裝血是這樣來的！」他寫道，「我雖然使用過，但裝瓶的過程卻從來沒看過。」更令他驚訝的是捐血中心有一位平民青年畫家，專門負責在捐血者的靜脈處塗碘酒，方便助理下針，只要高喊「Pintor! Pintor!」（畫師！畫師！），這位平民畫家就會現身。想來巴賽隆納的捐血者一定比倫敦的捐血者更能忍痛，在倫敦，捐血者最常因為碘酒灼傷而要求賠償。杜蘭約爾達醫生在巴賽隆納打造的高效率血品生產線前所未見：抽血、摻入檸檬酸鈉、裝瓶，這樣的血品能保存十八天，達到有效供血。[99]

珍妮特對巴賽隆納這套供血系統興致勃勃，這套體系以全新高效方法徹底翻轉「靈活供血」，將採血、運血全面系統化。此外，杜蘭約爾達醫生這套做法顯示：採血不必醫生親自動手，醫生在戰時有更緊迫的事情要處理，採血可以交給護理師或是「受過實驗室訓練的理科女學士」，[100]血品可以儲藏在捐血者體外，運血也可以更有效率，珍妮特相信：這樣的洞燭機先，在即將到來的戰事中至關緊要，屆時槍林彈雨癱瘓通訊系統，醫護人員忙著處理傷兵，根本不可能打電話找人到人力吃緊的醫院捐血；不過，倘若能效法杜蘭約爾達醫生，珍妮特便能將倫敦的供血系統從傳統市場進化到大賣場等級。此外，珍妮特還在文獻中讀到俄國的做法：俄國人會從交通意外或自殺身亡的死者身上採血，並以低溫保存，[101]珍妮特不認為使用屍血是個好辦法，而科學界自始至今也不曾贊同，一來屍血品質難以保持，二來大眾對於使用屍血觀感不佳。不過，珍妮特效法俄國的低溫儲血技術，再搭配上運魚車、玻璃工匠和幾分聰慧，開始策劃一套戰時供血系統。

一九三八年底，珍妮特再次去找醫學院院長，問能否允許她探索最佳儲血法，以因應一觸即發的戰事，院長慨然允准，給了她一百英鎊（約台幣一萬二千元），珍妮特立刻派兩位助理搭計程車去買「一大堆」橡皮管、軟木塞、血管夾，組成珍妮特口中「簡陋的」輸血器材，並找來捐血者，便開始進行採血，但戰火遲遲沒來，英國首相內維爾・張伯倫（Neville Chamberlain）和他國領袖在慕尼黑會議上割讓捷克斯洛伐克領土，以此平息希特勒發動的戰火，備戰工作一下子鬆懈下來。「大家都說，」珍妮特寫道，「沒有血染慕尼黑，只有血染珍妮特所在的漢默史密斯醫院。」這批血後來轉為院內使用，珍妮特將血輸給了病患，並在戰爭爆發前幾個月與研究團隊評估儲血是否衛生堪用，結果發現儲血品質良好。然而，即便到了這個緊要關頭，戰爭已經迫在眉睫，英國政府依舊沒有儲血的打算。珍妮特認為情況危急，便在報紙上發表看法，說自己並非危言聳聽，但在戰爭時期，輸血的重要性不亞於繃帶。[102]

一九三九年四月初，她找了幾位同事（包括醫生和病理學家）到她在布倫斯貝里的家中研議，這幾場「緊急輸血服務」（Emergency Blood Transfusion Service）會議紀錄保存在惠康圖書館的檔案庫裡，其細節跟血液本身一樣有料。珍妮特都選在晚上開會，白天的工作都完成了，夜會一開就是好幾個鐘頭。寫到這裡，我想讓想像力散個步：在那開會的夜晚，珍妮特．沃恩女士穿著斜紋軟呢，親切而犀利，人家說她「既像山上的空氣，又務實接地氣」，[103]其他與會者則打著領結、抽著菸斗，有的喝茶，有的喝琴酒，有的喝威士忌，一邊配著洞洞餅，一邊討論儲血瓶的大小和放血雅座的扶手，並不時交換現代醫學資訊。

這場供血革命從後勤開始。在西班牙內戰期間，空襲傷亡人員中每十個就有一個需要輸血，[104]如果倫敦也是這樣，則每天有六萬五千名傷患需要輸血，因此，務實的做法是在倫敦各地設置儲血站，但不能設在容易遭受轟炸的地方，也不能離各大醫院太遠，否則運血不方便。此外，儲血站要在站內和社區採血，並將儲血運往需要的地點，同時還得負責醫學研究。珍妮特和同事討論後，決定設置四個儲血站，兩個在泰晤士河以北，兩個在泰晤士河以南。

首要之務是科學問題。初次召開的布倫斯貝里醫學會議紀錄中，建議每四百五十ｃｃ的血品摻入五十cc檸檬酸鈉溶液，其中檸檬酸鹽占三．八％、葡萄糖占〇．一％，大家為了比率爭論不休。此外還有其他問題等待解決，一是後勤，二是設備，都是顯而易見的燃眉之急，最後大家開會決定：每一間儲血站設置八張放血雅座，每張二十一英鎊（約台幣二千五百二十元），另外配備敷料鉗十二支、血壓計六台、橡膠嘴十二打、黏性繃帶三千公尺。再來是捐血者的問題，該去哪裡找捐血者呢？

討論到這個階段，布倫斯貝里醫學圈徵詢柏西．奧利弗的意見。柏西出席了初次召開的緊急輸血服務會議，但後來就很少看到他出現，我對布倫斯貝里醫學圈感到納悶，難道是這些人把他趕出去的嗎？一九三六年，柏西．奧利弗在《英國醫學期刊》上發表文章，隨篇刊出的評論似乎害怕外界撻伐刊載非醫界（亦非科學界）人士文章一事，同時又認可奧利弗先生「在輸血相關問題上獨具權威」，因此請讀者不必「心生疑慮──覺得像奧利弗先生這種外行人，怎麼能討論標題中『交叉分組』、『全適供血』這種引人議論的主題」。[105]柏西這篇文章的筆調自信中帶有歉意，「以外行人之姿低聲下氣」請求召開全國輸血大會。[106]布倫斯貝里醫學圈最初很歡迎柏西提供專業知識：倫敦的儲血站需要血，布倫斯貝里醫學圈需要捐血者，而柏西．奧利弗正好掌握了捐血名單。談到梅毒問題時，柏西指出戰時男女關係混亂，布倫斯貝里醫學圈則認為有必要鋌而走險，但梅毒畢竟是隱憂，因此梅毒篩檢還是要做，至於要不要告知捐血者篩檢結果為陽性，則留給各儲血站的站長決定。珍妮特原先會告知捐血者篩檢結果，但捐血者「氣憤難平」，她也就不再多嘴，以免對招募新血不利，但換作平時，大家必定會誠實以告。相較於梅毒議題，布倫斯貝里醫學圈對柏西的索引卡做法大表贊同，並且採用了血樣卡的做法，上頭記載捐血者的聯絡方式、血型、是否服役以及「手臂靜脈狀況」。

接下來還有幾道計算題要解。首先，倫敦人口八百萬人，總共四個儲血站，因此，每個儲血站負責兩百萬人口，萬一發生空襲，每個儲血站需要照護一萬名傷員，為此則需要兩萬名捐血者待命，每天提供五百瓶O型血作為急用，另外還需要五百瓶用於冷藏貯存。這項戰備儲血計畫最初只接受O型血，因為O型血可以捐給所有血型的人。到了一九四〇年，交叉試驗準度大獲改善，A型人、B型人、O型人、AB型人都能捐血，並由受過訓練的助理分類。「索爾頓實驗室（Salton Laboratory）的喬治・泰勒（George Taylor）是英格蘭的血型權威，」珍妮特寫道，「我永遠記得他一臉嚴肅告訴我：一定要招收專門做血型分類的女孩子，而且要立刻去招收，找小女生可不是件容易的事。」

找儲血瓶也不是件容易的事。少了合適的儲存容器，檸檬酸鈉加再多都沒有用，因為根本無法保存血品，更不用談運送。適合儲血的容器雖然不多，但選擇起來卻很棘手。要用比提（Beattie）酒廠的曲線瓶嗎？還是聯合乳場（United Dairies）的牛奶瓶搭配威士忌瓶蓋？萬用瓶（McCartney）的螺旋瓶蓋好像也行？還是要用LCC型的改良式萬用瓶？珍妮特被孩子抱怨家裡到處都是瓶瓶罐罐，儲血瓶的議題從春天討論到夏天，一直到六月第二週，布倫斯貝里醫學圈終於決定採用改良式牛奶瓶，一來取得容易，二來方便用牛奶箱搬運，三來運血車用路雪（Wall's）冰淇淋車改裝即可，既堅固又有冷藏設備，而且不像運魚車會有魚腥味。

布倫斯貝里的緊急輸血服務委員會並非正式組織，也沒有得到上頭允准——「家裡沒大人！」——珍妮特開心回憶道。然而，她卻將會議備忘錄寄給倫敦大學衛生學院（London School of Hygiene）的威廉・托普利教授（William Topley），托普利教授向來負責籌劃英國各項緊急服務。珍妮特的上司迪布教授聽說了這件事，便數落珍妮特「搗蛋胡來」[107]，彷彿說她幾句她就會打消念頭。

隔了一陣子，托普利教授那邊有人回信，讚許布倫斯貝里的緊急輸血服務，並請珍妮特呈報預算，跟珍妮特亦師亦友的醫學院院長建議她多報兩倍，因此，她把費用乘以三報出去，結果通過了，緊急輸血服務便由英國醫學研究委員會（Medical Research Council）成立，該委員會在一份戰後報告中寫道，「自從一九三八年慕尼黑會議以來，醫學界便常常思考戰時的用血問題」，[108] 尤其某位女性思考得特別認真。

同一時間，英國軍隊在萊諾・惠特比上校（Lionel Whitby）的指揮下也設立了一套劃時代的供血系統，這個國軍輸血服務（British Army Blood Transfusion Service）的儲血站設在布里斯托（Bristol），負責蒐集英國西南部民眾的捐血，並迅速將血品送往前線，其他國家的軍隊都沒有在戰前籌劃軍需用血，開戰後的軍需供血也不如英國的國軍輸血服務，後者選擇了吸血蝙蝠作為標誌。

珍妮特接到分發，負責指揮倫敦西北邊的儲血站，地點在斯勞鎮（Slough），她獨自出發去找設站地點。「我怎麼會運氣這麼好，」珍妮特在回憶錄中寫道，「可以到熱情的斯勞鎮服務，雖然當地人都認為我瘋了，但都十分樂意幫助我。」斯勞鎮活力奔放，珍妮特深受吸引，還稱之為「拓荒鎮」，「拓荒鎮」從第一次世界大戰結束後沿著工業園區發展起來，當地移工眾多，「沒有既定的傳統或習俗需要打破」。斯勞工業園區裡包括社區中心和瑪氏（Mar's）巧克力等數十家工廠，董事長是諾爾・莫布斯（Noel Mobbs），大家都叫珍妮特去找這位莫布斯先生談，莫布斯先生雖然不相信戰爭即將開打，但同意將社區中心改建為儲血站，裡頭有足夠的空間建冷藏室，而且還有個酒吧。

盧頓鎮（Luton）、薩頓鎮（Sutton）、梅斯通鎮（Maidstone）的儲血站也都找到了設站地點，一個是在醫院的廢棄區，一個是在進修推廣中心，一個是在兩幢打通的房屋裡。在登祿普輪胎

（Dunlop）、好立克麥芽飲（Horlicks）等公司的公關專家建議下，各儲血站都派人組隊深入鄰里，大力呼籲當地民眾捐血。從七月起，英國媒體定期號召捐血者，民眾只要撥打電話，請總機轉接「Central 8691」，便能找到最近的「登記中心」，讓醫護人員在耳朵或手指刺一下，便能驗血型、登入捐血名冊，等到戰事爆發再正式捐血。號召首三日，共計五千位自願者前來登記，三天後，名冊裡共計一萬一千位自願捐血者，媒體人士以及登祿普輪胎、好立克麥芽飲的公關都請大家多多益善，「登記中心預備每天接待三萬名自願者」。隨著夏意漸消、秋意漸濃，戰鼓聲越打越響，單單斯勞鎮的捐血名冊，就蒐集了一萬五千名捐血者的資料。

一九三九年九月一日，珍妮特．沃恩收到英國醫學研究委員會拍來的電報，她說內容「言簡意賅」，下令「開始採血」。冰淇淋車一部接著一部進入斯勞鎮，捐血者一個一個接到電話。九月三日十一點十五分，斯勞鎮儲血站全體人員站在社區中心的酒吧，穿著白袍聽首相張伯倫用無線電宣布英德開戰，「聽完之後，」珍妮特寫道，「大家回到工作崗位繼續採血。」

斯勞鎮儲血站。站外戰火隆隆，站內人來人往，護理師、祕書、接線生、救護員、駕駛員、科學家，共計一百名人手，在英國醫學研究委員會的援助下，採血由醫療人員親自動手，這一點跟杜蘭約爾達醫生的做法不同。此外，任何人只要願意，都可以駕駛載滿血品的路雪冰淇淋車通過砲火連天的漆黑街道。駕駛員大多是女性，在我的想像中，這些年輕女子心直口快、渾身是膽，但其中也有「富蘭克林（E. O. Franklin）太太的私人司機，名叫布雷迪，愛爾蘭人，個性魯莽」，老是讓引擎空轉。一九四〇年八月十三日，利物浦遭德軍空襲，造成輸血服務癱瘓，珍妮特在斯勞鎮的社區酒吧招募義工運送物資到利物浦。這間酒吧對斯勞鎮儲血站的員工意義重大，珍妮特明白儲血站能運轉靠的不僅是設備和科學，因此對這間酒吧懷有很深的感情。「我們的駕駛員都是女生，她們在漆黑中前行，駛過糟糕的天候，直到深夜才回到儲血站，這時候能來點威士忌對於戰時抗戰非常重要。」她在多次訪談中說過類似的話，「有人說『就只有珍妮特最有概念，懂得把緊急服務中心設在酒吧裡』。」

鄧斯坦夫人（Lady Dustan）是固定的駕駛班底，「少說也七十歲了，脖子上總是掛著一串珍珠項鍊，頭頂上戴著一頂小圓軟帽，頗有瑪麗王后（Queen Mary）的神采，但別看她這副嬌滴滴的模樣，什麼事情都嚇不倒她」。千萬不要小看鄧斯坦夫人，當時路況險峻，甚至可以說是恐怖，「必須要對道路瞭若指掌，才有可能在一片漆黑中開車，」英國醫學研究委員會寫道，「而且要願意在敵軍的襲擊下開往目的地。」儲血站的駕駛員都十分老練，有時血品已經送達醫院，傷員都還沒開始失血。

有一天，加拿大國軍醫院需要用血，鄧斯坦夫人將血運過去之後，得意洋洋地回到儲血站，並且盛大宣告：「對，外科醫生力邀我進手術室看他動手術，了解一下為什麼他們急需用血，我想我幫了他們大忙。」另一位義工是珍妮特筆下「了不起的老夫人，在戰爭爆發之前，老夫人的興趣是打橋牌和養馬，戰爭開打後，老夫人來說需要工作，我們安排她跟年輕技工一起修理特殊的金屬絲過濾器，修好之後可以用來儲存血漿」。老夫人身體不好，常在病中打發司機開著勞斯萊斯來我們這裡領過濾器，好讓她臥床在家時也能修理，「據她朋友說，這是她一生中最快樂的時光，她知道我們很仰賴她的手工活，而且不但我們仰賴她，全國的傷患也透過我們仰賴著她」。

在戰爭期間，大家都挽起袖子、說幹就幹、咬牙苦撐。凱蒂・沃克（Katie Walker）只不過參加了英國紅十字會的考試，便進入斯勞鎮儲血站當了兩年的護理師。「我學會開車——沒有上過駕訓班、沒有通過駕照考試，救護車開了就直接上路，把血品載到倫敦任何需要用血的地方，此外，我們還在各地成立了取血站。」[109]

這麼多的血從哪裡來呢？從民眾身上來，大多來自戰前幾個月蒐集的捐血者名冊。斯勞鎮的儲血站設在工業園區裡，要找捐血者相對容易，可以就近詢問工廠的員工。此外，派去鄰里的隊伍也成功招募到新血，英國各地的儲血站都採取類似的辦法，大眾耳濡目染久了，都認為捐血等於做公益。一九三九年，隨著第一波倫敦民眾下鄉避難，捐血救人的觀念也傳播到了鄉間。根據《泰晤士報》報導：「一位倫敦婦人搬到漢普郡的村莊後，應要求為輸血服務招募新血，整座村莊最初只有她一位捐血者，她完成註冊後便出門號召，村民踴躍響應，在她一一接洽後，捐血名冊在一兩個鐘頭之內就多了二十一位。」

除了斯勞鎮的儲血站之外，機動小隊也在附近的小城和村莊進行採血，他們在各地設立臨時採血中心，包括市政廳、工廠休息室、教堂大廳、鄉村酒吧，而且「出血」品質佳、滅菌又徹底，讓珍妮特十分驕傲。根據她的紀錄，村莊裡和小城裡的家庭主婦「通常是最忠實又規律的捐血者」。到了這個節骨眼上，已經沒有閒功夫去理會醫療體系排斥女性血液。在第二次世界大戰期間，女性大多每三個月捐一次血，「視之為對戰事貢獻一己之力」，[110] 儲血站也常常發放鐵劑，以因應戰時糧食配給所導致的缺鐵症狀。

一九四〇年九月七日，德國開始對倫敦實施戰略轟炸，到了一九四一年，倫敦南部薩頓鎮儲血站（轉接代號：Vigilant 0068）每週平均替六百到七百位民眾採血，其中四成是收到明信片後前來儲血站樂捐，另外有六成是到「偏遠的採血中心」捐血，遇到緊急情況則加派人力到附近的工廠找人樂捐。根據薩頓鎮儲血站的站長紀錄，當時捐血者源源不絕，每半年招募一次新血即可。[111] 儘管如此，依舊會碰到捐血淡季，捐血潮總是在天災人禍之後大量湧現，之後便消退不見，這是人類的天性：以一品脫的大有用處去對抗災變帶來的一籌莫展，這在二十一世紀的今天依然可見。九一一恐怖攻擊事件之後，血庫中的血品比以往多出了五十七萬單位，當時治療傷患只需要兩百六十單位，最後共有二十萬八千單位遭到棄置。[112]

採血團隊發現：用廣播車號召為特定事件捐血，民眾響應最為熱烈，例如廣播說血品會用飛機運到「某個遇襲的城市或是交戰的前線」，捐血者便會蜂擁而至。一九四〇年，德國納粹軍隊進攻丹麥和挪威，某個儲血站的捐血者名單，便在一夕之間從每週八百人增加到三千人。珍妮特身為科學家，傾向認為事件本身並非吸引民眾捐血的唯一原因，「奇爾藤丘陵（Chilterns）的村夫、村婦當然喜歡對戰爭有所奉獻，（但）捐血者真正感興趣的，是知道自己捐出去的血作何用途，以及知道自己參與了輸血科學的發展，他們響應捐血既是出於情感，也是基於事實和數據。」[113]

媒體界則持相反看法。比起陳述事實，報章雜誌偏好渲染捐血者和受血者之間的關聯，這條「血脈」或許是虛構大於事實，但卻報導得歷歷如繪。早在第一次世界大戰期間，便記載了受血者與輸血者對這條血脈的渴望，雙方都想知道對方是誰。一九一四年，泰勒（A. C. Tayler）在給外科醫生的信中寫道：「六月十三日，您幫我動了小腿截肢手術，當時您認為我的存活率只有二成五，後來有人捐血給我（……）能否麻煩您撥冗讓我知道捐血者的姓名和住址？我應該好好寫信謝謝他。」一九一七年，槍手柏帝（Birditt）詢問接受他捐血的病患「是否復元良好」。[114]

東北區輸血服務中心（North East Regional Blood Transfusion Service）透過《德里菲爾德時報》

（*Driffield Times*）發布了幾則多采多姿（但不太靠譜）的「血脈」故事。一九四五年十一月十九日，貝弗利市鸛雀丘爐邊莊的李小姐（Miss M. Lee）選在這個週日捐了血；三天後，李小姐的血飄洋過海，並於十一月三十日捐給郝威爾中士（Sergeant Howells），郝威爾中士遭地雷炸傷，一條腿截肢，接受輸血後復元狀況良好。里茲市梅恩伍德路的一等兵庫克在荷蘭芬洛市附近遭到迫擊砲彈攻擊，幾乎肚破腸流，好幾英尺的腸子露在腹傷外頭；不過，得到貝弗利市巴克豪斯太太的輸血之後，庫克活了下來。[115]

英國官方的戰時用血紀錄《生命之血》也採用了類似的手法，將捐血者和受血者的個人故事刊登出來，包括「壯碩的中年婦女、士兵、工人、妙齡紅髮少女、佩戴防空員臂章的跛腳長者，一位鐵道貨物看守員帶著探照燈前來，打算捐完血之後直接返回工作崗位」。這位壯碩的中年婦女名叫艾莉絲・愛德華茲（Alice Edwards），守寡，育有一兒一女，兒子從軍，女兒加入婦女後勤部隊（Auxiliary Territorial Service），她本人則開始捐血報效國家，並發現「捐血似乎能改善健康、緩解沉重，還說『為了健康著想』，現在固定每三個月捐一次血」。[116]在英國，只有這類宣傳報導得以公布捐血者的聯絡資訊，但是俄國卻容許更真實的親密接觸，畢竟捐血者和受血者分享的是如此親密的體液，所以有何不可呢？俄國的儲血瓶上都會標示捐血者的姓名和聯絡方式，由於俄國的捐血者大多是女性，受血者又大多是現役士兵，因此，輸血的結果不難想見。一九四三年，《登地郵報》（*Dundee Courier*）的報導說：這種友愛的輸血行為「在傷兵和輸血者之間發展成幾段戀情」，而某些士兵再次掛彩後，會要求接受上次同一位女孩的輸血。[117]

戰爭讓捐血的觀念深入人心，成效無與倫比——戰時捐血直送傷兵血管，縱使事實並非如此，這樣的訊息依舊激勵人心。不過，每個人捐血的理由都不同，國軍輸血服務就遇過高血壓的老紳士前來捐血，根據《格洛斯特回聲報》（*Gloucestershire Echo*）報導：「老紳士在戰前要花十基尼找外科醫生放血，如今則跟隨國軍供血站的機動小隊，由志願援助特遣隊或婦女後勤部隊的漂亮小姐採血，而且還不用付錢。」負責國軍供血站的英軍准將讚揚「罹患高血壓的忠實捐血者，他們跟隨我軍的機動小隊四處捐血，不僅幫助到我軍傷兵，也幫助到他們自己」。[118]

一九四二年，捐血對於不同的人有不同的意義，甚至成為道德優越者的武器，史丹丁家的艾薇小姐和葛蕾思小姐因此被冠上懦弱的罵名，她們收到夾帶白色羽毛的黑函，內容寫道「妳昔日的閨中密友正在替妳出力報國」，黑函的結尾狠狠酸了一句：「附帶一提，妳為傷兵灑過熱血嗎？我們很懷疑。」將這件事爆出來的記者更狠：「說來奇怪，這兩位小姐都是捐過血的呀。」[119]同樣也是一九四二年，曼徹斯特附近、塞爾鎮南部的詹姆斯・艾立克・奧漢姆（James Eric Oldham）因為偷地毯在法院受審，他以捐血為由要求減刑，說是捐了六品脫還是八品脫的血，因此意志力薄弱，還請法官大老爺行行好，結果減刑失敗。[120]

另一位男子的捐血理由或許是我最欣賞的，他在回憶戰爭時說：「一九四一年。戰爭。需要血。我有血。不捐嗎？」[121]

斯勞鎮、盧頓鎮、薩頓鎮、梅斯通鎮、國軍輸血服務：這些單位採血、供血了幾個月，其員工也開始輸血了。在這些民間儲血站中，珍妮特深信斯勞鎮儲血站最為獨特：大家都知道缺血跟斯勞鎮要就對了，斯勞鎮一定會給，大家一開始還會打電話來叫血，但「很快就曉得斯勞鎮會用心看、用心聽，炸彈一落地，血就送過去」。在經歷了一年「靜坐戰」（Sitzkrieg）的無聊等待，炸彈在一九四〇年的秋天紛紛落下，冰淇淋車接連駛到轟炸地點附近，將血品運到當地的傷兵醫院，或是直接在街上幫傷員輸血。

在儲血站裡，員工學會像礦工那樣把探照燈戴在額頭上，這樣就算停電「或因為窗戶破掉、遮光窗簾翻飛而擋住光線」，他們也能準確下針並懸吊儲血瓶。此外，由於西大道（Great West Road）一幢房屋失火，斯勞鎮儲血站改良了輸血針設計，當時珍妮特抵達滿是傷患的醫院，發現一名小女孩嚴重燒傷，她決定讓小女孩自生自滅，因為她必須先醫治能靠輸血救活的病患。在急救過一輪之後，她回過頭再去找小女孩，發現小女孩還活著，雙腿、雙臂都嚴重燒傷，找不到血管可以下針。這時，珍妮特想起曾經讀過的文獻，說是可以從骨頭輸血，「這是戰時從醫的好處，反正人都死了，就算是被你救死了也沒差，你大可壯膽冒險」。她找來最粗的針頭，把輸血針插進小女孩的胸骨，吩咐護理師把血打進去。（只要儲血站人員找不到血管，就稱之為「開荒求生」。）兩個小時後，珍妮特去察看小女孩，發現護理師幫小女孩輸了兩品脫的血。事故隔天，他們研發出將血液注入骨髓的針頭，具有特殊的凸緣構造，用以固定注射部位，可以在船上或登陸艇上使用，「在這種找不到血管的時候，從骨頭輸血容易多了」。新設計的輸血針在敦克爾克大撤退派上用場，小女孩也活了下來。

幾年後，這位燒傷的小女孩海麗葉．希根氏（Harriet Higgens）申請牛津大學，她還記得珍妮特．沃恩，當年住院時珍妮特來看她，還用玻璃管幫她把耳朵裡的血吸出來（原因海麗葉沒寫），據她記載，珍妮特一邊工作「一邊跟我說話，一邊解釋她在做什麼，彷彿當我跟她一樣聰明，覺得我也有興趣似的」。申請牛津大學的學生可以填報三所學院，海麗葉只填了一所——薩默維爾學院，當時的院長正是珍妮特．沃恩。[122]「所以，」珍妮特說，「好事確實會發生。」[123]

這些儲血站在治療上千名傷兵之餘，還從事了科學研究，從而得知創傷病患平均需要兩瓶半的全血，其中兩瓶用於分離出血漿，[124]但這並非硬性規定，海外的外科醫生在戰場上學到：「病人的需求是唯一的標準。」血輸出去多少就損失多少，「如有需要，」著名的外科醫生奧格威少將（W. H. Ogilvie）寫道，「會從兩條靜脈同時輸血，速率達到每分鐘半品脫，兩個小時的手術可以輸到十八品脫的血。」[125]

第二次世界大戰帶來不斷的創新，包括知識上的創新和實務上的創新，分離血漿、乾燥血漿、使用血漿已經成為例行公事，比起容易腐壞的全血，血漿不僅容易運輸，而且確定能有效治療失血，加上血漿不含細胞，不需要做交叉試驗。國軍的血漿乾燥設施由印度婦女的銀頂針基金會（Silver Thimble Fund）捐款建設，[126]其中乾燥血清（不含凝血因子的血漿）也能用來治療傷患，並在一九四〇年春天的敦克爾克大撤退救人無數，當時儲血站把所有的儲血都運往敦克爾克海濱，但傷員不斷增加，醫療系統癱瘓，縱使美國在「血漿救英國」的號召下將蒐集到的血漿船運過來，[127]依然於事無補。珍妮特和斯勞鎮儲血站的員工也開始嘗試用血漿，但血漿看起來既混濁又充滿凝塊，因此大家不敢貿然使用，直到敦克爾克大撤退，「我們知道不輸血這些官兵必死無疑，所以冒險使用看起來非常奇怪的血漿」。這又是在戰爭中死馬當活馬醫的例子，誰知道血漿好用到「簡直神奇」。[128]

一九四一年春天，空襲停止，本來以為需血量會下降，沒想到估錯了。輸血的效果實在太好，導致醫生輸個不停，「在多起醫案中，」珍妮特寫道，「風向顯然轉得太大，明明沒必要輸血也照輸不誤，但整體觀之，戰時輸血服務的教育價值仍然值得肯定。」此外，值得肯定的還有輸血服務機構，英國醫學研究委員會在戰後寫道：「雖然沒有大規模輸血的經驗，但經過運籌規劃，輸血服務機構順利運轉起來，看著真是大快人心，這都得歸功於事前花時間、動腦筋的籌備人員。」[129]

在這場戰爭中，珍妮特學會答應任何請求，「不管男人也好、女人也罷，在情急絕望之下都只求安心，一旦知道救援會來，他們就能再多撐一下，只要有人帶頭做榜樣，其他人就會伸出援手」。在諾曼第登陸前夕，珍妮特收到緊急醫療服務首長打來的電話：「珍妮特，港埠那邊我們完全沒有安排，可以麻煩妳照顧一下嗎？」她答應了，但完全不知道照顧港埠要做什麼，「一如以往，事情後來就沒了下文，我只希望港埠那邊有收到保證，知道斯勞鎮儲血站隨時願意提供援助」。[130]

戰爭結束後，四個儲血站只留下倫敦西南供血備忘錄，詳盡記載一九四〇年共配發了九千四百一十瓶全血，一九四五年則是二萬二千三百九十七瓶，[131] 有些用於搶救炸彈傷亡人員，然而，珍妮特認為值得注意的是：「即使沒有炸彈落下，即使長時間都沒有炸彈傷亡，需血量依然穩定成長。在戰爭期間，血庫和輸血服務都取得長足進展，儲血『in perpetuo』（永遠）成為普遍需求。」此外，英國各地的儲血站運作良好，國軍輸血服務也同樣令人欽佩，在戰爭剛爆發時，國軍輸血服務每天採血一百品脫，到了戰爭尾聲，國軍輸血服務在英國各地總共設立八百五十間附屬機構，從雷丁（Reading）到彭贊斯（Penzance），每天捐血人次達一千三百人，單日最高採血量為一千六百五十七品脫。

在奧格威少將看來：「這次戰爭為外科帶來的最大進展不是盤尼西林，而是比盤尼西林更重要的輸血服務發展。血庫充盈的輸血服務必須普及到民間，讓傷患得以復甦，讓病患得以康復。」奧格威少將後來如願以償。

一九四五年，珍妮特・沃恩離開了儲血站，這五年間，一如其他數不清的醫護人員，她經歷了轟炸、看遍了死亡、治遍了燙傷，但是，當人家問她去不去貝爾森（Belsen）納粹集中營研究提供飢民最佳營養的方法，她依然一口答應。當時醫界治療飢餓的普遍成規，是使用蛋白質水解物（即液態高蛋白），這是公認最有效的療法。她搭著車從木造浮橋上跨過萊茵河，一路上跟從前線回來的士兵揮手。她看到上百名身穿條紋睡衣的奴工被集中營吐出來，在鄉間徘徊遊蕩。回家後，珍妮特把丈夫的條紋睡衣全部燒掉。

車還沒開到貝爾森，集中營的味道便撲鼻而來——那是一股夾雜著屎尿和屍體的惡臭。集中營的高階軍官以為救星到了，但沒這回事，珍妮特一行人說：我們是來做研究的，這句話現在聽起來雖然殘忍，但珍妮特對科學研究有信心，更何況他們很快就要醫治從日本軍營回來的戰俘，因此研究還是得做，她不得不將蛋白質水解物注射到一堆皮包骨裡，這些皮包骨一看到她手上的醫療器械，立刻尖叫「不要火葬！」（Nicht crematorium!），原來之前納粹軍官有時會為死囚注射石蠟，再將死囚送往毒氣室。[132] 根據珍妮特的筆記，注射石蠟有助於火化，相當駭人聽聞。但珍妮特並沒有因此退卻，她繼續在奄奄一息的皮包骨中找尋生還者，走投無路、一絲不掛的男人們扯著喉嚨，用五種語言吵著向她討麵包。她的研究結果足以證明：比起給予蛋白質水解物，少量的食物更能有效治療飢餓。她寫信給自己心目中的血液學英雄喬治・麥諾特，說這裡的七歲孩童看起來像二十歲、十八歲的少女看起來像五十歲，而且到處都是糞尿和汙物的惡臭，男人見了她就掉眼淚，「不敢奢望半點善良與友愛」。[133] 她在家書裡則寫道：「我到了——在人間煉獄裡做研究。」[134]

在人間煉獄裡做了幾週研究，接著回到英國擔任薩默維爾學院的院長，一當就是二十二年，雖然身在學術界，但她可沒閒著，天一亮就起床，口授完每一封跟院務相關的信件，便動身前往辦公室附近的實驗室開始一整天的研究工作。如果訪客納悶院長到哪裡去了？她就會回說：「你覺得我每天都在打毛線嗎？」[135]她成為輻射專家，專門研究核分裂如何影響人類和兔子的新陳代謝（她拿兔子做動物試驗），有位同事稱珍妮特「輻射院長」，[136]這稱號或許是戲言，但卻十分精確，萬一哪天傳出輻射外洩的危機，珍妮特一定會人間蒸發，找人拿她的脛骨去做骨生檢。[137]她研究輻射幾十年，政治家雪莉．威廉絲（Shirley Williams）問她：都這把年紀了還研究鈽做什麼？她回答：「七十幾歲研究鈽豈不是最好？我也沒幾年好活了。」[138]她爭取讓女子學院成為正式的牛津學院，並加收理工科和醫科的大學生進入薩默維爾學院。從擔任院長初期開始，她便強力推動男女平等，明目張膽雇用女性研究助理，並替懷孕生子的助理保住飯碗。她雖然是高高在上的理事會成員，卻在流感爆發期間端著食物給生病的學生；她雖然是如輻射般的院長，卻也「和藹可親、討人歡心，」[139]她很仁慈，而且始終保有這份仁慈，「她是充滿人情味的科學家」，她的學生在悼詞裡寫道。[140]沃恩院長於一九六七年退休後筆耕不輟，一路寫書、發表論文到八十多歲，她擁有女爵士的頭銜，也是許多協會的成員（其中我最喜歡「骨牙協會」），更獲頒無數榮譽學位，她身在統治集團，卻是徹頭徹尾的社會主義分子。

柏西．奧利弗於一九四四年過世，他本來身體就不好，又眼睜睜看見緊急輸血服務後來居上，而且還不得參與輸血服務的後續發展，死時心力交瘁。他不像珍妮特那麼高壽，來不及看見英國紅十字會輸血服務中心和緊急輸血服務蒸蒸日上、永垂不朽，其同事法蘭西斯．亨利（Francis Hanley）在回憶錄中寫道：「倫敦輸血服務中心從沒沒無名的一人組織，成長為市值數百萬、由全國自願者捐血的機構，我們當中能親眼目睹這一切的並不多。」[141]

柏西．奧利弗就沒有這樣的機運，在世時也沒獲得太多表彰。想想看：一個外行人，和一個搗蛋胡來的小女孩，這兩個人居然肩負起近代輸血系統——儘管事實確實如此，醫學界難免心生疑慮，就這樣疑慮了三十年，國王學院醫院的血液科門口終於掛上柏西的肖像，肖像中的柏西英俊挺拔，底下的木匾則記述了正史上第一通叫血電話。此外，國王學院醫院設置柏西病房，收留一般科、呼吸科、腸胃科、生殖科病患。[142]一九七九年，坎伯韋爾區議會在柏西一家的舊宅外掛上藍色紀念牌匾，上頭寫著：「自願捐血制創辦人柏西．奧利弗生前在此起居辦公。」[143]（愛瑟兒．葛雷斯生前也在此起居辦公，她為捐血服務做出的努力被貶謫到字裡行間的留白處，太太們的貢獻通常都是這樣盡在不言中。）

珍妮特．瑪麗亞．沃恩女爵士的家門外沒有藍色紀念牌匾，但她的豐功偉業不可勝數，晚年事業則被嚴重的關節炎耽誤（她要親愛的孫子、孫女別浪費時間來探望衰老的奶奶，過好自己的日子就好）。[144]珍妮特於一九九三年一月辭世，享耆壽九十二歲，一直到過世之前都還開著那台Mini到處跑，成為牛津校園裡熟悉的聲響和風景，一位同事說她開車「個人風格顯著」，[145]另一位則說她的開車風格「很像袋鼠」。[146]她闔眼時，輸血服務中心已經運轉了四十七年，後來改名國家血液服務中心，也就是現在的英國國家健保局血液暨移植署。一九八四年，人家問她：希望以什麼形象名留後世？她不假思索回道：「科學家——能解決並探究精彩問題的科學家，同時也是擁有家庭生活的科學家。我希望我在世人心中的形象不是成天坐著思考的科學家，科學家也必須擁有凡人的生活。」[147]

修養高深、有條不紊、自強不息、永遠通情達理，珍妮特就是這樣一位女性。一九四一年，珍妮特寫信給凱蒂．沃克，凱蒂在斯勞鎮儲血站當了將近兩年的護理師，那可真是深刻的兩年！珍妮特其實沒必要寫這封信，儲血站的人手有一百人，人員流動想必十分頻繁，凱蒂只是其中之一，但是，珍妮特希望凱蒂明白大家對她的思念。「我很想好好看一看、認識認識每一位護理師，可惜為現實所局限，但妳肯定明白我對你們的真心愛護。」作為凱蒂的上司、管理著龐大的組織、扛著巨大的責任，她大可使用制式署名，淡淡簽上一句：「即問近好。主任沃恩博士手諭。」作為開創現代捐血、輸血系統的關鍵人物，膽敢將粗大的針頭插進燙傷小女孩的胸骨，又有能耐在人間煉獄從事研究工作，並且不遺餘力推動科學進步、鼓勵女性參與科學研究，她大可遵照禮數署名。這封給凱蒂的信是這樣收尾的：「永遠愛妳的珍妮特。」148

Chapter 4

第四章

血液傳染：愛滋病毒

Blood Borne

目前東非以及撒哈拉沙漠以南的國家都已經成功防治愛滋病，唯一的例外就是南非，2016年新增25萬起病例，占非洲南部國家的三分之一。南非媒體對於包養風氣多所遷就，還對網路平台「尋恩客」多所讚揚，「尋恩客」的專頁在臉書上歸類為「生活服務」——大概是為傳播愛滋病的生活而服務吧。

「我們的新家」，這是南非科薩語「Khayelitsha」的意思，原文發音是「凱亞利撒」，這個地名除了諷刺還是諷刺、除了刺心還是刺心，因為這醜陋的市郊是美麗的開普敦市裡不為人知的一面。市政府當年實施種族隔離，將有色人種扔到開普平原區（Cape Flats），遠離市中心殖民風格的豪宅、遠離水濱和海洋、遠離在山嵐裡綽約的桌山（Table Mountain）。凱亞利撒是南非第二有名的市郊（township），排名僅次於索韋托（Soweto）。在南非，「市郊」是有色人種和貧民的居所，凱亞利撒的人口大約落在五十萬上下，[1]各個機構的數據頗見出入，正確人口數不得而知，其他較為確切的數據則更是駭人聽聞：失業率四〇%，青年失業率五〇%，三分之一的人口住在「非正式住宅」（也就是鐵皮屋）。此外，二〇一五年的調查結果顯示：普通襲擊和謀殺未遂的比率在過去五年間上升了四〇%，[2]根據性侵中心的紀錄，每個月通報的強暴案件達一百樁，實際犯案數量估計至少九百樁，為了預防女兒遭到性侵，不少女孩在十歲時會被母親帶去裝避孕器。[3]

如今的凱亞利撒，是Uber司機願意載你來、但不會來載你回去的地方，無論白天或黑夜，都沒有司機願意在凱亞利撒接客，都是把乘客丟了就走。從開普敦市載我到凱亞利撒的司機都是辛巴威人，他們聽到我的目的地都很震驚，車子一開近凱亞利撒，司機就開始咂嘴，但不是因為入境隨俗說起了以咂嘴音著名的科薩語，而是因為許多非洲國家都會用咂嘴來表示不以為然，發音跟「嘖」很像，意思也差不多，但舌頭要再往後捲一點。「嘖，妳看看」，一位司機說，即便是在辛巴威，大家也無法接受鐵皮屋，就算要蓋棚屋，辛巴威人會用泥造。另一位司機則速速跟我介紹了一下當地暴力事件頻傳的地區，都分布在國道二號（N2）兩側，西起開普敦市，一路向東延伸到內陸國界，其中一段與賴索托（Lesotho）接壤，終點接近辛巴威。這些市郊真是糟糕，司機說，太多毒品啦，嘖嘖，若是要比糟糕，還是蘭加（Langa）最糟糕，在這裡很容易被亂槍打死，他一邊說，一邊用下巴比給我看蘭加在哪裡，但我只看到五顏六色的房屋，鐵網圍欄上晾晒著色彩繽紛的衣物，粉的粉，黃的黃，藍的藍，耀眼的陽光讓危險遙不可及且難以想像。

入夜後要回到開普敦市，必須靠國際醫療組織「無國界醫生」（Médecins Sans Frontières，簡稱MSF）的同仁好心載我一程，我在南非的日子都是由MSF接待，該組織在二〇〇三年來到凱亞利撒開設治療愛滋病毒的診所，原本不打算長駐，無奈病毒無法根除。在北美和北歐的富裕國家，專家認為愛滋病毒已經受到控制；但出了這些國家，愛滋病依舊是流行病，而且好發於婦女。

全球愛滋病患共計三千七百五十萬，超過一半是女性，每週平均有七千五百位年輕婦女感染愛滋病，此外，愛滋病毒更是全球年輕婦女（十五至四十四歲）的主要死因。[4]在撒哈拉沙漠以南，十五至二十四歲的女性罹患愛滋病的機率是同齡男性的兩倍，[5]而在南非東部的夸祖魯納塔爾省（KwaZulu-Natal），十五歲少女感染愛滋病的機率是八〇%。[6]八〇%！我對愛滋病的關注如同一道光束，牽引著我來到非洲最南端，探究為何在二〇一七年身為黑人少女形同獲判死刑。

MSF除了在凱亞利撒B區的日間醫院（Site B Day Hospital）設有仁愛診所（Ubuntu Clinic），也在一條塵土飛揚的街道上設有附屬機構，街道兩旁是窄小的鐵皮屋，屋前有裁切過的油桶，用來準備「braai」（南非燒烤），當地人稱這個地方診間為「貨櫃屋」，但其實是一輛露營車，外觀相當不起眼，裡頭提供當地民眾愛滋病毒檢測和諮詢，有時還提供茶和咖啡。診間裡可以聽見迪斯可音樂從街道上傳來，這些鐵皮屋就地取材，在沙地上隨意搭建，夏天熱得要命，雨天又會淹水。我到當地時正值八月，是南半球的冬天，鐵皮屋裡冷颼颼，露營車的診間裡則有暖氣，外頭擺著一張塑膠桌子和幾張塑膠椅子作為候診室，由一位神情愉快的婦人照管，身上披著一條羊毛毯，這是當地常見的時尚打扮（毛毯是便宜的保暖衣物），配上一雙黑白相間的條紋襪，彰顯出婦人個人的服裝品味，看上去活脫脫是《綠野仙蹤》（*The Wizard of Oz*）裡圓滾滾的西方女巫，並且擁有堪比西方女巫的無邊魔力，這魔力則來自婦人照管的熱水壺。

診所一週開業五天，早上七點開始看診，晚上六點休診，看診時間之所以這麼長，是想讓勞工也能前來諮詢和接受檢查。這些勞工天還沒亮就出現在凱亞利撒的火車站和公路橋，七嘴八舌等著車準備上工，沒有凱亞利撒這些勞工人口，開普敦市就沒有司機、沒有清潔工、沒有服務生，這些勞工身心俱疲，下班後根本不想去看診，為了要吸引勞工前來，診所提供免費Wi-Fi，這是很強的吸引力，因為行動上網在南非相當昂貴。另一項誘因在於診所提供了一般保健，包括計畫生育、糖尿病篩檢、肺結核篩檢，因此，相較於愛滋病專門診所，民眾比較不會不好意思前來。凱亞利撒共二十二區，每一區都有類似的診所。當年實施種族隔離的市政府吝於使用想像力，從A區到J區，直接以英文字母命名，新區則可見曼德拉苑（Mandela Park）、哈拉雷（Harare）等地名。在B區日間醫院的診所（或稱仁愛診所），很容易看出誰為愛滋病所苦，愛滋病患的門診單是綠色，此外看診的地方也不相同，向左轉表示一般診，向右轉則是愛滋診，從行進方向便能判斷誰是愛滋病患。

無國界醫師的露營車不分左右，民眾只要走上三階台階，便能進入舒適的診間，診間和診間之間相當親近，醫護人員可以隔牆說話，民眾則能接受免費愛滋病毒篩檢，只要伸出手指讓醫護人員採血，十五分鐘後便能知道結果。南非民眾已經與愛滋病毒共存多年，可以對愛滋病毒侃侃而談，包括病況、抗反轉錄病毒藥物（ARVs）、特殊白血球CD4細胞量、病毒量、做愛要戴套，不用別人說，他們也知道愛滋病的全名是「後天免疫缺乏症候群」（Acquired Immunodeficiency Syndrome，簡稱AIDS），由人類免疫不全病毒引發。南非的愛滋病衛教已施行數十年，連續劇也稱職演出相應的戲碼，但南非依舊有七百萬民眾感染愛滋病，冠居全球。

譚霸（Themba）是今天早上來看診的病患，他來做愛滋病毒篩檢，昨晚酩酊大醉來到診所，被醫護人員請回，所以今天早上再跑一趟——這一點讓他顯得十分與眾不同，畢竟要男性踏入診所難如登天，舉世皆然。不過，譚霸的其他事蹟就相當平淡無奇了，他說自己「到處鬼混」，喝醉了就和陌生人上床，他一邊說我一邊看著他，心裡想著南非高到離譜的強暴率，不禁懷疑起來；但他岔開話題，說自己有三位長期交往的女友，他朋友也都有好幾個馬子。「大家都是這樣，而且還會拿來吹牛。」他還提到家裡備妥一箱保險套，我問他從今以後會不會戴套，他拉長了聲音回答「會——」，一聽就知道在騙人，但他很快就想起來自己是在跟誰說話，立刻換了個正經的聲調，說：「會，」這次語氣堅定多了，「我會。因為我不想活在恐懼中。我好害怕。」

譚霸的問題在於：應該是南非婦女要害怕才對。

來了來了。在這支動畫影片中，球狀的愛滋病毒揮舞著綠色的刺突，緩緩下降附著在標的物上——通常是CD4細胞，這種白血球細胞又叫做「輔助T細胞」（helper T），「T」是「胸腺」（thymus gland）的英文縮寫，表示CD4是在胸腺內分化成熟，「輔助」則是CD4的功用，如果將免疫系統比喻為《星際大戰》（*Star Wars*），CD4就是「原力」，帶領白血球細胞攻擊入侵者、消滅外來威脅。（也有影片在解釋複雜奧妙的人體免疫系統如何運作時，將CD4比喻為航空管制員。）在CD4釋放的化學物質中，有些會將白血球細胞引導到遭受威脅的部位，有些則會催化白血球細胞分裂，藉以擴張白血球大軍、增加敵軍攻克的難度。CD4是非常重要的內建細胞，少了

ＣＤ４，免疫系統宛如沒有武器的戰鬥太空站，又宛如自家戰鬥機在天空互相撞毀。愛滋病毒選擇ＣＤ４下手，是出於精明的算計。

在模擬病毒感染的動畫中，一顆愛滋病毒降落在ＣＤ４表面，不疾不徐，一如月球登陸器一般優雅，波浪狀的刺突是病毒表面的醣蛋白，這層外套膜包圍著病毒的核心，病毒表面的刺突則是登陸器的支架，左搖右擺，宛如懷抱希望的昆蟲搖動著觸角，慢慢與ＣＤ４表面的「藍色尖尖」結合。「藍色尖尖」是我這種外行人的說法，醫學界通常稱之為「輔助受體」ＣＣＲ５和ＣＸＣＲ４，愛滋病毒的刺突勾住ＣＤ４的輔助受體，像孩子的手摸索著母親的手——牢牢牽住，接著，病毒將刺突插入ＣＤ４的細胞膜，並將細胞膜吞沒，這時入侵者與獵物合而為一，心驚膽戰的獵捕就此完成。

事實上，愛滋病毒沒有「綠色」的刺突，ＣＤ４也沒有「藍色」的受體，因為病毒實在太小，比細菌還要小，小到不可能有顏色。我找到另一支拍攝愛滋病毒感染過程的影片，影像是灰階的，只有ＣＤ４上了色，以便觀眾辨認。此外，病毒進入細胞的過程也不像登陸月球那般優雅，而是推推搡搡、拉拉扯扯，像貓咪一次又一次湊到你面前，心懷鬼胎跟你鼻子碰鼻子。我原本以為看病毒感染人體的影片會看得我頭昏腦脹，沒想到卻回想起小時候看的童話劇，眼睜睜看著壞人欺負好人，卻只能在心中吶喊：「ＣＤ４，小心啊，壞人就在你後面！」但愛滋病毒的獵捕行動依舊，直到ＣＤ４被攻破，病毒鑽進人體，想躲也躲不掉。

防治愛滋病活動的主題色向來是紅色。在我們的想像中，紅色是血液的顏色，而愛滋病毒正是經由血液傳輸，不過，愛滋病毒攻擊的是白血球細胞，英文是「leukocyte」，其中「leuk」是希臘字根「白色」的意思，但白血球細胞實際上是透明無色的。我們的血液中只有二％是白血球，然而這二％「複雜到令人目瞪口呆，多變到教人嘆為觀止」（這是生物學教科書上說的）。[7] 白血球細胞是免疫系統的齒輪，時時刻刻都在運轉。

小至外來碎屑，大至癌症細胞，只要人體一遭受攻擊，白血球細胞立刻趕到事發地點，有些負責吞噬病毒、細菌、癌細胞、毒素，有些負責辨識過敏原，有些負責啟動發炎反應或產生抗體，用以標示外來病菌，以便日後辨識，這些都是白血球的例行公事，而且白血球執行得相當成功。每當要描述免疫系統的工作時，我們很難不使用軍隊術語，比方說將白血球比喻為人體內的軍隊、戰士、守將、護衛。一九六六年的科幻電影《聯合縮小軍》（*Fantastic Voyage*）講述五位醫生為了拯救病人性命，經縮小後搭乘迷你潛水艇進入人體展開奇航，在電影中，抗體是驚悚的反派角色，大舉向女主角拉寇兒．薇芝（Raquel Welch）進攻，嚇得女主角對著站在潛水艇艙口的夥伴大叫：「快開門，他們來了！」女主角安全進入潛水艇後，四位男醫生通力合作，仍然拔不開黏在女主角身上的抗體，真是太可怕了！巡邏和滅敵是白血球細胞的工作，白血球只是盡忠職守，然而，白血球卻殲滅不了愛滋病毒。

有一通電話找我。當時我在義大利北部一間雜誌社工作，窗外是綠油油的原野，原野外是壯麗的多洛米蒂山（Dolomites），好一幅澄淨的窗景。當時是一九九八年，來電的是我的前男友，我們都還年輕，他用繃緊的聲音說：「我得了皰疹，妳應該也去檢查一下，順便做愛滋病毒篩檢。」我的心往下一沉——這表示我體內的血液從內臟運送到我的雙手和雙腳，以便我隨時逃跑——這是恐懼的跡象，而我確實要跑起來了。義大利雖然也有愛滋病毒檢測，但我還是訂了機票跑回倫敦做篩檢，那時的我是一頭受傷的獸，只想要家的安穩，不想要義大利天主教廷的審判，因此我捏造藉口，跟經理說我家裡有急事——誰敢實話實說呢？愛滋病是讓人開不了口的事，一如死亡般無法言說，今天是這樣，一九九八年也是這樣。搭地鐵從機場回家的路上，我記得自己看著周圍的乘客，心想：這裡面一定有人是愛滋病患，這是數據說的。是你嗎？是你嗎？還是我？

我嚇壞了，但嚇壞是應該的，英國當局也嚇壞了。當時，英國政府推出公衛史上最震撼人心也最成功的文宣，一九八六年的電視觀眾應該都還記得當時的墓碑廣告：先是驚悚的配樂，噹啷噹啷的聲響教人心裡發毛，搭配上黑黑灰灰的不祥影像——火山爆發，畫面上出現一隻鑿岩石的手，鑿呀鑿，鑿呀鑿，黑色石板上浮現「AIDS」四個字母，旁白約翰·赫特（John Hurt）壓低了嗓音，用詭祕的語氣警告觀眾：威脅就在我們身邊，不論男女，大家都有生命危險，「目前雖然仍在控制中，只有一小群人染病，但是病毒正在擴散」。說到這裡，墓碑從黑霧中升起，接著「砰」地倒下，警告觀眾不要死於無知，這時，一束白色百合花被扔到地上，一旁是政府的宣導手冊。這支影片在YouTube上找得到，上傳者下了這樣的標題：「就是這支廣告，把一九八〇年代的人嚇得差點絕子絕孫。」這支影片被批評說是危言聳聽，導演原本開場甚至想用核武攻擊警報，但遭到柴契爾夫人反對，認為兩大核武陣營正在冷戰，用核武攻擊警報太刺激民眾了。「如果真的用核武攻擊警報，」導演麥爾坎·加斯金（Malcolm Gaskin）告訴報社記者，「我想大家都會跑到海邊避難吧。」[8]

但是，這樣的危言聳聽有其必要，民眾確實應該害怕。當時是一九八六年，愛滋病毒橫衝直撞、毫無解藥，一旦染上，必死無疑；但只要不共用針頭、遵守安全性行為、徹底篩檢捐血，大致就能預防愛滋病。儘管如此，大家依然聞愛滋而色變，醫護人員穿著防護衣照顧愛滋病患，以確保自己跟病患零接觸。一位母親對我說：她兒子因為輸血而感染了愛滋病毒，年紀輕輕就過世了，生前她兒子盯著醫護人員，說：「你也有戴保險套吧？」當年跟愛滋病毒或愛滋病患搏鬥的人，都認為那是一段灰暗的時光，但同時也充滿了友愛的光輝。我的阿姨芭芭拉住在加拿大安大略省，某天午休時跟我聊天，談起在舊金山綜合醫院5B病房當護理師的歲月，5B病房是當年成立最早、名氣最響的愛滋病房，裡頭雖然充滿各種恐懼和心碎，但也別有一番滋味。「雖然三個禮拜就死了六十三人，但好玩的人事物都在5B病房裡，大家因此搶破了頭想擠進去。當時病患都有卡波西氏肉瘤，其中一位男病患解開襯衫，袒露紅一塊、紫一塊的上半身，說：『看，我好醜』。」我阿姨給了男病患一個大大的擁抱。此外，我阿姨回憶道，有一位女明星每逢週日都會來訪，坐在鋼琴前面自彈自唱，還帶冰淇淋來，讓喉嚨痛的病患也可以輕鬆進食。阿姨跟我聊起這段往事時，午後正靜寂，睏意正來襲，因此她怎麼也想不起來女明星的名字。「頭髮很蓬，唱歌的」，阿姨說。我後來查了一下——是伊莉莎白・泰勒（Elizabeth Taylor）。

一九八〇年代開始宣導防治愛滋病，呼籲民眾使用保險套，並嚴厲告誡不准共用針頭注射毒品。安全性行為在當年還是全新的觀念，必須像鑿刻「ＡＩＤＳ」的墓碑那樣鑿在民眾的心版上、刻進大眾的習慣裡。愛滋宣導在某些國家效果卓越，成功改變大眾行為，做愛戴套和安全性行為都成了家常便飯，愛滋病在北歐和北美獲得控制，只在特定族群之間流傳，傳染規模縮得很小。不過，當年的宣導也有不當之處，例如太過強調愛滋病毒會透過「體液」傳播，這個說法雖然沒錯，但卻被民眾過度解讀，有些人至今仍認為馬桶坐墊會傳染愛滋病毒（並不會），或是覺得吐口水會傳播愛滋病毒（絕對不會），甚至認為眼神交會就會得到愛滋病（這我無言了）。德州法律規定：吐口水傳播愛滋病者得處以監禁——從生物學的角度來看，這還真的是天方夜譚。[9]

到了一九九〇年代中期，愛滋病毒治療出現重大進展：抗反轉錄病毒藥物問世，成功抑制愛滋病毒複製。在泰國，愛滋病毒呈陽性反應的孕婦服用AZT（早期的抗反轉錄病毒藥物）之後，生下愛滋病兒的機率銳減五〇%。[10] 一九九六年，加拿大愛滋病毒專家胡里奧・蒙塔內爾（Julio Montaner）在溫哥華召開的愛滋病研討會上發表研究成果，探討結合數種抗反轉錄病毒藥物的療效。蒙塔內爾醫生是阿根廷人，父親是傳染病學家，他從傳染病治療中得到靈感：如果一種藥不管用，那就多用幾種藥。他從溫哥華跟我通電話，說：「我們研究團隊獲得了令人驚訝的實驗數據：三種分開給藥時療效有限的藥物，在合併使用之後能有效抑制病毒複製，從而控制住血液中的病毒量。老實說，這樣的研究成果出乎我意料之外。」另一項實驗使用了另外三種不同的藥物，結果證明同樣有效。這項研究極為出色，結果令人驚嘆，堪稱人類對愛滋病毒的逆襲，大大降低了愛滋病的死亡率，按時服藥的愛滋病患甚至偵測不到體內的病毒量，壽命也與常人無異。自從與愛滋病抗戰以來，我們正處於捷報頻傳的時代。二〇〇〇年，接受治療的愛滋病患不足一百萬，感染愛滋病的兒童達四十九萬，如今接受治療的病患共計一千八百二十萬，二〇一五年的愛滋病童則為十五萬。[11]

照理說，今天的我用不著再懼怕愛滋病毒。二〇一七年，美國政府網站「AIDS.gov」改名為「HIV.gov」，從「AIDS」（愛滋病）到「HIV」（愛滋病毒），反映出美國死於愛滋病的人數趨近於零。此外，大多數國家已經放寬愛滋病患的入境和旅遊限制，但巴林、伊朗、伊拉克等六國依舊嚴格，加拿大全境和德國少數城邦則不准愛滋病患永久居留。美國從一九九五年開始發展高效能抗愛滋病毒治療（highly active antiretroviral therapy，俗稱雞尾酒療法），二〇一〇年取消愛滋病患入境限制，[12] 根據全球愛滋病毒相關之旅遊及居留限制資料庫，愛滋病患不僅可以「一如常人」

入境美國，美國免簽證計畫細項也不再將愛滋病列為傳染病，這一點相當奇特——愛滋病依然會傳染，只是現在有藥可救罷了。相較之下，美國疾病管制與預防中心（Centers for Disease Control and Prevention）發出的更正啟示準確許多，在關於移民與難民的體檢一節，愛滋病毒不再是「重大公共衛生傳染疾病」[13]——這在某些地區確實如此。

人類在愛滋病毒一役雖然傳出捷報，但噩耗緊接而來。二〇一五年，三千六百七十萬的愛滋病患中，二百一十萬是新增病例，致死病例為一百一十萬，跟二〇〇〇年的一百五十萬相比，死亡率並未顯著降低，[14]這在愛滋病暨愛滋病毒學界以「高原期」來描述，例如確診人數進入高原期、死亡人數進入高原期，如果真的要用地形學術語來比喻愛滋病的現況，「岔流」也許是更好的說法：在富裕國家中，愛滋病列為特定族群的疾病，例如：藥癮者、性工作者、男男性行為者，染病者的預期壽命與常人無異，屬於可控慢性病。而在富裕國家之外，愛滋病的現況截然不同：菲律賓是愛滋病患人數成長最快的亞洲國家，與阿富汗並列，好發於同性戀或雙性戀青年；此外，中東和北非的愛滋病例節節攀升，各種禁忌與噤聲讓事態更加嚴峻，近年愛滋病在東歐的致死率上升了五〇％。[15]

然而，南非卻是個不解之謎。目前東非以及撒哈拉沙漠以南的國家都已經成功防治愛滋病，新增病例大幅降低，唯一的例外就是南非，二〇一六年新增二十五萬起病例，[16]占非洲南部國家的三分之一。[17]

她們告訴我怎麼分等級。儘管等級的分法因人而異，但最常見的是五級制：第一級是午餐費，第二級是電話費，第三級是高級接髮（使用巴西或秘魯的真髮，接一次要二千五百到三千五百蘭特，折合台幣約四千一百到五千七百元），或者是全新的智慧型手機，第四級是去一趟德班市（Durban），第五級是賓士一輛或搭飛機到杜拜，但是非常罕見。以上每一級都需要女性提供性服務來支付。在南非，性交易就跟分級制度一樣確切存在，人人像談論科學或事實那樣掛在嘴邊，就連凱亞利撒科學暨科技中心（Center of Science and Technology）的女學生也不例外。這所理工中學位在凱亞利撒的高檔地段，這裡所謂的「高檔」意指馬路較為寬敞、磚造房屋較為常見，而且街道上看不見上鎖的「桶式馬桶」——顧名思義就是用水桶充當馬桶，這種「桶式馬桶」在貧民區隨處可見。凱亞利撒科學暨科技中心是很好的學校，顯然擁有來自世界各地的支持和贊助，校園前庭有花圃，花圃裡種著多肉植物，沉甸甸的校門永遠深鎖，校園裡有健康中心，裡頭有全職顧問，進得來的學生都是凱亞利撒的教育菁英，認真向學，未來還要上大學深造，從此遠走高飛，她們對我說話雖然必恭必敬，但還是掩不住年輕氣盛，對我這個不懂當地規矩的白人女性多所寬容，彷彿覺得我從來沒當過女學生，一出生手裡就拿著筆記本，逢人就問東問西，當著她們的面闖入飯局，不僅不讓人好好吃午飯，還劈頭就問恩客的事。

恩客——這是當地少女在社群媒體上對男友的稱呼，少女承男友的恩，男友送少女禮物。隨著受訪對象不同，對於恩客的解讀也不同。對於協助婦女脫離賣淫的機構負責人來說，承恩就是賣淫，這位女負責人認為：年長男性對少女施恩，是對少女失貞的補償；對於公共衛生工作者而言，承恩是「合意性交易」；嘉西亞醫生（Dr. Genine Josias）在凱亞利撒經營圖度瑟拉照護中心（Thuthuzela Care Centres），專門照顧性侵受害者，在她看來，施恩就是強暴，而恩客就是強暴犯。「這些少女都未成年，欠缺性自主同意能力，因此施恩相當於強暴。」而明眼人一看就知道：

施恩、承恩會加速愛滋病毒傳播。

至於這群女學生怎麼看呢？她們在午休時圍坐聊天——這是少女的日常，就像用手機上網聊天一樣，她們稱之為「免費滑臉書」——單純用文字交流，不會占用手機的網路流量。聽她們說話的樣子，似乎完全不屑承老男人的恩，但她們知道哪些女同學有恩客。一位女學生告訴我：有位同學搭著男人開的豪車來學校：「我本來以為那是她爸。道別時，他們互相擁抱。抱老爸跟抱情人是兩回事，一看就知道。」有夠噁心，少女們一邊說，一邊露出鄙夷的表情，異口同聲說：他好老！語氣輕蔑到了極點，顯然頗不以為然。她們腦筋很聰明，是當地的佼佼者，未來要遠走高飛的。她們教我承恩的規矩，還說：「如果沒有準備好要被開苞，就不要輕易讓人包養，那些恩客顯然想要回報，只是不想明說，就用『包養』模糊帶過。」而承恩的少女則會收到大禮，例如用巴西或秘魯的真髮做成的編髮——要價二千五百蘭特（約台幣四千一百元），換作是我一定會倒抽一口氣，因為我是短頭髮，向來捨不得在頭髮上花錢。此外，恩客還會買Zara的衣服給少女，或是帶少女到濱海的購物中心逛街，還有一位承恩少女收到新出的iPhone手機，後來快遞送了另一支更高階的iPhone手機到她家門口。「快遞耶！」女學生的語氣充滿驚嘆，她們雖然做出群情激憤的樣子，但心裡頭對包養一事還是相當寬容，南非的媒體對於包養風氣也是多所遷就，還邀請一位叫賽吉的恩客上節目大談包養經，因而成為南非家喻戶曉的人物，大家都不覺得他會害人，反而還覺得他很迷人。此外，南非媒體對網路平台「尋恩客」（Blesserfinder）多所讚揚，「尋恩客」的專頁在臉書上歸類為「生活服務」——大概是為傳播愛滋病的生活而服務吧。

我不覺得有必要寬容包養風氣——這些恩客在校園外頭勾引貧困少女，而且還不肯用保險套，到底哪裡迷人了？畢竟少女要的恩客能給，這是要這些少女怎麼拒絕？「恩客」、「承恩少女」，這種說法只是新瓶裝舊酒，少女用身體以物易物的習俗到處都有，而少女換到的永遠不會是權力。其中一位MSF的司機是當地人，他跟我介紹了凱亞利撒的分級制度運作方式：第一級恩客住鐵皮屋，會送少女雜貨和日用品；第二級恩客住政府提供的磚屋，他們通常會賣掉磚屋換現金，再拿著現金住回鐵皮屋；第三級恩客住在其他市郊；第四級恩客住在城市附近；第五級恩客大多住在德班市。司機一邊介紹一邊笑，大多數人都會用幽默的口氣來談論包養，但我想薩利姆・阿卜杜勒・卡里姆（Salim Abdool Karim）大概幽默不起來。卡里姆博士是南非愛滋病計畫研究中心（The Centre for the Aids Programme of Research in South Africa）的傳染病學教授，二〇一六年在德班市的愛滋病研討會上發表在夸祖魯納塔爾省進行的研究成果，研究團隊追蹤特定基因序列的相似性，從而繪製出愛滋病毒在一千六百名研究對象之間的傳播途徑，結果發現愛滋病因包養而猖獗：病毒由三十幾歲的男性傳染給二十歲左右的女性，再由這些年輕女性傳染給長期交往的同齡男友。[18]

這又是一條適合愛滋病的傳染途徑——少女一方面接受年長男性的包養，一方面找年齡相近的少年交往，反正擁有多重性伴侶不是什麼嚴重的事，文獻上說這種行為其來有自，與當地歷史和種族隔離政策有關：從前男性被迫離家到旅社或礦坑工作，因而發展出腳踏多條船的做法（我心想：他們是被逼著工作沒錯，但沒有人逼他們亂搞啊），漸漸地，這種做法成為常態，科學暨科技中心的女學生認為劈腿根本不算什麼，無法理解我為什麼要大驚小怪，原來她們覺得跟年長男性睡覺很噁心是裝出來的，其實樂得承認自己口中的「備胎男友」。

其中一位女學生解釋給我聽，她的語氣在客氣中帶著憐憫，還打了個作家容易理解的比方：「假裝妳在談戀愛。男生都愛劈腿，所以女生要有備案。好比說一本書從妳手裡掉下去，『磅碗』一聲砸到腳，那肯定痛死了；如果妳有備胎男友，就等於有備無患，書本還沒落地，就會有人幫你接住。」書本接住了，心就不會疼。女學生用詩意裹住禍患，語氣淡淡的，彷彿訴說的是「太陽在空中」這樣平淡無奇的事，聽得我心裡惶惶不安。

「備胎男友」還有其他稱號，像是「胳肢窩」，這是奈麗（Nelly）告訴我的，她負責執行MSF的新計畫——提供少女暴露愛滋病毒前預防性投藥（PrEP），讓少女在染病之前先服用抗病毒藥物，藉以降低感染風險。「『胳肢窩』的祖魯語好聽多了」，奈麗一邊說，一邊拼寫「胳肢窩」的祖魯語給我看——Ikhwapha。嗯，我想不管是什麼語言，用「胳肢窩」來稱呼男友是怎麼也好聽不起來的，但這背後的邏輯倒是說得通：「胳肢窩」是藏著的，備胎男友也是藏著的，別稱「手拿包」，嘉西亞醫生說：「雖然拎著手提袋，但有時候還是需要帶手拿包。」這既是她女兒告訴她的，也是她從工作中學到的。二〇〇四年，嘉西亞醫生加入MSF，工作地點在凱亞利撒，她說：「我們以前會詢問病人的病歷，有些愛滋病毒呈陽性反應的患者其實是性侵受害者，事發後又得不到PEP（受暴露愛滋病毒後預防性投藥）。」這樣的防治破口——跟性侵一樣大的破口——成就了二〇〇五年成立的性侵收治中心，中心的名字是「希梅萊娜」（Simelela），意思是「有所依靠」。二〇〇九年，希梅萊娜收治中心由政府接手，改名為「圖度瑟拉照護中心」，「圖度瑟拉」（Thuthuzela）是科薩語，意思是「安慰」。

圖度瑟拉照護中心原本位於凱亞利撒B區的日間醫院，跟MSF的仁愛診所設在一起，近年來圖度瑟拉照護中心搬到凱亞利撒的高檔地段，距離MSF的辦公室大約三百公尺，但考量到人身安全，MSF的同仁不准我自己走過去，堅持一定要找人陪我，這一帶的暴力事件多如塵埃，一位同仁細數過去幾個月不同友人先後被劫車、性侵、搶劫、闖空門，盜賊甚至連冰箱都不放過。圖度瑟拉照護中心的成立宗旨在於確保受創民眾安全，並提供健康檢查、諮商輔導、筆錄製作、法醫調查，一年三百六十五天，年年無休、天天無休、時時營運，儘管如此，自從中心遷離仁愛診所之後，到訪人數持續減少，原因在於女性不想通過警衛那一關——警衛會詢問來者有什麼醫療問題。儘管到訪人數下降，當地的性侵率卻沒有下降。嘉西亞醫生入行數十年，什麼大風大浪沒見過，包括兒童性侵、幼兒性侵、少女性侵——數不清的少女性侵——甚至醫生性侵醫生，此外，有些性侵案件極為凶殘，受害者必須接受麻醉才能做檢查。對於五花八門的性侵案件，嘉西亞醫生早已見怪不怪，只慶幸現今大眾對於愛滋病毒的理解勝過從前，「知道遭到性侵必須採取相應措施。來到中心的性侵受害者說：『我不害怕警察，我不害怕法庭，我只害怕愛滋病毒。』」。

少女要如何一邊對抗愛滋病毒、一邊對抗男性暴力？根據估計，盧安達、坦尚尼亞、南非的性侵受害者，感染愛滋病毒的機率是一般女性的三倍。另一項研究顯示：遭受親密伴侶性侵的婦女，染病機率是常人的一．五倍。[19]這讓嘉西亞醫生很擔心，如今防治宣導的經費大不如前，過去接受宣導、知道要提防愛滋病的孩童已經長大成人，新一代孩童對於愛滋病幾乎一無所知，既沒聽過圖度瑟拉照護中心，也沒聽過受暴露愛滋病毒後預防性投藥，他們不曉得自身安全憑靠的是積極作為而非聽天由命，更不曉得愛滋病的危險因子就是他們的外表。根據嘉西亞醫生的說法：在當地，「任何有乳房和陰道的人都不安全」。在其他地方又何嘗不是這樣？

愛滋病毒很古老，屬於反轉錄病毒，「反轉」在這裡不是指劇情峰迴路轉，而是指這類病毒的轉錄方式跟一般的病毒顛倒。愛滋病毒沒有ＤＮＡ，只有一對單股核糖核酸（ribonucleic acid，簡稱

ＲＮＡ），單股ＲＮＡ比ＤＮＡ更早出現在地球上，有些科學家認為生物世界原先是由ＲＮＡ主導，後來才由ＤＮＡ占上風。如今ＤＮＡ是所有生物的基礎，只有ＲＮＡ病毒例外。反轉錄病毒是ＲＮＡ病毒，由於不含ＤＮＡ，因此必須竊取ＤＮＡ細胞才能存活並複製。為此，愛滋病毒在進入宿主細胞之後，先利用反轉錄酶將ＲＮＡ反轉錄成ＤＮＡ，再從宿主細胞核表面的細孔穿入，將反轉錄的ＤＮＡ嵌入宿主細胞的ＤＮＡ，愛滋病毒便在此複製。人體的ＣＤ４細胞變成了製造愛滋病毒的工廠，由細胞核複製出不成熟的病毒顆粒，細胞膜則是病毒顆粒「出芽」的位置，病毒顆粒在此穿過細胞膜，長成新的愛滋病毒細胞，這就是複製的過程，一次又一次，循環往復。

以上是成功的感染案例，一切都源自一團病毒進入到人體，但發展到這一步還未成定局，愛滋病毒可能進入人體卻無法生根——不是找不到宿主起不了作用，就是被人體免疫系統擋駕。但問題在於：愛滋病毒只需要感染一顆細胞，就這麼一顆細胞，被感染者就有罹患愛滋病的風險。

愛滋病毒懂得變通，一旦進入人體，就開始以各種方式感染細胞，有些病毒在陰道、肛門、血液遇到ＣＤ４，當場感染成功，有些病毒穿過陰道或肛門的黏膜進入血管，接著在血管裡找宿主，有些病毒順著血管來到淋巴結，有些病毒則勾纏另一種白血球——樹突細胞，我上網搜尋愛滋病毒感染樹突細胞的圖片，結果找到夢幻般的重重花瓣，其中一張圖片是一朵紅玫瑰擺在一群樹突細胞之間，看上去絲毫不會扎眼。雖然愛滋病毒會感染少數樹突細胞，但大多是搭乘樹突細胞的順風車抵達目的地，用科學術語來說：樹突細胞將愛滋病毒「呈」給淋巴球，彷彿在舞會上將陌生男子介紹給初入社交界的名媛。

愛滋病毒花招百出。免疫系統打敗病原的方式有百百種，包括吞噬病原、標示病原（以便日後召喚抗體消滅）、將病毒擋在細胞表面不讓病毒有機會複製或出芽。然而，這一切順利運作的前提，在於免疫細胞必須認出宿敵。愛滋病毒的複製錯誤率達五〇％——也許是蛋白質結構些微不同，也許是基因組有些許差異，但就是這細微的差別，便能騙過我們的免疫細胞，大約要兩週之後，我們的免疫細胞才學會辨識新型病毒，但這時病毒又已經產生變異了。所以，感染愛滋病毒不是因為我們的免疫系統失靈，而是因為我們的免疫系統反應太慢。

愛滋病毒能動也能靜。根據某位病毒學家的說法，一旦病毒抵達淋巴結，「遊戲就結束了」。淋巴結中含有大量的ＣＤ４，在成功感染的前幾週（稱為初次侵染或急性感染期），每天有數十億的病毒釋放到血管內，這時病毒活躍而且病毒量遽增，但受感染者不會察覺到任何異狀。一兩週之後，人體開始製造抗體對付愛滋病毒，稱之為抗體陽轉（seroconversion），受感染者會出現類似流感的抗體陽轉反應，常見者包括發燒、關節疼痛、腹瀉、類瘧疾症狀，而且會持續好幾週或好幾個月。接著，病毒量進入高原期，ＣＤ４數量恢復正常。不過，愛滋病毒之所以是「慢病毒」，就是因為病程很慢，這時病毒進入潛伏期，受感染者在最初發病之後可能會好幾年都沒有症狀，既不覺得遭受感染，也不覺得受到影響，但體內的病毒量已經偵測得到，而且足以傳染給其他人——找尋新的宿主正是病毒演化的最大動力，而最佳的獵人往往躲在暗處。

ＭＳＦ的同仁發來一封簡訊，他們在Ｃ區贊助了一間愛滋病診所，診所內有個青年中心，由當地主管機關經營，我問能不能去這間青年中心訪問年輕的愛滋病帶原者，但遲遲不得其門而入。因此，ＭＳＦ的同仁安排這間青年中心的成員到Ｂ區來受訪。她傳簡訊給我說：「他們問有沒有獎勵。」

我將滿腔憤怒化為文字回覆她：「要什麼獎勵？我訪問人從來不給錢的。我從來不拿錢給受訪者。」

又一封簡訊進來。

「我想他們指的是餅乾啦。」

訪問當天，我帶了可樂、馬芬蛋糕、印度沾醬口味爆米花、洋芋片、笑臉餅乾——餅乾上之所以有笑臉，是因為我不曉得受訪者的年紀，我只知道他們體內的愛滋病毒呈陽性反應，也知道他們幫了我一個大忙，特地跨區來到ＭＳＦ的辦公室任憑一位作家採訪，回答關於病況、生活、感受的私密問題，而獎勵就只是一堆垃圾食物。這三位受訪者固定造訪的青年中心專收年輕的愛滋病帶原者，中心每個月舉辦一次聚會，一來讓這些年輕人可以聚在一塊，二來透過聚會帶給這些年輕人希望。聚會的活動很輕鬆，打打撞球、開心玩樂、互相傳授帶著病毒展開新戀情的訣竅，聽起來跟其他青年中心沒有兩樣，但這是ＭＳＦ創新的醫囑遵從計畫。愛滋病在南非猖獗的原因十分繁雜，其中最令人憂心的或許是「治療倦怠」，就連來診所拿藥的愛滋病患都不見得會乖乖服藥：成年人吃藥吃久了會懶得吃，尤其是自覺身體狀況還不錯的時候，愛滋病童進入青春期就會跟青少年一樣耍叛逆，說不吃藥就不吃了。ＭＳＦ的小兒科醫生安．摩爾（Ann Moore）解釋道：擅自停藥會大幅增加病毒產生抗藥性的機會，因此，病患九成五的時間必須遵循醫囑，我請她用劑量來說明，「意思是說少服幾次藥還不要緊嗎？」她說不是，「這表示每個月頂多只能少服一次藥。」我一聽，背脊馬上發涼，誰不曾自行中斷抗生素療程？或是少吞幾顆藥丸？一週只要少服一次抗愛滋病毒藥物，攝取劑量就銳減一二％，這就有產生抗藥性的危險了，摩爾嘗試從生物學的觀點解釋其中的機制，據說是和病毒突變息息相關——問題是：如果連我都覺得這很燒腦了，他們要怎麼解釋給青少年聽呢？或許是因為這樣，近來新增病患收到的醫囑相當直截了當：按時服藥，天天服藥，一顆藥都不能少，今生今世都要服藥。

兩位受訪者率先抵達，一位是時髦的年輕男性，一頭黑人鬈髮理成了平頭，另一位是身穿緊身皮衣的年輕女性，身上戴著金飾，兩位年輕人都不想用真名，因此當場選了個新名字，一位自稱「麗莎」，一位自稱「艾瑞克」，麗莎二十五歲，艾瑞克二十三歲。麗莎的家鄉在東開普省（Eastern Cape），跟開普敦市正好一東一西，開普敦市面向大西洋，東開普省面向印度洋，兩者分別位在非洲大陸的兩側，後來麗莎全家搬到凱亞利撒，她想不搬也不行。艾瑞克出生在水濱區附近，這一帶是開普敦市的高級購物區，但他的居住地在C區，家人則住在東開普省，他偶爾會回去參加割禮等家族聚會。

麗莎和艾瑞克盯著我帶來的食物，但卻連碰都不碰。艾瑞克最近得知：服用抗反轉錄病毒藥物者是罹患糖尿病的高風險族群。我連忙開口道歉，說早知道就帶新鮮水果來，不該帶這些沒營養的碳水化合物。艾瑞克哈哈大笑，拉開夾克，一邊說「妳看」，一邊從襯衫口袋裡抽出一包糖果：「我隨身攜帶雀巢巧克力豆。」因為某些原因，抗反轉錄病毒藥物讓人嗜辣如命，並嗜吃巧克力等邪惡美食，而且是時時刻刻都想吃。MSF的同仁解釋給我聽：由於抗反轉錄病毒藥物會影響新陳代謝，導致卡路里消耗異於常人。而麗莎和艾瑞克只知道：抗反轉錄病毒藥物會讓人非常餓，非常非常餓。

他們都是在二〇一五年檢測出愛滋病毒呈陽性反應，我問他們怎麼會染上病毒，他們的回答含糊其辭。「我不知道耶，」麗莎說，「我先發現家人染上愛滋病毒，家人一直隱瞞不說，後來就過世了。所以呢，妳懂吧，如果家人割傷流血，你衝去幫忙，結果……」艾瑞克沒有發表意見，我想大概是因為做愛沒戴套。他們當時都嚇壞了。嚇壞是應該的，艾瑞克說，他聽完診斷回到家，一屁股坐在床上，腦袋一片空白。「我心想：怎麼會得到愛滋病？我自問哪裡做錯了？為什麼上帝要這樣懲罰我？」等他回過神，發現自己正在聽愛黛兒（Adele）的〈你好嗎？〉（Hello），這是他前一天才下載的曲子，他跟著旋律唱了一段副歌：「『來自另一端的問候』。我記得當時心裡在想：為什麼我在播這首歌？我又不是要死了還是什麼的，很多愛滋病毒帶原者還不是活得好好的，不是嗎？」

但震驚是必然的。就算知道自己有染病的風險，診斷出來的時候還是很震驚。MSF的女主治醫生告訴我：以前她會請病患評估自身感染愛滋病毒的風險，大家都說：「很低」，這在統計學上是不太可能的事情。「所以我追問病患：『你用保險套嗎？』大家都說有用，於是我再問一句：『每次都用嗎？』大家都說：『沒有』。」

麗莎說愛滋病毒讓她學會堅強，艾瑞克說愛滋病毒讓他因禍得福，他們言談中常常提到「與病毒共處」這五個字，語氣中既帶有諮商師的諄諄教誨，也聽得出自我激勵的努力。剛開始服藥時很辛苦，常常暈眩而且全身無力。艾瑞克記得服完第一劑藥物之後，整個人癱在床上，覺得床鋪不停在旋轉，說完他和麗莎都笑了，簡直是免費迷幻藥嘛，多服幾劑之後就好了，之後每天服用固定劑量組合，時間到了就吞一顆藥，這跟早年比起來實在好太多了，愛滋病毒帶原者都還記得每次要吃八顆藥的歲月，而且一天要吃三次，有些是空腹吃，有些是飯後吃，有些還有可怕的副作用，而且服藥時間嚴格許多，病患必須努力想辦法記住，比方說把吃藥時間設定在追劇之前。現在的藥效比當年強，服藥時間不用像當年那麼嚴格，如果規定九點鐘吃藥，就算不小心忘記，十二點鐘想起來再吃也沒關係。

藥丸小小一顆，很容易吞服，不是什麼難事，反正與病毒共處就是這樣。不過，儘管艾瑞克和麗莎都認知清楚、心裡也有把握，但卻對周遭的人隱瞞病情，對陌生人更是閉口不提。麗莎只告訴男友和姊姊（姊姊也是愛滋病毒帶原者），艾瑞克則只告訴表妹（還是表妹先來找他，說自己愛滋病毒檢測呈陽性），他們瞞著朋友和家人偷偷吃藥，出門在外時則把藥丸壓碎包在面紙裡，像走私違禁品那樣帶到洗手間裡吞服。

過了不久，第三位受訪者也到了，是一位年輕男性，他想用真名，但他的名字太容易被肉搜起底，姑且稱呼他羅洛。羅洛今年十八歲，是三位受訪者中感染時間最短的，前年才檢測出愛滋病毒呈陽性反應，但他卻最願意公開病況：「我告訴我的家人、也告訴我的朋友。大家都知道。」他最初先告訴媽媽，媽媽向他坦承自己也是愛滋病毒帶原者，好幾年前就檢測出來了，「她當時不告訴我們，是因為覺得我們還太小。」他的媽媽身強體壯，從媽媽身上，他學到公共衛生學家努力想傳達的訊息：你可以健健康康跟愛滋病毒和平共處，但就是食量太大了點。羅洛的哥哥是ＭＳＦ的同仁，負責男性病患，我不曉得他的情形，也從來沒有問過他，但每次拜訪鄰里、鼓勵男性來做篩檢，他都會說自己是愛滋病毒帶原者。在愛滋病還是絕症的時候，愛滋人權鬥士也會這麼做，算是給大眾的震撼教育。你是帶原者？你看起來很健康耶！凱亞利撒的ＭＳＦ辦公室玄關掛著南非前總統曼德拉（Nelson Mendela）的照片，他身穿白色Ｔ恤，Ｔ恤上用黑色字體印著「HIV-POSITIVE」（愛滋病毒帶原者），看起來相當震撼。你是帶原者？你是南非的大酋長耶！連你也……？

要感染愛滋病毒很困難，只是公衛宣導通常不會這樣告訴你。愛滋病毒傳染率取決於多項因素，包括地緣、偏好的性愛體位、帶原者身上的病毒數量，要判斷風險相當複雜，有的判斷結果高、有的判斷結果低。舉例來說，女性將愛滋病毒傳給男性性伴侶的機率介於七百分之一到三千分之一，男性將愛滋病毒傳給女性性伴侶的機率則介於二百分之一到二千分之一，共用針頭的傳染率則是一百五十分之一，聽起來這病毒挺寬厚的，上床個兩千次也不成問題。在這兩千次當中，你也許會被病毒入侵，但不一定會被病毒感染，針對這一點，格拉斯哥大學（University of Glasgow）病毒研究中心（Center for Virus Research）的山姆·威爾森（Sam Wilson）表示：「這非常挑戰直覺，愛滋病毒是很成功的病原體，但傳播效能卻奇差無比。」[20] 雖然傳播兩千次只成功一次，但可別因此對愛滋病毒掉以輕心——這可能是個陷阱，說不定你第一次暴露在病毒中或透過性交就被傳染，而要感染成功，只需要一顆病毒就夠。

相較於其他病毒，愛滋病毒相當脆弱，一碰到高溫、漂白水就陣亡，雖然可以在人體外存活（例如在空氣中或乾掉的血漬中），但存活率取決於溫度、環境、病毒量等因素。門把、馬桶座、眼淚、握手、親吻都不會傳染愛滋病毒，就算不小心吞下愛滋病毒，感染率也是微乎其微，除非嘴巴裡有潰瘍或傷口，才會導致病毒進入血液中。愛滋病毒的優勢不在形體而在性能，愛滋病毒的適應能力很強，可以經由精液、愛液、血液、乳汁傳播，這些體液會將病毒送往目的地，既然愛滋病毒在體外無法感染，脆弱一點也無妨，反正已經找到生存之道，沒有改變的必要。

對於愛滋病毒來說，血液是可靠的傳染途徑，針孔和傷口是進入血管的快速通道，愛滋病毒可以在血管內感染血液細胞，或是順著血流自由入侵其他部位。黏膜也是絕佳的傳染管道，肛門、陰道、尿道、包皮都有黏膜，黏膜中充滿了白血球，守在人體入口處抵禦種種感染，對於鎖定白血球細胞的愛滋病毒來說，這根本是狩獵的好地方，愛滋病毒還可以穿過黏膜組織進入血液，其中肛門的黏膜組織比陰道的更鬆散，因此，肛交比陰道交的風險更高。進入黏膜的最佳方式，就是透過精液、射精前液、陰道分泌物、肛門分泌物，而愛滋病毒感染人類的最佳方式，就是人類繼續共用針頭、從事危險性行為，而人類確實照做不誤。

「要融化了，真的要融化了。」艾瑞克．高梅爾（Eric Goemaere）回憶早年對抗愛滋病毒的歲月，他是MSF的愛滋病毒專家，也是一位親切的男士，雖然已經在英語環境待了數十年，但說起話來還是保有迷人的法文口音，見到他讓我有些肅然起敬，因為我知道他的故事，開普敦市的MSF辦公室也同樣讓我有些肅然起敬，因為門前竟然是一排籐編吊椅，可以眺望市區和海港，「我知道你在想什麼，」身兼MSF新聞發言人的高梅爾說，「看起來有點像Google辦公室是嗎？」MSF以快、狠、準聞名，剛正不阿、不偏不倚，實在想不到這裡竟然會有這麼度假風的布置。無國界醫生魅力四射，深入戰區、災區等最艱困的工作環境，並且在其他人員撤離之後選擇留下，充分展現MSF不屈不撓的精神。除了那排籐編吊椅之外，開普敦市的MSF辦公室樸素得恰如其分，雖然交通比其他辦公室方便，但還是要面對種種天災人禍的挑戰。

「MSF，」介紹手冊寫道，「沒有政治立場，不依政府或交戰方要求介入調停。」對頁的標題則寫著：「Témoignage」（見證），無國界醫生團隊一旦「目睹不公不義、人道原則遭違反、照護人權遭破壞，便自認有責任以最適切的方式引發關切，呼籲大眾、媒體、各國政府、聯合國等國際組織多加關注。」如果手冊上寫的是真的，高梅爾便是ＭＳＦ成立以來最佳的見證人，曾經再三為重要議題發聲。

一九九〇年代，高梅爾在查德（Chad）等非洲國家行醫，來到診間的患者都病得很厲害，身上有奇怪的黑斑，一個個瘦骨嶙峋，既沒有腹瀉也沒有肺結核，但生命卻不斷流失。不久，科學家發現了愛滋病毒，還研發了檢測方法，這才發現確診人數多到嚇人，病毒顯然已經流行開來，然而，無所畏懼到惹人生厭的無國界醫生卻袖手旁觀。「一九九〇年代，」ＭＳＦ執行長伯納·貝庫（Bernard Pécoul）寫道，「我們拒絕有所作為。」[21]這或許不難理解——醫生醫病依靠的是藥物，而當時愛滋病無藥可醫。ＭＳＦ的小兒科醫生安·摩爾回想自己的到職日期時，說她加入的時候「還沒有任何愛滋病藥物」，那時她女兒在德班市的醫院受訓，差一點就放棄行醫：「我女兒說：『媽，我半夜在病房簽了四份死亡證明，死者都跟我差不多年紀，我不想再當醫生了，當醫生太可怕了』。」

既然不能治療，ＭＳＦ能做的就只有預防，但預防工作很不討喜，許多同仁對於組織謹小慎微感到洩氣。一九九五年，ＭＳＦ的通訊報有一條標題，自諷是「白人至上兼血清陰性之異性戀組織」，[22]高梅爾就是在這一年抵達南非的約翰尼斯堡（Johannesburg），希望在其市郊亞歷山德拉（Alexandra）設立診所。當時南非感染愛滋病毒的人數是世界第一，高梅爾以為南非政府迫切需要防治愛滋病，理應敞開雙臂歡迎他，沒想到他卻吃了一記拳頭，因為當時的主政者是「送葬者同志」和「甜菜根醫生」。「送葬者同志」是南非前總統塔博·姆貝基（Thabo Mbeki），因其不苟言笑、立場傾共、與執政黨非洲民族議會（African National Congress，簡稱ANC）過從甚密，因此獲得「同志」的稱號。姆貝基不相信愛滋病是由愛滋病毒所引發，故而拒絕給予病患抗反轉錄病毒藥物，根據哈佛學界估計，姆貝基此舉至少導致三十萬南非人民喪命，姆貝基因而有「送葬者」之稱。「甜菜根醫生」是姆貝基底下的衛生部長，本名曼托・查巴拉拉姆希曼（Manto Tshabalala-Msimang），這女人眼看著數十萬南非人民在她任內病逝（包括總統發言人），卻告訴民眾抗反轉錄病毒藥物有毒，還宣稱治療愛滋病靠的是食療。二〇〇〇年，德班市舉行愛滋病研討會，南非政府在攤位上展示了甜菜根、大蒜、非洲番薯，這就是「甜菜根醫生」所謂的愛滋病食療。

光用聽的就嚇死人了。姆貝基在當副總統的時候，還看不出來他認為愛滋病跟愛滋病毒沒有關聯，也看不出來他認為抗反轉錄病毒藥物有毒，更看不出來他認為愛滋病是貧窮病。一九九九年，姆貝基就任南非總統後，據說某天深夜上網，逛到某個庸醫在網站上呼籲重估愛滋病、公開反對愛滋病成因的科學共識，姆貝基竟然信以為真，從此南非政府開始支持用綜合維他命和魔藥來治療愛滋病毒。

縱使現在回想起來，也還是令人想不通。姆貝基是出了名的聰明，很懂經濟學，但卻支持一名卡車司機轉行賣魔藥，這種魔藥叫「烏白講」（uBehjane），兩瓶一組，瓶蓋一藍一白，一瓶抑制CD4數量、一瓶抑制病毒數量，南非政府先是推廣「烏白講」，接著又推廣另一套同樣危險又同樣扯的「療法」，由德國醫生馬蒂士・羅斯（Matthias Rath）販售。羅斯醫生原本在賣綜合維他命，如今依然在賣綜合維他命，[23]人稱「江湖醫生」——這是治療行動運動（Treatment Action Campaign，簡稱TAC）成員給他的稱號，該組織向南非政府爭取提供抗反轉錄病毒藥物給愛滋病患。無知向來會助長庸醫橫行，而傳染病向來會引發恐懼和動歪腦筋。十九世紀愛爾蘭爆發霍亂，為了對抗可怕的疫情，一位主教想出了「老鼠會」防疫法，愛爾蘭人必須焚燒「神聖草皮」，再跑步將燒過的草皮送到七戶人家，保佑收到草皮的人家不會得到霍亂，這讓愛爾蘭人累到差一點絕後，有些甚至得跑上三十英里，才能找到沒有收過「神聖草皮」的人家。[24]

高梅爾就是在這樣的環境中展開愛滋病防治計畫，結果以失敗收場。他不喜歡南非。在種族隔離期間，他因為不願意坐在白人專屬的候診室，結果遭到南非警方逮捕。TAC的查克．阿麥特（Zackie Achmat）聯絡上他時，他正準備離開南非。阿麥特邀他到凱亞利撒，他答應下來，並動身前往B區日間醫院的診所，卻受到醫護同仁排擠，沒有半個護理師想跟他說話，或許是因為他們是愛滋病重估論者，又或許是因為他們不想得罪賞他們飯吃的愛滋病重估論者。但高梅爾撒嬌示弱，硬是待了下來，這才發現身邊的同仁時時提心吊膽——他們對愛滋病毒一無所知，也不曉得病毒的傳播途徑，但卻在執行「預防愛滋母嬰垂直感染計畫」，該計畫由南非政府勉強資助成立，規模不大，提供AZT給孕婦服用。後來，醫護同仁坦承：他們認為愛滋病毒是MSF招來的。為了反駁這一點，高梅爾指出一項似乎顯而易見的事實：在候診室的病患中，至少三分之一是愛滋病帶原者，不管MSF存在與否，診所裡早已經愛滋病毒成群，但這是他的見解，別人不一定這麼想。一年以前，凱亞利撒只有四百五十位民眾接受愛滋病毒檢測，而眼前卻動不動就有人死於愛滋病，墓園不得不將葬禮縮減為半個鐘頭——這在非洲簡直是不可思議，在這裡葬禮是人生大事，通常要盛大舉行好幾天。

在凱亞利撒的前三個月，高梅爾天天都得逼自己進診所，「推開門，到處看一看，找不同的護理師說話」。護理師都說：「艾瑞克，拜託，你不要來我們這裡，我們不想被那些人傳染。」後來，他見到了西開普省（Wastern Cape）的衛生部長官，當時全南非只有兩個省不在執政黨的掌控中，西開普省就是其中之一，長官允許高梅爾和ＭＳＦ啟動小規模計畫，讓當地愛滋病防治不只局限於預防母嬰垂直感染，並稱之為「私人研究」，高梅爾在B區日間醫院獲得一間研究室，他把研究室當作診間，護理長說不會有人來，「她說：『艾瑞克，在我們的文化中，沒有人想被確診為愛滋病帶原者。』結果不到一個月，排隊看診人數達到三百五十人」。為了容納排隊人潮，醫院在後方蓋了一間組合屋，排隊人潮中有人躺在擔架上，有人躺在手推車裡，有人則在隊伍裡死去。

有好長一段時間，治療愛滋病都得靠這個小規模的祕密計畫，因為ＡＺＴ非常昂貴，每人每年要價一萬美元（約台幣三十萬），這在大多數國家是天價，但其實定價高低根本沒有差，高梅爾說：「開發中國家根本就沒有所謂的醫療，他們認為醫療太麻煩，除非是得了癌症才需要，看醫生太貴了、太麻煩了。」那些住鐵皮屋的不值得吃藥，也不曉得怎麼吃藥。二〇〇一年，美國國際開發署署長（US Agency for International Development）安德魯・納齊奧斯（Andrew Natsios）告訴美國政府委員會：非洲鄉下人沒辦法服用ＡＲＶ，因為他們「不會看手錶也不會看時鐘，只會看太陽」。[25]（後續研究顯示：比起美國人，撒哈拉沙漠以南的非洲民眾更懂得按時吃藥。）[26]此外，由於嚴格的專利保護，南非全面禁止使用學名藥，ＴＡＣ發起「不服從運動」，抗議藥廠靠愛滋病發財、病患得不到照護，為此，這群社運人士飛去泰國，帶回抗反轉錄病毒藥物的便宜學名藥，有些裝在行李箱、有些裝在手提袋、有些放在口袋裡。ＴＡＣ還因愛滋病藥物定價過高控告醫藥產業，最後獲判勝訴。[27]

抗反轉錄病毒藥物簡直是靈丹妙藥，「像耶穌讓拉撒路復活，」高梅爾說，「藥效十分驚人，讓病患起死回生。」其中一位病患長年臥病在床，腳不能走、口不能說，依照高梅爾的講法就是處在「半昏迷狀態」；服藥兩個月，該名病患下床了，腳也會走了，話也會說了。可是，ＭＳＦ的

ＡＲＶ不夠給予每一位病患，給藥的標準因此十分嚴格，這讓醫生備感煎熬，給與不給之間是生與死的差別。二〇〇四年，南非政府政策急轉彎，全面開放使用抗反轉錄病毒藥物，然而，如今南非七百萬愛滋病帶原者當中，將近半數並未服藥，這讓高梅爾很是擔憂，他從二〇〇三年來到Ｂ區，在南非與愛滋病毒對抗至今，起初是過街老鼠，如今是救世英雄。他說在那防疫破口中有太多因素，每一項都讓他「非常緊張」。

愛滋病毒很古老，是人類的宿敵，但過去大多待在狹鼻猴身上，與人類井水不犯河水，大家都當它是無關緊要的猿猴病毒，後來據說有一位獵捕黑猩猩的男子……呃，大概是在一九二〇年代的時候，地點大概是在喀麥隆（Cameroon），總之，這名男子在準備烹煮黑猩猩肉的時候，大概是不小心割傷了手，於是，黑猩猩帶原了上百萬年的病毒，就這樣跑到人類的血液中。這種猴免疫缺陷病毒（simian immunodeficiency virus）簡稱「ＳＩＶ」，由黑猩猩帶原的ＳＩＶ稱為「SIV-cpz」，這次既不是「SIV-cpz」第一次跨物種傳染給人類，也不是動物病毒第一次「溢出」傳染給人類，猴免疫缺陷病毒曾經跨物種傳染給人類無數次，其他動物和無脊椎動物也曾經將病毒傳染給人類，而跨物種傳染的次數多了，「SIV-cpz」便演化出在人類細胞中複製的機制。儘管科學界對「SIV-cpz」的演化程度莫衷一是，但要成功感染人類只需要完成一項演化。ＣＤ４具有拴蛋白這種「限制因子」，可將病毒顆粒黏在細胞的外膜上，保護細胞免於反轉錄病毒的侵害。然而，一旦猴免疫缺陷病毒演化成人體免疫缺陷病毒，便會發展出蛋白質來中和拴蛋白。研究人員曾讓獼猴感染人體免疫缺陷病毒，實驗結果發現為了入侵獼猴細胞，病毒的蛋白再次演化。儘管愛滋病毒因為缺乏DNA，在科學上歸類為無生命物質，大多數科學家也痛恨將病毒擬人化，但是，看到這種古老物質跟我們借命讓自己活過來，很難不覺得這傢伙居心叵測。

「SIV-cpz」演化成第一型愛滋病毒（HIV-1）的主群（Group M），成為人類史上最致命的傳染病，除此之外還有局外群（Outlier Group，O群）、新型群（New Group，N群）、P群，分別從不同物種的猿猴傳染給人類，而目前O群、N群、P群只在西非發現案例。第二型愛滋病毒（HIV-2）則演化自白頂白眉猴帶原的SIV，與HIV-1截然不同，只有HIV-1的主群找到繁衍的環境，這個環境由人類行為及人體機制共同創造，非常適合愛滋病毒生存：人類會從事危險性行為、會嗑藥、會移動。愛滋病毒最初默默傳播了八十年（某位病毒學家稱之為「滲透」），當時殖民主義迫使非洲人先到海地（Haiti），接著再到北美和歐洲。人類的移動因為殖民主義而更加頻繁，有些深入橡膠林搬運橡膠，有些在非洲、北美、歐洲之間往來經商、行醫，走到哪裡，愛滋病毒就帶到哪裡。

「你看我！」麗莎說，「多健康啊！」雖然每天都要靠仰臥起坐和伏地挺身來對抗暴增的食欲，但麗莎身強體壯，看起來容光煥發。麗莎、艾瑞克、羅洛都談到與病毒共處，愛滋病帶原者依然可以擁有正常的人生，他們照樣可以計畫生兒育女，想做什麼就去做，幾乎不會因為帶原愛滋病毒就綁手綁腳。羅洛不久之後就要結婚，婚後想要受訓成為工程師或愛滋病諮商師。「讚耶」，艾瑞克說，他學的是管理，未來也想成家立業，這些選擇的背後陳訴著內心的感激。相較之下，麗莎對未來比較沒有方向，雖然也想升學，但是付不起學費。三位受訪者都認為自己可以跟正常人一樣過生活，壽命也跟正常人相當。我詢問他們的交友狀況。「我沒有朋友，」艾瑞克說，「我一向獨來獨往。」麗莎說自己沒什麼朋友，男友就是唯一的朋友。羅洛雖然把病況告訴親朋好友，但卻沒有告訴同校同學，「你必須相信對方會保密才行」。比起日常生活，他們在接受訪談時比較沒有戒心。艾瑞克曾經連續好幾個月都不肯去青年中心，以免碰到認識的人。愛滋病汙名化是防治愛滋病的絆腳石。

無論如何，這三位受訪者都成功對抗愛滋病，當年一測出愛滋病毒呈陽性反應，使在兩週之內開始服用抗反轉錄病毒藥物。羅洛被診斷出帶原愛滋病毒時，每毫升的血液中含有三十萬個愛滋病毒，換句話說，病毒量是三十萬copies/ml。至於現在呢，他笑著說：「病毒量是二十八。看我多努力！」病毒量小於五十就偵測不到，而且（就目前所知）無法傳染。在ＭＳＦ看來，麗莎、艾瑞克、羅洛是愛滋病帶原者的榜樣，但同時也代表了ＭＳＦ的不足：這三個感染案例根本就不應該發生，印證了高梅爾所說的「我們正處於危險的緊要關頭」。

強納森・本海姆（Jonathan Bernheimer）也是ＭＳＦ的小兒科醫生，他是美國人，看起來雖然很嚴肅，但是嚴肅底下卻是滿滿的熱情。本海姆醫生專門治療帶原愛滋病毒的孩童和青少年，這份工作沒有熱情是做不來的。麗莎、艾瑞克、羅洛秀出藥時是一臉的驕傲，成人的藥一天只要吞一顆，跟兒童用藥相比既簡單又好吃。本海姆醫生說兒童的藥劑「跟大便一樣——很難吃的意思」。兒童常用的抗反轉錄病毒藥物是洛匹那韋（Lopinavir）和利托那韋（Ritonavir），這種藥物組合「可以說是這輩子吃過最難吃的東西，苦到難以置信」。先前某家藥廠研發出兒童藥錠，並準備在南非測試，但最後不了了之，據說是製藥過程容易起火的緣故。本海姆醫生對此十分同情，要研發出適合兒童的愛滋病藥物難上加難，一來得按照醫生的想法發揮作用，例如藥物應該要在肝臟分解而非十二指腸，二來還要好吃，但遮味的配方可能會影響藥物的活性。「看吧，我是真的理解，」他說，「研製愛滋病藥物真的很不簡單。」但是，孩子們經歷的是一生中最動盪的時期，服用的藥物卻這麼複雜又難吃，這實在是「令人憤怒」。他很想看到更好的藥，但五年來沒有半個藥廠業務到凱亞利撒來給予建議或詢問需求。

種種因素綜合在一起，結果就是孩子不肯服藥。有些孩子一出生就是愛滋病帶原者，但卻沒有人告訴他們真相。在抗反轉錄病毒藥物發明之前，愛滋病童往往是孤兒，從小由奶奶或外婆帶大，奶奶或外婆都跟孩子說他們得的是氣喘，這也許是為了保護孩子不被另眼相待。「那是很久以前的事了」，索麗絲娃（Xoliswa）說，她是愛滋病帶原者，在MSF的地方診間擔任素人輔導員：「愛滋病在當時沒有什麼療法之類的，大家懷孕、生小孩，還來不及把病況告訴家人就過世了。但是，孩子有藥吃，或許是奶奶或外婆跟孩子說他們有氣喘，所以要天天吃藥。如今孩子大了，十五、十六歲了，奶奶和外婆很難開口說出真相，而對孩子來說，棘手的問題在於：我要怎麼告訴我的男朋友？而對我來說，孩子開始約會、開始在學校認識人、開始跟人上床，這些都可能產生新增病例，讓愛滋病在南非難以根除。」

青少年之所以是青少年，自行停藥也只是剛好而已。本海姆醫生表示：「防治愛滋病碰上青春期，無疑是雪上加霜，只要孩子沒有覺得不舒服，他們就會認為自己所向無敵，不吃藥也沒差。我們會一直勸他們，但就算勸到臉色發青、跟他們說不吃藥會死掉，他們也只會聽話一陣子，通常都是勸不聽的。」愛滋病毒在孩子體內的運作機制，讓斷藥之後更難重啟治療。本海姆醫生說，大人停藥之後「會有點不舒服，又有點不舒服，接著更不舒服，然後又更不舒服，最後就過世了。小孩子則是沒事、沒事、沒事、沒事、沒事、沒事、沒事，青少年也是沒事、沒事、沒事、沒事、沒事、沒事，接著病情急轉直下，突然就變成了重症」。根本搶救不及。本海姆醫生還說，過去十年、十五年來，愛滋病的整體死亡率下降了大約三〇％，「然而在此同時，青少年的死亡率卻增長了五〇％」。

有時候，服藥的障礙來自於恐懼、來自於丈夫、來自於拳頭。根據人權觀察（Human Rights Watch，HRW）公布的報告〈玉米粉裡的祕密〉（Hidden in the Mealie Meal）：尚比亞婦女為形勢所逼，不敢向伴侶坦承病況，只好想方設法藏匿抗反轉錄病毒藥物，有在地上挖洞的，有藏在花盆裡的，有的裝在頭痛藥的盒子裡，有的裝進行李箱藏在床鋪底下，有的藏在裝玉米粉的袋子裡。這份報告還說：有些婦女忘記吃藥是「因為藥物藏了起來」。[28]

有鑑於此，遵囑服藥診所紛紛成立。既然嚴詞警告不管用（所有父母都曉得這一點，跟青少年嘮叨，無異於在水上滴油），遵囑服藥診所便採取不同的措施，藉由建立同儕網絡讓青少年互相鼓勵對方吃藥，同時舉辦就業博覽會，讓青少年對未來充滿憧憬，藉此鼓勵他們按時服用抗反轉錄病毒藥物，因為有服藥就有未來。遵囑服藥診所還會舉辦運動會等活動，聽起來雖然跟落魄公宅裡的青年中心大同小異，但是遵囑服藥診所軟硬兼施，以非醫學方式處理醫療問題，態度認真而且成效卓越。本海姆醫生希望未來診所不只是診所，而是更像「中心」，讓青少年前來拿藥之餘，可以看看有什麼好玩的、問問朋友帶原愛滋病毒要怎麼約會？要怎麼用花生醬或冰淇淋掩蓋藥物的臭味？要怎麼健健康康與愛滋病共處？要怎麼做才不會傳染給別人？如果孩子按時服藥，每次到診可以拿兩個月份的藥；如果沒有遵囑服藥，就必須每個月都來診所報到。

用就業博覽會、司諾克撞球吸引孩子是一回事，要大人遵囑服藥又是另外一回事。凱亞利撒的現況不符合高梅爾所謂的「線性模型」，也就是「九〇—九〇—九〇」的目標，這個全球目標就像所有的全球目標一樣野心勃勃，希望在二〇二〇年之前，九〇%的帶原者知道自己病況、九〇%的知情者服用藥物、九〇%的服藥者成功抑制病毒量。[29]

然而，在凱亞利撒，事情可沒那麼簡單。「如果我成功說服你做愛滋病毒篩檢，」高梅爾說，「而你篩檢出來是陽性，我就可以幫你治療，事情就解決了。但實際情況卻不是這樣，又不是火車過山洞。」在凱亞利撒，凡事都得爭個輕重緩急。高梅爾說國道二號附近有一座橋，天一亮，橋上就擠滿了找地方打零工的勞工，這些做工的人必須從早忙到晚，「對他們來說，到診所看病等於少打一天工，健康和工作只能二選一，一旦病情好轉，他們就會說等生病了再來，現在要賺錢，他們來凱亞利撒就是來賺錢的」。一份針對西開普省的研究報告顯示：大多數導入ＡＲＶ治療的案例都是醫事人員口中的「復發案例」，[30]這些案例之前都服過ＡＲＶ，但都自行停藥。ＭＳＦ負責男性病患的同仁現在會到地下酒吧、計程車招呼站、火車站等勞工聚集地，全體動起來防治愛滋病，有些做前導式自我篩檢、有些是下工後到診篩檢、有些是針對高風險群做外展式篩檢……等。先前夸祖魯納塔爾省推動「篩檢與治療」計畫，結果發現篩檢結果為陽性者，只有半數在一年內接受治療，[31]剩下半數都是篩完就跑。

承恩少女頂著用性交易換來的秘魯或巴西接髮，或許值得讓記者大肆報導，但是，真正躲過鏡頭和篩檢的，卻是那些恩客。ＭＳＦ的地方診間輔導員索麗絲娃表示：這些恩客或許做過篩檢，或許知道結果，但卻瞞著伴侶不說。這些隱瞞病況、藏匿病毒的恩客，是真正的病毒傳播者。

我原本以為會在南非的土地上看到樂觀與希望，誰知道人類與愛滋病毒和平共處的故事只存在北歐和美國，在這個幸福快樂的結局裡：愛滋病的汙名已經去除（事實上並沒有）、具傳染力的帶原者寥寥可數（大概吧），採行單一性伴侶的男男女女都能服用PrEP預防感染，一切都在控制之中。

索麗絲娃坐在那窄小的ＭＳＦ地方診間，一點也樂觀不起來，對於控制疫情不抱任何希望。她說：「我在二〇〇四年感染，當時還以為到了二〇一七年就不會有新增病例，大家都曉得愛滋病毒的存在，也曉得感染愛滋病毒不是好事。或許是因為看到我們漂漂亮亮、健健康康，大家就以為愛滋病沒什麼。」她搖搖頭。「這太難了。」

愛滋病毒尚未絕跡。我請教哥倫比亞大學病毒學教授文森．雷卡納羅（Vincent Racaniello），請他談談未來十年內愛滋病學界的熱門議題。「首先是愛滋病毒依然陰魂不散，至今仍然找不到預防感染的方法——這就說到重點了，愛滋病完全可以預防，對吧？只要不使用受汙染的針頭、遵守安全性行為，就可以預防愛滋病。問題是：許多人不肯照做，有些是真的沒辦法，有些是文化上不容許。」

愛滋病毒尚未絕跡。格拉斯哥大學病毒研究中心的山姆．威爾森表示：「最值得注意的是：我在大學部講課時，學生都把愛滋病當作歷史，對愛滋病完全不上心。」雖然目前共有三十多種抗反轉錄病毒藥物，但根據雷卡納羅教授估計，愛滋病毒共有一千兆種基因組。一千兆到底是多少？一千兆那麼多個零，根本是天文數字，因此，數學家都寫成10^{15}，但數字大小不是重點，重點在於：這一千兆種基因組裡，有的無法用現行藥物治療，而愛滋病毒還在持續突變中。

愛滋病毒尚未絕跡。縱使是成功的治療案例，病毒仍然潛伏在帶原者的體內，這些病毒的潛伏處稱為「潛伏庫」，包括內臟和腦部，病毒會在這些細胞裡潛伏到帶原者過世為止。每隔一陣子（平均是一週一次），潛伏的病毒會在受感染的細胞裡複製病毒，複製到一半就停止，隔週再繼續複製，原因至今依舊不明，雷卡納羅教授表示：「這是我們尚未解開的大謎團。」這確實是大謎團之一。由於愛滋病毒會潛伏，帶原者終其一生必須天天服用抗反轉錄病毒藥物，少服用一次都不行。近年來醫學界引進「逼殺療法」，先用藥物逼著潛伏庫複製病毒，一旦病毒被逼出來就立刻殺掉。逼殺療法在一位兩歲女童身上試驗了兩年，療效顯著，可惜後來女童體內的病毒又再度復發。[32]另一項振奮人心的療法是「廣效性愛滋病毒中和抗體」（broadly neutralizing antibodies，簡稱BNAbs），少數人身上具有這種抗體，產生的原因不明，跟一般的抗體相比，BNAbs並非專門針對某種抗原，而是能抵禦各式各樣的病原體，如果一般的抗體是火柴，BNAbs就是噴火器，可以抵禦愛滋病毒，如果可以將BNAbs分離出來加以研究、複製，或許就能做出愛滋病疫苗，每個月接種一次，成效絕對勝過減毒的活體疫苗，後者是將少量病毒注入人體內，而任何病毒只要未能治癒、無法根除、只能控制，倫理委員會就不會讓其活體疫苗用於人體實驗。

如果你工作的地點在非洲、中東、菲律賓，或者工作上往來的對象是美國的同性戀黑人族群，或年長者（後者占美國愛滋病帶原者的四五％），此刻都足以擔憂，因為防治愛滋病的經費如海水退潮般一波一波撤走。根據英國防治愛滋病組織StopAIDS的報告：二〇一六年國際挹注的資金少了七%，換算成數字是五億美元（約台幣一百五十億），[33]此外，從二〇一二年開始計算，平均每年經費減少五·四%。[34]StopAIDS發出預警：世人對愛滋病毒的關注會被伊波拉病毒、茲卡病毒等瓜分，防治的重要性將下滑。回顧二〇〇〇年，聯合國發布「千禧年發展目標」（Millennium Development Goals），期盼透過十五年的努力落實八項全球目標，其中一項便是防治愛滋。二〇一五年，聯合國針對千禧年發展目標未盡善之處提出「永續發展目標」（Sustainable Development Goals），防治愛滋成為第三項「健康與福祉」底下的子目標。早年的「愛滋病例外論」（HIV exceptionalism）認為愛滋病毒是史上最危險的傳染病，各方因此投入大量資金，近來因為發展出成功的療法，愛滋病例外論從而告終。高梅爾認為：當前已不再視愛滋病和愛滋病毒為國際威脅，還記得早期凱亞利撒的診所接見過美國國防部代表團，雖然不曉得軍方為什麼會對防治愛滋病有興趣，但只要這些代表穿的不是軍裝，診所都很歡迎。後來他明白了：美國國防部視愛滋病為全球危機，因此派人前來查看，隔年美國總統布希便推出任內最大政績，提出「總統防治愛滋病緊急救助計畫」（President's Emergency Plan for AIDS Relief，簡稱PEPFAR），這項計畫延續至今，並於二〇一四年推動「夢想創新挑戰專案」（DREAMS），特別針對年輕女性防治愛滋病，而今各國政府卻大多睜一隻眼、閉一隻眼，讓高梅爾十分喪氣。二〇一七年，高梅爾前往巴黎參加備受矚目的愛滋病研討會，「法國總統連露個面都沒有」，讓他相當震驚。

各大藥廠雖然已經調降開發中國家一線用藥的價格，但是二、三線用藥卻維持原價。MSF發現：非洲南部對一線藥產生抗藥性的比率是一〇%；肯亞、馬拉威、莫三比克的研究則發現：接受二線療法的愛滋病帶原者，其中三成具有抗藥性。三線用藥（又稱「救援治療」）一年花費一千八百五十九美元（約台幣五萬五千七百七十元），[35]比二線用藥貴六倍、比一線用藥貴十八倍，別說開發中國家根本負擔不起，就連已開發國家都覺得難以負荷。

高梅爾認為：未來幾年仍然無法根除愛滋病。他說：「任何傳染病若想絕跡都得靠疫苗。」而發展疫苗需要好幾年的時間，只要老男人繼續包養少女、少女繼續服侍恩客，只要男人繼續性侵、繼續腳踏多條船，愛滋病就不會絕跡，所有防治工作就像將水倒進排水孔大開的水槽，到頭來總是一場空。「根絕愛滋病的夢想慢慢破滅」，高梅爾說，「抗藥性加上治療倦怠」，第二波大流行指日可待。不僅病人倦怠，捐款者也倦怠，媒體也倦怠，各界都對愛滋病放下了戒心。他樂見抗反轉錄病毒藥物的注射劑問世，對於植入性的PrEP也樂見其成，如果出了問題，植入物可以移除，但注射則無法補救。在巴黎召開的愛滋病研討會上，其中一場討論了植入型新藥，這是他喜聞樂見的美事，在愛滋病絕跡之前，高梅爾會盡力而為，並且對於「德羅格韋」（dolutegravir）懷抱希望，這種新的抗反轉錄病毒藥物「效果絕佳」，在歐洲各國廣泛使用，但在南非卻是連看都沒看過，因此，他將「德羅格韋」裝在口袋裡帶回南非，彷彿回到早年替TAC帶藥進南非的歲月。

為了打擊愛滋，科學家努力多方嘗試，包括研發陰道抗微生物劑、疫苗、病毒載體（利用病毒轉染來抵禦愛滋病毒）。病毒學家保羅．比尼亞（Paul Bieniasz）認為：科學界在打擊愛滋病毒上從來不缺智謀，「科技進展追不上我們天馬行空的想法，讓我們的點子施展不開」。許多非洲國家補貼現金給女學生及年輕女性，試圖藉由改善貧窮來減少賣淫，這項政策確實降低了某些國家的愛滋病感染率，但某些國家卻毫無起色。MSF的少女暴露愛滋病毒前預防性投藥計畫才剛起步，我去拜訪時只有四十位年輕女性加入，但這項計畫大有可為，只是參與者必須突破巨大的障礙——年輕女性不希望因為看起來像在服用ＡＲＶ，而被人誤會成愛滋病帶原者，她們擔心會因此留下汙名，或是被說很隨便，因此，這四十位加入者都是勇者。二〇一七年，南非的衛生部長發起了「她征服」（She Conquers）倡議計畫，意在革除老男人包養少女的陋習，並鼓勵年輕女性遠離恩客。這項計畫的名稱雖然不討喜（感覺是一群頭腦昏沉的人在燈光昏沉的會議室裡想出來的），文宣手冊也好不到哪裡去，但至少起了個頭。

可是男性呢？譚霸呢？他至少有三個馬子，而且還會酒後亂性，誰來保護非洲少女遠離譚霸這種男人？一九九〇年代，烏干達發起了一項極為成功的行為矯正計畫，口號是「零偷吃」[36]，偷吃意指擁有多位性伴侶，烏干達政府希望民眾正餐吃飽、不要嘴饞。這項計畫成功奏效，保險套使用率大增、愛滋病毒感染率下降，後來基督教保守主義隨著美國「總統防治愛滋病緊急救助計畫」經費來到烏干達，由總統穆塞維尼（Museveni）和總統夫人收受，並下令將保險套焚毀，愛滋病毒捲土重來。

愛滋病毒很厲害、很驚人、很優雅，這是微生物學家和病毒學家對愛滋病毒的形容，但他們總是形容到一半就打住，並立刻換上另一套說詞：愛滋病毒流行全球、毀人一生、給人痛苦，這些都是愛滋病毒可怕之處，但我能理解學者對於愛滋病毒的驚嘆，儘管各界投入了數百萬、研究了四十年、動用了無數人才研發愛滋病治療法，但愛滋病還是只能控制，未來能不能繼續控制還很難說。愛滋病毒最愛的是什麼呢？就是大家自以為是，認為愛滋病毒已經被打敗。

ＭＳＦ的辦公室對面是購物中心，裡頭販售炸魚薯條，只要人潮夠多，可以安心進去逛一逛。購物中心的外牆上有一幅壁畫，很大，一英里之外都看得見（這我可以作證！因為衛星導航常常把MSF的地址導到錯的地方，所以我都靠這幅壁畫來認路，這幅壁畫之於我，如同森林中的麵包屑之於《糖果屋》的小主人翁）。壁畫上是一位年輕黑人女性，身上穿著非洲圖騰的T恤，背景是黃色的天空和碧綠的山丘，我會注意到她不只是為了要在凱亞利撒認路，也是因為她的表情——擠眉弄眼，一副太陽很刺眼的樣子，兩隻手遮在眼睛上方，瞇著眼睛望向遠方，看起來相當堅強，但數據上的她卻相當脆弱，容易遭受暴力、虐待、感染。我希望她戰勝這一切，因為她值得更好的人生。我知道無數專家孜孜矻矻想辦法防治愛滋病毒，並採取創新做法、深入鄰里，動用各種武器來對抗愛滋病毒——這我都知道，並且努力提醒自己，但我同時也知道各式數據，因此，我看著壁畫上的年輕黑人女性望向遠方，我順著她的目光看過去，只看見愛滋病毒直撲而來。儘管我們盡了全力，愛滋病毒依然前仆後繼，對她發動攻擊。

Chapter 5

第五章

血液買賣：黃金血漿
The Yellow Stuff

美國「漂黃」得很成功，血漿和血液在概念上漸行漸遠，並開始適用不同法規，如今血液是用捐的，血漿則是用買的。美國允許國民賣血漿的頻率冠居全球。賣血漿的收入成長速度堪比偶爾賣廢鐵或賣淫。因為生活處境不佳，捐血漿讓他們吃盡苦頭，但不捐血漿連飯都沒得吃。

小男孩打開冰箱，取出兩支小瓶子，接著拿起（全新的、無菌的）針筒，找個（乾淨又明亮的）舒服位置坐下（比方說廚房的餐桌）。這支影片的拍攝時間大約在一九八〇年代初期，因此，小男孩身穿毛線無袖背心，這在當時並非復古而是流行。小男孩將針頭戳進其中一支瓶子，抽取出金黃液體後，再與另一支瓶子裡的液體混合，接著將一萬人注射進右手的手肘內側。小男孩望向鏡頭，咧嘴而笑。

將血液靜置幾個鐘頭，血液會因重力而分層：紅血球沉在最底層，中間是薄薄一層白白的（白膜層），裡頭含有白血球和血小板，最頂層稻草色的液體是血漿，占全部血量的一半以上，含有脂肪球、水、鹽，以及白蛋白、抗體、凝血因子等七百多種蛋白質，[1]比起底層紅豔豔的紅血球，血漿看起來毫不起眼，不過就是黃黃的液體罷了，但卻價值驚人。

血漿從捐血人的全血中分離出來，製作成新鮮冷凍血漿，可用於出血或創傷病患，藉由輸血來補充其失血，而採集血漿的作業通常由血庫負責，稱之為回收血漿。血漿雖是人體的一部分，但若作為產品，則前景不能相提並論。血漿公司付費買血，利用血液分離機採集血漿，再將剩下的血輸回捐血人體內，這類血漿稱為原料血漿，可從中提煉出血漿蛋白治療（plasma protein therapeutics）成分，包括治療免疫不全症的人體免疫球蛋白（immunoglobulin），以及最常見的血漿蛋白——用於維持血量和血壓的白蛋白。一單位的新鮮冷凍血漿很便宜，英國國家健保局的售價不到三十英鎊（約台幣一千二百六十元），[2]原料血漿則昂貴許多，其中又以靜脈注射免疫球蛋白（intravenous immunoglobulin，簡稱ＩＶＩＧ）最為搶手，英國國家健保局的售價是一公克三十五英鎊（約台幣一千四百七十元），[3]簡直比黃金還貴，賣血漿一次的酬勞大約三十美元（約台幣九百元），製成醫材後價格翻十倍。人血和畜血在全球市值二千五百二十億美元（約台幣七兆五千六百億），名列第十三大交易商品，其中以血漿製劑為大宗，大多來自全球最大血漿出口國美國。二〇一六年美國出口商品中，「人血和畜血」一項（其中大多是血漿製劑等血液成分）為美國賺進一百九十億美元（約台幣五千七百億），跟中型車或大豆的出口營收不相上下。[4]美國血液中心（America's Blood Centers）是美國的血庫協會，其總裁戲稱其為「血漿輸出國組織」，[5]歐洲的醫用血漿大半來自美國的血脈。[6]

小男孩之所以咧嘴而笑，是因為瓶中物的緣故，裡頭裝著血漿分離濃縮後製成的凝血因子——第八凝血因子（Factor VIII），這個名稱既是一般人血漿中的蛋白質，也是一九八〇年代發展出來的商品，通常簡稱為「因子」（factor）。小男孩雖然身在英國，但注射的血漿製劑八成來自美國的血漿供應商，這種凝血因子大大改變了小男孩等上百萬血友病患的生活，同時也要了他們的命。

血液一旦離開血管，無論是在體內還是體外，都會啟動「凝血機轉」（以科學名詞來說，這名稱算是相當詩意）。血液要凝結，需要啟動十二道程序，不管是刮腿毛刮傷腳踝、切菜切到手指、摳結痂摳到流血，人體都會立即啟動看似簡單的凝血機轉。血液凝固是一瞬間的事，看起來容易，但其中大有學問，只要任何凝血因子出錯，傷患就會流血不止，而流血不止的大多是血友病患。此外，撞到膝蓋、手肘、頭部會內出血不止的，八成也是血友病患。

根據美國國家血友病基金會（US National Hemophilia Foundation）研究，小男孩罹患A型血友病的機率是五千分之一（A型血友病欠缺的是第八凝血因子，是較常見的血友病，B型血友病則較罕見，欠缺的是第九凝血因子，但不論是哪一型血友病，病患都無法正常凝血），[7]而根據國際血友病聯盟（World Federation of Hemophilia）的說法，小男孩罹患A型血友病的機率是萬分之一。[8]不管是五千分之一還是萬分之一，血友病都是罕見疾病，大多數人終其一生都不曾見過血友病患，一百年前的血友病患更是難得一見，因為病患大多早夭。血友病患天生基因異常，從母親身上遺傳到血液無法凝固的基因。過往以為女性只帶有異常基因，並將基因缺陷遺傳給下一代，如今則曉得女性也會流血不止，有些輕微的血友病患者因為染色體異常而缺乏凝血因子，有些則是異常基因的類血友病患或B型血友病患，這類患者會出現凝血障礙的症狀。只要血液中的凝血因子少於四〇%，臨床上便診斷為出血性疾病，[9]確切的病患人數則無法得知，由於一九七〇年代末、一九八〇年代初的凝血因子製劑帶有愛滋病毒和C型肝炎病毒，因此，出血性疾病患者的人數持續變動。C型肝炎病毒經由血液傳播，傳染力是愛滋病毒的十倍，潛伏期長達數年，通常會引發肝硬化和肝癌。英國的血友病患中，帶原愛滋病和C型肝炎者共計四千六百八十九位，其中二千八百八十三位已經過世，[10]到了下星期再回頭看，這數據就失效了，原因在於病患從暴露感染到出現症狀存在時間差，新的病例不斷被診斷出來。從一九七〇年到一九九一年，英國政府估計因為血品汙染（包括輸血）而罹患C型肝炎的病患共計三萬二千七百一十八位，確診人數則只有六千位。[11]放眼全球，四萬名血友病患因為血漿製品汙染而感染愛滋病毒，罹患C型肝炎的患者人數則未知，但肯定也是數以萬計。

對此感到義憤填膺者（包括病患、親友、喪親者）透過臉書組成社團，光是在英國就有「抵制汙染血品」（Contaminated Blood）、「第八凝血因子」（Factor 8 Campaign）、「感染之血」（Tainted Blood）等團體。我透過臉書聯絡上牛津郡的血友病患奈爾．威樂（Neil Weller），他自認僥倖逃過一劫。開朗健談的奈爾說起話來帶有牛津口音，字正腔圓的，有些令人不安的話，經他一講就有了溫度，譬如：「人家說我沒有愛滋病毒時，我好像十一還是十二歲時。」奈爾的病友大多成了愛滋病帶原者。血友病患的青春期都在進出醫院、失血止血，奈爾還記得當年的病友「接二連三被告知感染愛滋病，一個接著一個轉到其他病房等死」，病逝之後，死因一欄寫著肺炎或者其他症狀。其中一位病友過世時三十二歲，留下兩歲的孩子。在奈爾看來，自己根本是幸運兒，雖然也注射了遭受感染的血漿製品，但只得到C型肝炎，這種慢性病棘手歸棘手，但不像當年的愛滋病那麼致命。奈爾兩條腿的膝關節都換過，踝關節也壞光光，儘管行動不便，但至少還能走。他開過二十二次刀，十八次是因為膝關節和踝關節，總住院天數超過五百天。但奈爾的看法沒錯。以統計數字來說，他真的很幸運。

血友病很可惡，患者無藥可醫，通常死於腦出血或內臟出血，即便位高權重、財力雄厚，血友病患的結局總是相同。英國維多利亞女王是聞名全球的血友病基因攜帶者，當時歐洲王室流行聯姻，血友病隨著女王的子女散播到歐洲各地，末代沙皇王儲阿列克謝（Tsarevich Alexei）是維多利亞女王的曾孫，也是最出名的王室血友病患，若不是十四歲那年在葉卡捷琳堡（Ekaterinburg）遭人射殺，必定也會因為血友病而英年早逝。由於血友病治療昂貴又罕見，短命是大多數血友病患共同的命運。著名的血友病醫師馬克．溫特（Mark Winter）提及自己二〇一七年到巴基斯坦訪視，「當地有很好的醫院，有經驗豐富的醫生，有優秀的護理師，他們就像核能一般幹勁十足，但當地就是沒有（凝血因子）濃縮製劑」。根據溫特醫生的說法，伊斯蘭馬巴德的血友病中心共有兩百五十名嚴重血友病童，其中活過十八歲的只有一位。[12]

就算接受治療，血友病患的生活依舊艱辛，還得常常忍痛，這種痛苦並非常人所能想像。奈爾說大家都以為血友病患「會因為割傷而流血致死」，我差點就回他說我也以為是這樣，但想一想實在鼓不起勇氣，話到嘴邊又吞了回去。困擾血友病患的不是外傷而是內出血，而且是常常內出血，並且因為內出血而痛不欲生。賈斯汀．勒維克（Justin Levesque）是嚴重血友病患，住在緬因州，自稱「流血王」，稱自己的車牌為「暴力狂」。我請他形容內出血的痛，但這相當強人所難，不論再怎麼能言善道的人，碰到疼痛還是舌頭打結。我改用類比的方式詢問他：是像腿斷掉那麼痛嗎？還是像燙傷？或是刺傷？他起初回答：「痛到不能再痛的痛。史上最痛的痛。」後來又說：「關節是封閉的空間，你像裝水球那樣在裡面裝滿水，但既裝不滿也不會破，關節承受極大的壓力，痛到你無法思考。我唯一能想到跟內出血差不多痛的事，是我腎結石痛到該該叫那一次，差不多就是那麼痛。」另一位血友病患說內出血的痛感像骨折，但是，不管內出血是跟腎結石一樣痛還是跟骨折一樣痛，這些都只是類比，我還是無法體會內出血的痛苦指數，直到有一次，我親眼看見一位嚴重血友病患走路——全身歪七扭八，動作十分詭異，雙腿僵直，雙膝互碰，像在踩高蹺似的，彷彿遭到酷刑。

血友病患的關節只要觸碰到就會出血，嚴重血友病患甚至會自發性出血，不論出血原因是什麼，病患只要一出血就是「血如泉湧」，不用二十分鐘，關節周圍的空間就會積滿血，膝關節和踝關節是最常見的患部，此外手指和手肘也是好發部位。患者會出血不止，積血首先會扭曲骨骼（光是這樣就已經疼痛萬分），接著積血壓迫到神經，更是讓人痛得死去活來。如果內出血頻頻發生（血友病患便是如此），關節積血便會惡化成關節炎。魯伯特．米勒（Rupert Miller）說，自己和哥哥朱利安（Julian）小時候住在威爾斯的田莊，朱利安是嚴重血友病患，經常夜夜嚎叫吵醒全家，家人只能用袋裝的冷凍豌豆在哥哥的膝蓋冰敷，並陪著哥哥直到疼痛緩解。當時家裡冰箱一打開都是袋裝豌豆。

朱利安內出血特別嚴重時，偶爾也會就醫求助，當時是一九七〇年代，唯一的治療方法是施用冷凍沉澱品，這是一種濃縮血漿，裡頭富含凝血因子，由於冷凍沉澱品平時要冷藏，使用前則要經過退冰、搖勻等繁複程序，冷凍庫當時又尚未在英國普及，因此不易在家中常備，還是到醫院施打最為安全。朱利安一年會住院好幾次，一住就是好幾週，有一次因為住院整整兩個月無法上學，但父母希望朱利安接受一般教育，朱利安也想接受一般教育，他想跟朋友一起念當地的學校，不想去漢普郡的崔落爾學院（Treloar College）就讀。崔落爾學院是一所寄宿學校，專收身障生，校舍是哥德式建築，教員對學生悉心照料，甚至設置了血友病中心。

艾德・古德伊爾（Ade Goodyear）是崔落爾學院的校友，他接受英國廣播公司紀錄片專訪，回憶在崔落爾學院的生活。[13]這所學校雖然治不好血友病，但只要病童感覺到刺痛、發熱、脈搏加快等內出血徵兆，便能迅速得到專業的治療，病童再也不會因為出血而錯過課堂，同學也不會為了看血友病患出血而揮拳，古德伊爾在普通學校時飽受欺凌，只因校長在介紹他時說了一句：「不可以打這位同學」，從此注定了他挨揍的命運。崔落爾學院共有三十五位血友病男童，大家都曉得出血的滋味，因此不會對彼此投以異樣的眼光，對血友病童來說，崔落爾學院是個避風港。

第八凝血因子的問世，大大改變了已開發國家血友病患的生活。第八凝血因子容易備置，施打相對簡單，可用於預防性治療，降低病患出血機率，套一句魯伯特的話——第八凝血因子簡直是「哇賽！」既是醫界革新，同時也解放了病患，根據當時公益影片的說法，凝血因子「讓血友病患像一般人那樣過活、像一般人那樣流血」。勒維克認為，凝血因子讓血友病患擁有隱私：「血友病患很容易辨認，又是跛腳、又是住院，等於將病情攤開在陽光底下，如今終於可以不用被認出來。」

冷凍沉澱品很貴，新問世的凝血因子也很貴，這類凝血製劑的麻煩在於：一單位血漿中的凝血因子含量極低，需要上千人的血品才能製作出有效的凝血製劑，而且捐血人數越多、製作成本越低、利潤幅度越大，這一點務必謹記，畢竟凝血因子的血漿分層製程價格不菲，市面上除了第八凝血因子，也推出了治療B型血友病的第九凝血因子，這些產品才剛上市不久，立刻引來一些醫生質疑，他們認為：每劑凝血製劑的血漿來源越多，病患感染機率越大，這用數學算一下就曉得。一九八三年，美國血液製劑大廠安模（Armour）裏理親口向政府證實，其血漿供應商每年採集血漿四十至六十次，按照這個速度，「並考量到全美國的捐血人口，捐血人口中只要四位是感染者，便足以汙染供應全球的第八凝血因子」。[14]

然而，凝血製劑讓血友病患可以居家治療，吸引力難以抵擋，血友病患當然趨之若鶩，醫生也開始使用凝血製劑治療血友病之外的出血問題。一九七四年，蘇格蘭昔德蘭群島（Shetland）有位年輕孕婦名叫安．休謨（Ann Hume），我跟她通電話時，聽見她的捲舌音宛如捲浪翻波，而我坐在內陸城市的書桌前，想像窗外就是狂暴的北海——真是蠢得浪漫。但安的故事既不蠢也不浪漫，她從小一流血就是血流如注，這讓牙醫師十分困擾，只不過拔一顆牙齒，就能流血流上好幾個星期，雖然診斷不出確切的病因，但她肯定有出血問題。安墮胎過一次（當時年紀輕又未婚，大家都說打掉比較好），後來生第一胎時，預先施打冷凍沉澱品，以免產後大出血致死，果然一切順利。一九八二年，她生第二胎，血液科醫生說：「『這次施打新的凝血製劑，效果比冷凍沉澱品更好，叫做凝血因子，』我心想好喔，沒差，反正我根本不曉得第八凝血因子是什麼東西。」

第二胎生出來是女兒，她沒什麼出血，母女均安回到昔德蘭群島。回家後，症狀開始了：疲倦、關節疼痛，生病一直好不了，七週後，她身體極為不適，連下床都有困難，但為了照顧孩子（老公和老媽又叫她振作），她才勉強爬出被窩。某天早上，她一下床，體內就掉出一塊一塊「肝臟大的」血塊，這時老公已經出門上班，樓上只剩下四歲大的兒子跟襁褓中的女兒，「我問兒子能不能去隔壁請鄰居過來一下，他說不要，他還穿著睡衣」。她踩過血塊，拿起話筒。鄰居進門，跟她一起驚慌失措——廚房不像是廚房，倒像是犯罪現場。（後來搞懂那些血塊是什麼之後，她明白當時的廚房確實是犯罪現場無誤。）安被送到昔德蘭群島首府的醫院，院方打電話到蘇格蘭亞伯丁（Aberdeen）找安的血液科醫生，「醫生說先施打一罐第八凝血因子，再用飛機載過來」。

朱利安坐在電視攝影棚的椅子上，棚內的配色是一九八〇年代流行的米色調，但朱利安的打扮十分高調：粉紅色襯衫、花稍的格紋外套，配上一副非常一九八〇年代風格的大鏡框眼鏡，鏡片遮住他大半張臉，他的頭髮很金、眼睛很藍，藍得安詳又迷人，一如他那上流口音的英文。在所有血友病患中，朱利安大概是第一個上電視承認自己感染愛滋病的。[15]

他推測自己在一九八〇年代初期染病。一九八四年，他做完定期血液檢查，被告知愛滋病毒篩檢呈陽性反應。他在鏡頭前的神態沉穩到不可思議，偶爾揚起嘴角，說自己「自發突變」，成為家族第一位血友病患。他用牧師和顧問般冷靜自持的語調，講述一則又一則駭人的事蹟：「一九七九年，美國血品開始出現傳染愛滋病毒的風險。」當時愛滋病還是全新的疾病，全英國只有倫敦聖瑪麗醫院（St. Mary's Hospital）性病診所掌握相關資訊，他逼自己去了一趟，在走廊坐下來候診，「身旁坐著因為不同原因來到這裡的患者」，他笑道，接著見了主治醫生，「醫生用非常嚴肅的口吻解釋愛滋病〔……〕嚇得我魂飛魄散踏出診間」。他把內心的擔憂告訴自己的血友病專科醫生，醫生給他的建議跟大半憂心忡忡的血友病患聽到的一樣：「『比起感染愛滋病，出血更會要了你的命。』因此，我繼續接受治療，一九八四年被檢測出帶原愛滋病毒。」

古德伊爾則是十五歲那年被告知感染愛滋病。他接受英國廣播公司紀錄片專訪，說崔落爾學院「讓我們五個人一組，各組輪流進入血友病中心的辦公室」，辦公室裡的氣氛雖然輕鬆但很詭異，大家都聽過好些謠傳（儘管每所學校都有謠言，但會死人的並不多）。「醫生慎重告訴我們：『你們或許聽說了，第八凝血因子遭受了不該遭受的汙染。』」接著，話鋒急轉直下，口氣毫不留情，「直接宣告誰感染了愛滋病毒：『你沒有，你有，你有，你沒有』，就直接這樣講。」男同學紛紛問自己染病多久。兩年吧。大概。當時辦公室裡的五位同學中，只有古德伊爾活了下來。

不管是朱利安，還是上千位因為注射凝血因子而感染肝炎及愛滋病毒的血友病患，他們的問題都一樣：這是誰捐的？捐了什麼？凝血因子的製造過程如何？

一九七〇年代中期，英國的血漿供應出了問題。當時凝血製劑大受歡迎，但英國的血漿供應不足以生產凝血製劑。儘管大部分國家的目標都是血液和血漿自足，可是血漿製劑需要大量的捐贈血漿，極少國家能維持這麼高的血漿供應量。一九七三年，英國開始從美國進口凝血因子，許多國家先後跟進。一九七〇年代，美國供應血漿給大半個歐洲。《血液》（*Blood*）作者道格拉斯．史塔（Douglas Starr）在書中引用第一保健公司（Alpha Therapeutic Corporation）總裁湯姆．德里斯（Tom Drees）的話，德里斯在血液製劑公司聯合會議上表示：「美國是世界的糧倉，也是世界的血脈。說得更精確一點：美國將血液中的血漿分離出來供應給全世界。」[16]美國是怎麼辦到的？答案是付錢買血，有時甚至不顧血品安全照買不誤。

血品安全如何確保？根據WHO的說法，自願無償捐血最佳，因為捐血者沒有隱瞞健康狀況的必要。大量研究顯示：比起無償捐血者，血牛謊報健康狀況的機率更高，這是顯而易見的事實，畢竟血牛得靠賣血維生，而且極可能來自健康堪虞的社會階層。然而，美國的供血向來依賴買賣交易。第二次世界大戰後，英國、法國、荷蘭等國都改採無償捐血制，由政府單位負責捐供血系統，但美國卻沒有趕上這波潮流，世界情勢一直要到英國社會學家的著作問世後才得以反轉（這可是難能可貴的句子唷）。一九七〇年，李察·提墨斯（Richard Titmuss）出版《捐贈關係》（*The Gift Relationship*），把血液交易搞得天翻地覆，一時之間前途未卜，書中比較了英國和美國的供血系統：英國是自願無私，美國是銀貨兩訖，結論則嚴厲譴責將血液作為商品買賣，作者的筆調雖然冷靜，但卻用上「道德」、「正義」等字眼。即使如此，美國食品藥物管理局卻拖到一九七八年才規定血品必須標示「有償捐贈」或「自願捐贈」，血液買賣自此才慢慢淡出歷史舞台。[17]

但買賣血漿卻持續上演。血漿從血液中分離後，莫名其妙變得不太像血，感覺比較沒那麼鮮活生猛，反而更接近付費購買的商品。血液和血漿的平行世界始於第二次世界大戰期間，當時哈佛醫學院的艾德溫·柯恩（Edwin Cohn）為了軍事需要，發展出分離血漿成分的技術，比起血液，分離後的血漿更容易運輸。一九五〇年代，從血漿中分離出的丙型球蛋白（gamma globulin）經試驗後，證明可以成功治療小兒痲痺症，各大企業因此體認到血漿作為藥劑製品的商業潛力。從美國的貿易資料來看，血漿和全血歸屬在同一大項，但實際上卻依循不同交易管道，環保人士常常說「漂綠」，意指企業以環保為口號讓消費者買單，依照此一邏輯，美國可說是在「漂黃」，而且美國「漂黃」得很成功，血漿和血液在概念上漸行漸遠，並開始適用不同法規，如今血液是用捐的，血漿則是用買的。

不論是用捐的還是用賣的，血漿總得要有個來處，而且最好能有很多個來處。如果企業想靠賣血漿賺錢，光是買血漿還不夠，那從人犯身上取得如何？一九四七年，數名德國醫生被送上紐倫堡大審，罪名是利用集中營人犯進行「慘無人道」、傷天害理的實驗，他們辯稱這件事情美國人也有分，他們以科學之名，害某些人犯染上黑死病。早在第二次世界大戰之前，美國聖昆廷監獄的利奧・斯坦利（Leo Stanley）醫生便將死刑犯的睪丸移植給「老態龍鍾、雄風不振的男子」，接著他把腦筋動到動物身上，替數百名聖昆廷監獄的囚犯注射「動物睪丸物質」，包括山羊、公羊、野豬，這些囚犯在二戰期間參與各項實驗，有些會誘發氣疽，有些則有感染淋病、瘧疾的風險。一九五三年，紐約州新新監獄的人犯自願注射梅毒，其中將近半數發病，眼睛、大腦、心臟、肝臟、骨骼、關節出現病變，嚴重者甚至有喪命之虞。而這些犯人得到什麼？「耶誕節醫生送來一條菸，前科紀錄上註記參與人體實驗的貢獻，並從中得到助人的喜悅。」[18]

第二次世界大戰期間，超過七萬位美國囚犯捐血給獄中人國防血庫（Prisoners' Blood Bank for Defense），[19]此後二十多年，監獄努力不懈透過捐血來教化、強制、勸誘囚犯改邪歸正。歷史學家萊德勒在《血與肉》中提到：一九五〇年代，「維吉尼亞州的獄囚每捐一品脫的血，就可以減刑數天」。從麻薩諸塞州、南卡羅來納州、密西西比州到維吉尼亞州，囚犯只要捐血一品脫，就可以減刑五天。[20]囚徒習慣用體液來換取好處，自然成為血漿開源首選。

只要閱讀血漿產業的作為，便會訝異這些事蹟怎麼還沒拍成《００７》系列電影。百特藥廠（Baxter）、基立福（Grifols）、第捌製藥（Octapharma）等公司掌控了整個血漿產業，這些企業集團的老闆都是隱藏版億萬富翁（例如第捌製藥的老闆沃爾夫岡・馬格雷〔Wolfgang Marguerre〕就是），他們在全美各地的遊民巷和監獄設立診所，並採集貧窮國家的血漿。史塔在《血液》裡提到：尼加拉瓜的獨裁總統蘇慕薩（Anastasio Somoza）是協疆芬黎公司（Plasmafaresis）的股東，這家血漿採集公司位在尼加拉瓜，將當地採集到的血漿賣到美國，尼加拉瓜人稱之為「吸血鬼之家」。海地的加勒比海之血（Hemo Caribbean）則以三美元（約台幣九十元）購買血漿（願意注射破傷風者賣一次血漿可得五美元），再透過海地航空運到美國和歐洲給買家。《紐約時報》記者理查・瑟維羅（Richard Severo）揭露買賣窮人血漿的難堪內幕，並於一九七二年報導加勒比海之血每個月出貨血漿六千公升，而且打算擴大事業版圖，海地的賣血漿者窮到不要命，當然越賣越來勁。海地是拉丁美洲熱量攝取最不足的國家，國民罹患肺結核、破傷風、胃腸病、營養不良的比例高得嚇人，加勒比海之血的技術總監狄爾先生表示：「敝公司不使用感染者的血漿」，就算不小心摻到一點點，或是感染者罹患性病或瘧疾，狄爾先生相信冷凍製程必定能殺死病菌。美國阿肯色州首府小岩城南方七十英里處有一間血漿中心，一九六三年開始營運，就設置在格雷迪市的康明斯監獄裡，囚犯每捐一次血漿可獲得七美元，血漿中心再以一百美元賣出，中心外頭大排長龍，囚犯一個接著一個走進來，在帆布床上躺下，任人採集血漿，前阿肯色州州長比爾・柯林頓的幕僚說：這些囚犯「就像小母牛」[21]，任憑血漿中心榨取並從中牟利。一九七四年，監獄開始將血漿賣給美國的健康管理公司（Health Management Associates），健康管理公司再將這批血漿轉賣給北美生醫（North American Biologics），北美生醫的母公司是加拿大冰森洲際製藥（Continental Pharma Cryosan，該公司後來認罪，承認「誤將」俄羅斯屍血「標示為」瑞典的血品，[22]犯了全天下的人都會犯的錯），最後，冰森洲際製藥的北美生醫將阿肯色州監獄的血品銷往全球，包括加拿大、法國、伊朗、伊拉克、日本、英國、香港。

提墨斯的《捐贈關係》雖然震盪了血液產業，但血漿產業卻不為所動。一九七五年，加州外科醫師J．嘉羅特．艾倫（J. Garrott Allen）寫信給英國的血品製所（Blood Products Laboratory），詢問該公司是否知道美國的血漿「異常危險」，全都來自遊民巷的街友？不僅如此，美國的血漿恐怕還帶有新型肝炎病毒（即後來的C型肝炎病毒，早年稱之為「非A肝病毒」及「非B肝病毒」），好發於「社經地位低的血牛和獄囚」。由於賣血在某些社經地位的族群之間蔚為流行，因此，媒體開始以「賣血買醉」稱呼這股風潮。根據艾倫醫生的研究，獄囚和血牛的血品中，含有肝炎病毒的機率是一般人的十倍，[23]用藥、共用針頭、健康堪憂都是汙染血品的危險因子，但血漿產業依舊我行我素，不願放棄從囚犯和窮人身上榨取血漿。

為了取得第一手報導，記者紛紛深入遊民巷。一九七五年，英國時事調查節目《全球運轉》的記者走訪美國城市，訪問賣血漿的民眾。記者詢問舊金山的蓋瑞是否總是誠實告知採血機構自身的健康情況，蓋瑞回答「不會」，接著想了一下，又說：「哎唷，差不多都會老實說啦」，並對健康篩檢表示鄙夷，「我健康的很，好嗎？」另一位受訪民眾的回答更直白：「如果我吐了請別介意。」[24]

一九八〇年，買血在美國被視為有違道德，但是買血漿卻無所謂，美國的血漿將近七成是用買的。英國的血品製所不理會艾倫醫生的警告，血友病患也不願意棄用第八因子、回到動不動就住院的日子。第八因子讓血友病患可以像正常人一樣生活，這些血友病患對C型肝炎一無所知，也沒有人告訴他們愛滋病毒悄悄在世界各地流傳開來——因為這三個原因，血友病患對第八因子愛不釋手。

接受電視採訪後，朱利安・米勒接拍了一部紀錄片，[25]片頭是他在刮鬍子，這個畫面點出大多數人對血友病患的誤解——以為血友病患會因為剃傷而流血致死。此外，片中可見朱利安在美麗的威爾斯山谷散步，他美麗的老家就在附近，而他的步伐十分僵硬，這是血友病患的特徵，知情者一看便知，唯有長年疼痛者走起路來才會這個樣子。朱利安當時二十五歲，說起話來卻帶著長者的智慧，語氣沉穩到幾近蔑視，別人都以為他必定會怨天尤人，但他偏偏要雲淡風輕。他說：這間美麗山谷裡的美麗房子，是他遺世獨立的天地，他沒辦法工作，行動也不方便，大多數的希望都落了空——無法戀愛、無法結婚、無法生子。魯伯特受訪時被問到對哥哥朱利安有什麼願望？魯伯特回答：「交到跟他一樣出色的女友。」朱利安沒交過女友。事實上，魯伯特後來在回憶錄中寫道：血友病患通常不敢自慰，以免引發出血，「所以連滾床單都無望」。[26]

朱利安的母親也在片中露臉，她身穿蝴蝶結襯衫，咬字清晰，外表也十分安詳，但神情相當緊繃，不時還會咬嘴唇，顯示在這副公關面具底下另有隱情。她說自己很樂觀，還說兒子很堅強、很健康。「但願如此吧，」說著她頓了一下，「數據變來變去，上一秒一個樣，下一秒一個樣，所以也只能往好處想，希望他撐得住，希望他們找到辦法。」魯伯特・米勒將這支紀錄片上傳到YouTube頻道，並且在影片資訊中寫道：「我爸的片段都被剪掉了，因為他哭個不停。」

朱利安用一貫沉著的語氣說：「起初我們得到的資訊是兩成的愛滋病帶原者會發病，估計五位血友病患中有一位會發病，一旦發病，必死無疑。最近一位血友病學界的權威醫生公布最新數據：發病率提高到八成。」他笑了笑，說：「所以是每下愈況啦。」

這部三十五年前的紀錄片令我深深著迷，原因我也說不上來，朱利安都過世那麼久了。面對官商勾結、知法觸法、隱匿罪行，朱利安大有理由咆哮怒吼——或許正是他在鏡頭前的沉穩觸動了我。但私底下，他偶爾也會動怒。二〇一四年，魯伯特出版了《推銷員之生》（*Life of a Salesman*），記錄了他和朱利安的生活（朱利安曾經在麥肯傳播集團擔任廣告行銷，一直做到不能做為止），書中的朱利安總算流露出不沉著的那一面。有一回，朱利安痛到站不起來，坐著輪椅讓魯伯特推去參加婚禮，「其中一位婚禮招待和我們素昧平生，她把臉湊到朱利安面前，一字一字大聲說道：『需・要・幫・你・倒・一・杯・柳・丁・汁・嗎？』『不用！少在那邊自以為是！』朱利安吼道：『閃一邊去，去倒香檳過來。』」一九九一年，朱利安失智，愛滋病毒侵襲腦部，只剩幾個月可以活，開始「胡言亂語」，魯伯特在書中寫道：「我們圍坐在病床旁邊，他不時會突然坐起來，叫我們『閃一邊去』，說完又躺回去。」在這段來日無多的日子裡，朱利安收到一封信，信封上寫著「北威爾斯的朱利安」，寄件者是盧安達的護理師，說是在英國廣播公司國際頻道聽說了他的事。朱利安去世時只有五顆石頭重（約三十二公斤），葬禮時「用小小的棺材抬著。大的裝不滿」。

要是朱利安可以再多活五年，就能等到抗反轉錄病毒藥物問世。他生前或許施用過「基因重組」凝血因子，這種合成製劑發展於一九八〇年代，用來取代從血漿分離出的凝血因子，如今是治療血友病的標準製劑。如果朱利安再多活五年，壽命就會跟常人無異。我問魯伯特為什麼要寫《推銷員之生》？為什麼要談朱利安和他生前的一切？魯伯特的回答很單純：「我哥根本不該死的。」

加熱。只要加熱（還有誠實），所有不該死的就都不會死了。一九八三年，英國政府得知愛滋病毒汙染供血，血漿產業對此也知情。控訴製藥巨頭拜耳集團的血友病患發現一份備忘錄，上面記載拜耳集團旗下的卡特生技（Cutter Biological）經理於一九八三年承認「目前已有充分證據顯示：愛滋病毒透過血漿產品傳染」，同年稍晚，卡特生技的員工預測愛滋病將在血友病患之間「爆發大流行」。[27]

雖然一九八〇年代初期對新型肝炎既不了解也無從篩檢，但是，只要審慎篩選捐血人並加熱血品，便能防止肝炎和愛滋病毒傳播，但加熱處理的代價很高，因為凝血因子雖然不怕熱，但是遇熱活性會降低，因此需要從更多血漿中分離出凝血因子。此外，各大藥廠的庫存裡都還有未經加熱處理的凝血因子，必須找個地方消化掉才行。一九八四年，美國疾病管制中心在華盛頓召開會議，少數與會者獨排眾議，堅持銷毀所有未經加熱處理的血品，但多數與會者則持相反意見，認為銷毀與否應由各地醫事人員決定。[28]法官霍瑞斯・克雷沃（Horace Krever）針對美國血品汙染加拿大供血發表一份調查報告，其中一節的標題是〈撤銷血品的憾事〉（The Sorry Story of Blood Product Withdraws），[29]之所以說是憾事是因為這批血品並未撤銷。《柳葉刀》刊載了一篇醫學評論，內文雖然承認血品加熱處理的功效，但卻在結論處提醒讀者：「截至目前為止，血友病患大多是出血致死。」[30]

一九八〇年代中期，加熱處理成為標準血品製程，然而，某些藥廠卻持續出口未經加熱處理的庫存。卡特生技將這批庫存賣到台灣、馬來西亞、香港、阿根廷、日本、印尼，共計出口十萬多瓶未經加熱處理的凝血因子（明明與此同時卡特生技也生產加熱處理的血品），總共賺進四百多萬美元（約台幣一億二千萬）。針對旗下公司的做法，拜耳集團在接受《紐約時報》訪談時回應：卡特生技的作為「負責、道德、人道」。[31]

由於血友病患施用的凝血因子實在太多，辨別感染源難上加難。香港和台灣共計一百位血友病患因施用未經加熱的凝血因子而感染愛滋病毒。[32]此外，凱蘿・葛雷森（Carol Grayson）的丈夫彼得・隆斯達夫（Peter Longstaff）死於因施用汙染血漿而感染的愛滋病，凱蘿追蹤丈夫在新堡皇家醫院（Newcastle Royal Infirmary）施打的那袋凝血因子，發現感染源來自阿肯色州州立監獄（Arkansas State Penitentiary），[33]出自那些像小母牛的囚犯。

不只美國出口這種驚世駭俗的血品。兩伊戰爭（一九八〇—一九八八）期間，伊朗向法國購買凝血因子，導致三百名血友病患感染愛滋病毒。法國在兩伊戰爭保持中立，除了出口凝血因子給伊朗，也將各式血品賣給伊拉克，而且一賣就是好幾年，明知供血汙染照樣販售，導致兩百多名伊拉克血友病患感染愛滋病毒，其中最小的六個月、最大的十八歲。巴格達有一位父親因此沒了五個兒子，這位父親名叫哈立德・雅博爾（Khalid al-Jabor），他的兩個兒子因為海珊政權下令強制隔離而病死在醫院，四兒子則藏在家裡，最後病重不治。[34]

血友病患在英國被當成白老鼠……更準確的說，是被當成黑猩猩。一九八二年，奈爾・威樂在牛津血友病中心接受治療，該中心的血友病醫生亞瑟・伯倫（Arthur Bloom）教授寫了一封信，建議改用血友病患來試驗新的加熱血品，原本作為試驗動物的黑猩猩要價昂貴，伯倫教授認為用未曾接觸過匯集血品的血友病患作為受試者，一來可以提升品管，二來可以降低成本，[35]這群受試者稱為「PUP」，意思是「不曾接受過治療的患者」（previously untreated patients），其中以兒童居多。他們在不知情的情況下接受人體試驗，包括伯倫教授的病患科林・史密斯（Colin Smith），科林七歲時死於愛滋病，在生命的最後幾個月，父母必須隔著綿羊皮抱起他，因為科林一被碰到就痛。[36]後來才知道，安模的凝血製劑「因子凝」（Factorate）加熱處理製程較其他藥廠草率。一九八五年，安模獲知「因子凝」使用者感染愛滋病毒的案例，又拖了兩年才改善製程。[37]

抗議血液汙染的人士說，血友病患的命「不如黑猩猩值錢」，但也有人說血友病是富貴病，因為凝血因子十分昂貴。一九八五年，英國次長祁淦禮（Kenneth Clarke）對於英國加熱處理自製凝血因子表示懷疑，畢竟「只有血友病患喪命而已」，這份紀錄相當離奇，數個月後，英國衛生部財務組某位公務員回應：「維持血友病患的生命十分昂貴，天年不遂恐怕還能省下一大筆經費，用來篩檢捐血綽綽有餘。」[38]看來血友病患不僅比黑猩猩還划算，而且死了之後更加划算。

上述案例都是各項大型計畫花錢調查的結果。英國的《安齊報告》（*Archer Report*）總共一百一十四頁，花費十萬四千美元（約台幣三百一十二萬）；加拿大的《克雷沃報告》（*Krever Report*）費時四年，斥資一千一百五十萬美元（約台幣三億四千五百萬），厚達一千一百九十七頁；蘇格蘭的《彭羅斯報告》（*Penrose Report*）耗時六年，耗費一千六百萬美元（約台幣四億八千萬），終於在二〇一六年出爐，厚達一千八百一十一頁。美國死於愛滋病的血友病患共計四千多位，引發多場法庭爭訟和庭外和解，賠償金額高達數百萬美元，法國則有若干血品管理官員入獄，世界各地政府都祭出賠償辦法，只有英國政府特立獨行，拒絕賠償和道歉，真是令人噁心，而且還堅稱拿錢出來是出於「人道撫慰」，除了撥給因施打凝血因子而感染愛滋病毒的民眾，也用於輸血感染的案例。從今以後，血品供應和血漿產業賺飽收手，調查報告盡皆出爐，世風日漸純樸，血品汙染就此走入歷史。是這樣嗎？

二月的薩克屯（Saskatoon）沒有遊客，這座城市位於加拿大草原三省之一的薩克其萬省（Saskatchewan），地勢平坦，無從擋風、遮雪、避寒。就在我抵達的前一週，氣溫降到零下四十度，真是太令人興奮了！說不定我又可以把舌頭黏在路燈柱上，記得我十歲到薩克屯的時候黏過一次（但也可能是我記錯），又或許我可以騎騎看雪地摩托車。我在薩克其萬省待了十天，既沒有舔燈柱也沒有騎雪地摩托車，因為碰上了暖冬天氣：白天融雪、入夜結冰，每天早上起床，路面都結了一層薄冰，只有我這種瘋子才會在街上行走，雖然馬路灑了鹽止滑，但人行道可沒這種待遇。在薩克其萬省的日子，我不管去哪裡都步行，走過一條又一條街，血氣方剛、雙腳全濕，有一天走了一個多鐘頭，走過薄冰、走過融雪，路上的駕駛看了都搖頭，駛過時濺得我渾身泥濘，好不容易走到一棟米白色建築前，外觀低矮呆板，看上去整潔乾淨，停車場很大，建物卻毫無特色可言，看不出來是個把加拿大公共衛生體系鬧得天翻地覆的地方，也看不出來是催生新法的所在。

薩克屯得名自南薩克其萬河（South Saskatchewan River），當地原住民克里族稱之為「kisiskâciwanisîpiy」，意思是「湍急的河流」（我決定下次玩拼字遊戲要來拼這個字）。南薩克其萬河貫穿薩克屯，有錢人住在東半邊，其他人住在西半邊，旅遊平台TripAdvisor上的好心陌生人都誠心建議遊客不要住在西區，留在河流以東就好。除了南薩克其萬河之外，健康數據和貧窮指數也是東薩克屯和西薩克屯的分野。薩克屯的愛滋病帶原者和C肝帶原者冠居加拿大，薩克其萬省同樣也居高不下，而在當地的原住民保留區，居民感染愛滋病的機率比加拿大其他地區高出十一倍，直逼奈及利亞。[39]調查薩克屯健康差距的評估報告發現：西區六個低收入社區的居民，罹患C型肝炎的機率是高收入居民的三十三・六倍，其嬰兒不滿一歲就夭折的機率高出四・四八倍。這份調查報告由資深傳染病學家和薩克屯衛生局長合撰，在兩位作者看來，這樣的新生兒夭折率「高過波士尼亞等戰爭頻仍的國家」。[40]

那棟米白色建築位在南薩克其萬河以西，隸屬私營機構加拿大血漿庫（Canadian Plasma Resources），本身是一間診所，專門購買加拿大人的血漿，雖然外觀毫不起眼，但看在許多加拿大人的眼裡，這間診所道德淪喪、既邪惡又危險。加拿大公共衛生體系包含一套保障全民的醫療保險，根據加拿大衛生部的說法，這套全民醫保確保「加拿大居民不須自掏腰包便能就醫看診，必要時可住院治療」。加拿大人解釋這套體系給英國人聽的時候，大多會說「就像英國的全民健保」，並視之為照顧民眾福祉的公共體系，足以引以為傲，而加拿大血漿庫的成立則是腐敗的開始。

加拿大劇作家兼演員凱特・蘭特尼（Kat Lanteigne）住在多倫多，二〇一三年創作劇本《玷汙》（*Tainted*），講述加拿大血品汙染的醜聞，一共導致三萬人感染C型肝炎病毒（數據仍在持續變動），感染愛滋病毒者共計一千一百位，其中七百位是血友病患，四百位則是因為外傷、癌症、生產、開刀而輸血感染，[41]截至二〇一八年，共計八百人因此過世，包括蘭特尼的舅舅在內。在籌備舞台那一年，蘭特尼在路面電車的車身廣告上看到「私人血液診所」，她說：「當時可說是天時、地利、人和，我才剛走訪加拿大各地，完成為期三年的血液汙染危機調查報告，訪談對象包括逃過一劫的倖存者、血友病專科醫生、前紅十字會成員、照顧血友病患的護理師和家屬，我聯絡這些受訪者，告訴他們私人血液診所的廣告，並動員大家一起抵制，因為這類診所根本不應該存在。」

蘭特尼之所以信心滿滿、民眾之所以知道付費購買血品既危險又犯法，都得歸功於克雷沃法官。隨便找個加拿大人聊血品汙染醜聞，知情者都會提到克雷沃法官，而且語氣必恭必敬。一九九三年，法官克雷沃受邀主持一項調查，察訪加拿大民眾從血品中感染愛滋病毒的緣由，這份調查報告翔實而全面，而且殺傷力十足，小至採血、供血的個人和機構，大至加拿大的採血、供血體系，克雷沃法官都一一找碴。紅十字會原本是加拿大最大的採血機構，在血品汙染引發疑慮後，紅十字會仍然供應受汙血品，因此被踢出加拿大的血液事業。一九九八年，加拿大血液服務局（Canadian Blood Services）成立，由加拿大衛生部監督管理，負責供血給全加拿大。克雷沃法官的文字簡潔明瞭：加拿大不應該付費買血，也不應該付費買血漿，論安全，無償制勝過有償制；而這次血品汙染醜聞證明（以下文字並非出自克雷沃法官），無償制比有償制更加道德。據估計，此次血品汙染事件，最終將導致八千位加拿大人喪命。

此後二十年，加拿大（大致）遵照克雷沃法官的告誡行事，唯一的例外是曼尼托巴省（Manitoba），當地有一間小公司獲准買血漿，但使用上有所限制。加拿大血液服務局從不付費買血，賣血漿者必須越過美加邊境到美國找買家。加拿大血液事業的運作方式跟大多數工業化國家一樣：一來從全血捐贈中採集用於輸血的血漿，這類血漿的庫存相當充足，二來則購買美國的原料血漿和美國製的血漿製品。加拿大的人體免疫球蛋白製品中，共計七成源自美國的血品。[42]

不過，加拿大各省的醫療制度歸各省管理，各省如果想設立付費血漿診所，只要立法通過就可以。儘管克雷沃法官強力告誡不該買賣全血和血漿，但明文規定禁止販售血漿等人體製品的只有魁北克省，安大略省則沒有任何法規。加拿大雖然立法禁止販售精子、卵子、胚胎，各省法規也禁止販售人體器官，但就是沒有法規禁止賣血。縱使如此，一間沒沒無聞的公司，在安大略省首府多倫多開了兩間血漿買賣診所，依舊震驚加拿大社會。

這兩間診所的選址相當驚世駭俗。要做血漿買賣，地點一定要慎選，更何況加拿大國境之南就是全球最大的血漿王國。J．嘉羅特．艾倫四十年前就嚴詞譴責採集遊民的血漿，四十年後美國的血漿產業依然將診所開設在弱勢族群居住的窮人區。全球血漿蛋白製劑龍頭基立福在美國開設了一百五十間診所，其中十三間位於美墨邊界，四間位在德州邊境大城艾爾帕索（El Paso）。[43]知名流行病學家卡麥隆．A．馬仕達（Cameron A. Mustard）與人合著一篇論文，調查美國一九八〇年至一九九五年之間血漿診所的位址，結果發現赤貧區的原料血漿診所從七十七家成長至一百三十六家，而營利血漿診所開設在高風險地區的機率比一般預期高出五到八倍，明明「愛滋病毒和C型肝炎的流傳病學已經確立，用藥、傳染病與血液汙染之間的關聯也已經成立，這些診所依然在高風險地區營運」，實在令人詫異。如果翻譯成枯燥的學術語言，這樣的現象「牴觸傳染病學，種種證據顯示：在毒品交易頻繁的貧民區設立營利血漿診所、實行有償血漿捐贈，恐有危害供血系統之虞」。[44]社會學家凱瑟琳．J．艾丁（Kathryn J. Edin）與H．盧克．沙伊弗（H. Luke Shaefer）的著作《二美元過一天》（*$2.00 a Day*）描述美國當代的貧窮面，書中指出赤貧的美國人口與捐贈血漿的人口直線飆升，從二〇〇六年至二〇一六年，販賣血漿的人口成長了三倍，共計三千二百六十萬。[45]血漿蛋白製劑協會（Plasma Protein Therapeutics Association）的數據顯示，美國捐血漿的頻率越來越高，根據《二美元過一天》的部落格，「美國各地的血漿捐贈營利事業共計五百間，而且高度集中在貧民區，捐贈者極有可能是當地的赤貧人口。這五百間血漿捐贈機構中，經濟大衰退期間（二〇〇七－二〇〇九）成立的共計一百間，過去十年間成立的將近兩百間」。[46]由於血漿不含細胞，捐出去四十八小時之後人體便會補足，因此，美國食品藥物管理局允許美國民眾每週最多可賣兩次血漿，每次賣價三十至五十美元不等（約台幣九百元至一千五百元），[47]因此，營利血漿事業增加符合經濟利益。

美國允許國民賣血漿的頻率冠居全球。依據歐盟法規，民眾每年最多只能賣血漿二十四次，每次必須間隔兩週以上。[48]艾丁和沙伊弗則指出：「對於二美元過一天的低收入戶來說，賣血漿是家常便飯，甚至可視之為命脈。」[49]賣血漿可以增加收入，原本每天賺二美元的，賣血漿就變成三至四美元，這樣的收入成長速度堪比偶爾賣廢鐵或賣淫。營利產業拿賺錢出路不多的窮人來開源，這麼做究竟道不道德？長期下來窮人要付出哪些健康代價？這都是懸而未決的問題。新聞記者戴洛·勞倫佐·威靈頓（Darryl Lorenzo Wellington）下海當「賣漿者」（意即定時捐血漿），感到極度疲憊，曾經昏厥五個鐘頭。戴洛採訪了三十多位賣漿者，「超過半數承認常常會莫名感到刺痛、疼痛、雙腿無力、嚴重脫水，他們無家可歸，為了騙過體檢而說謊，並使出各種『伎倆』讓血液蛋白質達標。因為生活處境不佳，捐血漿讓他們吃盡苦頭，但『不捐血漿連飯都沒得吃』」。[50]

捐血漿時為了防止血液凝結會施打檸檬酸鈉，導致經常捐血漿者罹患低血鈣症的風險增加。此外，多項研究比較歐洲的捐血漿者與美國的賣漿者，結果發現美國的血漿蛋白含量較低，例如白蛋白和人體免疫球蛋白。[51]

加拿大看了美國的情況，擔心自家血漿企業的營運策略與美國相仿，而加拿大血漿庫則似乎已經從美國身上學了幾招。早先提議要開在多倫多的那兩間血漿買賣診所，一間選擇開在士巴丹拿道（Spadina Avenue），附近是成癮與心理健康中心和遊民收容所，另一間則開在收容街友的聖雅各主教座（Cathedral Church of St. James）旁邊。加拿大血漿庫的總裁巴贊·巴哈道斯（Barzin Bahardoust）表示：事後來看，當初選址選錯了。巴哈道斯是伊朗人，入籍加拿大，個性健談，可以滔滔不絕說上一個小時。事後來看，他說，「眼光實在是大有問題」。

而且在政治上也說不過去。蘭特尼等人四處遊說抗議，安大略省議會開了公聽會，安省護理學會（Registered Nurses' Association）的朵莉思·嘉蓮絲潘（Doris Grinspun）在委員面前發言：「血歸血，錢歸錢——至少護理師是這樣想的。」前衛生部副部長則說：私營血漿採集是腐敗的作為。民眾的反對聲浪並非基於付費血漿的安全疑慮，而是擔心私營血漿採集損害公營醫療體系——如果捐血漿可以賺錢，誰還願意免費捐血？血漿蛋白製劑協會對此的辯駁沒什麼說服力，發言人約書亞・彭羅德（Joshua Penrod）表示：「關於買血的疑慮無憑無據，我們買的又不是血。」彭羅德說：「就是這麼簡單。」[52]

血漿產業可沒那麼簡單，供血也沒那麼簡單。加拿大血液服務局局長葛萊漢・謝爾博士（Dr. Graham Sher）的發言讓列席委員明白這一點：加拿大的全血採量夠多，足以供應輸血用的新鮮冷凍血漿，但是，用於血漿蛋白製劑的血漿卻嚴重不足，加拿大血液服務局的血漿採量是二十萬公升，需求量卻是八十萬公升，[53]而且持續增長，原因尚不清楚，加拿大的人體免疫球蛋白用量高於大多數工業化國家，尤以靜脈注射免疫球蛋白用得最凶，「沒有人知道需求量從何而來，」蘭特尼說，「去年成長四％，今年成長七％。」倫敦大學衛生與熱帶醫學院研究員露西・雷諾茲（Lucy Reynolds）撰文揭發「齷齪的」全球血漿產業，認為加拿大人體免疫球蛋白用量增長源自於醫生開立適應症外用藥。[54]某份藥品貿易出版物提及人類血液「具有無敵療效」，並列舉可用靜脈注射免疫球蛋白治療的神經系統疾病，包括多發性硬化、神經病變性疼痛、慢性疲勞症候群、氣喘。[55]我讀到的資料估計靜脈注射免疫球蛋白能治療三百種症狀，光是能治療其中一種，就足以讓藥廠的財務部門數錢數到欣喜若狂，要是免疫球蛋白還能治療失智症，不知道會怎麼樣？失智症肇因於類澱粉蛋白堆積損害大腦，目前各項研究和試驗先後探討免疫球蛋白清除此類蛋白聚合物的可能性。二〇一三年，百特藥廠研發的靜脈注射免疫球蛋白「伽瑪衛」（Gammagard）測試無效，已停止用於治療阿茲海默症。[56]二〇一五年，加州沙特神經科學研究中心（Sutter Neuroscience Institute）使用第捌製藥研發的靜脈注射免疫球蛋白，據稱療效看好，[57]除了擔心戒慎恐懼之外，目前還沒有任何說嘴的理由。不過，如果血漿製品真的可以用來治療失智症，單單在美國就能創造七十二億美元的價值。

謝爾博士在安大略省議會的證詞出乎我意料之外，沒想到自願無償捐血制的血液服務局局長會說出這種話。謝爾博士並未譴責血漿買賣，這是各省、各地的自由。「數十年來的證據顯示：現今原料血漿的製劑十分安全，跟自願無償捐血制的回收血漿一樣安全。一九八〇年代是一九八〇年代，現在是現在。」在這件事情上，謝爾博士與血漿買賣企業的總裁有志一同，巴哈道斯認為：民眾群起抗議都要怪加拿大血漿庫，他的公司與加拿大衛生部協商了四年，才決定將血漿買賣診所進駐多倫多，可是加拿大血漿庫的公關卻沒有做好。巴哈道斯表示：「我們沒料到血漿買賣是這麼敏感的議題，結果公關沒做好、政府關係也沒打好，從頭到尾只跟加拿大衛生部的官僚打交道。事後來看，實在都是我們的錯。」

而且是昂貴的錯。安大略省議會通過《自願捐血法》（Voluntary Blood Donations Act），否決私營血漿買賣，命令兩間血漿買賣診所關門大吉，診所置之不理、繼續營運，警方立即前往關切。[58]加拿大血漿庫眼看在多倫多沒戲唱，便另外找個地方開張，雖說是不屈不撓，但估計在安大略省折損了好幾百萬元，終究是變窮了。加拿大血漿庫心目中理想的省政府，最好是由保守黨執政、支持自由市場，還要能對付害怕私營化的工會。他們選擇了薩克其萬省——加拿大公營醫療體系的濫觴。

帶我參觀加拿大血漿庫薩克屯診所的嚮導，是一位高大的帥哥，名字叫傑森，職稱是專案經理，並非出身學界，也沒有醫學背景，「算得上樣樣通、樣樣鬆」。他在薩克其萬省的卡加利市長大，出社會之後一直待在石油業，轉換跑道到血漿產業十分合適，得以發揮他經手高獲利液體的經驗。石油價格一下漲、一下跌，想抓住某個波段的行情來跟血漿比較十分困難。索妃雅・柴斯（Sophia Chase）用一九九八年的價格做例子，相當具有說服力：當年一桶原油是十三美元，一桶血液是兩萬美元。分離處理後的各種血品一桶大約六萬七千美元，而石油（包括石油衍生品在內）一桶四十二・五九美元。[59]「對，」傑森說，「這一行沒有什麼下跌行情。」

這些盤算都沒有出現在加拿大血漿庫的印刷品和網頁介紹上。這間公司的口號是「捐血漿一袋，救他人一命」，文案用的是「捐獻」、「餽贈」、「行善」等字眼，而非獲利、市場潛力，看起來跟自願捐血制沒有兩樣，直到讀到「捐贈補償」四個字，才曉得裡頭大有文章。這我們稍後再談，先說說參觀行程吧。傑森拿來一件白袍要我穿上，只是穿好看的，並非為了衛生起見，因為進去診所之前不用乾洗手、也不用戴網帽，捐贈者（或說是賣漿者）首先要通過身分檢查，證明自己住在方圓六十英里之內，避難所或可疑的旅館都不行。巴哈道斯告訴我：捐贈者最好住在當地，這樣才有可能常常來捐。永久地址是必填項目。傑森說公司會建檔，並盡量更新可疑住處的黑名單，至於居住地是否在方圓六十英里之內則使用Google來求證。

只要身分驗證無誤、填答項目正確，傑森口中的捐贈者（我筆下的賣漿者）便交由護理師進行篩檢，然後進入捐贈室，裡頭相當氣派，跟這棟診所一樣：又新、又白、又亮。但其實這裡一點也不新，當年多倫多的診所一關門，公司就把整間診所（包括採血床）搬到薩克屯來，另一間則在儲備中，準備搬到第二間診所的新據點——新伯倫瑞克省蒙克頓市。

捐贈室共有十六張採血床，每天到訪人數大約是三十五人——遠低於加拿大血漿庫的預期目標，巴哈道斯希望增加到每週到診一千人，這並非痴人說夢，儘管現在約診人數不多，但一直穩定成長。我問能不能採訪使用血漿分離機的捐贈者，傑森說當然可以——他真是隨和又好聊。我後來去拜訪的薩克屯捐血診所就不是這樣，光是拜託加拿大血液服務局的公關代表讓我去參觀，就拜託了三個星期，好不容易核准下來又一大堆規矩：「督導會帶妳參觀診所，過程中妳不得與任何人交談，如果需要照片，我們會寄給妳，如果需要評論，我們會寄給妳。」這位公關代表最後還來個神來一筆：「卡崔納會去接待妳，不是颶風卡崔娜的『娜』，而是接納的『納』，接待過程中她不會發表任何意見。」我抵達捐血診所，對著招牌拍了張照，整個人差點沒躲到一旁停靠的車子後面，就怕被他們看到，把我拖去血液服務局的監獄服刑，我只不過拍了一張照片啊。加拿大血漿庫就不是這樣。我參觀前一天才徵求巴哈道斯同意，參觀過程也沒有任何限制，傑森差不多是有問必答，如果不回答就代表他不知道。對加拿大血漿庫來說，公開、透明是好事，他們還記得之前的負面報導，希望媒體能替他們說點好話。後來聽加拿大血液服務局局長謝爾博士說，捐贈者都跑到加拿大血漿庫去了——嗯，或許他們需要跟加拿大血漿庫學一學怎麼跟記者打交道。

我第一位採訪的賣漿者是蓋兒．威悌（Gail Wittig），她一邊滑手機，一邊讓血漿分離機採血，機器利用旋轉分離出八十毫升的血漿，再將紅血球、白血球送回蓋兒體內。謝爾博士憂心的就是像蓋兒這樣的捐血人。蓋兒捐過四十次全血，現在則改捐血漿。以前紅十字會還在加拿大採血的時候，蓋兒就去做過血漿分離術。「後來發現了這裡，我心想，再來捐一次看看，後來就都改成來這邊了，實在沒辦法兩邊跑。」研究顯示：一旦自願捐血者拿了錢（無論是因為捐全血還是捐血漿），就很難再回頭了。某間德國公司轉為買血之後，不久就停止營運，但當地紅十字會捐血中心流失的捐血人，六個當中只有一個會再回到無償捐血制。[60]

蓋兒在實驗室工作，很清楚這些血漿會用於製藥。「他們那邊有個小展示區」，蓋兒指的是診所大廳的展示櫃，裡面擺著幾瓶藥罐，還有靜脈注射免疫球蛋白的小玻璃瓶。她來這裡不是為了錢，蓋兒說，而是因為捐血漿是好事，即便會被用來製成賺大錢的產品，但血漿確實可以助人。

第二位受訪的賣漿者原本也是捐血者，今年二十二歲，還是學生，上一次捐血是一年前，現在改賣血漿。為什麼？「呃，第一，可以賺錢。第二，血我之前捐過了，感覺很棒。再說，我目前還是學生。」我問他知不知道血漿捐來做什麼，他回答得不清不楚。「大概知道。就，製藥廠？我不知道。不太懂。」我想再（稍微）嚇嚇他。你知道這間診所有爭議嗎？不知道。我跟他提起克雷沃法官和血品汙染，本來以為傑森或診所護理師會過來打斷我，但他們沒有。我告訴他民眾憂心這間診所是腐敗的開始，他露出（令人愉快的）愁容，但或許只是不想失禮。「我回去絕對會好好研究。」而他也絕對會為了錢回來這裡。第一次捐血漿沒錢可拿，血漿會先送去檢疫和篩檢，七到十天後才會收到一張簽帳卡，裡面儲值了七十美元：包括第一次的四十五美元和第二次的二十五美元。如果三個月內捐五次，第五次可以拿到五十美元，第十次則是一百美元。

血漿可以儲存三年，我去參觀的時候，加拿大血漿庫還沒有任何市場，或許在我參觀之後還是好一陣子都找不到買家，一來不能賣給加拿大血液服務局（因為沒有簽約），二來加拿大沒有血漿分層設備。介紹手冊和廣告沒說的是：加拿大血漿庫的血漿全都儲存在最裡間的冰庫裡，負責看管的人叫做「吳辜」，診所大廳空瓶裡原本裝著的靜脈注射免疫球蛋白不是源自美國的血漿（其中八成五是加拿大的原料血漿），就是源自在海外進行血漿分層處理的加拿大血漿。[19]

許多歐洲國家也是這樣：民眾不支持賣血，但卻使用來自美國血牛的血液製劑。過去數十年來，英國人都使用外國血漿，因為一九八〇年代英國爆發新型庫賈氏病，其病原普立昂蛋白會經由血漿傳染，從而汙染血品。二〇〇二年，英國政府買下一間美國血漿公司，用以供應血漿蛋白製劑，由大英血漿庫（Plasma Resources UK）製造，如果庫存不足再向奧地利購買血漿。[62] 二〇一三年，英國悄悄將該公司賣給美國私募資金公司貝恩資本（Bain Capital），貝恩資本又轉賣給中國的企業集團從中圖利，[63] 害怕買血的英國民眾現在卻使用著中國監管、美國販售的血漿製品，大英血漿庫在網站上宣稱定時接受政府稽核，我寫信去問是誰在稽核？都已經私營化了呀？沒人給我答覆。

萊恩・梅里（Ryan Meili）在薩克屯當醫生，多年來都在貧民區的診所看診，我去拜訪時，他正在競選進入薩克其萬省議會，我們約在市中心一家咖啡廳碰面，我一眼就認出他來，因為薩克屯到處都是他的競選看板。他說話聲音很輕，一開口就侃侃而談，針對新開的血漿診所提出兩項擔憂。作為政治家，他憂心的是「捐贈」兩個字，「讓民眾以為這是一間慈善經營的非營利組織，所作所為關心的都是大眾的福祉，但實際上這是營利事業，將產品賣給藥廠去做研發」。另一項擔憂則是基於醫學考量。他說目前文獻「不足」，不確定經常捐血漿會對健康造成哪些長期影響，但是他診所裡的病人大多罹患糖尿病、C型肝炎、愛滋病，而且飲食不健康，有一餐沒一餐，「因此，未經深入調查，不應該再榨取他們身上的資源，這種事根本不應該發生」。我問他這兩項擔憂中，是醫學考量優先？還是道德考量優先？他的回答讓我當場就想把票投給他（可惜我不住在薩克屯），他說：「無論你想成為怎麼樣的醫生，行醫無異於從政。」

加拿大新民主黨衛生事務評論員戴偉思（Don Davies）也反對血漿診所，他的考量則是基於兩個「S」，一是「Science」（科學），二是「Safety」（安全）。「一旦引進利潤，就等於引進挑戰安全的競爭性價值觀。」只要讀過《克雷沃報告》就能了解這一點，該份報告指出：庫存是危險的概念，會讓人想削減成本。「血品安全第一，不容許任何競爭挑戰。」

而蘭特尼最擔憂的，則是加拿大血漿庫潛移默化血漿買賣，但她考量的並非血品安全，而是私營究竟安不安全，既然血漿診所不屬於加拿大公共衛生體系，如果出了事要追查源頭十分困難。「在加拿大血液服務局的診所捐血，可以享受全民醫保的保障，並受到全民醫保的護理師照顧，如果血液篩檢出了問題，馬上會接到血液服務局的護理師來電，然後立刻就醫，一切都很完善。」她告訴我一位畫家的故事：幾年前，某位畫家用一袋血作畫，「記者問他血從哪裡來？畫家開玩笑說是加拿大血液服務局，該局立刻炸鍋，不過一查就知道那袋血不是從局裡流出去的，庫存沒有任何短少」。蘭特尼認為，一旦血漿私營化，這套仔細周密的系統就會馬虎起來。加拿大血液服務局局長謝爾博士則持不同看法，他在接受《多倫多星報》（*Toronto Star*）採訪時表示：「我們反對買血是出於道德和理念，但不是出於安全考量，所以不要小題大作了。」[64]

一九八七年，蘇格蘭昔德蘭群島的安．休謨換了個男友，又懷孕了，電視上播放著愛滋病的新聞，想到這裡，又想起上次令人驚愕的大出血，弄得廚房一片血淋淋，安趕緊請血液科醫生幫忙驗自己有沒有愛滋病，「唉唷，醫生一聽就發瘋了，說我不可能從蘇格蘭的血品中感染病毒」。安做了篩檢，結果是陰性，但她只有篩檢愛滋病毒而已。「我繼續孕期，完全不曉得自己得了C型肝炎。我是在一九八二年感染的。」安把病歷寄給我，內容大多是蘇格蘭亞伯丁血液科醫生與昔德蘭島上醫生的通信紀錄，前幾頁是用打字機打的，後幾頁則是電腦文書處理，中間則夾雜著安手寫的便利貼。例如一九八二年八月十八日那封信，血液科醫生寫道：安的第八因子濃度「完全正常」。安在旁邊貼了一張便利貼，內容是：「那還開第八因子給我幹嘛？」

但日子照樣要過。安忙著照顧三個孩子，時常腰痠背痛、關節疼痛，她認為是操勞使然，不然就是因為自己老了。有一天，她到醫院做物理治療，在翻閱雜誌時發現了血友病協會，「我寫信給他們，他們寄來傳單和C型肝炎的資訊，讀完我跟我的男友說：我得的就是這個，這些症狀我全都有」。篩檢出來是陽性反應之後，她又收到一張傳單，告訴她八成C型肝炎病患會得到癌症。她男友說：這不能說出去。血友病協會也說：不要張揚。當時愛滋病猖獗，血液傳染疾病的帶原者被大大汙名化。「你生了病，卻不能說出去，就怕左鄰右舍都知道，走出去大家都對你指指點點。」有時候人家還不相信你說的話。安寄給我的通信紀錄中，有一封血液科醫生的信，信中說安年紀輕輕、拄著拐杖、聯想翩翩。嗯，聯想力和拄拐杖顯然息息相關。

安目前還沒得到癌症，但關節痛一直好不了，患有退化性關節炎，而且異常疲倦，只能勉強照顧三個孩子，上班則完全沒辦法。她換了另一位血液科醫生，新的醫生必須去追她的病歷，因為她的就診紀錄全部消失了。文件消失對抗議血液汙染的人士而言司空見慣。曾經擔任衛生部長的大衛．歐文勛爵（Lord David Owen）在調閱任內文件時，被告知因為「十年條款」的緣故，文件都用碎紙機作廢了。哪裡來的什麼十年條款？但文件沒了就是沒了。除了病例之外，安的血液科醫師還追查了其他紀錄，這位華生醫生寫信給亞伯丁暨蘇格蘭東北部輸血中心，對方回信再三向他擔保：安沒有使用該中心的血品（包括第八因子）。幾週後，蘇格蘭國家輸血服務血液製劑中心主任來信，說一九八〇年代初期的血友病醫生使用的是美國製的凝血因子。安給我的檔案中還有其他封信，信中寫著官方的健忘。安的其中一張便利貼寫道：「這罐第八因子的商標名稱一直找不到。」終於，安確診了——診斷結果是血小板凝血異常，此外，安開始服用新藥「亞封」（Arvon），體內的肝炎病毒量歸零，但她並非什麼症狀也沒有，因為關節疼痛，走起路來還是痛苦又累人，這不太能怪政府，要怪就怪第一位血液科醫生。「我想我唯一怪政府的地方，就是把這東西引進英國。就算害我生病的東西真的來自美國，我也不會曉得——我永遠不會曉得。我身上的C型肝炎病毒的基因型是1A，這一型在北美很常見，所以我才會覺得是從美國來的，但沒人告訴我真相。」

雖然也有血品汙染的受害者成功追蹤到感染源，但是傑森．艾文斯（Jason Evans）卻到處碰壁，他的父親名叫強納森，三十二歲死於愛滋病，傑森想取得父親的就醫紀錄，卻被告知紀錄消失了。傑森在接受英國廣播公司採訪時表示：「要不是遇到其他血品汙染相關人士，我大概會覺得消失就消失，沒什麼大不了，但每個人都異口同聲，」文件都憑空消失，「我想要不起疑都難。」傑森利用新出土的檔案資料，（在前人多次訴訟失敗後）提起新的訴訟。二〇一七年初，英國工黨議員安迪．柏南（Andy Burnham）在下議院發表卸任演說，提及血品汙染常被塑造成「悲劇」，其中隱含偶然和不測之意，但這實在是說得太輕巧了，柏南認為：血品汙染是「整個產業隻手遮天，掩蓋犯罪事實」。病歷遭竄改，頁面被撕毀。二〇一六年，英國保守黨議員彼得．包坦利（Peter Bottomley）參與在國會舉行的血品汙染辯論會，發言時提及他母親在輸血後接受愛滋病毒篩檢，他公開支持調查及透明化，對於血品汙染的受害者，他說「大家應該刻意敞開心胸擁抱他們，不只是當個張開雙臂的人類，而是要像八爪章魚那樣緊緊抱住他們，用他們能接受的方式滿足他們的所有需求」。[65]這些話聽在自覺被唾棄又被社會遺棄的人耳裡，真是難得的溫暖。這些人「只是血友病患」，英國血友病協會前會長大衛．沃特斯（David Watters）表示：「我們不是心臟，我們不是癌症。」[66]

亞伯達省（Alberta）是加拿大最晚立法禁止血液買賣的省分，就連買賣血漿也不行。但是，加拿大血漿庫不顧連月來的反對，依然在蒙克頓市開了第二間營利血漿診所。血漿蛋白製劑產業年成長率預估達一〇%，而且沒有任何衰退的跡象。

生物製劑能安全到什麼程度，血漿產品就能安全到什麼程度。血漿蛋白製劑協會表示：指控血漿產業專挑貧民下手根本毫無根據，該協會最近發出的新聞稿寫道：「捐贈者」（不是賣漿者喔）「值得我們感激和尊重，而非一概抹黑」，另一派的說法「對捐贈者不公平，對依賴血漿蛋白治療的罕病、遺傳病、慢性病患也不公平」。[67]或許，對於只有四家公司並由集團和壟斷企業把持的產業來說，懷疑其安全性也很不公平（除了血漿產業之外，美國的石油產業掌握在少數幾家企業手裡，瓶裝水產業也是）。病原體滅活技術廣博且繁雜，但人口增長、森林砍伐、氣候變遷卻讓人類和野生動物越靠越近，這是病毒所樂見的，病毒最喜歡在物種之間跳來跳去，目前又只有已知的病原體可以滅活。美國哈佛大學醫學院的喬納森・奎克（Jonathan Quick）及其他科學家認為：未來五十年還會爆發大流行，傳染途徑可能是空氣、食物或血液。自從一九七五年以來，共計發現二十五種新的病原體，既沒有疫苗也無法治癒。二〇一二年，中國團隊發現其血漿來源中，大半含有一九七四年發現的病原體——微小病毒Ｂ１９型。二〇一三年，原本只在禽類之間傳染的Ｈ７Ｎ９流感病毒，也開始在中國傳出人類感染案例，嚴重者甚至死亡。中國是血漿產業第二大國，排名緊追在美國之後。究竟多安全才叫安全呢？《柳葉刀：血液病學》（*Lancet Haematology*）向以筆調平實著稱，近來針對「龐大的血漿產業」發表評論，文中指出以利誘「促使捐贈者在接受醫學檢查時說謊，並損害少數捐贈者的健康，而業者匯集數十萬血源進行血品加工，恐怕會成為嚴重的安全隱患」。[68]對於未知的攻擊，我們就算想防也防不了。

英國首相保證會好好追究這起血品汙染醜聞（但最初政府卻派衛生部自己去調查），大家雖然懷抱希望，但是期待不高。英國並未定期篩檢C型肝炎病毒，死亡人數因而難以評估，倫敦某間醫院做了前導研究，發現死亡率比預期高出三倍。英國帶原愛滋病的血友病患總計一千五百位，目前存活的只有兩百五十位。二〇一七年七月宣布重啟調查之後，離世的血品汙染受害者共計六十二位。崔落爾學院爆發血品汙染時共計八十九位男童就讀，其中七十二位已經不在人世。我明白血友病患為什麼自稱是「閉嘴去死」團，因為只要拖得夠久（有些政府真的就這樣跟你耗），人就都死光了，當然也就沒人抱怨了。我在YouTube上觀看布魯斯・諾瓦（Bruce Norval）的短片，他是蘇格蘭的血友病患，帶原C型肝炎病毒，同時是直言不諱的社運人士。影片是他在戶外自拍的，畫面中他靠著水泥柱，聲音透露著疲倦，我想他是真的需要靠著水泥柱，不只是為了影片效果。他聽起來很倦怠，語氣淡淡的，但是帶著一股力量。他說：「我這輩子都洗不掉身上的羞恥，竟然出生在放任這種罪行一犯再犯的國家。」他認為英國當局敷衍拖延，當時明明知道凝血因子不安全，卻讓血友病患在不知情的情況下施用受汙染的凝血因子。只要再過十六年，當年的感染者就都死絕了，不是死於C型肝炎，就是死於愛滋病併發症，有些是因為受汙染的血漿蛋白製劑，有些則是因為他口中的「汙血」，剩下的加減乘除算一下就知道。但是他們還沒死光，他們還是想知道：明明應該很安全又能救命的，怎麼變成要了他們的命？所以，「為了最後這一點點，」布魯斯用那平淡到令人不安的語氣說道，「我們要大聲咆哮。」

Chapter 6

第六章

經血禁忌：餿掉的醬菜

Rotting Pickles

在尼泊爾西部的佳木，月經是穢物，行經的女孩容易招厄，因此人見人怕、能躲則躲。行經期間不准進家門、不准吃白米飯以外的東西、不准碰其他人，如果碰了男子，那人就會渾身顫抖、反胃生病，如果吃到奶油、喝到牛奶，那牛就會生病擠不出奶，如果進到寺廟、膜拜神明，神明就會震怒降災、派蛇咬人作為報復。

菈妲（Radha）的晚餐七點會送過來。她在草棚後面蹲下來，這裡離家裡有一段距離，她只能等待。菜色她都會背了：前天是白米飯，昨天是白米飯，今天也是白米飯，而送飯來的肯定是妹妹，手舉得高高的，把飯扔到盤子裡，像餵狗那樣。

在尼泊爾西部的佳木（Jamu），菈妲的地位低人一等，她出身鍛工階級，屬於賤民。每次月經來潮，她的地位又再低一階，雖然才十六歲，但行經期間不准進家門、不准吃東西（白米飯除外）、不准碰其他女性，就連奶奶、妹妹都不行，一碰就髒。如果碰了男子（或男童），那人就會渾身顫抖、反胃生病，如果吃到奶油、喝到牛奶，那牛就會生病擠不出奶。如果進到寺廟、膜拜神明，神明就會震怒降災、派蛇咬人作為報復。但菈妲可以上學，很多女生卻連上學都不准。

在菈妲的村子裡，月經是穢物，行經的女孩容易招厄，因此人見人怕、能躲則躲。

晚餐後，菈妲準備就寢。佳木這裡沒有電，黃昏後天黑得很快，村民日出而作、日落而息，維持著古老的生活節奏。菈妲的父母都不在，佳木當地的男人大多到外地工作去了，尼泊爾很多地方都人口外流，有些女性（例如菈妲的母親）也到外地討生活。在印度，尼泊爾人是稱職的保全；在波斯灣，尼泊爾人是建築工人，而且常常是在體育場或從鷹架上摔死的建築工人。菈妲跟奶奶、妹妹同住，一屋子都是女生，屋裡有太陽能照明燈，對面人家裡也有，我就住在菈妲對面，同行的還有兩位旅伴，一位是安妮塔（Anita），她是尼泊爾水援組織（WaterAid Nepal）通訊暨性平官，另一位是攝影師帛璐美（Poulomi），接待我們的女主人是佳木當地的老師，看起來人很好。

菈妲這星期用不到太陽能照明燈，因為她要在外面過夜。她帶我走過「大馬路」，上頭鋪著大大小小的石頭，這就算是路了，只適合摩托車、行人、蛇通行。我們爬上陡峭的山丘，穿過高高的草叢，來到一間矮小的棚屋，看起來像給牲口住的，但比牲欄更窄小、更簡陋，牆板搭建得很隨便，房頂也沒鋪好，菈妲必須睡在這裡，因為她月經來了。

用當地的話來說，菈妲是「chau」了，這個字源自尼泊爾遠西省（Sudurpashchim Pradesh）阿查姆地區（Achham）拉烏特族語，意思是「月經」，後來引申指「月經來的低賤女子」，英文的「taboo」也是同樣的詞義引申，最初源自玻里尼西亞語的「tapua」（月經）或「tabu」（隔離），後來引申指「禁忌」，而隔離生理期女子就叫做「chaupadi」（padi意指「女子」），[1]「棚屋」則是「goth」，不管叫「chaupadi goth」還是「月經女屋」，菈妲都討厭，「我被逼著在這裡過夜。爸媽不讓我住家裡。我不喜歡這裡，很黑，沒有燈，冬天很冷，我很害怕」。

菈妲冬天睡在這間有牆板的矮小棚屋裡，裡頭低矮到只能用爬的，夏天則睡泥土地，底下是一百二十公分見方的平台，四面通風，上頭蓋著一片茅草屋頂。月經女屋裡連一個人睡都嫌窄，今晚卻要睡三個人。菈妲的親戚嘉穆娜（Jamuna）月經也來了，她把一歲的兒子帶來跟菈妲一起睡。菈妲很感謝嘉穆娜來作伴，這樣或許可以幫忙擋一擋醉漢，醉漢如果想要逞獸欲，忘記經期女性碰不得的禁忌就可以了，再方便不過，女人家也不敢說什麼，怕玷汙了自己的名聲。可是，月經女屋裡的強暴事件層出不窮，遙遠的加德滿都報紙上偶爾會報導，當地女性被問起都會低下頭或別開視線，除了強暴之外，被蛇攻擊或被蛇咬死的事件也時有所聞（我才在佳木待了三天，就看到三條蛇，而且是大蛇）。二〇一六年十二月初，十五歲的洛希妮．迪魯瓦（Roshani Tiruwa）在月經女屋裡點火取暖，結果窒息身亡。[2]二〇一七年夏天，尼泊爾西部代萊克區（Dailekh）的杜菈曦．夏伊（Tulasi Shahi）經期間住在叔叔的牛棚裡，結果被蛇咬死。[3]

菈妲家族的月經女屋有時會睡四到五位女性，簡直多到難以想像，要睡在其他地方也是可以，但都比不上家裡安全又溫暖。越深入尼泊爾高原，我越難相信自己的眼睛：一位十四歲少女帶我去看她準備如何過夜，先是在家門外的土地上搭起蚊帳，把蚊帳的四個角綁在木樁上，一躺進去鼻尖就快頂到帳頂，就這樣睡在泥土和玉米殼上，用垃圾做床。她月經才來第三次，就已經學會認命。不然怎麼辦呢？

佳木地處偏遠。我們從加德滿都搭乘佛陀航空，兩個小時之後降落在尼泊爾根傑（Nepalgunj），航程期間一名老婦人要求開窗，說是要吐痰，然後——謝天謝地，窗戶打不開——一路吐到目的地，對著袋子「卡……呸」，吐得不亦樂乎，看得我兩眼發直，聽得我心驚膽顫。出了尼泊爾根傑的機場，我們開了四個小時的車，一路上坑坑洞洞，只有幾段（心血來潮）鋪了柏油，安妮塔不時要下車搬大石頭搭橋，好讓我們的吉普車駛過意料之外的洪流。最後，我們連同行李一起被丟包在河邊，電子產品全用塑膠製品包起來，確定安全無虞之後才涉水過河，這裡雖然水深及股，卻是唯一通往佳木的路。我們來到尼泊爾的中西部，但不是在喜馬拉雅山一帶，四周並非嶙峋陡峭的山嶽，而是蓊鬱蒼翠的山丘，這裡是我到過最美麗的地方，但我卻是來探訪最醜惡的事件。

根據二〇一〇年官方調查報告：尼泊爾西部的婦女，五八％必須在生理期間住月經女屋，[4]由於佳木位在尼泊爾中西部的山丘，因此官方判定當地婦女遭受嚴重歧視（住棚舍、獨食）的比率低於一〇％，[5]我也以為佳木民風開化，畢竟地勢比較低、交流比較容易，平等、解放的觀念比較容易進來（但要用走的，開車到不了），婦女不該因生理機制被流放到無法供暖的棚舍。因此，我很擔心（這種挖新聞的心態真該死）月經女屋已經成為歷史。

又渡了三條河，再步行一個鐘頭，我們抵達納西村（Narci），還要再過幾座村莊才會到達佳木。我們經過的第一間房子外頭就有月經女屋，第二間房子外頭也有，沿途的每一間房子外頭都有，要不是二〇一〇年的調查人員不喜歡渡河，就是當地居民沒說實話。有些月經女屋裡頭擺放著私人用品，例如一把梳子（插在茅草屋頂上）、一瓶紅色指甲油，有些擺放著教科書，女孩（在學校跟男生平安共處，沒害人生病、沒釀成災禍）放學回來可以讀書。經期隔離的種種限制雖然嚴格，上學一事倒是可以通融。納西村的牛棚、穀倉都很整潔，還晾著玉米殼，準備冬天做飼料，地上也掃得很乾淨，月經女屋卻沒人整理，因為太小了，想掃也沒辦法掃。

一群女人聚在一起就是要聊天，其中一位村婦問：坐在哪裡好？我們走向正屋前那排台階，走上去就是一樓，村婦見狀阻止我們：「我不行。我第五天。」

我們改坐在屋前的空地上，全都是女的，三個外地來的拿著筆記本問東問西，村民很有耐心地坐著，好心好意要回答問題。一位村婦手持鐮刀，名叫楠妲卡菈（Nandakala），正好月經來，她同意其他村婦說的——經期就是要隔離，如果月經來了卻不守禁忌，壞事就會降臨：牛上樹，男人發抖、生病，蛇循著罪孽而來。另一位村婦聽了很激動，說：「對，真的。一條大蛇跑到我家來了。大家都看到了。」另一位村婦則說：「如果碰了東西，我自己會生病，所以隔離就隔離，有什麼難的呢？」經期隔離可以保大家平安，一起圍坐的村婦中，沒有半個人抗議。「這是傳統，」她們異口同聲，「我們上一輩這麼做，上上一輩也這麼做，所以我們也照著做。」我問如果有人說經期隔離是不對的，她們會怎麼回答？會承認自己支持經期隔離嗎？「我們會老實回答。會把剛剛跟妳說的話再說一遍。」

楠妲卡菈帶我們到一百公尺外的月經女屋拍照，在這裡她說話坦率多了。她不擔心被強暴。

男人都到印度或杜拜工作了，哪來的強暴犯呢？她跟帛璐美說：「我當然討厭月經女屋。」冬天很冷，夏天很熱，限制那麼多，令人透不過氣，真不公平。「為什麼神要處罰我們？為什麼女人活該要受罰？但我們又能怎麼辦？」

到了下一座村莊，我們在一戶人家過夜，窗外是湍急的貝里河（Bheri River），湛藍而不羈。村裡房舍簇集，九成屋外都有月經女屋，其中一間月經女屋裡擺著一副杯碗，到訪的女客才剛剛離開，依照習俗在月經女屋裡住了六天，過火淨身後才進家門，這位住了六天的女客是一位未婚少女，已婚婦女不需要住滿五天或六天，只需要住三天即可。接待我們的女主人說：「我不相信這一套，但我婆婆深信不疑。」

經期隔離並非父權社會套在受難婦女身上的邪惡枷鎖，而是女人自己為難自己，從奶奶、婆婆到媽媽，一代一代承襲下來。楠妲卡菈私底下膽子很大，之前隨丈夫到孟買住了六年，期間並未遵守月經隔離的禁忌，丈夫因此生病，眼睛痛、膝蓋痛、全身抖。「都是我害的，」楠妲卡菈說，「這禁忌雖然不對，但該守的還是要守。」現在她每個月都到月經女屋報到。

接著到了下一座村莊，一位月經來的女學生跟我們交談，我們之所以知道她月經來，是因為她不肯靠近我們。女學生說：「我不准進家門、不准碰水、不准碰男人。」但家事還是得做，買東西也還是她去跑腿。「我必須跟店家說我月經來，店家就用丟的把東西丟給我。」有時候不用說，只要表現出不肯從店家手中接過東西的樣子，店家就懂了。她在學校碰過男同學，但什麼事也沒發生。「月經當然很髒，」女學生說，她坐在月經女屋裡，手邊擺著課本，但這書裡怎麼就沒教她月經一點也不髒呢？「月經是穢物。」

二十一公升，或許多一點，或許少一些，這大約是我過去三十五年來的經血量。[6]在寫這本書之前，我從來沒計算過自己流了多少經血。何必算呢？月信這種事，用不著慶祝，用不著計算，用不著強調，我也用不著用這麼文言的字眼，但我喜歡「月信」（menses）這種抒情的講法：按月而至、如潮有信。其他醫學名詞，例如：子宮（Uterus，噁，有夠難聽）、陰道（Vagina，更難聽）、生理期（Menstruation，聽起來像疾病），初經（Menarche）？子宮內膜（endometrium）？到底在說什麼東西？至於委婉說法則隨處可見。身為《廁所之書》的作者，我精通各種婉轉表達法，每種語言都有這含蓄的一面。關於女性對經期的稱呼和感受，並未留下太多日記等文字紀錄，不過，歷史學家莎菈．瑞德（Sara Read）研究近代英格蘭（一五四〇—一七一四）的月經史，從中蒐集到一些月經的別稱，包括：月客、經行、入月、那個、例假、姅變、月事、月華、天癸。[7]所謂委婉說法，意思是「用吉利的說法取代不祥的字眼」，相反詞是褻瀆，例如將非洲南部的「風暴角」（Cape of Storms）改名為「好望角」（Cape of Good Hope），希望可以趨吉避凶，但此地風暴頻頻依舊，或許是出於這種一廂情願，「停經」有個不痛不癢的別名，叫做「更年期」，光看名字，根本看不出更年期熱潮紅的痛苦和絕望，也看不出憂鬱、腦霧、性欲低下等症狀。又或許，含蓄的表達法是想將婦女的健康議題堵在難以啟齒的陰暗角落，永不見天日。

有一回在印度，我朋友莎賓娜（Sabrina）一直說什麼「好朋友」（Chumming），聽得我一頭霧水，原來「好朋友」是印度對月經的別稱。根據女性生理週期應用程式「Clue」與國際婦女衛生聯盟（International Women's Health Coalition）聯合調查，「月經」至少有五千多種別稱，包括：小紅

（這說法讓我對《小紅帽》有了不同的看法）、夏娃的天譴、鯊魚週、畫家來訪、大姨媽，還有無敵好用的「來了」。歐洲北部則從水果中尋找靈感，瑞典叫「越橘週」，德國叫「草莓週」，法國據說叫「番茄醬週」，真是令人大失所望，我原本以為法國至少會叫個「○○汁」之類的，感覺還美味一點。你可能想為這些別稱背後的創意鼓掌叫好，但這些別稱提供了語言鷹架，讓人對月經遮遮掩掩、羞於啟齒。[8]

有些事別人根本不想聽我告解。二十年前，我在巴黎一間印度餐廳用餐，結果月經外漏到絲絨坐墊上，害我到現在回想起來都還是很想死。還有，每次手邊沒有生理用品時，我都用衛生紙墊著應付過去。還有一次同學月經來，我們都不敢跟她說她的經血已經沾到淺藍色的夏季制服了（抱歉啦，莎莉）。經血紅豔得觸目驚心，卻是不能說的祕密。

經血只有一半是血。每個月，我和二十億婦女一起排出血水，同時也排出子宮內膜的上皮和固有層，以及陰道和子宮頸黏液。經血大半是子宮內膜，厚實而豐饒，是胚胎著床之處。根據一九六六年青春期教育影片的說法：子宮內膜讓子宮「柔軟而舒適」。月經的形成過程看似簡單，但仔細想一想卻沒什麼道理。依據演化原則：凡付出代價則必得好處，可是，月經耗損三十至五十毫升的血液和組織，換得的卻是經痛、水腫、憂鬱等經前症候群，說好的好處呢？其他動物根本不來月經，子宮內膜留著就好，何必剝落？人類等哺乳類動物是少數會來月經的物種，其他則包括猩猩、狹鼻猴、象鼩，另外還有四種蝙蝠也會來月經，其中一種是吸血蝠，拉丁學名叫做「Desmodus rotundus」，[9]「Des」是「三分之二」，「modus」是「路」，「rotundus」是「圓」，「Desmodus rotundus」就是「三分之二圈」的意思。

解釋月經的理論有很多，有一說是子宮排毒——排出性交後精子遺留下來的毒素，但這種說法有個問題：個體的淫亂程度和排出的經血量不成正比，比方說，猴子交配的次數跟兔子不相上下（雌兔是交媾後才增生子宮內膜，此法我認為相當可取），但猴子和猩猩的經血量卻比女生還少。又或許對於人體來說，每個月排出子宮內膜比較省事，像其他物種那樣留著做什麼呢。

衝突理論則是比較縝密又有趣的解釋。我們的子宮內膜之所以那麼豐厚，是因為胚胎會侵略並掠奪母體，根據此說，人類是少數會形成「母胎衝突」（maternal-fetal conflict）的物種。[10]其他動物的胚胎和胎盤只附著在子宮內膜表面，相較之下，人類的胚胎顯得貪婪無厭，先是附著在子宮內膜上，接著連同胎盤一起鑽入子宮內膜、撕開動脈壁，讓母親的血液供應給成長中的胚胎。「胎兒會分泌荷爾蒙來操縱母親，」生物學家蘇珊．薩德丹（Suzanne Sadedin）寫道，「舉個例子，胎兒會讓母親的血糖升高、動脈擴張、血壓提高，藉以獲取更多營養。」[11]同時，性健康研究者戴雅妮．路易（Dyani Lewis）指出，胎兒會抑制母親對胰島素的反應，確保「入住的那九個月，大塊大塊的糖餡餅會源源不絕送往胎盤」。[12]人類的胎盤屬於血性絨毛膜型，因而造成母親與胎兒爭奪資源，胎兒為了存活，有多少資源就吸收多少。

懷孕的過程勞心勞力（我自己是沒懷過，光用讀的就累了），因此，子宮會對胚胎挑三揀四，只賦予極少數胚胎榨乾母體的資格，三到六成的胚胎會遭到退貨，連同子宮內膜一起排出體外。生物學家蘇珊．薩德丹表示：「你可能讀過子宮內膜環境舒適宜人，將稚嫩的胚胎擁入滋養的懷抱，但事實恰好相反。研究人員（保佑他們那愛問東問西的小小心靈）將胚胎植入老鼠體內各處，結果發現最難生長的地方就是子宮內膜。」生物學家蒂娜．艾瑪拉（Deena Emera）、羅伯托．羅梅羅（Roberto Romero）、根特．華格納（Günter Wagner）指出：這是「母體基因組與胚胎基因組之間的演化拉鋸戰」，這場戰役與病毒和宿主之間的互動極為類似。母胎衝突論並未得到一致認同，研究胎盤在演化史的作用相當困難，因為胎盤比骨頭更難形成化石（或者說根本不會形成化石），不過，只要是侵略性著床、子宮內膜會自發蛻膜的物種，都有月經。

母胎衝突論極具說服力，但讀了不太舒服。然而不安也好、噁心也罷，只要多讀關於月經的文獻，就會習慣不安與噁心的感覺。

一九四〇年，人類學家M・F・艾希禮・蒙塔古（M. F. Ashley-Montagu）寫道：「經期分泌物大抵臭不可聞，凡接觸者盡皆汙穢，是以，經期女子身體不潔、臭氣熏天。」[13] 描述經期（或說是「臭氣熏天的經期分泌物」）始於老普林尼（Pliny the Elder），這位古羅馬作家本名蓋烏斯・普林尼・塞坤杜斯（Gaius Plinius Secundus），以著作《自然史》（*Natural History*）聞名，這套三十七冊的百科大全相當獵奇，儘管如此，就連老普林尼也承認「經期分泌物」最能「創造種種神奇功效」，[14] 還說女性是唯一有月經的「生物」。他弄錯了。他弄錯的事情可多了。

老普林尼寫道：經期女子一靠近，大自然就會畏縮屈從，「一經觸摸，種子無法結果、根苗枯萎、花園乾枯，坐在果樹下，果實就掉落」。經期女子的目光也令人畏懼，只要被她看一眼，「鏡面黯淡、鋼刃頑鈍、象牙無光」，蜜蜂死，銅鐵鏽，而且她只要赤身裸體，就能嚇跑雹暴和閃電，就算月經沒來，只要她一絲不掛出海，就能平息風暴，簡直太好用了！農夫一定樂得使喚月經來潮的太太，因為「女人只要月經來時光著身子巡麥田，毛毛蟲、寄生蟲、甲蟲等害蟲，就會從麥穗上掉下來」。[15]

但願老普林尼說得沒錯，這樣一來可以省去不少除蟲的時間。某一版《自然史》的編輯在這段月經的描述下方加了腳注，表明老普林尼的說法「毫無根據」，但這些文字卻是建立在流傳數百年的觀念上，前人認為經期女子擁有法力，從而建構出後人對月經的看法，並顯示老普林尼筆下的神力大多被認為是巫術，想必是因為月經很擾人吧？怎麼女人流血就不會死，男人血流一流就死了？珍妮絲・狄朗尼（Janice Delaney）、瑪麗・珍・盧普頓（Mary Jane Lupton）、愛蜜麗・托特（Emily Toth）合著《夏娃的天譴》（*The Curse*）提到：在耕地墾荒之前，先民認為經血好處多多，月經循環往復，一如日升月落、潮來潮往，神奇非凡，值得敬畏。「膜拜並安撫大地之母，她流血的豐饒賜與〔先民〕現世安好。」[16]自從男耕女織、歲月靜好、無需神力護體之後，經血就劣化了，經期女子成了忌諱，需要隔離起來，以免莊稼毀壞。

等到《舊約》成書，月經之惡深植人心，已經可用於類比，例如〈以賽亞書〉要求信徒揚棄罪孽深重的金偶像、銀偶像，一如揚棄沾滿經血的布；〈利未記〉的作者更直接，談完痲瘋病患者的潔淨條例後，緊接著談遺精和月經：「女人行經，必汙穢七天；凡摸她的，必不潔淨到晚上。」[17]〈利未記〉的作者很公平，男人遺精也同樣不潔淨，因此，男女都得淨身七天，第八天取兩隻斑鳩或是兩隻雛鴿獻祭（依我對男生的了解，他們在斑鳩上的花費應該比女生還囚）。〈利未記〉認為遺精和月經同樣不潔的觀點與亞里斯多德的看法相左，後者認為遺精比月經高尚多了。

十三世紀時，西班牙拉比拿瑪尼德斯（Nahmanides）審判經期女子，認為其有所不足：「她行過的塵土皆不潔，一如為遺骸所玷汙的塵土。」[18]多數宗教認為：經期女子不得接近上帝、不得接近聖典、不得接近聖地，並強調要淨身，其中佛教最為寬容，但日本佛教要求信女淨身十一天，生過孩子則可以少一天。

對於令人生畏的經血，各民族的反應都不同，其中又以巴布亞紐幾內亞的沃吉歐族最有創意，沃吉歐島（Wogeo）是人類學家伊恩．霍格賓（Ian Hogbin）筆下的《月經男人之島》（*The Island of Menstruating Men*，一九七〇），書裡提到經血能殺人（被經期女子碰到就會死），但經血也能淨化人，男性因而發揮創意，用螃蟹和陰莖來學女人行經。首先，霍格賓寫道：男性抓蟹取螯，白天靜心禁食，直到日落。傍晚時：

來到無人的海邊，用棕櫚葉鞘蓋在頭上，褪衣，下水，走到水深及膝處，分開雙腿站定，意淫或手淫，直到勃起。

接著，用蟹螯劈向陰莖，直到出血，等到「海水不再緋紅」（讀到這裡，我不禁好奇沃吉歐島民的血量），才返回岸上，行經女子和偽行經男子都必須淨身，但女子必須足不出戶，如果要解手，則「必須從地洞或牆洞出去」。[19]

究竟月經男人之島是羨慕月經或懼怕月經，目前尚不可知，但人類學家援引其他部落作為經期女子受到尊敬與善待的例子，比方說，在加州北部的尤洛克印地安部落，經期女子因為「月事」可以休息十天，不用做家務也不用擔責。[20]興都庫什山的卡拉什族婦女，行經期間可以退居到崇高的「峇舍籬」（bashali），大家一起作伴、玩樂、相擁入夢，根據文獻記載，經血代表豐饒與神力，經期婦女因而備受珍視，[21]並享受這段休息時光（誰會不享受呢？）。我在尼泊爾期間，聽說有些少女喜歡跟朋友待在月經女屋，大家一起玩手遊（因為窮人也有手機）、一起過夜，縱使夜裡很冷，還有男人或野獸會來騷擾。

女性經期結束後喜歡淨身，喜歡不用下廚，也喜歡不用行房，但我對淨身儀式心存懷疑。如果汙穢是踰越界線的事物，淨身就是劃定界線，而虛構的汙穢就是劃界的武器。印度賤民之所以只能做骯髒的工作（製革、移屍、掃廁所），是因為賤民被認定很髒。校園裡對弱勢孩童最要命的嘲笑，就是說他們髒、說他們臭、說他們不如人，「你很臭」三個字是學生時代最傷人的羞辱。薇吉妮雅．史密斯（Virginia Smith）在《清潔》（*Clean*）一書中寫道：清潔與不潔根本是虛構的現象，「從理性的角度來看非常怪異，淨身儀式與汙穢法則無關乎肉眼可辨的清潔與不潔，而關乎階級的劃定」。[22]例如碰了某樣東西，儘管手不髒，人卻髒了；又如沐浴在滿是糞便的恆河裡，人髒了，但卻淨身了。瑪麗．道格拉斯說：想了解清潔的標準，必須先問清楚哪些人被排除在清潔的標準之外，「凡人都有把清潔當成武器的欲望，這是清潔的普世通則」。[23]

二〇〇五年，尼泊爾最高法院判定月經隔離違法，但卻沒有提出相應機制將違者移送法辦，[24]因此，月經隔離盛行依舊，月經女屋放眼皆是，近來令西方媒體為之著迷。不過，西方媒體似乎不感興趣的是——尼泊爾的月經禁忌非但沒有根絕，反而還訂為國定假日大肆慶祝。

凌晨三點，加德滿都。尼泊爾水援組織的安妮塔來接我和帛璐美，我們住在加德滿都山丘上的旅館，我有點起床氣，加上要跑新聞很緊張，因此心浮氣躁。這天是「七聖初五節」（Rishi Panchami）的第一天，七聖初五節是為期三天的年度盛典，根據印度常見節日表，七聖初五節是「狂歡慶祝的日子」，[25]這節日的背後有個故事：從前從前，有個婆羅門名叫梧譚（Uttank），娶一妻，名叫素希菈（Sushila），生一女，一家三口住在村中。一晚，女兒身上爬滿螞蟻，梧譚與素希菈趕緊向村裡的祭司求助，此事雖然蹊蹺，緣由卻顯而易見：一切都是女兒孽障重，逢月事還入廚房，只要孽障消除，螞蟻就會散去。另一個版本的結局則更加歡樂：女兒投胎轉世，降生為妓，以消業障。為了歡慶七聖初五節，尼泊爾政府讓全國職業婦女放假一天，但這並非是為了要表彰婦女工作辛勞，而是為了讓婦女透過淨身儀式來滌淨違反月經禁忌的罪孽（初經前及停經後的婦女則無須淨身）。某個印度網站上說：女性很享受淨身儀式，「深信能藉此滌淨有意或無意造成的罪孽」，網站的小編還很雞婆地補上一句：「往昔婦女行經時，不得入家門，亦不得入廚房」，這讓我忍不住好奇他——我猜這小編一定是男的——是活在外太空還是活在洞穴裡，或是活在往昔？

我們動身前往帕蘇帕堤納寺（Pashupatinath Temple），這是加德滿都最壯麗的濕婆神廟，雖然在曚曚亮的曙色中顯不出其秀麗，但吸引我們前來的不是廟宇建築，而是數以千計前來朝拜的婦女，她們捱捱擠擠排著隊，雙手搭肩，前胸貼著後背，距離近到西方人難以接受，宛如一英里長的擁抱。她們前一天晚上十一點就來排隊，等著進廟朝拜，但隊伍中不見怒氣或無奈，氣氛反而像在過節或參加演唱會，空氣裡洋溢著興奮，大家七嘴八舌、精心打扮，紅色紗麗配上閃亮金飾，像是要去玩的樣子。我拜託安妮塔跟隊伍裡的婦女聊一聊七聖初五節背後的傳說，等著聽她們回答「我只是來玩的」、「我不曉得這個節日背後的故事」——我真是傲慢得可恥。安妮塔攀談的婦女都曉得七聖初五節的意義，她們堅定的信仰是來自清晰的思想，而非盲目崇信。「我們可能不小心碰觸到男生，」她們說，「我們的祖先這麼做，我們也跟著這麼做。這是傳統。」隊伍附近有幾位女警在維持秩序，其中一位女警說：「沒錯，我們是現代女性，」她倚著摩托車，清晨天氣冷，手裡握著一杯熱茶，武器塞在後口袋，但七聖初五節還是要過，「今天要值勤，不能參加淨身儀式，明年要加倍淨身才行。」

朝拜結束後，接著就是淨身儀式，規矩相當嚴格：要找一條河，下水，用聖枝洗刷身體三百六十五次，接著把牛糞抹在頭上，再用牛尿和牛奶沖洗。儘管理論上是這樣，但帕蘇帕堤納寺附近的河岸卻空無一人。安妮塔說：因為太多廢水排入聖河裡，現在沒有人來這裡淨身了。她打電話請教母親，接著帶我們往對岸的下游走，這裡的河水看起來比較乾淨（或許只是看起來而已），我們看到五位婦人，身上只穿著紅色襯裙，肩並著肩蹲在圓木上，面向河流，豔麗的珠寶映襯著灰濛濛的暮色和河水。淨身儀式還沒開始，她們作勢要我們坐下來觀賞，順便幫忙趕猴子。河岸遠處的男子急忙跳起了健身操，雖然並未受邀同坐，但他們從頭跳到尾，視野極好。

領頭的是吉妲．夏瑪（Gita Sharma），五十五歲，但看起來像七十歲。她罵那些年輕婦女：「不是這樣子，妳們要好好學。」其中一位在學的是慕娜．達爾（Muna Dhal），二十二歲，來自尼泊爾東部，她一邊使用「月經罪孽消除組」（包括各種囊袋、藥水、粉末），一邊耐心回答我們各種奇奇怪怪的問題。「因為我們可能在經期間造了孽，而且還不自知。」為什麼說是造孽？「因為人家說是造孽。」安妮塔，幫我問她，說是不是因為女生很髒的關係。「對，雖然現在比較乾淨一點，但還是要淨身。」

五位婦人都沒刷滿三百六十五下，那太耗時間了，她們選了個吉數代替三百六十五，並用合適的樹枝來洗刷陰部、雙腳、膝蓋、肚臍、手肘、心口、腋窩、頭髮、牙齒，一邊洗一邊聊一邊笑，無視遠處跳著健身操的偷窺狂，只管守住女性的矜持。淨身的儀禮宛如優雅的特技表演，看得我目瞪口呆，一直看到她們把牛糞抹在頭髮上，再用牛尿澆頭。安妮塔問吉妲是否真的相信自己造了孽，吉妲用不屑的語氣奚落道：「這樣說吧，如果我沒造孽，就用不著在這裡做這些了，不是嗎？」

七聖初五節惹怒眾多受過教育的尼泊爾婦女，她們氣的不是民眾迷信，而是政府竟然將七聖初五節訂為法定假日，這無異於宣布婦女既骯髒又招厄，為什麼不找個節日歌頌婦女就好？尼泊爾公衛運動的女鬥士私底下告訴我：就連她們的男同事（包括抗議月經禁忌的非政府組織）都認為沒必要反對月經隔離或七聖初五節，因為這是傳統。再說，尼泊爾的公共衛生大獲改善，儘管二〇一五年遭逢強震侵襲，但各單位依然不屈不撓，祭出各項政策、做出各種保證，廢除七聖初五節又是另一場硬仗，明天再說、明年再說，再等等吧。只要七聖初五節還存在，婦女就會高高興興、漂漂亮亮前來，在無法淨身的河水裡，洗滌不曾犯下的罪孽，消弭只有神祇看得見的汙點。

在佳木的第二天，菈妲帶我們到九十分鐘路程外的塔托帕尼鄉（Tatopani），這裡有九十五戶人家，也是菈妲上學的地方。「塔托帕尼」是尼泊爾語，意思是「溫泉」，另外還有「冷泉鄉」位在山谷下。從佳木到塔托帕尼鄉，一路上月經女屋越來越少，起初家家戶戶的院子裡都有，後來變得越來越罕見，原因在於塔托帕尼鄉發起「縮減月經女屋運動」，如今開始收效，我們抵達鄉公所時，裡頭聚集著關切月經隔離的人士，有些是「水資源暨衛生計畫」的委員，有些是保健人員，另外還有兩名年輕男子——這倒是稀罕的景象，畢竟離家到外地工作才有前途，一碧萬頃的稻田、氣象萬千的森林、汩汩奔流的河流都不會付你薪水。

情緒最高昂的是兩名年輕男子，他們舉家從阿查姆地區搬到這裡來。阿查姆地區是月經禁忌最根深柢固的地方，但卻誕生了第一座不用遵守月經禁忌的村莊，此外也產生了第一位在家過夜的經期婦女——是某位部長的太太，一九九八年起的頭。鄉民說：在古時候，月經隔離或許還有些道理：女人家月經失血、身體虛弱，隔離幾天正好休息，飯菜可以交給家人去燒，家事可以交給男人去做。現在不一樣。男人都到外地去了，女人家也得工作，月經隔離帶來的剝削與損失大於從前。

其中一名年輕男子叫喀比・喇佶・摩羯（Kabi Raj Majhi），個性直爽，是水資源暨衛生計畫的委員，他說：「女人家被隔離在家門外，卻要做所有的苦差事。」尼泊爾水健康組織（NEWAH）來到塔托帕尼鄉，這個非政府組織是世界水援組織在尼泊爾的合作夥伴，他們打算在塔托帕尼鄉蓋貯水池，並藉此扭轉陋習。喀比回憶道：「水健康組織的人說，應該要讓女人家使用貯水池，就算月經來也能用。」女子在經期時應該要跟眾人隔離開來沐浴，我們在佳木就目睹過一位月經來的女孩在水坑裡洗澡。「傳統密醫反對讓女人家月經來也能用貯水池，水健康組織的人說，好喔，那你自己用一個貯水池。」那位密醫馬上屈從。

一位坐在角落的老人家說：「以前女人家要隔離七天，現在是五天，我都沒意見，但五天就五天，不能再少。」老人家認為經期隔離有其必要，是因為尼泊爾內戰鬧出的事，期間共一萬三千人喪命、一千三百人失蹤。[26]尼泊爾的西部是毛共叛軍的天下，老人家斬釘截鐵道：「毛共打到我們這裡來的時候都沒有遵守月經隔離，讓女人家待在家裡，結果毛共都戰死了。」

其他人大聲嚷嚷，蓋過了老人家的聲音，但問題不在老人家身上，也不在傳統密醫身上。「我們可以勸他們改變觀念」，麻丹・庫嘜・摩羯（Madan Kumar Majhi）說，他是喀比的堂弟，也是「縮減月經女屋運動」的委員，他認為：「女人家才是最大的障礙。」尤其是婆婆、媽媽最為難纏。其中一位保健人員說，每次自己假裝月經來，她婆婆就開始打顫、發抖、裝病，「一副身體很不舒服、好像鬼來了的樣子，但如果我真的月經來的時候碰她一下，她卻什麼事也沒有」。她哈哈大笑，但該遵守的月經禁忌還是得遵守。

改變來得很慢，而且每次只能改變一點點。「有時候，」喀比說，「我們只能讓女人家獲准睡在牆內。我們還在說服大家空一間房間出來做月經隔離，這個辦法雖然不是十全十美，但總之先試試看再說。月經小屋裡沒有電，這會影響女孩子的學習。」就算是獲准上學的女孩子，放學後也沒辦法溫書，月經小屋裡沒有燈，又冷。以前更慘，女孩子連書都沒辦法讀，書象徵知識女神，不容玷汙。

從鄉公所出來，我走了一小段路到菈妲的學校，跟一群女孩子圍坐對談，她們特地到學校來找我聊天，儘管當天政府罷工、學校關閉。尼泊爾的政府很脆弱，任何政黨都有辦法發動全國罷工，這種事常常上演。但這群女孩子一點也不脆弱，她們聰明又好強，還說月經隔離很丟臉。「我們知道妳們不用，」十七歲的帕碧翠（Pabitra）說，「先進國家不用月經隔離。」但是，這十來個女生當中，只有四個不用睡在月經女屋裡。「根本莫名其妙」，安珈娜（Anjana）說，她母親是保健人員，兩年前回家後宣布以後再也不去住月經女屋了。「女人家生產時流更多血，但卻可以待在家裡。女神也是女的，不是嗎？女神也會流血，但卻可以待在廟裡。為什麼我們就不行？」這個中道理安珈娜再清楚不過。「因為缺乏教育，大家以為月經隔離行之有年，就覺得這是千真萬確、不得反抗的道理。」安珈娜說學校健康教育課教過月經，「老師說月經隔離不是好事。」

月經隔離強而有力，同時也是很偏激的做法，許多國家不用月經女屋，照樣也能實施月經禁忌。

可瑚希（Khushi）以為是癌症。安奇妲（Ankita）以為自己受傷。大家都以為自己生病了，沒人知道自己為什麼流血、為什麼「肚子在疼」（在印度大家都是這麼說的），為什麼會這樣流血流得驚天動地。她們哭了、嚇壞了、想知道原因：她們跑去問媽媽。媽媽沒有答案。她們跑去問姊姊、問阿姨，最後，終於有人告訴她們：妳月經來了。妳是女人了。

我在印度北方邦的學校運動場跟可瑚希、安奇妲碰面。當時我正在參加橫跨印度的「Great WASH Yatra」，之所以說「Great」（大），是因為這場遊行的野心很大，總長一千二百四十三英里、共計跨越五個邦，「WASH」則是這場遊行的野心所在，「WA」代表「Water」（水），「S」代表「Sanitation」（公共衛生），「H」代表「Hygiene」（個人衛生），合稱「WASH」（水資源暨衛生計畫），而這場遊行的目的，則是傳播與水資源和衛生相關知識。「Yatra」是印度文，意思是遊行、朝聖、旅行。

這場「WASH大遊行」在每個邦都設了據點：中央是大舞台，周圍是十來個攤位，每個攤位都準備了遊戲或娛樂活動，用以宣傳個人衛生、勤洗手、使用馬桶。某天早上我起得特別早，走出宿舍房間，看到五、六位警察很認真在玩「便便棋」，玩的人要蒙著眼睛閃過大便去拿肥皂。這些攤位天天大排長龍，大男生、小男孩都來玩，但是，有個角落的攤位很不一樣，那是一座金紅相間的帳篷，門口掛著一塊牌子，寫著「男賓止步」，這裡是「MHM Lab」，是諮詢月經的地方，「M」代表「Menstrual」（月經），「H」代表「衛生」（Hygiene），「M」代表「管理」，「MHM」就是「月經衛生管理」，是非政府組織對於月經相關事務的簡稱。二〇一二年，我和「WASH大遊行」在印度漫遊，這座諮詢月經的帳篷是創舉中的創舉，當時我已經習慣避談糞便（現在大家的尺度比較大一點），但月經衛生呢？簡直是乏人問津，還不如聊糞便管理比較有人愛聽。

因此，「MHM Lab」的主辦單位以為沒有人會來，沒想到帳篷外面天天人潮爆滿，就連宗教節日也不例外，婦女、少女都來排隊，說話尖酸的會說這些人只是來領贈品，只要來就送布衛生棉，不僅可以重複使用，現場還有手作教學。印度婦女買不起市售衛生棉，大多都拿皺成一團的布（例如舊紗麗）來墊，布衛生棉是極佳的折衷辦法，因此吸引眾多女性前來。此外現場還有串珠活動，用紅珠子和黃珠子來串手鍊，紅色串六顆、黃色串二十二顆，總共二十八顆，象徵二十八天的月經週期。我拿到的手鍊是男生串的，他真該進帳篷裡諮詢一下，竟然讓我每個月流血二十二天、休息六天。但男生不能進帳篷。我掀開掛著「男賓止步」的門簾，只見「MHM Lab」團隊正在發送極為珍貴的女性用品——月經資訊，讓婦女、少女前來了解經期、了解身體、了解自己，她們是為了資訊前來，而非為了串珠手鍊而來。

「WASH大遊行」總共調查了七百四十七位婦女和少女，因為母親和祖母閉口不提月經，因此七成受訪者在初經之前對月經一無所知。[27]我在遊行的據點認識了十四歲的妮蘭（Neelam），妮蘭的母親罹患乳癌（妮蘭的原話是「胸部爛掉」），不久就過世了，妮蘭第一次月經來的時候還以為自己得了癌症，因為沒人在她身旁告訴她：月經是月經、癌症是癌症。此外，「MHM Lab」團隊發現前來諮詢的女性中，四分之一覺得經血很髒，這種看法相當普遍。伊朗水援組織所做的調查發現：近半數伊朗女性認為月經是疾病。[28]阿富汗及少數猶太文化會賞初經少女一巴掌，或許是作為懲罰（將經血視為落紅），或許是作為勸阻（免得少女春心蕩漾，一個勁地想嘗禁果，挨個巴掌冷靜一下，才不會馬上找男生上床）。[29]

根據「WASH大遊行」調查，九成九的女性都說月經來的時候多多少少會受到限制。可瑚希、安奇妲跟我聊到月經時也這麼說，當時我們在印度北方邦的學校運動場：「月經來不能碰醬菜，否則醬菜會餿掉。」這個觀念在印度相當盛行，寶僑（P&G）旗下的衛生棉品牌「好自在」因此推出「碰醬菜」企劃，鼓勵女生衝破限制、粉碎禁忌，順便買一包好自在衛生棉。我還在想經血要怎麼毀壞泡在酸汁裡的東西，這時可瑚希又補了一句：「我月經來也不塗指甲油，因為指甲油會餿掉。」

別以為她蠢笨，也別覺得她無知，可瑚希後來帶我參觀校園，沿途跟我抱怨老師教得不夠好，害她都學不到東西。出了街上，我們走在可怕的沙塵暴裡，可瑚希指著空中說：「我們北方邦就是這樣，什麼汙染都有：空氣汙染、水汙染。」還有女人汙染。像可瑚希這樣一見難忘的迷人少女，竟然覺得自己跟北方邦的汙染一樣髒，這都是大人教出來的。

凱瑟琳．多蘭博士（Dr. Catherine Dolan）寫道：發展中國家的研究「將初潮描繪成一連串的煩惱，過程中充滿了茫然、恐懼、苦惱」。[30]然而，月事來必須躲躲藏藏的觀念不只是深植在發展中國家少女的心裡。對月事感到羞恥無關乎貧窮，對月事感到尷尬也無關乎教育。前陣子我遇到一位少女，她母親從來沒有告訴過她月經是怎麼一回事，因為母親擔心女兒越早知道，月經就會來得越早。但問題是，這位少女的母親在學術界工作，是一位中產階級博士。

醜化與緘默不分年代也不分地區。一九六〇年代初期，美國太空總署（NASA）想知道女性能不能勝任太空人的工作，比起男性，女性體型嬌小且輕盈，很適合待在狹窄的太空艙。然而，一九六四年的報告點出兩個問題：一是子宮，二是荷爾蒙，「一個是身心都不穩定的人類，一個是精密的機器」，這兩個怎麼也配不起來。[31]時序來到一九八三年，美國太空總署對女性生理的理解遠比不上太空飛行的進展。莎莉．萊德（Sally Ride）是美國第一位上太空的女性，她在準備為期一週的太空任務時，被問到要準備多少衛生棉條才夠，而且是科學家問的。答案是一百條嗎？她說不是，數字不對。[32]如今，美國太空總署雇用了瓦莎．傑英（Dr. Varsha Jain）博士，這位女性擁有在科學界無人能出其右的名片，上面寫著「太空站婦科醫生」。[33]無論上太空也好、在地球上也好，希望美國太空總署現在知道女性需要多少衛生棉條了。（話說回來，女太空人通常會選擇延遲月經。換作是你也會吧？）

「月經禁忌」聽起來就像是非政府組織的議題，對吧？此外還有「醜化」、「月經衛生」、「月經」。我們身為天之驕女，有馬桶、有隱私、有強大的女性衛生用品產業，加上文化、教育、進步的因素，我們還被保護得好好的，不用擔心禁忌和醜化，可以大大方方把「生理期」、「夏娃的天譴」掛在嘴上，還可以使喚男朋友去買女性衛生用品。我們是進步女性，完全不受月經影響（嗎？）。

美國蒙大拿州的冰河國家公園（Glacier National Park），山勢巍峨，河水碧綠，針葉林蓊鬱蒼翠，雄偉而壯麗，絕對是都市小孩做夢也想不到的景色。當時是一九六七年的仲夏，公園裡到處都是來露營的遊客。冰河國家公園境內有荒野，有荒野就會有熊，因此，如果人類想和灰熊和平共處，有些規定和建議必須遵守，包括保持營地清潔、食物請加蓋或密封、食物請勿置於地上、吸睛物品請收妥、夜晚請宿於帳篷內、遇到熊請爬樹、請努力別讓月經來。

一九六七年八月某日晚間，冰河國家公園相隔二十英里處發生灰熊攻擊事件，兩名少女因此喪命，這是一九一〇年公園開放以來唯二的灰熊襲人事件，過程心驚膽跳，蜜雪兒・昆思（Michele Koons）和茱莉・海格森（Julie Helgeson）的黑白照看起來青春有活力，而且不乏神似之處，但她們不是親戚，彼此大概也不認識，只因為死因相同，而且被（誤以為）遭受攻擊的原因也一樣，因此後人總是將她們相提並論。

蜜雪兒和四位年輕人紮營在鱒魚湖附近，茱莉和羅伊・杜卡（Roy Ducat）正在前往花崗石公園木屋（Granite Park Chalet）的路上，他們都曉得灰熊的事，畢竟很多旅客到冰河國家公園就是為了灰熊而來。傑克・歐爾森（Jack Olsen）的著作《灰熊之夜》（*Night of the Grizzlies*）記載了這兩起攻擊事件，公園員工承認當時默默助長灰熊觀光，很多不該有垃圾的地方都有垃圾，這些都是灰熊會靠近的地方，[34]因此，灰熊看到垃圾就想到食物，想到食物就想到人類——只不知是想到人類有食物，還是想到人類可以當成食物。

蜜雪兒的夥伴聽到熊來了，立刻逃出睡袋、及時爬上高處，但蜜雪兒的睡袋拉不開，因此命喪熊掌之下。而在花崗石公園木屋那一頭，灰熊來得又急又猛，杜卡雖然被打殘，但至少逃離了熊掌，茱莉則被灰熊往山下拖，曝屍將近兩個鐘頭，搜救隊和全副武裝的公園管理員才趕到，花崗石公園木屋裡雖然有三名醫生，但茱莉重傷不治，死狀淒慘，兩條腿還被熊啃了幾口。

蜜雪兒和茱莉並非因為慘死所以廣為人知，而是因為她們引起了揮之不去的迷思——經血的異味會吸引熊類等野生動物，因此，月經來時待在野外會死人。美國國家公園管理局的初步報告寫道：「鱒魚湖的女孩適逢月事，花崗石公園木屋的受害者則顯然自覺月事將至。」[35]（管理局的人應該有在這份報告的某處費心提及這兩位女孩的全名吧？）蜜雪兒死時墊著衛生棉，她的同伴雖然也月經來，但「用的是衛生棉條類的置入式生理用品，經血並未接觸到空氣，推測應該沒有異味」。那頭灰熊當時也曾接近衛生棉條女孩，但卻沒對她下手，除此之外，美國國家公園管理局收到「好幾封來信」，寄件者都是月經來時遭受野獸攻擊的女性，因此結論呼之欲出：月經來（加上使用衛生棉）「似乎是攻擊事件的起因」。[36]茱莉則被發現背包裡有兩條衛生棉條，顯然是覺得自己月經快來了，而且灰熊大概也聞出來了。但真正吸引灰熊的應該是人類製造的垃圾和廚餘，不是非置入式的衛生棉吧。同一年夏天，殺死蜜雪兒的那頭灰熊傳出好幾起騷擾登山客事件。一九八一年，美國國家森林局和美國國家公園管理局出版的手冊《熊出沒注意》建議遊客不要從事「人類性行為」、保持乾淨清潔、不要擦香水，「女性生理期間應避開熊出沒區域」。[37]

學者對這個觀點認真看待，認真到還做了研究。一九七七年，美國蒙大拿大學野生動物學程（Wildlife Biology Program）的布魯斯．顧盛（Bruce Cushing）讓四隻北極熊嗅聞經血的氣味，這四隻熊是在加拿大曼尼托巴省的邱吉爾北極熊實驗室（Churchill Bear Laboratory）借的，此外還借了一架電扇。[38]他找來四位女性「被動地」坐在熊舍前方，有的正值月經，有的經期已過，此外，他在木樁上分別放置沾滿經血的衛生棉條、沾滿靜脈血的衛生棉條、馬糞、海鮮、雞、海豹的氣味，接著讓北極熊嗅聞。實驗結果發現：北極熊喜歡海豹的氣味，排斥人血，但對經血很感興趣，並嚼食衛生棉條。顧盛慎重下了結論：「本研究支持經血氣味可作為熊類引誘劑的說法（至少引誘北極熊是可行的）。然而，本研究結果不該被過度解讀為經血氣味會導致熊類攻擊人類，這是兩回事。」

北極熊是受到經血的氣味吸引嗎？還是其中的費洛蒙？還是特定的化學物質？後續有一項研究得出更有力的結論，研究者使用了我近年來讀過最歡樂的研究方法，值得掌聲鼓勵——為了確定黑熊會受到經血吸引，研究人員將用過的衛生棉條勾在釣魚線上，把釣魚線甩過黑熊的鼻子再拉回來。其研究假設是黑熊會對衛生棉條感興趣，同時也會對其他對照組的物品感興趣（例如垃圾），換作是我也會感興趣，想想看：我正在專心做自己的事，忽然一條釣魚線勾著衛生棉條從我的鼻尖晃過，誰會不感興趣呢？此外，研究人員還讓親人的熊跟經期女性相處，總共做了六回的實驗，每回都用不同的黑熊、不同的經期女性、不同的衛生棉條，就這樣實驗了好幾年，終於得出結論：「不分年齡、性別、發情狀態，黑熊都並未對經血表現出明顯興趣。」

一九八八年，林業專家凱洛琳．博德（Caroline Byrd）被禁止在荒野工作，原因出在一頭亂翻狩獵營地的熊，美國國家森林局把錯怪在經期女性身上。「幾天後，」博德在其碩士論文〈熊與女性〉寫道，「我們團隊（三女一男）收到通知：由於近來熊類侵擾，女性適逢月經期間不得進入荒野工作。」儘管其論文是以冷靜著稱的打字機字型排版，卻仍然掩不住這段文字底下的怒氣。後來這項政策遭到廢除，但經血招致危險的信念卻盤旋不去、沒完沒了、越傳越遠。

匈牙利小兒科醫生貝拉．錫克（Béla Schick）於一九一〇至一九一一年期間發明了錫克試驗（Schick test），用以判斷受試者是否對白喉有免疫力，造福後世，由衷感激。但錫克醫生也深信：經期女性會導致花朵枯萎，此一頓悟來自某次他授意女傭將紅玫瑰養在水裡，沒想到隔天早上紅玫瑰蔫了，他大吃一驚，把女傭找來問，女傭承認自己月經來潮。錫克醫生進一步實驗，送花給經期女性，結果花朵都迅速枯萎，後續錫克醫生擴大實驗，找來數名女性一起揉麵團，其中一位正值月事，結果經期女性揉製的麵團比其他人的少膨脹了二二%。[39]錫克醫生因此得出結論：經期女性不僅排出經血和子宮內膜，同時還釋放強效化學物質，對植物和細菌造成劣質影響，並稱之為「月經毒素」（menotoxin），這正好與過時的迷信和禁忌不謀而合，支持了老普林尼及其他（多半出自男性）繪聲繪影的論述，經期女子果然具有腐朽萬物的超能力，並能用近期某位電視編劇所稱的「邪惡月經」[40]來消滅鼠輩。

月經毒素不僅概念上吸引人，也是巧妙的汙名化實例，衍生出豐碩的學術研究成果。一九四〇年，人類學家M・F・艾希禮・蒙塔古寫了〈月經的生理機制與月經禁忌的起源〉（Physiology and the Origins of Menstrual Prohibitions），文中梳理了近代關於月經毒素的研究，參考文獻長到令人惴惴不安，其中大多來自德國。男性科學家顯然花了大把的時間、力氣、金錢研究「經期女性揉的麵團為什麼膨脹不起來」這個要命的問題。有些科學家則換個花樣，為白老鼠注射「月經血清」（天曉得這是什麼東西）。這些研究的理論各式各樣，有的說女性分泌膽鹼，有的說是膽鹼轉化成三甲胺，有的說是羥膽固醇或細胞分裂促進線。一九七四年，《柳葉刀》的讀者投書出現了針對月經毒素的辯論。[41]現代的到來也擋不住關於月經的胡言亂語：近來一位著名的日本壽司師傅宣稱：女性應該打消成為壽司師傅的念頭，因為經血會讓魚肉腐敗。[42]

二〇〇二年，科羅拉多州的心理學家招收六十五位學生進行研究，共計三十二位女性、三十三位男性。首先，一位自稱是學生的女士帶他們到一間房間，請他們填問卷之後便離開，離開前顯然故意「面無表情」掉了一條衛生棉條或一根髮夾，目的在於測試學生感到厭惡的程度。依照厭惡理論，衛生棉條和髮夾都會令人不悅，一來因為髮飾讓人聯想到斷裂的頭髮，而頭髮上可能帶有病菌，令人作嘔；二來著名的噁心學家保羅・羅津（Paul Rozin）發現：衛生棉條會讓心中的厭惡警鈴大作，其研究團隊請男性受試者和女性受試者將衛生棉條其中一端放進嘴巴，那是完全沒有用過的衛生棉條，並在受試者面前拆封，結果六九%的受試者拒絕照做，三%則連碰衛生棉條都不願意。[43]

科羅拉多州心理學家的研究結果十分出色：比起弄掉髮夾的對照組，看見那位女士弄掉衛生棉條的受試者認為她「較不稱職、較不討喜」，並且在「心理上和生理上」迴避她，厭惡程度大過「同樣女性化但較不『引人反感的』髮夾」，此項結果不論男性和女性都一樣。一九八一年，衛生棉條品牌「衛紗」（Tampax）調查一千位美國人，其中半數認為經期間不該從事性行為。[44]二〇一七年，幫助貧困婦女的非政府機構「行動救援組織」（ActionAid）調查發現：半數英國婦女無法與男性（包括父親）自在談論月事。[45]水援組織的調查則發現：四二％的經期婦女去洗手間時會將衛生用品藏好不讓同事看見，另有五六％的婦女不會在經期間下水游泳，將近八〇％的婦女在經期間調整生活作息，因月事而有所限制、有所躲藏、有所迴避。[46]

調查不算是扎實的科學研究，然而，鑑於女性衛生和經期研究闕如，因此也只能用調查研究來充數。此外，值得科學界關注的議題還包括：經前症候群、經前不適、經痛、荷爾蒙。寫作本書期間，我正在與荷爾蒙波動引發的症狀奮戰，例如更年期憂鬱症、腦霧（講白一點就是暫時失智），我請教內分泌專家協會（Society of Endocrinologists）談一談雌激素對腦部的影響，結果對方回答協會內沒有這方面的專家。

我上醫學專業資料庫「PubMed」快速做了一項極不科學的檢驗。「PubMed」從全球醫學期刊和專著中收錄了兩千七百萬筆引用資料，我以兩個關鍵字進行搜索，一是「經前」（premenstrual），結果共計五千四百九十六筆，二是「勃起功能障礙」（erectile dysfunction），結果共計兩萬一千六百七十二筆，想必勃起功能障礙很令人苦惱吧？但「勃起功能障礙」會讓九成男性每個月至少有兩天感到虛弱無力嗎？會讓男性無法好好工作、好好思考、好好生活嗎？科學界對經前症候群缺乏理解，甚至質疑經前症候群是否存在（我個人是毫不懷疑啦）。心理學家凱瑟琳．樂絲緹（Kathleen Lustyk）申請經費研究經前症候群，但卻遭到拒絕，「原因是經前症候群並非真有其事」。雜誌撰稿人法蘭克．布雷斯（Frank Bures）最近寫了一本書，聲稱經前症候群是「文化依存症候群」，認為月經遭到汙名化的程度與患者的人數多寡相關，並將經前症候群與其他文化依存症候群一概而論，例如縮陽症和蜥蜴症（gilhari），前者是男性自認因為中了巫毒所以生殖器縮入體內，後者則是印度常見的問題，「病人因後頸腫起來到醫院，抱怨『gilhari』（蜥蜴）鑽進皮膚裡爬來爬去」。[47] 布雷斯之所以認為經前症候群是文化依存症候群，理由是西歐、澳洲、北美的婦女最常說自己有經前症候群，而且「少數族裔的婦女在美國住的時間越長，就越常說自己有經前不悅症」。比起經前症候群，經前不悅症的症狀更加嚴重，根據精神醫學界人手一本的《精神疾病診斷與統計手冊》（*Diagnostic and Statistical Manual of Mental Disorders*），經前不悅症的診斷共計四大準則：第一，明顯的憂鬱、焦慮、憤怒、情緒不穩（例如突然難過落淚、對於拒絕反應過度）；第二，這些症狀對日常生活造成干擾；第三，這些症狀必須與月經週期有關（並使其他疾病的症狀加劇）；第四，必須連續兩次月經週期都出現這些症狀。[48]

我很樂意在每個月那幾天與布雷斯交換身分，讓他嘗嘗我必須繞道不走路橋的滋味（因為我攔不住想跳下去的衝動），體會拿起話筒跟人交談都難如登天的感受，還有胸口壓著隱形壺鈴的窒息感。此外，更年期也經常被認為根本不存在，例如熱潮紅都是大腦在作祟這種說法。沒錯，熱潮紅確實跟大腦有關，因為大腦是調節體溫的地方，但是引發熱潮紅的不是念想，而是跟荷爾蒙波動有關。布雷斯應該知道：男性的睪固酮每個月也有升降週期，這方面研究的人就多了吧。

這是不是近代的「子宮漂移」（wandering womb）呢？一如古代婦科醫生認為：歇斯底里症是子宮在身上亂跑所導致，[49] 真是太荒謬又太落伍了，但現在也還是這麼荒謬又落伍。首位完成波士頓馬拉松的女跑者凱瑟琳．斯威策（Katharine Switzer）在回憶錄中寫道：高中教練（是女教練喔）告訴她：女生如果打籃球，「跳球太多次可能會導致子宮位移」。二〇一〇年，國際滑雪總會主席吉安弗蘭克・卡斯柏（Gian-Franco Kasper）在電視上（公開！）表示：跳台滑雪可能導致子宮爆裂，[50]直到二〇一四年，女子跳台滑雪才成為正式賽事。公共科學圖書館（Public Library of Science）的網誌文章標題寫道：〈冬奧跳台滑雪完賽，並無傳出子宮爆裂〉，該文作者崔維斯・桑達斯（Travis Saunders）博士寫道：不像男性，女性的生殖器官在體內，相當安全。[51]

倘若經前症候群的相關研究夠多、研究經費更充裕，想說出「經前不適就跟蜥蜴亂爬、陰莖消失一樣」這種話就困難多了吧？不過，光是使用「症候群」三個字，就會有人指責我將自然過程當作疾病診斷，問題是，每個月那幾天，我都痛到在地上打滾，腦子裡充滿黑暗或危險的念頭，我覺得這一點都不自然啊？二〇一七年，內分泌學家發現，「在臨床上出現擾人的情緒和行為變化」之經前不悅症婦女，可能帶有某些基因，導致對荷爾蒙改變或波動出現異常及痛苦的反應。[52]

二〇一三年，倫敦大學衛生與熱帶醫學院研究團隊終於梳理與月經相關研究，[53]起步之晚，令人詫異，因月事而輟學的少女人數早就多到令人擔心，原因通常出自學校沒有廁所。印度北方邦的女學生安奇妲和可瑚希都在校園的後巷方便，或是在灰塵彌漫的院子裡找個草叢如廁，平常尚且如此，如果月經來豈不是更不方便，我光用想的都想輟學了。

女性受教育對各方面都好，這是眾所皆知的事實，包括生養的子女比較少、比較健康、比較有機會接受高等教育。世界銀行估計：受過高等教育者未來薪資高出二五％（接受中等教育者則為七％）。[54]二〇一四年，聯合國教科文組織針對教育所做的全球報告發現：在巴基斯坦，識字婦女的薪資比不識字或識字量少的婦女高出九五％，[55]男性的差距則只有三三％。整體而言，女性受教率提高一％，國內生產總值（ＧＤＰ）便增加〇・三％，受教育的女性就像麵團裡的酵母，就算是經期女性揉製的麵團，也能帶來永續成長。如果廁所和良好的經期衛生能說服少女繼續學業，各界學者應該爭先恐後提出數據來論證，而倫敦大學衛生與熱帶醫學院研究團隊發現：月經相關研究僅六十五篇，聊勝於無，並於結論寫道：「學界對於月經理解不足、研究匱乏」，並推測「或許目前實施中的計畫對此已有十足掌握」。

我看不見得。如果月經相關研究充足，或許就能早幾年診斷出我罹患子宮內膜異位症吧？目前診斷子宮內膜異位症平均要花上十年。過去二十年來，好幾位醫生都直接開處方止痛藥給我，沒有半個人好奇：是不是哪裡出了問題？前列腺素導致子宮收縮造成的經痛很常見，但是嚴重經痛很罕見。論文〈叫痛的女孩〉（The Girl Who Cried Pain）的作者戴安娜・霍夫曼（Diana Hoffmann）和安妮塔・塔茲安（Anita Tarzian）探討社會看待男女疼痛的偏見[56]，研究資料豐富且多元，例如同樣是術後疼痛，小男孩施用可待因，小女孩施用普拿疼。另有一項研究發現：同樣是冠狀動脈繞道手術，男性患者施用麻醉劑的機率高過女性患者，後者多半被給予鎮靜劑，「顯示女性患者經歷的疼痛常被視為焦慮」。此外，研究人員回顧美國醫學會專案小組所蒐集的臨床決策中的性別差異，「發現醫師一貫將女性患者的主訴視為心理作祟（但對男性患者就不是這樣），即便檢測結果為陽性也不改其判斷」。另一項研究指出：女性慢性疼痛患者「比男性慢性疼痛患者更容易被診斷為戲劇型人格違常，症狀包括情緒不穩、喜歡引人注目」。

歇斯底里的女人，子宮漂移的女人，心靈脆弱的女人。從過去到現在，沒有變過。

比哈爾邦（Bihar）是印度最貧窮的邦，雖然邦政府還算會做事，道路狀況改善了不少，但卻是

「WASH大遊行」跨越的五個邦當中，唯一用水牛運載器材來搭建舞台和攤位的。今天的場地是一所學校，全校只有一台電腦，並且只靠一台發電機來供電，「MHM Lab」團隊到此來向老師宣導，在場大多是男老師，去除月經的汙名要靠教育，但只教女性還不夠，男性也得學習才行。儘管適逢排燈節，比哈爾邦政府依舊堅持月經衛生計畫不能停，其中一位主辦人說：「我知道，換作是我也會不高興。」或許就是因為這樣，一位男士才會怒氣沖沖跑來找我咆哮，說我們遲到了！竟然敢遲到！但我只是來看熱鬧的，我帶他去找主辦單位，他看我皮膚白，就誤以為我是主事者，真是討厭，還有，衛教時，人家問什麼是月經週期，暴怒男回答說：「每隔二十一天，卵子爆炸，很多細菌，女人家就生病，如果女人家這時候下廚，大家吃了都生病。」

教室裡的男性比女性多，男性霸凌也多，藉著大聲嚷嚷不讓女性說話，帶領討論的是韋莎莉（Vaishalli），她發下一張講義，上面寫著三道問題：

> 女學生上課期間月經來，會碰到哪些問題？
> 女老師在校期間月經來，會碰到哪些問題？
> 男老師知道女學生月經來，會碰到哪些問題？

現場一片混亂。女學生可以請假兩天。哪是，不是女學生，是女老師啦。不行，女老師不能請假啦。一位男士說：學校沒有地方可以換衛生棉，如果需要換，非得離校才行。一位男老師說：「月經來會愛發脾氣。」一位女老師利用唯一的發言機會，說：「我們會准假，讓女學生回家，只能幫到這樣。」錯過課堂雖然傷心，但可以請生理假聽起來比我上學時好多了，想當年生理痛或要請生理假還必須說通關密語，體育老師會問：「誰沒洗澡？」請假的同學要回答：「我」，只是不知道一學期可以回答幾次「我」，也不知愛普懷特老師是不是真的有在數。

根據非政府組織「印度計畫」（Plan India）從二〇一〇年起做的調查：二三％的印度女學生會因為月經來而輟學或錯過課堂，[57]幾乎任何關於月經的文章都會引用這項數據，但這份調查報告卻怎麼找也找不到。另一則廣泛流傳的事實是：在非洲，十位女學生中就有一位因為月經來而曠課，這比例實在高得嚇人——他們是怎麼知道的呢？我著手調查，找出最先引用這項數據的聯合國教科文組織文件，文中注明出處是聯合國兒童基金會研究報告，但那份研究報告裡根本就沒有提到十分之一之類的事，這個虛無縹緲的數字是其他研究者把官方報告連連看連出來的（某位水援組織的分析師稱之為「殭屍數據」），[58]而這些報告又是建立在臆測或自以為有道理的看法上。我找到的另一個殭屍數據聽說出自諾丁漢大學二〇一三年的報告：全球六一％的女學生因為月經來而缺課。[59]但那份報告才不是這樣寫的。可靠的數據不會冠上「全球」之名，反而下筆審慎，例如：尼泊爾的女學生一年的缺課天數是上課天數的〇・八％，其中五〇％是因為月經來的緣故；迦納則是九五％，肯亞首都奈洛比則是五三％。[60]聯合國兒童基金會調查因月經「偶爾」缺課的女學童，發現在尼日的比率是三五％，在布吉納法索是二一％。[61]

我拜訪過數十所發展中國家的學校，有的就算有廁所也是又髒又破，我如果月經來絕對不會想進去。我在賴比瑞亞遇過一位叫葛蕾絲（Grace）的女生，她身穿兩件裙子、一件褲子、兩件內褲——而且是統統穿在身上，為的是怕把衣服弄髒，雖然她的學校最近才由賴比瑞亞的非政府組織翻修過，但卻忘了蓋廁所，葛蕾絲只能在草叢裡換月經布，因此，她月經來不是待在家裡，就是穿經期防護裝來學校。

倫敦大學衛生學院的研究計畫「SHARE」認為：曠課率與經期相關一說貌似可信，但實則未經證實，僅以其嚴謹的論述文字陳述如下：「雖然已有充分證據顯示：教育介入可改善月經衛生管理並減少社會限制，但尚無量化證據顯示（月經衛生）管理改善可降低曠課率。」[62] 讀到這裡，我真不曉得哪一件事情更令人火大：是葛蕾絲等女學生因月經而請假或缺課？還是曠課率與月經衛生的關聯因研究或科學證據不足而無法確立？女性健康向來都是缺乏研究又無科學證據的。

我讀到一篇令人怒火中燒的文章，內容反對「月經衛生管理」一詞，因為這個說法延續了經血又髒又臭的看法。但是，有些女學生之所以不來上課，就是因為害怕自己又髒又臭，或是因為害怕制服沾到，所以不敢起身回答老師的問題。這些不敢起身的女學生大多生活在熱帶國家，制服顏色很淺，雖然可以散熱，但卻讓女孩在經期間畏畏縮縮。水援組織訪問馬拉威的女孩，發現她們經期間大多墊月經布，如果月經布從內褲底下露出來，就會被男生嘲笑，說什麼「看起來很像殺完雞」之類的（這肯定是修飾過後的說法了）。馬拉威女孩墊的月經布看起來超難用，相比之下，以前學校祕書發的衛生棉（超厚，我們都戲稱磚塊）根本是薄紗，那月經布一轉眼就紅浸浸，從制服底下透出顏色來，而且學校的廁所既沒有門也沒有水，有廁所跟沒廁所一樣。一位馬拉威女孩說：「我們上完廁所，手上不是沾到屎就是沾到血，吃飯還是照吃。」[63]

女孩買不起止痛藥，又不敢跟老師說自己經痛，導致經痛也是曠課和輟學的原因。此外，女孩子月經一來，就代表可以結婚懷孕。研究發現，提供衛生棉和月亮杯能成功延後女性懷孕年齡，只是成果有限（月亮杯是塑膠材質的小漏斗，可接住經血，據信可永續使用，每次我發表完跟月經相關文章，就會有人慫恿我試試看，那些慫恿我的人都認為月亮杯可以一用再用）。一項在烏干達進行的研究將女學生分為三組，分別給予青春期教育、衛生棉、衛生棉加青春期教育，結果發現青春期教育有助於女學生完成學業。64

回到比哈爾邦的教室：一位男老師在講習的尾聲站起來，一開口就澆冷水，他說：「我們坐在這裡談論月經很容易，但真實社會情況卻是這樣：如果男老師真的照做，就準備倒大楣吧，因為社會情況不允許男老師跟女學生說話，而且他們有問題已經找女老師說了，所以饒了我們吧。」一位女老師也同意：「男老師找女學生談月經會被人毆打的。」

說到終結月經汙名，老師當然很重要，但最重要的還是女生，尤其是安奇妲、妮蘭、菈妲等女學生，她們有膽對我訴說不公不義，或許有一天她們會更勇敢，將自己的遭遇公諸於世。

離開尼泊爾之後，我偶爾會想起菈妲，她話不多，就連幫我們搬行李（因為她想賺腳夫費）走了四個鐘頭的路，跟著我們回到當初下車的河邊，一路上她都稱不上侃侃而談。我不知道她聽不聽明，也不知道她對未來是否懷抱希望，只知道她身為尼泊爾鄉下女孩，前途必定受到局限。尼泊爾的童婚比例高得嚇人，菈妲的父母又在外地工作，家人可能會認為婚姻對菈妲來說最有保障。二〇一七年，攝影師帛璐美又到佳木進行拍攝，期間和菈妲碰了面，並把照片用電子郵件寄給我，信中寫道：妳看，是菈妲，今年十九歲，結婚了，她現在只要在月經女屋住三天，不用住滿五天，這是她的困擾，也是她的進步。

Chapter 7

第七章

衛生棉：骯髒的破布

Nasty Cloths

「好萊塢有蝙蝠俠，寶萊塢有護墊俠。」大多數男人跟穆魯嘉一樣，都曾經看過女人家藏匿血淋淋的破布，但看到妹妹的破布是一回事，看到太太的則讓穆魯嘉心頭一揪──不能再這樣下去了，如果太太買不起衛生棉，他就動手做出讓太太買得起的衛生棉，而且要製作簡便，可以嘉惠所有婦女。

為了找地方盥洗和換衛生棉，穆魯嘉想到了墳地旁邊的公共水井，大家都不想靠近死人，因此沒有人會靠近那口井，他可以安心換衛生棉、清洗沾到的衣物。但穆魯嘉想錯了。大家都看在眼底、說在嘴裡。那男的好奇怪，在那邊洗衣服上沾到的血，還跟女人一樣用衛生棉，到底在幹嘛啊？有夠可恥。丟臉丟到家了。

穆魯嘉所做的是劃時代的革命，不僅在他的村子裡是劃時代，在他的邦裡、在他的國家、在全世界都是劃時代的革命。穆魯嘉全名雅魯納恰朗．穆魯嘉南森（Arunachalam Muruganantham），教育程度不高，父親是手搖織布機織工，穆魯嘉平時在鐵工廠當助手，後來成為家喻戶曉的「月經男人」（Menstrual Man）。

天還沒亮，德里機場（Delhi Airport）人山人海，擠得水泄不通，滿地都是小孩，整座城市比熱浪來襲時還要熱，氣溫高達攝氏五十度，光是站在外面幾秒鐘就夠可怕了，報紙還設了「暫時停止呼吸」（Death by Breath）專欄，報導高溫讓當地空氣汙染更加惡化，民眾大多北上到山區避暑，就只有我往南邊走，前往從來沒有聽過的城市——印度南部泰米爾那都邦（Tamil Nadu）的哥印拜陀（Coimbatore）。飛機降落時，坐在我後方的媽媽對女兒說：看！紅色的泥土，還有椰子樹。

哥印拜陀的空氣比我清新多了，舟車勞頓的我，渾身飄散著舟車勞頓的味道。但我跟人有約，不能一直睡下去。我撥了電話，對方邀請我一點鐘去吃午餐。（後來才曉得，對方平常都下午三點鐘才進食，但為了體貼西方人的午餐時間，所以刻意約早一點吃飯，沒想到這個西方人睏得要命。）從哥印拜陀市中心開車到採訪地點只需要半個鐘頭，但計程車司機迷了路，附近巷子窄，又沒門牌。我繃著臉坐在計程車裡，整個人無精打采，就在這時，我瞥見了他的身影——他站在街道上，東張西望尋找來客，腰桿挺得老直，膚色是南印度人特有的黝黑，身上的衣服跟他家的外牆一樣白，鬍髭下是掩不住的笑意。我突然精神為之一振，我要見的可是一位名人——穆魯嘉（這是他自我介紹用的簡稱），他跟許多國家的總統都有交情，既認識比爾．蓋茲（Bill Gates）、也認識柯林頓（Bill Clinton），在衛生棉產業界赫赫有名。

他領著我進入他家門，先上幾級階梯，接著經過一輛兒童腳踏車，來到一間位在一樓的公寓，一房兩廳，「寒舍」是好聽的說法，裡頭有兩間客廳、一間小廚房，牆壁上到處是孩子的塗鴉。「坐」，他端了張椅子給我，自己則盤腿坐在地上——印度人的髖屈肌不像西方人那麼緊，腿後肌也沒有那麼僵硬，更不會因為坐椅子坐久了，只要屁股一靠近地板就開始在心裡嘀咕。穆魯嘉席地而坐，自如自在，將他的家人介紹給我：香緹（Shanti）是他太太，身穿紗麗，圓圓的臉上堆著笑意；菩麗蒂（Preeti）是他女兒，九歲，星期天穿得漂漂亮亮待在家裡，不時插嘴、跑進跑出，精力十足。

先喝茶，接著開始講故事，這故事要從一九九九年開始說起。儘管穆魯嘉回覆我的電子郵件都短得可疑，但我還是沒帶翻譯。他哈哈大笑，說：「我從二〇〇一年開始自學英文。看影片學的。」在阿密特．維曼尼（Amit Virmani）導演的紀錄片《月經男人》中，穆魯嘉說：「如果你聽不懂，那是你的問題，受過教育的人們啊，一心只想糾正我的英文，像是時態、像是動詞。」

我們盡力而為。

故事一開始，穆魯嘉和香緹剛結婚。穆魯嘉小時候家裡很窮，但還是念到了國中，十四歲那年父親車禍過世，家裡能賣的都賣了，還是得靠他賺錢養母親和兩個妹妹，「我的生活裡都是女生」。（沒想到不久之後生活裡還會湧進更多女生。）他跟香緹結婚是奉父母之命，包辦婚姻在當地十分盛行，「我們婚後很恩愛，這制度相當美好」。

有一天，他看見香緹把什麼東西藏在背後，以為是在逗弄他，新婚夫妻不是都這樣嗎？他想搶過來看一看，於是伸手去撈，兩人你追我跑，拉拉扯扯了老半天，原來是一團沾滿血的破布，穆魯嘉稱之為「骯髒的破布」。香緹一臉羞愧，這讓他想起了自己的兩個妹妹，她們都把血淋淋的破布藏在外頭茅坑的茅草屋頂。他問香緹為什麼要用破布？香緹承認自己勻不出錢來買衛生棉，買了好自在就沒錢買牛奶，而家裡總是需要牛奶。大多數男人跟穆魯嘉一樣，都曾經看過女人家藏匿血淋淋的破布，但看到妹妹的破布是一回事，看到太太的則讓穆魯嘉心頭一揪——不能再這樣下去了。如果太太買不起衛生棉，他就動手做出讓太太買得起的衛生棉，而且要製作簡便，可以嘉惠所有婦女。

用布來吸收經血其實是不錯的選擇，發展中國家的婦女多半使用破布或棉布。印度最新的全國家庭健康研究（National Family Health Survey）調查「經期間使用衛生防護方法」的比率，結果發現都會婦女的使用比率是七七．五％，鄉村則是四八．二％，而所謂「經期間使用衛生防護方法」包括就地取材的月經布、（市售）衛生棉、衛生棉條。[1]某天我在聯合國兒童基金會印度分會的餐廳吃午飯，席間與該分會的兩位月經專家交談，一旁的用餐者吃得很專心，想必對我們的話題充耳不聞，兩位專家說：破布常常是奢侈品，鄉下地方都穿聚酯纖維，女人家很難找到吸收力強的布料，因此只能靈活變通。常用的材質包括：襪子、報紙、灰燼、沙子、鋸木屑、塑膠袋、破麻袋、野草、樹葉，聽起來雖然恐怖，但也在情理之中；例如印度沙漠之邦拉賈斯坦的婦女會把沙子包在棉布裡增強吸收力。二〇一七年，韓國發現了「鞋墊女孩」，她們用衛生紙包鞋墊當做衛生棉，原因是市售衛生棉價錢飆漲，一年之內上漲了四二．四％（但紙漿價格卻下跌）。[2]一位印度保健人員告訴我：中央邦有一位少女，因為太害羞不敢跟媽媽拿乾淨的布，結果自己找了一塊破布來墊，沒發現裡頭有蜥蜴卵，三個月後發現感染，十三歲就得把卵巢拿掉，並且終生背負不孕的汙名，被人家叫成「棒蛆」（banch），還說一大早見到她就得回家沖澡，把她帶來的霉運沖掉。我從月經社運人士的口中聽說過其他恐怖的故事，包括小女生在衣料、破布裡塞棉花當衛生棉，或是用一疊衛生紙當衛生棉（但不是用墊的，而是往體內塞），還有肯亞婦女把篩子裝滿沙，然後一動也不動，在篩子上面坐一整天。

這裡的問題不在於使用月經布，而是月經禁忌帶來的洗滌問題。穆魯嘉的妹妹之所以把月經布藏在茅草屋頂，就是因為不能晾在外頭，晾月經布最衛生的地方是太陽底下，但數百萬女性因為難為情，所以把月經布晾在帆布床或其他衣物底下，不然就是藏在茅草屋頂，這儼然是滋生細菌和陰道感染的捷徑。有個小女生看到精心藏妥的月經布被哥哥拿去擦摩托車，當場嚇傻。

穆魯嘉看到太太那塊血淋淋的月經布，隔天就去超市買了一包衛生棉。我也去買過，衛生棉藏在櫃檯後方（保險套倒是公開展售），由店員變出來，接著用衛生棉專用黑色塑膠袋包起來（一般都是用透明購物袋），再遞給目瞪口呆的我。穆魯嘉不僅注意到店家的障眼法，也注意到太太滿臉羞愧，他心中不禁納悶為什麼會有這種事，此外，他也注意到了價格：二十盧比（約台幣十五元），這在一九九八年算得上一筆錢，當時二十盧比可以餵飽全家人好幾天。穆魯嘉天性好奇，什麼事都想自己來，因此，他拆解了一片衛生棉，裡頭看起來不過就是一堆棉花，照理說成本應該比售價便宜許多，到底為什麼要賣得這麼貴？貴到讓大多數女性都買不起？

穆魯嘉沒受過什麼教育，自稱是國三輟學生，但口氣卻很驕傲，因為他知道自己的頭腦很好。父親過世後，他先靠送便當賺錢，接著在鐵工廠當鐵工助手兼打雜，學會焊接、焊補，也學會凡事多看多問。雖然沒受過訓練，但他學會用工程師的思維模式想事情，知道遇到問題要自己想辦法解決：東西壞了自己修，少了什麼就自己做，如果太太碰到問題，他就該動腦筋。起初，他跟當地的軋棉廠買棉花回來做成簡陋的衛生棉，然後拿給太太和妹妹試用，當時他對月經週期一無所知，不曉得要等一個月才能得到試用回饋。「很多男生長大成人後當了丈夫、當了爸爸、當了爺爺，卻對女性的經歷一無所知。」至少他在當爺爺之前就先上了寶貴的一堂課。總之，他一直騷擾妹妹和太太，想知道她們試用後的感想，但每次問每次都被噓走，他再接再厲，又被噓走，他百折不撓，又跑去問妹妹，妹妹終於忍不住要香緹管管他，要他不要再拿衛生棉這種小事去打擾別人。

穆魯嘉並沒有因此斷了念想，衛生棉激起了他旺盛的好奇心，既然他自認是工程師，那就必須親自測試。他有鐵工廠、有機器、懂焊補，但太太和妹妹不肯幫忙，他要怎麼測試呢？他想到一個辦法——找醫學院的女學生！科學家對他的實驗總會感興趣吧？果然沒錯，醫學院的女學生收下了他自製的簡陋衛生棉，連同他提供的袋子一起帶走，裡頭有他發的問卷。有一天，他看到三個女學生在幫大家填問卷，當場美夢破滅：這些女學生不會跟他說實話，而月經週期（每個月來一次）則讓他的研究時間拖得很長，他必須到處發放衛生棉，還得回頭蒐集試用感想（有時還得不到回饋），來來回回奔波數英里，讓他感到疲於奔命，還不如自己用用看比較實在。

做這個實驗需要血。印度人不太吃牛，所以不能用牛血。穆魯嘉的同學雖然都在開養雞場，但是雞太小，血量不夠。那羊呢？羊血總可以了吧！如果在橡膠瓶裡裝羊血，再接上管子導到內褲裡，並定期按壓一下橡膠瓶，讓羊血流到衛生棉上，大概就能知道自製衛生棉到底好不好用了，而且也能順便體會當女人的感受。但是，穆魯嘉不曉得女性平均經血量是多少，也不曉得經血跟羊血不一樣，經血其實是子宮內膜組織加上血塊，但羊血已經很像了，他覺得羊血夠黏。此外，他還向「在血庫工作的朋友」請教：要添加什麼才能防止羊血凝結。他用足球做成橡膠瓶充當子宮，並把「子宮」掛在腰胯（人家掛「投石索」，他掛「投血索」），下半身穿著白色兜迪，裡頭墊著自製衛生棉，走路時、騎車時，沒事就壓幾下，讓羊血順著管子流到衛生棉上。

故事說到這裡，我打了個岔。第一，有沒有照片？第二，為什麼要穿白色兜迪？聽到第一題，他哈哈大笑，說：相機很貴，如果他有錢買相機，就能每個月幫太太買衛生棉了。至於為什麼要穿白色兜迪，因為他每天都這麼穿，印度天氣很熱，他又不曉得會外漏什麼的，發現兜迪沾到的時候他很驚訝，怎麼就沒看到女人家沾到過？在《月經男人》裡，穆魯嘉說自己動不動就轉頭，確認一下有沒有外漏，「變得跟女人家一樣」。他就是從那時候開始在墳地旁邊洗衣服，結果被人看到，謠言就傳開了：這男的一定得了性病，這男的一定有外遇。「我真的不怪那些大嘴巴，他們做夢也猜不到我在做什麼。」穆魯嘉說自己住的地方是鄉下，我看倒像是郊區，只是農地比較多，羅望子樹也比較常見，城市的喧囂一點也沒少，但骨子裡帶著鄉下特有的凶狠，左鄰右舍嘴裡都不饒人。

羊血子宮讓穆魯嘉了解憂心、濕悶的感受——凡是做女人的都懂。此外，他也明白：「上帝創造的生物中，最強壯的不是大象、不是老虎、不是獅子，而是女人。」但是，光是親身試用還不夠，他依然無法逆向分析，從而做出便宜好用、讓太太買得起的衛生棉。他靈機一動：「幹嘛不直接跟女生要用過的衛生棉呢？我可以從中看出端倪。」這時候，他的實驗已經在村子裡傳得沸沸揚揚，香緹受不了，回娘家住了幾天，後來面子實在掛不住，兩個月後寄來離婚協議書，兩人就此分居五年，穆魯嘉沒辦法跟她討用過的衛生棉。「如果我去老丈人家討衛生棉，他們一定會想：這女婿必定是要對我女兒下咒，想要催眠她什麼的。」這下該向誰討呢？

他先是從街上的垃圾桶翻出一片用過的衛生棉，這片衛生棉的主人和丈夫就住在附近，她丈夫才剛倒完垃圾離開，穆魯嘉就假裝在垃圾桶裡東翻西找，結果差一點碰上麻煩，想一想還是去問醫學院的女學生比較安全。他精選了幾片自製衛生棉和市售衛生棉讓她們做比較，並難得用沒那麼驕傲的語氣說：「看出其中巧妙了嗎？」女學生收下穆魯嘉發的衛生棉，這時大家都熟了，她們喊他哥，並且答應把用過的衛生棉給他。

聽到這裡我思忖了一下：如果有個男的跑來跟我要用過的衛生棉，我會怎麼做？應該會拿出約克人本色斷然拒絕吧。這些女學生還真是古道熱腸，讓穆魯嘉初次嘗到滿載而歸的滋味。「我像捧著寶藏一樣捧著第一批用過的衛生棉，然後用手帕捂著鼻子綁在後腦勺，接著在我家後院把衛生棉一片一片攤開。」印度天氣熱，經血乾掉後實在臭不可擋，穆魯嘉讓那氣味散了一夜，隔天一早醒來，興沖沖準備著手研究，他蹲在後院，端詳著各式各樣蒐集來的子宮內膜，突然，他媽來了。「她以為我在準備週日要用的雞，後來發現那不是土雞，叫得跟什麼似的，還說：『我兒子在下咒，我兒子發瘋了』。」

香緹已經離他而去，這下連他媽也離他而去，他媽覺得他有多瘋，謠言就傳得有多瘋，還說他是吸血鬼，三更半夜喝少女的血，又說他被鬼附身，十分危險。「我的朋友來找我，說週五宗教儀式結束後，他們就會判我的罪。」他會被拴在聖樹上，頭下腳上，任人毆打，把他身上的惡靈打出來，或許還會把他趕出村莊。穆魯嘉索性自我放逐，先來到哥印拜陀，後來又輾轉去了清奈。「我像小偷一樣連夜跑路。」雖然沒了太太、沒了家人、沒了朋友，但他沒有放棄，從那些用過的衛生棉來看，他懷疑那些大廠牌（也就是他口中的嬌生、寶僑）用的不是普通的棉花，市售衛生棉的吸收力超級強，他的自製衛生棉根本不能比，他知道那些大廠牌一定還加了其他東西，因此花了一堆盧比打電話到美國跟製造商索取樣品，他提到當年還用公共電話打（當時還沒有手機），口氣聽起來滿心懷舊，對方一直問他用幾號，搞了老半天原來是問他機器型號。他沒有機器。對方說至少要訂一噸。看來這招行不通。他請一位當老師的朋友幫忙，寄信去假裝自己是百萬富翁，擁有一間軋棉廠，想跟他們索取樣品。事實上，他跟流動攤販一起住在清奈的青年旅館，跟他的愛犬當室友，愛犬可以自由進出上街散步，「不像在英國，還要拴狗鍊」。

那些大廠牌用聯邦快遞寄了樣品來（信封他還留著），裡面是十張硬邦邦的棕色紙卡，看起來既不像好自在、也不像靠得住或蕾妮亞，怎麼看都像硬紙板，要怎麼舒舒服服放在兩腿之間呢？接下來的故事發展跟紀錄片演的不一樣。在《月經男人》裡，穆魯嘉說自己某天心血來潮把紙板撕開。我親耳聽到的故事版本比較長：他的愛犬在房間裡關了一整天，越關越生氣，結果就把紙板撕爛了。不管是哪一個版本，總之，「我恍然大悟，謎底揭曉！」那是壓縮的木質纖維素。「他們把蓬蓬的原料用壓榨機壓縮，而我必須把原料恢復成蓬蓬的。」如果他想生產便宜的衛生棉，首先必須設計出便宜的機器，首先要能把木質纖維素切碎、研磨開來，接著再壓縮成衛生棉芯，最後再想個辦法把蓬蓬的衛生棉芯包起來。紗布或許可行。他心想，整個製造過程最好可以只靠人工，這樣無論貧富，幾乎所有人都可以製造衛生棉，想到這裡，他更清楚自己的目標：與其生產衛生棉，不如設計衛生棉製造機來生產便宜的衛生棉。

他開始逆向分析，並想到一個絕妙的點子：機械廠不是很少二十四小時營運嗎？不如分別向機械廠租借非營運時段，一部分在這家機械廠製作，另一部分在那家機械廠製作。就這樣過了一年半載，他製作出一台「迷你衛生棉製造機，操作簡便且成本低廉」，根據其公司網站的介紹，「該機器將木質纖維裂解處理，製作成吸水核芯，最後覆上柔軟不悶熱的面料，全程採單相電操作，以1HP馬力運行，占地三．五公尺見方，每分鐘可生產兩片衛生棉」。整台機器總共二百四十三個零組件，一天之內便能組裝完成，生產過程不需要用到水，只需要用到少量電力，大多仰賴腳踏和手動操作，任何人都能輕鬆上手，可說是化繁為簡，十足的穆魯嘉作風：纖維先研磨再壓縮，最後密封起來，簡單搞定。為了銷售這台迷你衛生棉製造機，他創辦了一家企業，以姪女的名字命名為「佳芽思瑞實業」（Jayaashree Industries），從起心動念到落實理想，總共花了八年半的時間，低成本衛生棉製造機總算問世。

二〇〇六年，穆魯嘉的發明榮獲印度理工學院獎（Indian Institute of Technology Awards）第一名，[3]由印度總統親自頒獎，其他得主研究的是「如何從海水中提煉黃金」、「如何登上月球」。得獎後，衛生棉製造機和穆魯嘉聲名大噪，如今的他名列《時代雜誌》百大人物，同年進榜的還有美國巨星碧昂絲（Beyoncé）和揭發美國國家安全局的史諾登（Edward Snowden）。[4]他家裡有個儲藏櫃，專門用來擺放他獲得的獎項，擺到後來放不下，只好硬塞，門一打開，獎項就像寶藏一樣從藏寶箱裡滿出來，有獎盃、有禮物、有裱框的領獎照。這時，我發現了一件事：照片裡的他都戴著眼鏡，但眼前的他卻沒有戴眼鏡？他說：「有一次，有人來機場接我，我走過去，對方說：『不對，不對，我們在等貴賓。』後來我都戴眼鏡，我視力沒問題，戴眼鏡只是為了派頭，這樣人家才肯載我。這是我的貴賓眼鏡。」

午餐差不多好了，穆魯嘉說我可以繼續坐在椅子上，但我還是挪動到地板上，地板是桌子，香蕉葉是盤子。「轉頭看一看，」他才說完，我的腿就已經開始麻了，「看一看我家。」他很開心自己租房子住，卸下名人光環的他謙卑且真誠，一如拿下貴賓眼鏡的他，看事情看得通透，少了那張大學文憑，對他來說倒是意外的優勢。「如果我念過很多書，」他對紀錄片導演說，「說不定我的腦袋就會僵化，整天就只想著要賺錢。」接受記者採訪時，他說自己如果繼續升學，現在大概天天在客服中心接電話。佳芽思瑞實業不是慈善機構，他聲稱自己沒拿過半毛捐款。他是生意人，只是他的生意很特別，他讓衛生棉製造機滿足社會大眾需求，一邊行善一邊賺錢，有錢賺的商業模式才能夠複製，企業也才能夠永續經營。穆魯嘉的衛生棉製造機一台要價一千至三千美元，依運送地點決定價格高低，聽起來雖然很貴，但這台機器能生財，詳細利潤計算表可參考佳芽思瑞實業的網站，其口號是「新發明．好生活」，內文估計這台機器每個月能獲利二萬五千二百二十五盧比（約台幣一萬二千七百五十元），如果每年生產四十八萬片衛生棉，淨利率為六〇%。[5]

而今，穆魯嘉談起企業發展頭頭是道，但就像他的英文能力一樣，他想談才談。有一天，他接到一通電話，對方要找「穆魯嘉南森」，他說：「一聽就知道是個讀書人。對方問：『貴寶號的機器只供應給金字塔底層嗎？』」他一聽，嚇了一跳。「我只聽說過埃及有金字塔，因此我馬上否認。沒有，沒有，我們沒有供貨給金字塔，目前只供貨給印度河平原。後來我才會意過來：人家說的是財富金字塔，所以說是金字塔底層。」採訪者問：說他出身金字塔底層恰當嗎？

「何止底層。我是出身自金字塔的碎屑。」

我欣賞他的幽默，我認識的社會企業家身上都有這種幽默，例如世界馬桶組織（World Toilet Organization）創辦人沈銳華（Jack Sim）、泰國保險套先生梅柴．維拉瓦迪（Mechai Viravaidya），維拉瓦迪在泰國以創新的方式推廣保險套、減緩愛滋病毒的傳播。幽默化解禁忌，這就是我在穆魯嘉身上找到的熟悉，穆魯嘉也深諳此理，他的訪談兼具趣味與魅力，但他對太太才真的是穩如泰山、魅力無窮。他成名後，太太回到他身邊，當時電視節目強力播送他的電話號碼，「我那時開始用手機，愛立信的，大約一公斤重」。香緹打給他後，便搬來跟他一起住在清奈的陋巷。他說：「西方人聽了都很驚訝！你等了五年，就為了等同一個太太？」是的，他等了她五年，老丈人寄離婚協議書來他也視若無睹，並決定趁太太不在的這段期間著手研究，如今終於洗刷冤屈，兩人和好如初，一起回到原本要把他吊起來打的村莊，「算是衣錦還鄉，大家都說：『我們知道穆魯嘉一定會做大事，他額頭那麼寬！』」。

如今他和他的寬額頭「在地方上赫赫有名」，而他就坐在地板上，頭頂上方是女兒的塗鴉，全身上下沒半點架子。我拿出相機，菩麗蒂跑回房間，戴著綠色的鬼臉面具走到爸爸身邊，頭頂上方是爸爸跟印度總統的合照，相片裡的他戴著貴賓眼鏡。這是我拍過最奇特的全家福，也是最美好的全家福。

隔天，穆魯嘉帶我到佳芽思瑞實業，他把吉普車停在一片空地，空地上有一棵苦楝樹，這棵苦楝樹對他來說很重要，創業之初，他沒有辦公室，開會全在這棵苦楝樹下，附近是陪伴他試驗自製衛生棉的墳地，後來開始製作機器零組件之後，苦楝樹的樹枝便成了他的倉庫。

如今他有儲藏櫃，還有一整間工廠，廠裡有工人，有的在磨光、有的在封裝、有的在郵寄，他們把衛生棉製造機裝在木箱裡寄出，其中包括木製零組件，組裝十分簡便。此外，材質必須堅固耐用，才能禁得起長途運送，這個月有一台要出貨到尼泊爾，還有一台要出貨到阿富汗，據穆魯嘉說，目前總共有四百四十台衛生棉製造機在二十五個國家運轉。

客戶現在會主動找上門，但創業之初穆魯嘉必須身兼月經推銷員，第一次出差是到比哈爾邦，在當地待了兩個半月，有一天，他看見村民慌慌張張跑來跑去、四處奔走，原來一位少女以為自己懷孕，上吊自殺了，穆魯嘉當下明白：想為婦女健康盡一份心力，光靠提供衛生棉還不夠，如果有簡單的驗孕方法，少女就用不著犧牲了，因此，穆魯嘉現在不僅供應機器，還供應驗孕棒和子宮頸癌棒，用尿液分析來檢查子宮頸細胞是否異常。他說：「印度是最多女性罹患子宮頸癌的國家。」其實馬拉威才是全球子宮頸癌發生率最高的國家，印度連前二十名都排不上，但發生率已經高到令人不安。[6]會不會是月經衛生不佳的緣故？穆魯嘉表示認同，他說女性「把月經布變成滿滿的細菌布」，她們都把月經布藏起來，不好好晾乾，想不被感染都難。

倫敦大學衛生與熱帶醫學院發現：「比起使用拋棄式衛生棉的女性，重複使用生理用品的女性較容易出現泌尿生殖系統感染症狀，此外，被診斷出泌尿生殖系統感染的機率也比較高（包括細菌性陰道炎、泌尿道感染）。」衛生研究聯盟「SHARE」所做的文獻回顧發現：月經衛生不佳與生殖系統健康問題並無直接關聯，但這項研究只回顧了十四篇文獻，而且每一篇都有瑕疵，研究方法也不一致，整體研究品質粗劣，其中一位作者寫道：「從生物學的角度來看，月經衛生管理不佳似乎會影響生殖道，但確切感染的疾病、影響的強弱、傳染的途徑仍有待釐清。」[7]

穆魯嘉想矯正陋習，但比哈爾邦民風保守，想改善當地女性生理衛生必須透過男性，他入境隨俗（以免被打），順利安裝完衛生棉製造機，計畫就此運行，這就是他的商業模式，他稱之為

「蝴蝶模式」。蝴蝶跟蚊子不一樣，蚊子是寄生蟲，他認為大企業都採用「蚊子模式」，有需要就吸血，吸完了就走人；而蝴蝶雖然採了花蜜，但卻不會損傷花朵。不過，他再三強調：他不是做慈善的，客戶必須想辦法跟他買機器，但不一定要用錢買，他接受以物易物，包括牛、羊等牲口。此外，生產者販售衛生棉的時候也是一樣，女性可以用番茄、馬鈴薯來購買。有一次，聯合利華（Unilever）想向他請益，幫他出到倫敦的機票費，我問他有沒有收顧問費（收是應該的），他說：「沒有，沒有，我不收錢。」聯合利華幫他買商務艙、讓他住好的飯店，但穆魯嘉不相信英國的食物，三餐都吃巧克力，他一邊吃著大條的吉百利牛奶巧克力，一邊告訴聯合利華：「你們商業模式的問題，就是消費者不能用馬鈴薯購買衛生棉。」

他把筆電上的照片秀給我看：「來，這裡」——他雇了驢子把衛生棉製造機運到深山裡。「從北阿坎德邦的首府德拉敦開到這裡要十八個鐘頭，這裡是恆河的發源地，山裡都是部落。就算得了癌症，只要搬來這裡住，每天跟著部落住民到處走，走六個禮拜，六塊肌就會長出來，癌症也會不藥而癒。」他的機器在喜馬拉雅山上生產衛生棉。「這是在拓展農村市場，嬌生要賣到那裡去，還要再努力二十三年。」

他邀請我親自去看一看，但不用跑到兩千英里外的北阿坎德邦，只要往哥印拜陀開兩英里就可以，途中他還下車買香蕉請我吃，味道很像太妃糖。他說要開到目的地必須要靠運氣，光憑開車技術還不夠。在印度開車憑的是運氣，有一次，我搭計程車從德拉敦到德里，車程足足十個鐘頭，途中司機無緣無故變出逆向車道，只見他一個轉彎，駛進對向車道裡，正對著來車開了一英里——現在回想起來還是冷汗直流。

我們的目的地是一間協會，招牌上寫著泰米爾語，意思是「智障兒家長協會」，這裡堪稱是穆魯嘉的樣品屋，裡頭擺放著哥印拜陀唯一一台衛生棉製造機，這裡的衛生棉大多由家長生產（放眼望去都是媽媽），因為即便是這麼簡單的機器，對於遲緩兒來說還是太過複雜，但還是有工作可以交給他們，一位低口語自閉症的小男孩負責把壓縮的木質纖維素變得「蓬蓬的」（「蓬蓬的」是穆魯嘉的說法，專業術語是「絨毛漿」或「短纖漿」），這個研磨步驟是整台機器少數需要吃電的部分，小男孩只要按下按鈕，然後計時就可以了，媽媽說小男孩很喜歡這個工作，但偶爾會看錶看得入迷，導致研磨時間過長，「蓬蓬的」就變得「太蓬蓬」了。

穆魯嘉因愛犬而開悟後，便在印度取得木質纖維素。根據他的說法，企業家或自助團體只要跟他進機器，原料到處都拿得到，儘管他申請了機器專利，卻在二〇〇七年將設計圖公開，為的是讓衛生棉製造機更加普及，從而引發革命。他說：「男人主掌世界，把世界弄成一片橄欖綠，我求求男人，拜託男人把世界讓給女人至少半個世紀，她們會做得比我們更好。」

女性衛生用品產業向來緊盯著印度，把印度視為肥羊——印度婦女大多使用月經布，在這裡賣衛生棉肯定前途無限，怎麼賣都賺錢。但事情沒那麼順利。市售衛生棉在印度相對昂貴，一包要價一百四十盧比（約台幣六十五元），而且要到藥局或商店才買的到，店員又往往是男性。「智障兒家長協會」有一整櫃的衛生棉對外販售，每包八片，只賣四十盧比（約台幣二十四元），凡是用穆魯嘉機器製造的衛生棉都是這個價錢，製造商可以自己為品牌命名，「智障兒家長協會」賣的是「袋鼠牌」，我不懂為什麼要叫「袋鼠牌」，穆魯嘉給了個搞笑的解釋：「用了袋鼠牌，就能像袋鼠一樣蹦蹦跳跳」，一旁的家長則給了個美麗的理由：袋鼠媽媽保護小袋鼠時既凶狠又貼心，就跟「智障兒家長協會」的媽媽一樣，她們的孩子無法言語、動作遲緩，但印度又缺乏社會照護，家長只能自助。

穆魯嘉的公寓裡有個紙箱，裡頭裝滿各式各樣的衛生棉，分別由數十家協會生產，他和香緹把衛生棉鋪開在地上，我坐在這些衛生棉中間，順便拿幾片當坐墊，跟想像中的一樣舒服又柔軟，有的叫「純潔」、有的叫「自在」、有的叫「耍酷」，另外還有「Mitra」（益善）、「Sakhi」（知己）、「Vings」（印度英文「翅膀」意思），穆魯嘉的機器在印度共生產出九百九十個品牌的衛生棉，其銷售方式不同於大品牌，消費者可以選購不同吸收力的衛生棉。大品牌把事情做大，而他不一樣，「穆魯嘉的做法，」——他不經意以第三人稱自稱，真的完全不會不令人困擾——「是把事情做小，並使用去中心化的商業模式，為女性所製、為女性所用、為女性所有。」經血的流量每天都不一樣，生產整包吸收力都一樣的衛生棉不是很蠢嗎？依照他的做法：「女性可以到店裡，說：我只有第二天流量特別大。她可以選擇兩片厚、六片薄、三片厚薄適中。」而且她說的話不會只停留在店內。衛生棉製造機生產的可不只是衛生棉。「女性用了（衛生棉）之後，會再跑去跟另一個女性說，於是大家都長了見識。我們是全球第一台專為女性特製的衛生棉製造機。」穆魯嘉大名鼎鼎，寶萊塢還幫他拍了一部電影，片名叫做《護墊俠》（*Pad Man*），以他的故事加油添醋改編而成，電影一開始旁白壓低了嗓音說：「好萊塢有蝙蝠俠，寶萊塢有護墊俠。」對一位以苦楝樹起家的男人而言，日後還會有更多像《護墊俠》這樣多采多姿的風景。「我想讓全世界看一看，做善事不需要十四層樓高的辦公大樓，而且玻璃幕牆還得要傾斜五度。不用。在樹下就能行善。」

香噴噴。靠得住希望我香噴噴。那是一九七〇年代的衛生棉廣告，廣告畫面上是一位多愁善感的美人，身上裹著緊身的橙色衣料，希望我清新又令人眼睛為之一亮——如果「令人眼睛為之一亮」的意思是希望我引人注意，那這則廣告傳達的訊息就自相矛盾了，女性衛生用品製造商最不希望發生在我身上的事情就是引人注意，講白一點就是不能散發氣味，尤其是血的氣味。

女性衛生用品產業的市值眾說紛紜，最近的市場調查估計為二百三十億美元（約台幣六千九百億），[8]這門生意以各種棉花製成的裝置困住血，不僅有利可圖而且勢不可擋，整個產業專注於讓經血消聲滅跡、默不作聲，製造出言語無法形容又不可或缺的產品，而且做得有聲有色。

自從有人類以來，女性處理月事的方式如出一轍——自立自強、偷偷摸摸，而且女性深諳此道，因此，關於月事用品、更換頻率、棄置方式，歷史學家只能臆測。由於歷史大多由男性寫成，因而罕見經血處理技術載入史冊。古代婦女或許大多放任經血流淌，也許是流到布料上，也許是滴到地板上，不過，古代女性的月事頻率可能不如現代女性頻繁，以前女性的懷孕哺乳期間比較長、壽命比較短，這雖然是普遍見解，但恐怕過於籠統。女性的階級不同，月事的經歷也不同。富貴人家的太太，丈夫不是長期在外征戰，就是在宮廷勾心鬥角，無法讓妻子懷孕懷個不停，因此，那些為後世留下月事見聞的，不是名媛貴婦、就是修道女子，她們的遺聞軼事在浩瀚史冊中閃著微光。不論在哪個時代，女性都能取得布匹，這大概就是古代女性的月事用品。《舊約》的〈以賽亞書〉要求信徒揚棄罪孽深重的金偶像、銀偶像，「一如揚棄沾滿經血的布」，這裡「沾滿經血的布」希伯來文原文是「niddah」，近代《聖經》譯本可見「汙穢之物」、「不潔之布」等譯法。[9]十七世紀文人約翰·班揚（John Bunyan）寫出了法利賽人的偽善，而偽善該受責難，「一如月經布，一如上帝所憎惡者，賤如糞，視如墮」。[10]史載英國女王伊莉莎白一世的財產中，包括「數卷荷蘭棉」，搭配玄綢緊身褡來固定位置，平民婦女則使用「clout」，最新出版的《牛津英語詞典》收錄了這個單字，在現代英文中，「clout」是「揍」的意思，當名詞則意指「一塊布料或衣料，尤指用途骯髒者」。早期探討職業病的義大利醫書《職人之疾》提到：外科醫生避免使用女人的舊布墊來包紮傷口，「雖然舊布墊常常清洗，但經血帶有毒性」。[11]

根據歷史學家韋恩·布洛（Vern Bullough）研究，一八五四至一九一四年間，至少出現二十種女性衛生用品專利，包括「月經墊、月經袋、衛生帶、盛血器、衛生巾、經布」。

我對一九〇三年申請專利的月經袋特別感興趣，申請者是密蘇里州聖路易市（St. Louis）的禮·H·馬禮樂（Lee H. Mallalieu）和蜜德莉·寇柯（Mildred Coke），月經袋的袋口硬挺、袋身富有彈性，屬於置入式生理用品，外觀雖然像保險套，但或許是月亮杯的前身。[12]不過，專利並未透露女性的使用心得以及何處可購得，難道是月經袋專賣店嗎？畢竟大眾行銷還要數十年才會誕生。根據歷史學家布洛記載：一八九〇年代，嬌生開始販售拋棄式衛生棉，表層覆著紗布，名為「李斯特巾」（Lister's Towels），但賣不太起來。[13]

現代的經血處理技術源自於第一次世界大戰。大戰爆發之前，護理師經歷了大大小小的戰役，從而體認到清理傷口的藥棉吸收力極佳，因此將藥棉用於他途，而在第一次大戰期間，護士改用金百利克拉克（Kimberly-Clark）生產的「纖維棉」來應付經血，此舉成為傳說中女性衛生用品產業的濫觴。一九二〇年，金百利克拉克將這種甘蔗加工的副產品用於製造衛生棉，[14]不久又推出衛生棉條。

對付經血有兩種辦法，一是吸收（包括體外式和置入式），二是用荷爾蒙遏止。在無法取得荷爾蒙的情況下，唯一的辦法就是使用女性衛生用品產業所稱的「流量管理裝置」，而在體外式裝置中，當年最成功的要屬靠得住，置入式產品則較晚才問世，儘管棉條存在已久，但並非用於吸收經血，而是由醫生用於治療。根據歷史學家莎菈・瑞德引用的《皇家藥典、草藥、丹藥》（*The Royal Pharmacopœa, Galenical and Chymical*），子宮托是「一種實物療法，長度大約與手指頭相當，有時會再更長一點，使用時置入私密處，一頭以絲帶固定」。[15]（古時候的醫師還真捨不得在設備上花錢，不是用線綁水蛭，就是用絲帶固定子宮托。）

這種實物療法旨在「誘導排經或止經，亦可制止母體脫垂」，古人用「母體」（Matrix）代指子宮真是妙極，這讓電影《駭客任務》（*The Matrix*）中的「母體」（Matrix）從此有了新解。戰時的軍醫應該嫻於使用棉條來止血（今日的軍醫偶爾也能取得衛生棉條用於外傷治療，止血效果依然極佳）。一八七九年，《英國醫學期刊》創新療法專欄刊出一篇短文，內容介紹婦產科醫生詹姆斯・霍布森・艾弗林（Dr. James Hobson Aveling）的新產品——陰道用導管棉條，當時市售「將小藥棉推進陰道」的產品價格較高，家境差的婦女買不起，「陰道用導管棉條」同樣使用小藥棉，但定價只要一先令（約台幣二十一元），使用前可以浸泡甘油，接著綁上棉線或拉繩，塞進玻璃導管後以木棒推送，接著將玻璃導管置入下體，並輕推木棒，讓小藥棉卡在陰道深處，使用方法清楚明瞭，婦女朋友應該可以自行使用，唯獨子宮移位患者（大概是跳台滑雪害的）「必須由醫務人員進一步調整」。這款導管棉條是首次登上知名醫學期刊的經血管理裝置，但流行與否卻無從得知。[16]我很欣慰艾弗林醫生的名字出現在我的資料庫，他曾經拯救一位產後大出血的少婦，艾弗林醫生從馬夫身上抽了六十打蘭（約二百三十五公克）的血輸給少婦，不久後少婦醒轉過來，還有力氣「說自己快死了」，可是，艾弗林醫生發現她的神智「不如預期中清醒敏銳（……），或許是血中含有白蘭地的緣故」。[17]

「陰道用導管棉條」問世後，數十年間各大廠商紛紛推出衛生棉條，但銷售成績都不佳，品牌名稱因而淡出歷史舞台。接著，「衛紗」登場，想知道這款衛生棉條的歷史不須費心調查，直接上「衛紗」的美國版網站就可以，請將游標移至「WE CARE ABOUT ALL WOMEN」（我們關心所有女性），並從下拉式選單中點選「Building Girls' Confidence, Educational Tools, and Disaster Relief」（建立自信心、教育與救災），選單旁邊可見珍珠棉條的廣告（注明附贈推管），這價格災區的婦女肯定買不起。「衛紗」的歷史跟衛生棉條一樣「充滿傳奇且多采多姿」，但美國版網站上的故事卻很枯燥：一九三六年三月七日，「衛紗按照德拉瓦州州法取得特許並獲成立」。

英國版網站上的故事精彩許多，裡頭提到了厄爾・克里夫蘭・哈斯（Earle Cleveland Haas），這位先生在其他文獻中的頭銜都是整骨師，唯獨在「衛紗」的起源故事中是全科醫生，聽起來體面許多。關於這位哈斯醫生的故事，不同出處有不同說法，每一種說法都有穆魯嘉的影子，說法之一是哈斯醫生的太太是芭蕾舞者，向來使用藥棉來吸收經血，但藥棉的吸收力不夠，讓她在經期間無法跳舞；另一說是哈斯醫生在加州遇到一位女子，這位女子不是他的太太，但同樣在經期間無法跳舞。總之，哈斯醫生就是希望芭蕾舞者那個來也能跳舞。而在《小奇蹟》（*Small Wonder*）這本記載衛紗品牌發展的官方著作中，哈斯醫生溫文儒雅，身為全科醫生的他，看見婦女使用體外式衛生棉，覺得既笨重又累贅。他九十六歲接受報社採訪時表示：「看到女人穿著該死的老舊破布，真是膩煩，我得想個法子才行。」[18]

一九三二年，哈斯醫生在自家地下室研究「經血裝置」，他將五塊棉片縫在一起塞入推管，原因是推管有助於將經血裝置塞入陰道。自從艾弗林醫生推出「陰道用導管棉條」之後，衛生棉條接連問世，但哈斯醫生認為這些經血裝置「令人不滿」，「不衛生，置入不便又不適，吸收後難以取出，而且容易在陰道內散開，導致纖維和棉絮殘留在體內」。哈斯醫生的棉片採用縱向縫製，藉以增加裝置的抗拉強度，並採用高壓塑形成圓柱形再塞入紙管中，以紙管作為推管。哈斯醫生的創新都在細節裡：紙製推管比木棒衛生，縱向縫製的棉片不易散開（哈斯醫生特別推薦鎖鏈針步——「就是縫死麵粉袋所用的針法」），其衛生棉條置入容易、取出方便，棉絮不會在陰道內殘留，而且無須手動操作，對於女性而言，這個縱向縫製的小棉塞代表了自由。[19]

這項專利及其細節令我深深著迷，在女性衛生用品產業一百五十年的歷史裡，像這樣公開透明的描述還真是百年不遇，由於各品牌互相競爭，許多細節都成了商業機密。在美國網路論壇「Reddit」上，有位鄉民開了個討論串，其貼文是：「我是衛生棉條設計師，要問卦儘管來」，結果問題排山倒海而來，他足足回答了十個鐘頭，其回覆包括：圓柱體並非衛生棉條最理想的形狀，因為陰道在非亢奮的情況下（既然你誠心誠意地發問了，那我就大發慈悲地告訴你）「比較像是扁掉的氣球，因為受到其他臟器擠壓的緣故」；此外，震動式衛生棉條已經發明出來了，只是並未販售；另外，他不用「月經」這種說法，也不曉得這兩個字怎麼寫，因為：一、他是個「哥兒們」；二、在業界都說「流量」。[20]

衛生棉廠商都對哈斯醫生的裝置興趣缺缺，令他大失所望。一九三三年（另一說為一九三六年），哈斯醫生將專利賣給葛楚・丹德瑞奇（Gertrude Tenderich）。根據文獻記載，葛楚是一位移民，有人說她很勤奮，也有人說她是勤奮的女性移民，[21]她向哈斯醫生買下專利和「衛紗」這個名字：「衛」是「衛生棉條」的「衛」，「紗」則是「陰道塞紗」的「紗」。葛楚先用縫紉機縫製衛生棉條，接著在丹佛一間倉庫裡大量製造，但藥商卻不肯進貨——這是個重要的難題，凡是生產衛生棉、衛生棉條、保險套、衛生紙都會遇到：令人難以啟齒的商品該如何銷售才好？發展中國家用「BPL」這個縮寫詞來代表「below the poverty line」（生活貧困），女性衛生用品產業也用

「BPL」這個詞，但意思是「below the panty line」（三角地帶），這是相當難行銷的位置。

葛楚盡力而為。她發揮創意，以月經為講題，雇用護理師四處宣講；並派遣鍥而不捨的男業務（而非女業務）到各地行銷；結合商業與教育，如同今日跨國企業以青春期衛教、生物學知識、婦女啟蒙作為賣點。葛楚的衛生棉條生意雖然小有起色，但始終無法熱銷，故而將品牌和專利轉賣給艾樂立・曼恩（Ellery Mann），這位胖墩墩的男士魅力十足，葛楚的女兒瑪麗・克瑞許馬赫（Mary Kretschmar）說：「他能講到你從椅子上摔下來，再爬回椅子上聽他講。」[22]曼恩讓「衛紗」和衛生棉條大大普及（至少在某些國家確實如此），也讓品牌背後的企業「衛品」（Tambrands）越做越大。

時至今日，工業化國家女性能選擇的生理用品五花八門，終其一生總共使用一萬一千到一萬六千件女性衛生用品，各種用品的使用人數尚無可靠數據，不過，根據市調公司歐睿國際（Euromonitor International）調查，美國十二至五十四歲的女性每年平均購買衛生棉一百一十六片、衛生棉條六十六條。[23]倘若放眼全球，經血吸收裝置必定是以體外式為主，置入的忌諱讓許多婦女對衛生棉條敬而遠之：可以插入那裡的只有丈夫，不可以是衛生棉條。因此，她們選用月經布、衛生棉、衛生巾、月經墊……等，名稱林林總總，包括女性防護用品（是要防什麼？）、女性衛生用品（不用就不衛生？）、女性需求用品、女性配件（衛生棉條又不是耳環！）。我真希望哪一間店（或者超市）的走道，能直接標示「月經用品」、「經血吸收裝置」、「棉塞與棉片」，可惜用語直白與女性衛生向來互不見容，美國直到一九七二年才准許電視和廣播放送女性衛生用品廣告，一九八四年，美國報紙的解惑專欄「親愛的艾比」（Dear Abby）刊出一封讀者來信，信中寫道：「請告訴我該怎麼制止電視播放女性個人用品廣告」。儘管如此，隔年「衛紗」依舊找來二十一歲的寇特妮．考克斯（Courtney Cox），讓她在廣告中直言不諱說出「經期」兩個字，這還是美國電視史上第一次，廣告公司表示：該品牌之所以選用這麼傷風敗俗的字眼，「是為了符合該廣告的風格。我們請求通路讓我們證明，用這個字眼絕對不會唐突〔……〕畢竟都什麼年代了，還要女明星穿著純白長洋裝在開著野花的原野上漫步，說什麼『感覺真清新』，未免太說不過去了」。[24]事實證明廣告公司錯了。女性衛生用品產業就像另一個眼不見為淨的產業，發展相當緩慢。現代的馬桶如果壞了，十八世紀的水電工也會修；而過去一百年來，在影響全球三十億人口的月事上，一共只出現三大發明：衛生棉條、衛生棉背面的黏條、月亮杯。

無論現在還是過去，生理用品廣告要吸引女性只能靠兩大訴求：一是健康，二是時尚，賣點則是方便、不沾衣物、潔淨（意思是不會飄出經血的異味），畫面大多走運動風，迷人的晚禮服也很常見。一九二〇年代，靠得住雇用署名「愛倫．J．巴克嵐」（Ellen J. Buckland）的護理師擔任廣告寫手，其廣告詞寫道：「以前害怕的輕薄連身裙，如今卻令人安心。」[25]比起現在，早年的生理用品廣告更強調醫界認可，例如「衛紗」的標語向來是「獲准於《美國醫學期刊》刊登廣告」，其實不過就是打個電話到該刊的廣告部門說要登廣告，寫得彷彿多了不起似的，還吹噓衛紗「全靠醫生完善」（不是靠整骨師喔）。一九四二年，英國奧德市（Oldham）的全科女醫生致函《英國醫學期刊》，但卻沒看見任何一則廣告提及這封信，這位女醫生名叫瑪麗．G．卡德威爾（Mary G. Cardwell），信裡說店家告訴她：十歲出頭的少女和年輕女孩都要求購買「置入式衛生巾」，她因而有一些醫學上的疑慮：有些女孩以此作為「濫交」的自我防護，此外。使用置入式衛生巾勢必得「觸摸外陰部，這著實令人不快」，許多年輕女孩「藉助鏡子來塞入衛生棉條，在心理上顯然造成負面影響」。[26]

要是有產品能完全遮掩月事，女性不僅能免於醫生嗤之以鼻的「所謂苦日子」，也不會再帶給社會困擾。靠得住、衛紗、美德氏（Meds）、摩黛絲（Modess）等早期品牌的宗旨都一樣，就是要解決「女性最重要的衛生問題」。靠得住推出與產品搭配的止臭劑，「從此不再害怕失禮」，而正是因為害怕失禮，女孩才會在成長過程中再三納悶：自己的經血為什麼不是藍色的？電視廣告不是都這麼演嗎？其實英國並無法規禁止衛生棉廣告使用血液，只規定衛生用品廣告應避免出現在兒童節目時段，且不得引發大眾反感，[27]但這規定的深意頗值得玩味。二〇一四年，衛紗的廣告出現「女性穿著紅色上衣參加搖滾演唱會的畫面，以及產品使用方法的動畫」，這則廣告總共引來二十二則客訴，大多是抱怨畫面和播放時段，後來則不了了之。

如果紅色上衣都能引戰，或許廣告公司確實該戒慎恐懼。內化的羞恥感最難觸及也最難甩脫。有一次，一位女性機場安檢人員將我提袋裡的東西倒出來，並小心翼翼把我的衛生棉藏在書籍底下，我問她為什麼？她一臉驚訝，說：「大部分女性都會拜託我這麼做。」在英國——這個我土生土長的地方——衛生保健及相關資訊都唾手可得（至於怎麼得到的我卻完全不記得），但我還是會把衛生棉條藏好再走去洗手間。記得有一次，我在水援組織演講，講題是月經衛生汙名，講完後我看著口袋裡的口紅，擔心會不會被誤認成衛生棉條。還有一次，計程車司機在後車廂撿到我從行李中掉出來的衛生棉條，他若無其事地遞給我，而我卻一臉尷尬。我不記得中學時學校教過月經，但經過長年的潛移暗化，我學會藏好、藏滿、別張揚。

二〇一一年，好自在終於鼓起勇氣，讓衛生棉廣告出現一點紅，某位廣告記者完全無感，認為那一點紅看起來像「機場地圖上顯示『目前位置』的標誌」，[28]《廣告周刊》（*Adweek*）的標題則寫道：衛生棉廣告大膽呈現紅色經血。[29]二〇一六年，英國衛生棉品牌「帛蒂梵」（Bodyform）釋出一則撼動人心的廣告，不僅開風氣之先，而且廣受好評，拍攝費用高昂，畫面令人振奮：一群女運動員在美洲原住民的震撼鼓聲中打拳擊、騎單車、衝浪、打橄欖球，看起來跟靠得住打網球、衛紗打高爾夫球的廣告沒什麼兩樣，但不同之處在於：「帛蒂梵」的女運動員流血拚搏，忠實呈現女性浴血奮戰的日常。在帛蒂梵的廣告中，跑者在森林裡跌倒，橄欖球員頭部受傷流血，芭蕾舞者解開纏在腳上的繃帶，鮮血淋漓——黏黏的血，黏著繃帶，廣告主題一目瞭然，一是力量，二是自由，廣告標語也下得相得益彰：「不因流血而退縮」，我很喜歡這則廣告，但裡頭就是少了一樣東西，我寫信給帛蒂梵好幾次，詢問這則廣告流了這麼多血，為什麼就是少了經血？對方每次都回「詢問尚無進展」。（隔年帛蒂梵推出的廣告如實呈現經血。）

陰道。這個詞平仄分明，本來應該很美，可惜並非如此。或許因為這個名字不受青睞，因此，陰道向來是備受冷落的研究主題，美國國家衛生研究院（US National Institutes of Health）直到一九九二年才將陰道研究設為計畫項目，[30]這可真是非比尋常，因為陰道是非比尋常的器官。首先，陰道的吸收力很強，勝過皮膚，陰道的內層覆蓋著死去細胞形成的黏膜屏障，藉以保護陰道免於感染，儘管陰道灌洗液和淨味劑的營業額高達數百萬，但其實陰道具有自潔能力（只是不像皮膚的這麼強），因此陰道壁上有細孔，可以吸收化學物質，卻不會將其代謝掉。這一點醫生都知道，我的醫生告訴我：如果用陰道塞劑補充黃體素，劑量只需要口服藥的一半；若從陰道補充雌激素，血清中增加的濃度是口服雌激素的十倍。[31]除此之外，陰道壁上布滿微血管，而且陰道內幾乎是無氧空間，這些因素加在一起，構成了適合細菌生長的完美環境，這其實並非壞事！人體攜帶的細菌（或說是攜帶人體的細菌）共計三十九兆，其中大多無害。[32]八%到一四%的婦女陰道內都有金黃色葡萄球菌，但並未影響其健康，[33]事實上，陰道菌叢功能眾多，可以保護女性健康。然而，如果特定生長條件占了上風，產毒的葡萄球菌株會大量繁殖，尤其是「中毒性休克症候群毒素」（TSST-1）。一九七八年，小兒科醫生詹姆斯·陶德（James Todd）在七名兒童身上發現令人憂心的病毒傳染鏈，認為其與「中毒性休克症候群毒素」脫不了關聯，並將其命名為「中毒性休克症候群」（toxic shock syndrome，簡稱TSS）。[34]

我記得中毒性休克症候群，也記得一九七六年的大旱和搖滾天團杜蘭杜蘭（Duran Duran），這些在我的少女時代都是大事件，我應該要再也不敢使用衛生棉條。一九八〇年代初期的女性大多曉得害怕衛生棉條，根據美國疾病管制中心的網站，一九八〇年五月，「研究人員向疾管中心通報五十五起中毒性休克症候群案例，這種新型疾病的症狀包括高燒、類晒傷紅疹、脫屑、低血壓、多重器官異常」。[35]截至一九八〇年底，中毒性休克症候群患者共八百九十例，其中九一%是經期婦女。根據菲利普·鐵諾（Philip Tierno）的著作《細菌的私密生活》（*The Secret Life of Germs*）記載，截至一九八三年六月，「通報疾管中心的案例超過兩千兩百例，其中九成婦女在經期間發病，大多數年紀都很輕，使用衛生棉條的比例為九成九」。

鐵諾教授是微生物學家，綽號「細菌博士」，他是將衛生棉條與中毒性休克症候群連結在一起的功臣，患者之一珮蒂·凱姆（Pat Kehm）二十五歲，有兩個女兒，身體向來健康，沒想到突然病倒，其病程相當典型：「一早起來發燒，同時全身發冷，不久便上吐下瀉，並且燒到三十九·四度。」到急診室之後，醫生在其就診紀錄寫下「類晒傷紅疹、潮紅、嚴重暈眩、低血壓、喉嚨痛，四肢發青，胸部等身體部位呈異色」，[36]最後心跳停止，病重不治。

凱姆生前使用寶僑旗下的「依賴」（Rely）衛生棉條，該品牌具有超強吸收力，好用得不得了，置入後可以好幾個鐘頭都不用更換，而且使用後會往上下左右膨脹成香菇狀，這是相當貼合陰道的形狀，而其材質包括羧甲基纖維素，這種化學物質的吸水率極佳，常添加於通便劑、牙膏、人工淚液。杜克大學（Duke University）的廣告檔案庫保存了好幾支「依賴」衛生棉條的廣告，內容相當老套，有一支是女演員在游泳，有一支是在打高爾夫，有一支是在打網球，廣告台詞也無甚創新——「記得『依賴』值得依賴」，簡直是史上詞藻最乏味的廣告。

流量大的婦女都喜愛「依賴」，晚上一睡就八小時的婦女也喜愛「依賴」。截至一九八〇年，喜愛「依賴」的美國婦女達二成五，問題是，金黃色葡萄球菌的病毒株也很喜愛「依賴」，其原因及傳染途徑至今依舊不明，或許是因為「依賴」吸水力太強，導致陰道乾澀，因此容易造成輕微擦傷、撕裂傷（這是使用衛生棉條常見的情況），葡萄球菌從傷口直達血管，在血液中恣意肆虐，又或許，「依賴」的材質才是罪魁禍首。一九八〇年，鐵諾教授致信寶僑、疾管中心、食藥管理局，信中提及四種常見的衛生棉條材質，包括：嫘縈、羧甲基纖維素、丙烯酸人造絲、聚酯纖維，這些都可能成為中毒性休克症候群毒素的溫床。

一九八〇年底，中毒性休克症候群一共奪走三十八位婦女的性命，「依賴」等吸收力超強的衛生棉條全部遭到下架，並且引發一千多起訴訟，[37]後來市售衛生棉條都嚴格標示使用時間不得超過八個小時，並且嚴厲警告中毒性休克症候群的症狀，各種危言聳聽加上大量媒體曝光，導致我在成長過程中一旦忘記更換衛生棉條就嚇個半死。各大廠牌也停止使用羧甲基纖維素、聚酯纖維、聚丙烯酸酯，但依舊使用以木材、木屑為原料的嫘縈，再配上不同比例的棉花，至於衛生棉則九〇%都是塑膠製品。

由於各大廠牌之間互相競爭，衛生棉和衛生棉條的產品成分細節標示不詳而且資訊不透明，除此之外，監管單位也助長了衛生用品產業的保密風氣。美國的食藥管理局並未要求衛生用品廠商在包裝上標示產品成分，其對於食品的要求則嚴格許多。如果女性朋友置入陰道的是棒棒糖，可能還比較了解自己究竟吸收了什麼。

會調查生理衛生用品成分的通常是非政府組織或有心人士，例如「婦女聲援世界」（Women's Voices for the Earth）二〇一三年的「化學毒物報告」（Chem Fatale）發現：衛生棉和衛生棉條含有「戴奧辛、呋喃（產生自氯漂白過程）、殺蟲劑殘留、不明香精」，[38]其中戴奧辛和呋喃都是持久性有機汙染物（Persistent Organic Pollutants，簡稱POPs），大多透過生物鏈攝入人體，根據世界衛生組織的說法，九成的人從肉類、乳製品、魚類、貝類接觸到戴奧辛，因而導致「生殖和發育問題，並損害免疫系統、擾亂荷爾蒙、引發癌症」。[39]「化學毒物報告」列出的傷害聽起來更慘烈，包括癌症、生殖傷害、內分泌干擾、過敏性皮疹。

我將我的子宮內膜異位症歸咎於環境化學物質干擾，只不知這些化學物質是來自空氣、水、土壤、冰淇淋還是衛生棉條，此外我也無法證明這些干擾確實存在（儘管目前大多數的環境都有戴奧辛）。靈長目動物（包括大老鼠、猴子、小老鼠）接觸戴奧辛之後，會增加罹患子宮內膜異位症的機率，其中「二、三、七、八—四氯雙苯環戴奧辛」（2,3,7,8-tetrachlorodibenzo-p-dioxin）被歸類為人類致癌物，恆河猴、食蟹獼猴若透過飲食攝入，會導致「子宮內膜異位症的案例和嚴重程度依攝入濃度遞增」。[40]食蟹獼猴是俗稱，英文原名是「Cynomolgus」，起名者是希臘化時代學者「拜占庭的亞里斯多芬」（Aristophanes of Byzantium），「cyon」是希臘文的「狗」，「amolg-os」則是「擠奶」，「Cynomolgus」這個名字源自某個擠狗奶的部落，該部落的男子跟食蟹獼猴一樣蓄著鬍子，這番說法雖然尚無權威背書，但我希望是真的。先不說這猴子的英文名字了（中文常見名稱是馬來猴或長尾猴），總之，食蟹獼猴被以手術植入子宮內膜異位組織後，被迫接觸二、三、七、八－四氯雙苯環戴奧辛，結果發現其子宮內膜異位組織增生。

然而，麥可．狄偉拓（Michael DeVito）和艾諾．施克特（Arnold Schecter）在《環境健康展望》（*Environmental Health Perspectives*）期刊發表的論文中提到：「戴奧辛暴露與子宮內膜異位症等生殖道疾病的關聯，目前尚無人體試驗數據得以駁斥或證實。」個人衛生用品產業則聲稱產品很安全，戴奧辛含量微乎其微，尤其現在已經不再用氯漂白。「衛紗」的網站則清楚表明其製造過程有多安全——「非常安全」，包括哈佛、達特茅斯、威斯康辛、明尼蘇達、疾管中心的首席科學家，都針對產品「進行廣泛測試，證實嫘縈和棉花很安全，可用於衛生棉條製造」。「衛紗」的網站上還附了簡明的圖表，裡頭列出衛生棉條的成分、功能、材質，包括「包裹棉芯的薄面料」，此面料一則有助於使用者順利取出棉條，二則「可省去某些型號所使用的防漏下襬」。[41]（我立刻上網搜尋「防漏下襬」，好幾個鐘頭的生命便因此浪費了。）

根據食藥管理局的說法：「女性衛生用品（尤其是衛生棉條）中的戴奧辛」定期「會引發關注」，[42]我也說不上來為什麼，但總覺得他（我猜這位下筆審慎的局員一定是男性）一邊寫這段話一邊嘆氣。二〇〇九年，食藥管理局核撥研究經費給傑佛瑞．C．亞契（Jeffrey C. Archer，這位食藥管理局的化學家生平不詳，並未列名在該局的熱門研究員中），他必須檢驗七個品牌的衛生棉條，看看其中的戴奧辛含量，其研究雖未指明品牌名稱，但檢驗了各種吸收能力的棉芯，他將試樣以高解析質譜儀氣相層析，結果發現戴奧辛含量都未超過建議上限。但是，究竟攝入多少戴奧辛算是

「安全」呢？「安全」是個危險的字眼，聯合國食品添加劑聯合委員會（Joint Expert Committee on Food Additives）建議每公斤體重每月可攝入七十皮克（一皮克為一兆分之一克）。傑佛瑞．C．亞契的研究結果發現：體重五十公斤的女性若每個月使用二十四條衛生棉條，並且完全吸收衛生棉條所含之戴奧辛，其接觸到的戴奧辛僅達食品添加劑聯合委員會「每月攝入上限」的〇．二%。狄偉拓和施克特的研究則發現：我們從食物中接觸到的戴奧辛，比嬰兒從尿布中接觸到的高出三萬到兩百二十萬倍。

二〇一三年，名稱令人不敢領教的機構「天然精」（Naturally Savvy）透過「第三方認證」實驗室檢驗德國品牌歐碧（o.b.）的衛生棉條，看看有無殺蟲劑殘留，結果在各款產品上發現微量馬拉氧磷、馬拉松、益發靈、滅加松、撲滅寧、滅大松、繁福松、除蟲菊、協力精。[43]儘管食藥管理局建議衛生棉條「不應含二、三、七、八－四氯雙苯環戴奧辛，二、三、七、八－四氯呋喃戴奧辛，殺蟲劑或除草劑殘留」，但並未要求廠商自我監測。[44]二〇一六年，阿根廷國立拉普拉塔大學（National University of La Plata）的報告發現：八成五的衛生棉條、藥棉、紗布都含有嘉磷塞，這種化學物質可見於七百五十種常用除蟲劑，並且被世界衛生組織列為致癌物質，[45]然而，嘉磷塞隨處可見，土壤、棉質衣物都找得到，幾乎所有人身上都有微量殘留。加拿大婦科醫生珍．岡特（Jen Gunter）以揭穿偽科學為樂，其中一則貼文的標題是：「誰說妳的衛生棉條是滿載基改植物的致癌棒！胡說八道！」內文則說「比起妳每個月使用四天的衛生棉條，更值得擔心的是妳吃的食物、妳穿的衣服、妳光腳走過的路」。[46]此外，瑞士政府的化學研究室受託調查衛生棉條成分，結果沒有發現任何疑慮。[47]

這樣的輕描淡寫，只需要兩個事實就能掀起波瀾：第一，陰道的吸收力極強；第二，女性平均一生會用掉上千條衛生棉條。由於衛生棉和衛生棉條屬於醫療器材，目前並無法規要求廠商公開成分，因此，香氛衛生棉和衛生棉條雖然散發可疑的味道，但並無任何不良紀錄。[48]萬一再次發生中毒性休克症候群或類似的健康危機，食藥管理局除了建議撤銷產品之外，並無任何法規命令其採取行動，對於以女性為名的產業而言，這樣的安排還真是紳士，這是要流著經血、用著棉條的女性如何相信？

因此，我支持紐約州眾議員凱洛琳・梅隆尼（Carolyn Maloney）。梅隆尼女士於一九九七年首度提出「衛生棉條安全暨研究法」，[49]起因是有位學生問她衛生棉條的成分是什麼？「我十分震驚，原來學界竟然沒有答案，還記得當年研究咖啡濾紙的比研究衛生棉條的還要多。」一九九九年，她將法案名稱改為「蘿蘋・丹尼爾森女性衛生用品安全法」（Robin Danielson Feminine Hygiene Product Safety Act），藉此紀念四十四歲便因中毒性休克症候群過世的蘿蘋・丹尼爾森。二〇一七年，梅隆尼女士第十度提出這條法案，追蹤美國國會立法的網站「GovTrack」認為通過機會是一％。[50]比起現在，中毒性休克症候群在一九九〇年代末更能引人共鳴，當時支持該法案的連署人也比較多。現今事情已有起色，她說：「女性衛生用品產業已經開始矯正過往錯誤，不僅改變使用成分，漂白過程也不同於以往，有些品牌還自行在包裝上標示部分成分。」此外，消費者也比過往還難取悅，種種標榜有機的產品或許也是打破保密風氣的原因。不過，梅隆尼女士在一篇評論文章中寫道：「女性終生使用衛生棉條，長期累積下來會對健康造成什麼影響，目前尚未有任何資料。」這就像——她在下文寫道——只憑一根菸來檢驗吸菸對健康的影響。「我提出的法案列出了各項女性衛生產品，用意不在對其安全與否未審先判，只是想請各位拿出研究數據來讓我們看一看。」[51]

這些目前都還只是第一世界的問題，但不久之後便會改觀。根據數家市場研究公司的報告：衛生防護用品產業的市值將在二〇二二年達到四百二十七億美元（約台幣一兆二千八百一十億）。[52]其成長來自哪裡呢？答案是「發展中國家尚未開發的市場潛力」，[53]換句話說——來自還在使用衣料、破布、巧克力盒的世界。

不過，這些衛生棉和衛生棉條該如何處置才明智？這個問題就跟經血一樣乏人問津。目前印度每個月使用的衛生棉中，多達十億件無法由生物分解，[54]這該怎麼處置才好？焚化爐在印度很罕見，大量焚燒會對環境造成不良影響，焚燒月經布則據說會造成不孕，用掩埋法又太過耗時，現代的衛生棉大半是塑膠製品，需要八百年才能分解。比哈爾邦所做的研究顯示：當地將近六成婦女直接將用過的衛生棉或月經布丟在路邊或是田裡。[55]印度當前的廢棄物處理建設已經超出負荷，大多數的垃圾都交由種姓制度低層的拾荒者處理，未來如果真的出現衛生棉革命，每個月將會多出數百萬片衛生棉，這不僅是巨大的負擔，也會帶給處理者生物性危害。此外，就算是功能正常的下水道，也會很容易就被衛生棉堵塞住——衛生棉原本就是設計來吸水，吸完水還會膨脹，絕對不應該出現在狹窄的下水道。

儘管寶僑、金百利克拉克等廠商斥資以衛教等手段打進發展中國家，但女性衛生用品市場成長緩慢。寶僑與非政府組織及聯合國組織合作，每年在校園、社區提供女性衛生及青春期教育，嘉惠一千七百萬至兩千萬名年輕女性，[56]而正如穆魯嘉很快就學到的：貧窮婦女根本連一片市售衛生棉都買不起，遑論一整盒衛生棉條。我在文獻中讀過：少女透過性交易賺錢購買衛生棉等生活必需品，這叫做「鮑魚換護墊」，雖然是見不得人的事，但卻是家常便飯。奈洛比非政府組織「解放少女」（Freedom for Girls）的督察指出，她在馬少爾（Mathare）貧民窟遇到的少女中，半數為了買衛生棉而賣淫。[57]此外，研究人員在肯亞西部考察三千四百一十八位經期中的鄉村女性，發現近一成的十五歲少女為了衛生棉而賣身。[58]迦納教育服務局底下的少女教育單位發現：在迦納東部的二十六縣中，共計四百一十四位青少女「過去兩年因為以性交易換購衛生棉而懷孕」，[59]而在這四百一十四位青少女中，共計兩百二十九位在第一年懷孕，一百八十五位在第二年懷孕。一位肯亞少女在受訪時表示：「有些人賣身賺錢，用賺來的錢去買衛生棉。」另一位少女則說：「你用陰道來付他錢。」[60]

肯亞這項研究只訪問了一百二十位少女，雖然大型學術研究至今依舊闕如，但光是一些軼事和小型研究就足以令人擔憂，所幸有些女性不用賣春也買得起衛生棉，只是她們買的是盜版衛生棉——沒錯，衛生棉也有仿冒品，黎巴嫩海關近期扣押了半公噸的衛生棉，這批貨被驗出輻射嚴重超標，每一片都是由中國製造，廠商聲稱其衛生棉含有負離子，如果穿在褲子裡往裡頭流血，顯然對健康大有助益；此外，廠商還說負離子別名「空氣中的維他命」，[61]一名網友在中國的部落格發文，並沾沾自喜地寫道：廠商「保證」負離子衛生棉「將重新定義何謂擁有『火辣女友』」。[62]二〇一三年，橫跨中國六省的「衛生棉仿冒集團」（沒想到世界上還有這種集團，真教我措手不及），共計四十三名成員因涉嫌偽造衛生棉而遭到逮捕，警方破獲該集團後，便有婦女反應因使用衛生棉而感到不適，於是四十三處「賊窩」、二十條生產線被迫關閉，這家衛生棉仿冒集團淨值一億五千萬人民幣（約台幣六億八千一百萬），有位女性在其相關新聞底下留言：「我們女人月經來痛個半死，你們這些人（意指嫌疑犯）竟然還仿冒衛生棉，真不是人，乾脆判死刑算了。」[63]

此外，針對印度衛生棉市場所做的調查報告發現：十九項銷路極廣的產品中含有髒汙和螞蟻。

印度對於衛生棉的標準自從一九八〇年之後就不曾變更過，只有一九八一年時修正了用詞，將「顯露」以「沾汙」、「滲漏」取代，原本的標準規定寫道：「衛生棉的PH值必須介於六至八．五之間，且必須以每分鐘十五毫升的速率吸收倒在衛生棉中央的有色水體、加入草酸鹽的羊血或其他測試液，吸收量為三十毫升，測試液不得顯露在衛生棉背面或側面。」我仔細將印度的衛生棉標準從頭看到尾，但還是花不了太多時間。這項接觸女性敏感部位上千次的產品，製造標準竟然只有五頁，而且以雙倍行距謄打，從頭到尾都沒有提到合格的棉花或材質，明明內文很關心衛生棉芯「突然受到外力施壓時不應隆起」，[64]就連寶僑研發部門難得的先見之明都撫慰不了我，該部門揭露了內部使用的「膝窩測試」，用於評估潛在的化學刺激和機械性發炎，「先將受試材料（衛生棉、襯裡、面料、未壓縮的衛生棉條、織物、面紙）平貼在膝窩，再套上尺寸適中的彈力帶固定位置」，六個鐘頭後，取下彈力帶和受試材料，「由專業評等員以光照，看看有沒有出現紅斑、皮膚乾燥的情況」，[65]儘管我不認為我的膕窩和外陰部在外觀或感受上有任何相似之處，但是美國材料試驗學會（American Society for Testing and Materials）卻認證「膝窩測試」為全球標準測試。[66]

心理學家和非政府組織都愛「驅動者」，因為驅動會帶來轉變，像穆魯嘉這樣白手起家的怪傑就是驅動者，「非洲棉」（AFRIpads）、「女力崛起」（Irise）等月經社運組織也是驅動者，所有在發展中國家行善的非政府組織都是驅動者，然而，驅動不一定來自慈善機構或非政府組織，也可能來自穆魯嘉所鄙夷的「蚊子型」吸血企業，例如Levi's、Timberland、可口可樂。

二〇一〇年，孟加拉首都達卡推動一項女性健康促進計畫，計畫名稱是「健康生息」（Health Enables Returns，簡稱HERproject），由「企業社會責任協會」（Business for Social Responsibility）負責執行，該協會的會員包括全球兩百五十家企業，例如微軟、索尼、百事可樂、可口可樂。[67]企業支持的計畫很適合在達卡推動，當地有五千多家成衣廠，都是全球大企業的供應商，超過三百萬名孟加拉人在成衣廠工作，其中八成是女性，要聯繫她們很困難。二〇一三年，達卡紡織代工大樓「Rana Plaza」倒塌意外造成一千一百二十九名工人死亡，[68]引來媒體大肆報導，因此當地的成衣產業對於媒體頗有疑慮，我在「健康生息」計畫的掩護下獲准進入某間成衣廠，所在街道我不認得，工廠名稱我不得透露，背後的企業也不准提及，總之是西方品牌的供貨商，至於品牌名稱也得保密。

孟加拉各地城市的成衣工人大多教育程度低落，十六歲（甚至更小）就到城市來找工作，身上帶著村長發的十八歲證明，他們還來不及接受非政府組織的教育計畫，年紀輕輕就離鄉背井，偏偏非政府組織又罕見在都會區推動衛生或教育，因此，「健康生息」計畫的孟加拉主管娜姿妮・胡奎（Nazneen Huq）發起多項計畫，旨在改善女性對於營養、性教育、愛滋病（毒）的認識，此外，胡奎女士心裡明白：月經也是必須觸及的議題。成衣廠經理坦承：每個月都有女工缺勤數日，只要工廠生產線的監管夠嚴密，計件工人一旦曠職就會被發現，更何況是缺勤一整天，旁人會看見，機器會空轉，試算表上也會有紀錄。胡奎女士已經和成衣廠合作了好幾年，口袋裡有兩項簡單的法寶：一是有話直說，二是經濟損失。

「他們知道女工缺勤，也知道是因為經期的緣故，但卻不敢坦白明說。」胡奎女士的策略是只談成衣廠經理願意談的話題，也就是在商言商，「我會說，如果你底下有一千位女工，每位女工缺勤一到三天……聽到這裡，經理會侷促不安，口裡應著『是，是』，而如果是五百位女工，每位都缺勤一天，工廠就損失五百個工作天。這時經理臉上發窘，但口裡還是應著『是，是』。是這樣沒錯。」

成衣廠經理曉得要唯唯諾諾，因為孟加拉人對職場安全懂得要求，然而，除了依法設立醫療中心之外，經理們並未將健康議題放在心上，因為他們不曉得工人健康不佳會導致工廠營運成本上升，也不曉得八成女工不用衛生棉是因為買不起。「健康生息」計畫初期鎖定的工廠之一位在艾緒里（Ashuria），距離達卡市中心不過數英里，可是達卡的交通實在太恐怖，就連這麼近的市郊都要開上三個鐘頭。以工廠的標準來看，這間位在艾緒里的工廠相當優良：通風佳，廁所乾淨，樓下還有托兒所，生產線上的工人都戴著口罩，口罩上是滿滿的卡通圖案，一看就知道是用兒童睡衣或內搭褲的布料做的，在機器和機器之間忽隱忽現，也在成衣產業不時引起幾波流行，看得人眼花撩亂。

二十五歲的普娜（Panna）是一位女工，在成衣廠負責加工後處理，她刻意請假出來談一談參與計畫的心得。「健康生息」計畫模式需要與「同儕教育者」合作，這些同儕教育者會先受訓，再將資訊散播給二十位女工。普娜四年前來到達卡，從上工第一天起，她應付經血的方式就跟其他同事一樣，直接用成衣廠地上的碎布，大家稱之為「joot」（麻布）。「我們是從清潔人員那邊拿的。清潔人員掃地時會掃起來，再順手拿給我們。用起來非常癢。」普娜每個月會在家休息一、兩天。「我痛得很厲害，每半個小時還得換一次麻布，經血會外漏，還有分泌物，雖然我們是女人，但卻對生殖健康一無所知。」（這裡所謂的「生殖健康」其實是「婦科健康」。）附近一間小廠房的女工芭娜妮（Banani）領著我來到裁剪間，裡頭的男工打著赤腳沿著長桌奔跑，長長的布料在身後翻騰，讓其他工人裁剪，煞是好看。芭娜妮是這間工廠的福利主任，她帶我到長桌旁的垃圾桶，說：「看，這就是麻布。」以前她會偷偷蒐集這些麻布，再默默塞給有需要的人。所有與我交談的女工都因為使用麻布而有分泌物及健康困擾。丟棄麻布的垃圾桶裡有小蟲，工人還會往裡頭倒水。胡奎女士說：七成孟加拉女工都有白帶，不然就是分泌物有異味，「她們以為白帶沒什麼大不了」。這些女工的曠工率高達一〇％，每次工廠經理（全是男性）被問到，都坦承知道麻布的事，由於沾滿經血的麻布堵塞下水道，某位經理還動不動就收到清理下水道的請求。

這些都是過去的事了，現在孟加拉的女工大多使用衛生棉。「健康生息」計畫大半在說服成衣廠向當地供貨商收購衛生棉，再以補貼價賣給廠裡的女工。艾緒里這間工廠的醫療中心位在廠房外，雖然陽春但是很乾淨，裡頭擺著好幾盒衛生棉，員工價是三十一塔卡（約台幣九元），市價則是九十塔卡。這裡的法遵人員是一位熱情的年輕人，名叫哈桑（Hasan），「我們以前曠工情況非常嚴重。妳看也知道，我們是一間生產工廠，即便如此，總經理還是一談到月經就發窘」。根據工廠內部紀錄，目前曠工率降到六％，總經理用不著發窘了，下水道也不再堵塞了。另一間達卡的工廠曠工率則降到原來的一半。某位工廠經理說：原本以為「健康生息」計畫只是老調重彈，這下可不能再這樣想了。[69]就連男工也要求辦理健康計畫。

一如麻布必定會堵塞下水道，推行計畫也勢必會受到管理階層阻撓。「健康生息」計畫要求頭幾年每週必須受訓一個鐘頭，但並非每一位經理都願意從生產線上挪出時間來參與，進步或許不像長桌旁的赤腳男工跑得這麼快，但至少正在往正確的方向前進，希望能一路破除汙名，而已破除的汙名又再破除更多汙名。一位姓里亞茲的工廠經理說：「『健康生息』改善了我跟女工的關係，她們不再羞於跟我說話，現在一有問題就會直接跟我反映。」[70]「健康生息」計畫迄今共觸及七百多間工廠和農場，嘉惠八十萬名女性，其數據顯示，在孟加拉的十間工廠中，女性使用衛生棉的比率上升了四九%。[71]

我加入「健康生息」計畫為同儕教育者開辦的進修課程，來上課的都是身穿粉紅圍裙的年輕女性，圍裙上寫著「健康生息」，戴著學校制服布料做成的頭巾，突然間，有人遞了一只棕色紙袋給我。在我四周，大家興高采烈暢所欲言，談論著原本只能竊竊私語又難以啟齒的話題。這是個好現象。趁著她們討論性傳染病、生殖道衛生與健康、南瓜無懈可擊的營養價值，我打開棕色紙袋，發現裡頭是一包工廠補貼供應的衛生棉，由孟加拉本地生產，製造商是沙威隆，品牌名稱是自由。

驅動者可以是堵塞的下水道，可以是執迷不悟、冥頑不靈，也可以是筋疲力竭、山窮水盡，不論驅動的力量來自哪裡，過去幾年來確實出現了翻天覆地的變化。幾年前，一位男婦科醫生斬釘截鐵地告訴我：月經在英國並非禁忌，我滿臉狐疑看著他，說：「只要用藍色漱口水代替經血的做法還存在——因為大家都覺得經血很髒，看了就心煩——你這話就不算對。」

雖然我還在等待經血到來，但眾多事跡已經讓我心懷希望，禁忌的金城湯池已經搖搖欲墜。二〇一五年，《時代雜誌》的封面是一條（沒用過的）衛生棉條，標題寫著「月經之年」，經血變得隨處可見：多位藝術家用經血做禪繞畫；詩人露琵．考爾（Rupi Kaur）假裝穿著灰色運動褲流著經血，還把照片貼在ＩＧ上；音樂家琪蘭．甘地（Kiran Gandhi）參加倫敦馬拉松時放任經血淌流，巧的是她剛好穿著紅色運動褲。（她聲稱自己之所以不使用衛生棉條，是因為找不到隱蔽的地方更換，這番話相當蹊蹺，倫敦人一年當中最容易找到公共廁所的日子，大概就是倫敦馬拉松。）

不過才一眨眼的工夫，大家都把月經掛在嘴邊。英國網球女將希瑟・華森（Heather Watson）說自己因為「女人私事」輸了比賽；中國游泳女將傅園慧說得更直白，她在奧運四百公尺混合接力賽失利後接受訪談，一邊滴著水一邊說自己表現不佳，「因為昨天來了例假，所以感覺特別累」，[72]雖然沒有贏得比賽，但傅園慧這番發言獲得的媒體露出比金牌入袋還要多。在這抹紅豔與群情譁然的背後是實實在在的生意。男性主導的創投界挹注資金給女性經營的生理用品事業，例如「Thinx」的吸血生理褲，例如用狀似外陰部的葡萄柚（果農還不曉得有這種品種）做成的巧妙平面廣告（你想不支持都難）；例如二〇一六年募到四百萬美元（約台幣一億二千萬元）的「Flex」月經碟；例如LOLA、Maxim等標榜使用有機棉的衛生棉條公司，他們因環保意識抬頭而創立，其中LOLA在二〇一七年獲得一千萬美元（約台幣三億元）的投資，「Clue」則募到二千萬美元（約台幣六億元）推出監測並追蹤月經週期的應用程式。[73]

「世界月經衛生日」於二〇一四年訂定，不過三年的時間，共有五十三個國家發起三百四十九場活動。肯亞政府已經保證提供免費衛生棉給「註冊並接受公共基礎教育的女學童」，[74]烏干達政府也在選前幾個月由身兼教育暨體育部長的第一夫人珍娜・穆塞維尼（Janet Museveni）做出相同的承諾，[75]但承諾並未兌現，引來烏干達學者絲黛拉・尼安琪（Stella Nyanzi）撻伐，怒斥總統是「一對屁股蛋」，因此吃了四週牢飯。[76]這位第一夫人曾經提議實施「處女普查」，要求全國女性接受處女測試。[77]

在印度，由民間發起的「我流血！我高興！」（Happy to Bleed）運動取代了商業導向的「碰醬菜」企劃，年輕的印度女性將衛生棉釘在樹上，在面料上寫著：「我們就流血！你看著辦吧！」這項運動由二十歲的霓姬妲・雅札德（Nikita Azad）發起，旨在抗議寺廟禁止經期婦女入內，主要的導火線是南印度某間寺廟，其住持建議廟裡安裝「月經偵測器」，而這種機器卻還沒發明出來，[78]這條禁令既愚蠢又小心眼。不過，正如雅札德所述，月經禁忌所忌諱的不只是經血，「這不是潔淨對抗汙穢、男性對抗女性的問題。我們的抗爭始自家裡、始自職場，我們要對抗為了不讓我們出世而毆打母親的親戚，對抗羞辱我們的婆家，對抗強暴我們的人，對抗詆毀我們的寺廟」。[79]對抗愚蠢的禁忌就是對抗根深柢固的仇女情結，以及對抗衍生自仇女的地方暴力。

此外，目前還有提供衛生棉給女性遊民的運動，她們都用襪子等布料來吸收經血。我在薩克屯時，有天晚上跟服務中低收入戶為主的協青社出去，一路上最常聽到的索取物資就是衛生棉條和尿布，其社員以不帶嘲諷的口吻自稱是「發衛生棉條的小姐」。美國公民自由聯盟（American Civil Liberties Union，簡稱ACLU）則替女受刑人提起訴訟，事由是其經期衛生取得權遭到侵犯。在女子監獄裡，管控人犯與其用槍枝，還不如用衛生棉來得便宜。根據女囚犯的說法，監獄配給的衛生棉數量不足、品質低劣。伊利諾州馬斯基根郡監獄（Muskegon County Jail）的受刑人倫朵菈・齊千斯（Londora Kitchens）為此作證，她在二〇一四年某次月經來時衛生棉正好用完，某位姓葛力夫（Grieves）的督勤官說她是「衰尾查某」，叫她直接流到地上就好。[80]布魯克林辯護服務（Brooklyn Defender Services）在紐約市議會婦女事務委員會前提起訴訟，律師在訴狀上寫道：其委託人在雷克島監獄服刑時，「請社工不要在她月經來時探監，她擔心月經外漏到囚服上，她得帶著血跡穿過走廊回到牢房」。[81]雷克島監獄每個月發給受刑人十二片衛生棉，每一片都很薄，且吸收力不佳。亞利桑那州規定：女受刑人用完配給的十二片衛生棉可以再要，至於衛生棉條則禁用，根據美國公民自由聯盟的說法，這是基於「安全風險」考量。亞利桑那州眾議員雅典娜・薩爾曼（Athena Salman）

近來推動一條法案，內容允許女受刑人無限制索取月經衛生用品，而且超出配額不得收費，審議該法案的委員會成員全是男性，議長傑伊・勞倫斯（Jay Lawrence）表示：「審理這條法案讓我很不好受〔……〕沒想到會聽到那麼多衛生棉、衛生棉條、經期困擾。」[82]這還沒完，接下來他還得聽關於「外漏」、「流量大」的證詞。長期照護女受刑人的護理師茉莉・妮葛蘭（Molly Nygren）告訴記者：女囚犯將好幾片衛生棉搓成衛生棉條，「這樣做會滋生細菌，導致中毒性休克症候群，」妮葛蘭護理師說，「我認為她們應該用不著這麼做才是。」[83]該法案以五比四通過。

另外還有反月經稅運動。在美國，衛生棉條要課徵營業稅，保險套、生髮產品、護唇膏卻不用。在英國，女性衛生用品在二〇〇〇年前的稅率是二〇％，在此之後才降到五％，[84]這是調降稅率卻未在預算編列會議宣告的罕見案例，前英國首相戈登・布朗（Gordon Brown）的策士麥克・布萊（Damian McBride）表示：「這是因為戈登不願在發言箱前談及衛生棉條的緣故。」[85]儘管歐盟法規鬆綁，允許各國免除生理用品的營業稅，但還是得課徵五％的增值稅（VAT），冰淇淋、船屋、漏尿墊等日用品則可以免稅，這等於是把女性衛生用品當成奢侈品看待。二〇一七年，紐約州表決免費提供充分的衛生設備給監獄、學校、遊民收容所，並跟進其他八個州決意撤銷月經稅。[86]愛爾蘭、西班牙、荷蘭也免除了月經稅，法國則減至五・五％；[87]瑞士女性則將蘇黎世的十三座噴泉水染紅，抗議政府對女性衛生用品課徵八％的稅率（這是奢侈品的稅率，日用品的稅率是二・五％）。[88]英國保守黨政府誓言要免除月經稅，到頭來卻無所作為，還把二十五萬英鎊（約台幣一千零六十五萬元）的月經稅收用來金援反墮胎慈善團體（本來還答應要資助婦女庇護中心）。[89]歐巴馬總統卸任前，得知美國有四十個州對女性衛生用品課徵奢侈稅，他表示相當驚訝，並告訴訪問者：「我猜想，稅法通過時，決策者都是男性。」[90]

來月經的如果是男性，情況必定不同，這是老掉牙的想法，而闡述得最好的莫過於葛洛利雅．史坦能（Gloria Steinem），她一九七八年那篇〈如果男人有月經〉（If Men Could Menstruate）寫得真是無懈可擊，在這樣的世界：

> 男人吹噓自己流了多久又流了多少。
>
> 少年說起初經，彷彿成年般令人稱羨，並舉辦宗教儀式、家族聚餐、狂歡派對，以茲紀念。
>
> 國會成立國立經痛機構，預防位高權重者每月停工損失。
>
> 聯邦政府資助免費衛生用品，當然還是有男人自掏腰包購買名品，例如保羅．紐曼經典款衛生棉條、拳王阿里以逸待勞型衛生棉、約翰．韋恩硬漢型加長衛生棉、「清爽單身日專用」喬．納馬斯運動型衛生棉。
>
> 街頭男孩自創俚語（「他是一次三片郎」），路上遇到時互相擊掌，說「喲！氣色不錯喔！」「對呀，我月經來！」。[91]

在哥印拜陀的「智障兒家長協會」，穆魯嘉邀請我操作衛生棉製造機，木質纖維素已經由小男孩研磨得「蓬蓬的」，我將「蓬蓬的」搗到鐵盒裡，壓下槓桿，將「蓬蓬的」壓縮成吸水的衛生棉芯，再用另一台手動機器將衛生棉芯包在面料裡，翻面貼上黏條，放在紫外線燈下照三十秒（像在沙龍做光療美甲那樣），這下大功告成，接著就是合照時間，照片裡的我笑得毫無形象，因為這是我這輩子第一次自己做衛生棉，袋鼠牌，一般流量型。

一片衛生棉看起來沒什麼，但是，在滿懷羞恥、冒著風險晾晒月經布的婦女手裡，在因為異味和經痛而不敢上學的少女手裡，在靠生產低成本衛生棉維生的婦女手裡（以前哪有這種東西！），這片衛生棉包含的不只是木質纖維素，不論是叫「知己」也好、「自在」也罷、「純潔」也可以，但最好的名稱其實是「翅膀」，「翅膀」是自由、是前景、是潛力，全都壓縮在這一片「蓬蓬的」裡面，重量十二公克，大家都買得起。

Chapter 8

第八章

大出血：紅色警戒

Code Red

九五九五的血管給碾得稀爛，血液從循環系統中滲出來流到身體各處，血量和血壓迅速下降，原本每分鐘輸送十品脫血液的心臟慢了下來，需要輸送的血液越來越少，血液循環系統不再供氧，九五九五的器官和組織因而缺氧，身體逐漸停止運作。內出血聽起來不吵不鬧，血往體內流，斯斯文文，但卻破壞力十足。

「九五九五。開胸。」現場人員不斷重複這六個字，讓這六個字成了室內的雜音。大家語帶驚嘆互相告知，這些經驗老到的急診創傷專家天天都與天災人禍交手，沒日沒夜處理著災禍。成人創傷。女性。開胸。九五九五。八分鐘。

護理師掛上紅色電話——這是緊急事件的通報電話，另一位護理師路過時說這是邪惡的電話，接著又說「九五九五」，然後又說「開胸」，現場氣氛陡然轉變，大家都繃緊神經、上緊發條、全神貫注。起初我把「開胸」聽成「開箱」，心裡想著海盜和黑色藏寶箱，古銀幣嘩啦啦傾瀉在海灘上，這實在是因為我完全不曉得開胸要幹嘛，大家又一下子都在忙手邊的事，我也不好意思去問，只好任憑愚蠢的想像馳騁在充滿焦慮的空氣中，直到她（九五九五）現身，被推進皇家倫敦醫院重大創傷中心搶救室，擔架床旁圍繞著嚴肅的救護人員，有些穿橘的、有些穿綠的，之所以說「嚴肅」，是因為他們全然投入搶救，沒心情嬉皮笑臉。

這下我知道開胸是什麼了。

九五九五橫躺著，我坐得離搶救室遠遠的，以免打擾，視線只看得見她兩隻腳丫子枕在擔架床上，兩堆粉紅色的奇怪東西從她的軀幹升起，起了又伏，起了又伏。那是她的肺臟。我從來沒見過這種事，整個人嚇到動彈不得，只能看著周遭情況加速又加劇，八號房（九五九五所在病房）的人數從十人、十五人變成三十人；人員走動和搶救行動毫不停歇；各種機器瘋狂地嗶嗶作響；現場沒有絲毫驚慌，大家只是很忙，每個人都有事情要做。

醫生把手伸進九五九五的胸腔按壓心臟。搶救。拉丁文是「resuscitare」，原意是「復活」，一如《聖經．約翰福音》記載的拉撒路復活：

耶穌大聲呼叫說：「拉撒路出來！」那死人就出來了，手腳裹著布，臉上包著手巾。耶穌對他們說：「解開。叫他走。」[1]

在這層意義上，搶救室（Resuscitation Room）或許可以叫復活病房或拉撒路病房，法文稱為「重生」（réanimation）病房，德文則是「復甦」（Wiederbelebung）病房。從前性命危急的傷患送往的地方稱作「彌留病房」，戰時則稱為「臨終帳篷」。[2]第一次大戰期間由於輸血療效卓越，「彌留病房」因此更名，從死局變成活局，讓人心裡懷抱希望。創傷中心的搶救室專供危殆和重症病患使用，而在皇家倫敦醫院的創傷中心，急救護理人員送來的傷患包括從二樓以上跌落者、正中紅心者（意指頭撞到擋風玻璃）、燙傷面積大於全身三〇％以上者、斷肢創傷者、肢體嚴重損壞者、刺傷者、槍傷者；此外也收治火車傷患和頭部重傷患者（代號「黑色警報」），當然還有九五九五，九五九五的評估程序非常嚴謹，包括測量血壓和血紅素濃度，但基本上九五九五就是嚴重出血。流血致死。

八號房附近正在搶救從高處摔落的男子，代號「黑色警報」。黑色警報不能言語。九五九五則會說話說上好一陣子。黑色警報男進了手術室，不久之後也成了九五九五。一個上午就兩個九五九五。雖然皇家倫敦醫院每個月都有好幾個九五九五，但以九五九五展開新的一週還是很嚇人，開胸更是非比尋常，因而引人圍觀，這間大醫院各樓層的醫生都來了不少，滿心好奇聚在一塊，但不是看好戲的那種好奇，他們是來學習的，九五九五性命垂危，他們想看要怎麼救活。

倫敦的早晨。尖峰時段，通往市中心的路段交通繁忙，路上有公車、有汽車、有腳踏車。九五九五踩著腳踏車要去上班，她每天都這樣通勤，從城市這一頭的住家騎去那一頭的公司，一路上車子不多；她每天都這樣通勤，八成以為「今天不會出事」——大城市的居民都是這樣深信著，覺得輪不到自己被撞到、撞爛、撞上、刺傷、射傷、損傷，也輪不到自己絆倒、滑倒、跌倒、摔跤，城市居民的想法跟創傷醫生的想法完全不一樣，創傷醫生將醫案命名為「汽車撞行人」或「行人撞卡車」，這個「撞」字充滿敵意，卻是城市生活的真相，我們之所以沒本錢承認，是因為我們還想正常生活。

九五九五騎呀騎，一旁是汽車、機車、卡車、公車、機踏車、行人、腳踏車，（差不多）一路暢行無阻，直到一輛公車從一旁的小路拐出來，然後不知為何（調查還在進行中），她倒臥在公車底下，全身被輪胎輾過，包括骨盆，被輾了個「粉碎」，或借用愛爾蘭的古字——「smithereens」，意思是「稀爛」。她的骨盆被撞了個稀爛，骨盆腔中的血管也給壓得爛糊糊，包括動脈、靜脈、微血管——微小到細胞必須排成一列才能通行的血管。血管遍及全身上下，跟骨頭一樣會斷裂，血管一旦斷裂，血液就會離開血液循環系統，從而流到不該去的地方。人體需要充足的血量來餵飽需要餵飽的一切，這就是血壓。如果血液從血管中汩汩流出，人體就會能量不足，然後劈哩啪啦劈哩啪啦，自動熄火，像一輛漏油的車。

早上八點五十六分，警方得知一起事故，倫敦救護車局立刻出動，身穿深綠色制服的急救人員率先抵達現場，接著是身穿橘色制服的「ＨＥＭＳ」，全名是「直升機緊急醫療服務」（Helicopter Emergency Medical Service），成員包括皇家倫敦醫院等地的醫生、倫敦救護車局派出的急救人員、倫敦空中救護慈善團體的機組人員（以及直升機和飛快車）。「ＨＥＭＳ」的成員風采迷人，身穿橘色飛行服，腳步急迫、神情慎重，提著一箱一箱、一袋一袋的設備，像軍人一樣，是治療平民外傷中最先進的團隊。「ＨＥＭＳ」乘車抵達現場，是Škoda的飆速款，用於夜間或天候不佳（直升機無法起飛）時，這次因為是短程運載，因此用不著出動直升機。事故現場總共有兩位醫生、一位急救人員，橘色飛行服的醫護團隊加入深綠色制服的急救人員，一起投入搶救工作。急救人員事先改造了事故現場，在川流不息的公路旁設置「到院前緊急救護站」，無論何時何地，所有事故現場其實都是潛在的「到院前緊急救護站」，只是這個詞漸漸專指急救人員和醫生所組成的救護團隊，在路邊這樣的地點啟動原本沒人願意執行的急救程序，這在軍中稱為「嚴峻環境」：危險無比，事事艱難，處處掣肘，只有特種部隊能夠行動。雖然這條川流不息、塵土飛揚的公路位在市中心，但急救程序通常在安全、無菌的手術室進行，一旁還有人監督，相較之下，醫療團隊自然認為路邊是嚴峻環境了。

九五九五卡在公車底下，起先還說話說個不停，急救人員稱這類醫案為「談話中猝死」，凡是重傷、撞爛、出血的傷患，起初都還能正常說話，這時身體尚未停止運作，因為刺激實在太大，身體還來不及緩過來。「刺激」這兩個字不是我講的，而是醫生說的，意指人體受到的外在刺激，而「談話中猝死」別稱「說完領便當」，這可不是麻木不仁，而是要醫護人員警醒，叫自己別掉以輕心、好好規劃接下來的行動。

皇家倫敦醫院的創傷暨血管外科醫生卡齡．布羅希（Karim Brohi）表示，出血「是最大的疾病，大家卻沒聽說過」。

每年受傷身亡的人數將近六百萬人。[3]世界衛生組織表示，全球死因中有一成是創傷，「比瘧疾、肺結核、愛滋病（毒）加起來的死亡人數多出三二%」。[4]在非洲，死於創傷的人數比死於愛滋病的還要多。[5]遭受外傷的平民中，近四成因出血而身亡。根據布羅希醫生的說法，常見傳染病的致死人數跟出血致死人數一比，根本「連邊都碰不到」，而在原本可能倖存的戰場傷患中，最後死於出血的共計八成。[6]

世界衛生組織將外傷列為疾病，因為外傷有起因（人體遭受嚴重傷害）也有治療方法，而在死因的分類中，出血雖然沒有自成一類，但各類死因中都可見出血，布羅希醫生細數了一下：產後出血——每年超過一千例，「消化道出血——每年二十萬例，世衛組織將這些案例歸為外傷死亡或孕產婦死亡，但受傷的死因有很多，懷孕或生產的死因也很多，然而真正要命的其實是出血」。

布羅希醫生身材高大，滿頭銀髮，從容沉著，輕聲細語，說起話來帶有倫敦特有的喉塞音（他在推特的自我介紹中寫著「倫敦人」）。布羅希醫生是創傷科學中心主任，教過上千名醫學院學生、辦過無數場研討會，學生和與會者都叫他「創傷先生」，他在許多領域都赫赫有名，是培訓認證的血管外科醫生，他念醫學院的年代還不存在創傷外科這門專科，連聽都沒聽過。

當時他在急診科擔任住院醫師（算是個小咖了），即使知識有限，他也看得出有幾位創傷病患「在臨床上並未受到妥善治療，我很確定一定有更好的治療方法」。那幾位臨床醫生並不是敷衍馬虎，而是真的不曉得該怎麼辦，從那時候起，布羅希醫生便投入修正創傷治療程序，一直修正到今天，並架設網站「trauma.org」協助海內外醫事人員。在這個網站上，我可以耗去好幾個鐘頭，假裝自己是外傷醫生，在各式模擬情境中醫治傷患，但沒有一次醫成功。比方說：一位摩托車騎士以時速七十英里撞上停在高速公路旁的車輛尾部，整個人飛出去，落地處距離摩托車五十至六十五英尺，這時，我有三個選擇：評估腹腔出血、確認呼吸道、找消防員聊天，我選擇聽起來最醫學的選項——確認出血。

錯得太離譜了！就算去找一百隻黑猩猩來，每隻發一台電腦，選個一百年也不會選出「確認出血」這種答案。回去再試一次。

我選了第二個：確認呼吸道。

你在消防員的驚呼聲中衝向傷患——一抹橘色身影，一路都是水坑，消防員又是揮手又是蹦跳，真有你的，看起來真帥啊！但以前怎麼就沒有引起這麼大的反應呢？這時，有個念頭閃過你的腦海：水坑？已經一個星期沒下雨了呀？你低頭一看：原來剛剛跑過的是一攤汽油。接著，摩托車的後輪閃過你的腦海，車子起火爆炸，就算你想覺得自己愚蠢，也已經什麼都感覺不到了。

我跟布羅希醫生說「trauma.org」很風趣，他一笑置之，說那都是「以前」寫的，但他寫這些是寫給發展中國家看的，以數位工具設計出類比訊號的傳輸方式，所以網站的版面才會那麼老土，不需要Wi-Fi等高科技也能閱讀，「東西會爛一定有爛的理由」，會風趣也一定有風趣的理由，夠幽默才有記憶點，就像氣味，聞過就忘不掉。

在摩托車騎士的模擬情境中，我好不容易關關難過關關過，一路選到了確認骨盆不穩，這表示傷患正在出血，因此，我有兩個選擇：施用晶體溶液或膠體溶液，這兩種溶液都能擴張血容量，醫療劇統稱為「輸液」。我選擇晶體溶液。

儘管你找到好多下針點、施用了好多晶體溶液，傷患的脈搏和血壓還是一直往下掉，最後你終於控制住局面——脈搏和血壓都歸零——這算是控制住吧？

傷患（又）死在我手裡了，但這次真的不能怪我，一直到十年前，現代醫學都還在用晶體溶液搶救傷患，將點滴袋裡的清澈輸液（這是某位創傷外科醫生的形容）注射進血管，盼能改善出血所導致的血液循環量不足。輸液（雖然並非血液）在理論上能擴充血容量，讓受損的血液細胞將氧氣帶到組織和器官。

然而，這個觀念錯了，所以模擬傷患的脈搏和血壓才會一直往下掉。布羅希醫生說：「現在我們曉得了，施用大量輸液給活動性出血病患會稀釋血液中的有益物質，這些被稀釋的物質就算拚了命也難以還原或補充。」而血液需要這些有益物質才能將氧氣運送到器官和組織，並帶走毒素和廢物。出血的病患就像破洞的水桶。「你從上面倒越多水進去，水桶裡的壓力就越大，出血量也越多。」接著就會出現醫學上所稱的「灌流不足」（hypoperfusion），意指人體無法將氧氣送達組織和器官，也就是一般人所認知的休克。

一八七〇年，德國醫生赫曼・費舍（Hermann Fischer）描述自己碰過一樁醫案：某位年輕男子被失速馬車撞上，車軸衝擊男子骨盆，但並未刺穿男子的肌膚，外觀看起來沒有流血，但才過了一下子：

> 男子便靜躺不動，對周遭事物毫不關心，而且瞳孔放大，對光照的反應很慢，目光渙散、面無表情盯著前方，皮膚以及外露的黏膜慘白如大理石，雙手和雙唇發青，額頭和眉骨掛著豆大的汗珠，全身摸起來一片冰涼……知覺完全鈍掉……將男子的四肢拎起，一放開，四肢立刻軟下去，像死人一樣……脈搏虛細而急促……男子的意識雖然清楚，但是應答很慢，同樣的問題必須沒完沒了問上許多遍，才能得到回答。[7]

量了體溫，發現男子體溫偏低，動脈收縮，「張力極低」。皮膚冰冷、脈搏虛弱、呼吸急促，這些都是今日所知的休克徵兆。休克不僅有自己的協會——「休克協會」（Shock Society）、有數十種期刊，還有一百三十年的科學專業知識投入相關研究。然而，儘管眾人竭盡全力，我們對於休克依然一知半解。儘管醫學進步，聰明的止血繃帶、新式加壓止血法、藥效更佳的藥物接連問世，然而，究竟外傷為什麼會導致病患血流成災？有時止都止不住？這些依舊是等待探索的課題。

公路上，公車下，九五九五不再說話。推測內出血雖然未必容易，但好的醫生會先從傷患身上和周遭環境判讀線索，接著再執行醫療程序。比方說，在摩托車騎士的模擬情境中，我的第一步應該是找消防員聊天，消防員會告訴我漏油一事以及醫治傷患的安全時機，可靠的急診醫生會藉由詢問圍觀者和通報者來了解受傷機制，如果根據目擊者描述，傷患的頭撞到了擋風玻璃，這就是一條線索：頭部受傷，或許沒有出血，這時就要判讀身體狀況。傷患先是痛得大叫、接著卻呆滯無神嗎？可能是內出血。傷患的心跳很快嗎？可能是內出血。骨盆摸起來骨折了嗎？可能是內出血。全身冰涼、問話不答？內出血。

關於出血的原因，醫生稱之為人體生理機能「錯亂」。出血發生得很快。布羅希醫生表示：在所有出血致死的案例中，四分之一在受傷後三小時內身亡，嚴重出血病患則活不過六分鐘，[8] 軀幹重傷的病患（例如胸腔或腹腔穿刺傷），近半數撐不過三十分鐘。[9] 現在有所謂「黃金一小時」的搶救概念，布羅希醫生認為那只是行銷噱頭，臨床上幫助不大，有些人出血很快，有些人出血一下就停了。創傷大、傷口多，出血自然就多。不過，事發後幾分鐘至幾個鐘頭之內絕對是關鍵時期。人體經歷重大創傷後會發生什麼事？布羅希醫生將醫學解釋濃縮翻譯成一句話給我聽：「非常非常非常複雜的事。」

我的腿被蟲子咬了，我伸手去抓，明明知道這是壞習慣，但我就是喜歡看血流出來——紅豔豔的，接著開始數秒，通常還沒數到五（但也要看傷口的類型和位置），血就不流了，血液已經凝結，這看起來是尋常小事，但其實是複雜的奇事。血液凝結需要至少一百種蛋白質，[10] 過程十分複雜，而且人體懂得取捨；如果是刮鬍子流血，只有刮傷處會啟動凝血機制；如果是骨折，則只有骨折處會啟動凝血機制，其他部位都不會。布羅希醫生表示：「凝血機制只在對的位置啟動，其他部位則關閉。想像你是非洲草原上的牛羚，被劍齒虎咬下一大塊肉，你流失了一些血，但至少活了下來，只是體內的血量減少、血液循環變慢。」因此，血液比較不容易凝結，血流不會在不該止住的地方止住。

少了一大塊肉通常還好處理，可以任由人體自行復元，也可以交由醫生治療，算不得什麼致命的傷口。皇家倫敦醫院及各大創傷中心的傷患可就嚴重多了，其傷勢之複雜，導致全身「失控無法抗凝」，抗凝血機制啟動不了，血液就沒辦法凝結。在醫事人員抵達之前，這類重傷患者的凝血機制就已經錯亂，協助凝血的血小板也無法正常運作，原因至今仍舊不明，這種複雜的生理錯亂稱之為「急性外傷性凝血異常」（acute traumatic coagulopathy）。

九五九五的血管給輾得稀爛，血液從循環系統中滲出來流到身體各處，血量和血壓迅速下降，原本每分鐘輸送十品脫血液的心臟慢了下來，需要輸送的血液越來越少，血液循環系統不再供氧，九五九五的器官和組織因而缺氧，身體逐漸停止運作。內出血聽起來不吵不鬧，血往體內流，斯斯文文，但卻破壞力十足。缺氧的血液細胞會製造乳酸，導致人體酸化（醫學上稱之為酸血症），同時會釋放鉀離子，鉀離子過多會導致心跳停止，所以注射死刑常用的成分之一就是氯化鉀。血流減少加上環境因素（許多事故傷患都躺在冰冷的地上），導致九五九五的體溫下降。正常來說，血液會運送熱能，出血時則否，而體溫越低，血小板的凝血功能就越差，凝血功能越差，失血就越嚴重，而失血越嚴重又會導致體溫下降、酸血症惡化，這一切同時運作，結果就是每下愈況。因此，低溫症、酸血症、凝血異常，在外傷醫學界稱為「致命三要素」。

九五九五不再說話，心臟也不再跳動——既然沒有足夠的血可以打進動脈，心臟自然停工。急救團隊的首要之務是讓九五九五維持呼吸，因此先進行插管，接下來的胸部按壓則不用，骨盆創傷的傷患血差不多都「流乾了」，心臟無血可運，因而停擺，換作是五年前，九五九五大概會被宣告不治，但是，「HEMS」除了插管和胸部按壓之外，還有兩招可以使用。第一招，急救團隊將九五九五從公車底下救出來，立刻開胸直接按摩心臟，讓心臟繼續跳動，這稱為緊急胸廓切開術，自一九九三年起列為皇家倫敦醫院標準急救流程，如今每年大約實施二十次，儘管如此，緊急胸廓切開術看起來還是相當驚險刺激；至於第二招則是二〇一二年才列入急救流程，路人大概會覺得第二招沒什麼，但卻是劃時代的醫界革命——當場為傷患輸血。

醫學界接受輸血的過程相當顛簸又曲折，理順之後的歷時敘述如下：十九世紀初，由於醫界克服不了血液離開血管就凝結的難關，因此，布倫岱爾醫生的實驗並未讓醫界接受輸血。接著，蘭希戴納發現了血型，宛如神讓天地有光，事就這樣成了。關於輸血的唇槍舌戰貫穿整個十九世紀，在布倫岱爾醫生投入大量努力之後，醫界諸位紳士便定期在醫學期刊上爭執輸血的功過。血液會凝結，這可不行；但有時血液又能救人，這就行啦。施用生理食鹽水比輸血好，出血傷患需要的是擴充容量——也是啦，當時不像現在，不曉得血液是高度複雜的活組織，既然只是要擴充容量，直接用生理食鹽水不也可以嗎？而且生理食鹽水不會腐壞、不會凝結、不會成塊，怎麼看都比輸血簡單多了，輸血的支持者奚落倫敦醫院，說倫敦醫院是「食鹽水狂徒」的總部，儘管如此，生理食鹽水還是風行了好一陣子，[11]就連蘭希戴納的發現都沒能立即讓醫界轉為支持輸血，他本人也無視自己的發現達數十年，大部分醫學期刊也對血型視若無睹。

輸血究竟有用還是無用，各方直到第二次世界大戰仍然爭論不休，英國支持輸血，美國偏好施用血漿，血漿中的蛋白質和凝血因子很管用，能有效治療燒傷病患，然而，光憑血漿救不回休克病患。一九四四年，英國陸軍上校法蘭克．葛拉斯彼（Frank Gillespie）駐紮在美國軍隊擔任聯絡官，他納悶美國的休克病患跟英國的休克病患是不是判若雲泥？「我常常想不通：英國士兵和美國士兵的生理構造是不是很不一樣？英國士兵如果嚴重休克，勢必需要大量全血，美國士兵則一直到最近都靠血漿撐下去。」在法國諾曼第，葛拉斯彼上校發現「美軍的外科單位每天都向英軍輸血單位借兩百到三百品脫的全血，我敢說，血管裡有了這些英國好漢的血，肯定能暫時、甚至是永遠嘉惠美國弟兄」。[12]除了諾曼第之外，其他地方的美國士兵也開始輸用全血，這都多虧了美國外科醫生愛德華．邱吉爾（Edward Churchill），他走遍歐洲，帶回了全血優於血漿的消息，但卻沒人理他，直到美國軍醫在地下輸血站暗中輸用全血之後，政策才一百八十度轉向，美國士兵終於可以輸用同胞的熱血，用不著再向英國借。一九四一年至一九四五年，美國紅十字會在美國參戰的四年間蒐集了一千三百萬單位的血，其中大西洋沿岸捐的血隔天就能輸用給傷兵，[13]輸血模式似乎就此建立，全血確實有效。到了越戰期間，美軍每月的輸血單位來到三萬八千，用血量之大，在戰時用血籌劃供應中史無前例。[14]

接著老鼠就來攪局了。一九五〇年代出了一項惡名昭彰的研究：在搶救老鼠的過程中，輸液的效果似乎比輸血更好。（不過，布羅希指出：這些老鼠是先輸血再施用輸液。）於是，情勢一夕翻盤，新的法則就此成立，搶救從輸血改為施用「點滴袋裡的清澈輸液」。過去數十年來的外傷照護都用輸液，救護車和急救人員從此不再替傷患輸血，即便是嚴重出血的傷患也一樣，因為救護車上根本沒有全血可以施用（今天的救護車大多還是沒有儲血），急救人員會先確認呼吸道再評估傷勢，接著施用輸液來應付出血，這是過去數十載的標準作業程序：持續施用數升的清澈輸液，藉此維持血容量、穩定傷患，讓傷患撐到醫院或手術室。但立刻為傷患輸液是不對的：時間不對、方法不對、東西也不對。

十年前，新的思維捲土重來——其實就是換湯不換藥。布羅希醫生說：「做法完全翻轉回來，原本為了恢復血容量，施用什麼都可以；現在為了讓血液凝結，維持血液功能才是重點。」這項做法有兩個術語，在軍中稱為「損害控制復甦術」，翻譯成白話文就是兩個字的指導原則——止血。

倫敦。九五九五事故現場。「HEMS」團隊拿出血袋——這又是受到戰爭影響，是戰爭改變了醫事人員的想法。阿富汗戰爭期間，英國的「機動醫療急救應變小組」開始直接運血給出血的士兵，一改過往替傷兵輸液再送醫輸血的做法，從而效法皇家陸軍醫療部隊（Royal Army Medical Corps）隨身攜帶輸血箱，也像北法海邊那位輸血官——步槍往沙裡一插，血袋就吊在槍托上。阿富汗戰爭期間，美軍看到英軍的做法有效，立刻取法，當時載血的運輸機稱為「吸血鬼機」。二〇一二年，「HEMS」開始「滿血上工」——真的是帶著滿滿的血上工，這是「HEMS」第一次將血品裝在暱稱「黃金一小時」的保溫箱裡帶上直升機。[15]

正因如此，九五九五才得以在倫敦街頭輸血，總共輸了三單位，但並非三單位的全血，而是輸紅血球濃厚液，這是血液的成分，但少了血漿、血小板、白血球；由於白血球會傳染新型庫賈氏病，因此，英國的血品都先減除白血球再貯存。再則，以物流作業而言，「HEMS」無法一邊運載一邊將冷凍血漿解凍，所以無法對九五九五施用血漿，血小板則是需要保溫，這在物流作業上也有困難，因此，紅血球濃厚液便成了最佳選擇，剩下的就趕緊送醫再處理，只要到了醫院就能施用幫助血液凝結的血品，一旦出血止住，存活機率就會大增。九五九五有一件值得慶幸的事：她出事的地點正好是皇家倫敦醫院重大創傷中心的轄區，這裡是全歐洲最繁忙的創傷中心，她在出事一小時內送入的八號房搶救室，堪稱全球首屈一指的急診病房。

八號房的螢幕上顯示九五九五，三十多歲，腳踏車騎士，外傷性心跳停止，開胸。護理師在等待傷患到院時，七嘴八舌討論不休：這次是卡在公車底下的婦人。不是婦人，是年輕女性。說不定還是個小姐哩。是卡車吧，不是公車。是腳踏車騎士對吧。肯定是腳踏車騎士，螢幕上都寫了。眼前九五九五正躺在病床上，胸廓已經切開，雙腳發黃，腳踝以上消失在醫護人海裡，只聽見有人問：可以擴張血容量嗎？麻煩拿一下胰島素。拜託幫忙遞小蘇打給我？來幫她做體外循環好嗎？大家的語氣急迫但客氣：一下「麻煩」，一下「拜託」，一下「好嗎」，沒有半個人大吼大叫。

我以為九五九五在八號房至少待了半個鐘頭，甚至更久。布羅希醫生說沒那麼久，當時包括布羅希醫生在內，共計十四位醫事人員參與搶救。她只在搶救室裡待了十五分鐘。急救時分秒必爭，時間感覺會放大。總之，顧好三件事：鉀離子、鈣離子、血容量。麻醉師一上來就先確認九五九五的血鉀（雖然一看就知道很高），鉀離子外滲很危險，要用胰島素來處理，一旁便遞上胰島素。一般糖尿病患施用的胰島素劑量是十單位，九五九五整趟搶救下來總共用了九千單位，此外，她還需要補鈣來恢復錯亂的凝血機制，當然也需要輸血。

輸血器旁是兩位護理師，其職責是留意血袋，彼此輪流將血袋上的標示念給對方聽，藉由複述來做確認。一開始先輸Rh陰性O型血，這是萬用的急救用血，搶救室的冷藏箱裡就有庫存，上頭還警告不准浪費，因為一袋要價一百二十三英鎊（約台幣五千二百五十元）。做完交叉試驗後，護理師改從醫院血庫取用更適合傷患的血品，每一袋都要仔細檢查，確認正確才能施用。（後來我才曉得，當天ＩＴ系統故障，所有叫血單都必須親自過馬路送到對面建築，沒辦法直接在電腦上下單。）布羅希稱檢查血品為基本原理，輸血工作順利進行，不順的是九五九五的心臟，送進來時很扁很扁，像爆胎一樣，由於根本沒有血可以打出去，因此心跳已經暫停，就連輸了血也無法恢復心跳。一位外科醫生徒手按摩九五九五的心臟，將裡頭的血打出去，冷靜自持的動作底下是洶湧的怒濤，看得我恍恍惚惚。

沉著只是表象。隔了幾天，布羅希醫生這麼告訴我，當時我正在聽他針對九五九五的醫案做事後檢討。表面上看起來沉著，但事實上是軍醫系統外最積極的外傷照護，他的原話是「極度積極」、「外傷照護的極致」。一整天下來，九五九五總計施用三十單位的紅血球濃厚液（這是她本身血容量的三倍多）、三十一單位的血漿、八單位的血小板、八單位的冷凍沉澱品，這在平民醫療系統中是外傷照護界的榜樣，也是創傷科學中心（Centre for Trauma Sciences）過去十年來的心血結晶，如果施用比例是「一比一比一」（一單位的紅血球濃厚液，配上一單位的血漿和一單位的血小板），傷患的存活率便會增加。研究顯示：伊拉克美軍戰地醫院大出血的兩百四十六位病患中，施用血漿和紅血球的比例如果能從一比八增加到至少一比十四，死亡率便能從六五％降為一九％。[16]

九五九五的心臟開始跳動後，便移至樓上的手術室，心臟按摩的工作改由布羅希醫生接手。不管是手術室也好、搶救室也罷，其實目標都一樣，就是讓傷患的心臟恢復運作，辦法之一就是阻斷，讓血液沒有那麼多地方可以去。皇家倫敦醫院協助首創名為「ＲＥＢＯＡ」的球囊，所謂「ＲＥＢＯＡ」是「急救性血管內氣球阻斷術」（resuscitative endovascular balloon occlusion of the aorta）的簡稱，[17]做法是將球囊送入主動脈，再把球囊脹起來阻斷遠端血流，同時祈禱下肢撐住不要壞死，讓你有時間處理上半身的出血。然而，「ＲＥＢＯＡ」只適用於還有心跳的病患，所以才要徒手按摩心臟，一旁的外科醫生則將肺動脈綁好拉出循環系統替裂傷的左肺止血，有的則剖開腹腔處理出血，先將肝臟用紗布裹好保護著，再將脾臟移出體外（不然怎麼治療受損部位？），與此同時還要注意血容量，多了不行，少了也不行，心臟的血太多會跳不動，血太少也跳不起來，更何況九五九五的是受損心臟。布羅希醫生的雙手就是最精準的血容量感測儀，他一邊按摩心臟，一邊憑手感下達指令：開始輸血，停止輸血，施用鈣離子，施用胰島素。就這樣一路搶救下去。

出血致死是可以阻止的。理論上可以。這是出血的殘酷真相，也是萬念俱灰的緣由。布羅希說：「腦損傷可以救的不多，但如果可以及時趕到，並且曉得正確的急救方式，將血止住、恢復血容量、矯正所有錯亂的生理機制，理論上可以醫好所有的傷患。」問題是，縱使輸了血，往往「還是沒用」，因為就算同樣是血，其中還是存在差異，這一點蘭希戴納已經用血型證明了。紅血球、血漿、血小板都是血液的成分，理論上效用應該要跟全血一樣，但有些外傷專家卻不這麼想。

這個問題濫觴於一九七〇年代血液與癌症的邂逅，美國總統尼克森於一九七一年簽署國家癌症法，正式「向癌症宣戰」，從此開啟化學治療新紀元，[18]癌症病患開始接受會攻擊免疫系統和造血器官（骨髓）的治療，血液功能因此受損，然而病患並未出血，沒必要輸用全血，只需要施用血小板、血漿等血液成分，因此，血液分離和分層技術應運而生，研發於一九五〇年代的無菌塑膠血袋也於此時問世。當年卡爾・W・沃特（Carl W. Walter）教授耗時五年、花費一百五十萬美元（約台幣四千五百萬元），終於發現美國南方松製成的標籤會長耐熱真菌孢子，而北方緬因州松樹的製成品則不會，適合製成無菌製品，[19]從此之後，血液可以安心貯存、運輸、施用，風險比以前用玻璃瓶加塞子低很多，分層製程則將全血分離成紅血球、血漿、血小板、冷凍沉澱品、凝血因子，從而揭開血液成分治療的序幕，全血不再只是唯一選擇，醫生和外科可以選擇成分、自行組合，這對化療病患而言是一大福音（時至今日，三分之二的輸血仍用於癌症等慢性病患），此外，血液成分比全血更賺錢。「全血分離之後，」約翰．霍康（John Holcomb）說，他是休士頓創傷外科醫生，曾擔任二十三年外科軍醫，「可以販售的產品就不只一種，而是有六、七種血液成分。你想想看嘛，捐血人跑去免費捐血，血庫再把這些血分成五、六種產品，這商業模式可厲害了。」

轉而使用血液成分的過程十分迅速，而且轉變之後就再也回不去了，而且不只是癌症病患施用血液成分，短短十年的時間，再也沒有人替出血傷患輸用全血，霍康醫生從醫學院時代到後來三十二年的行醫生涯，從來沒看過全血用於平民醫療，他詢問用過全血的創傷外科醫生為什麼改用血液成分，「沒有半個人能給出滿意的答案」。整個急診醫學界就像被按下開關，沒有人有半句怨言，霍康醫生說這簡直「難以置信」，教條說改就改，沒有引起半點爭議，只要負擔得起血液分離技術的地方都改用血液成分。十年前，霍康醫生在研討會上，一位「發展比較落後的國家的同行」為了輸用全血而道歉，他當場站起來說：「用不著道歉。全血比血液成分更好。」

即便血液成分是一比一比一（一單位的血漿、一單位的血小板、一單位的紅血球細胞），效果還是跟全血不一樣。血液成分中含有添加劑和抗凝血劑，這些血液裡面都沒有。現代醫院病房裡滴進靜脈的紅色輸液看起來雖然像血，但卻是跟血完全不同的東西。霍康醫生跟布羅希醫生都認為：至少對於出血的傷患來說，血液成分是次級血品。

時間來到一九九三年十月三日晚間，地點是索馬利亞首都摩加迪休，霍康醫生當時還是一位年輕的外科醫生，兩年前從醫學院畢業，正在索馬利亞的戰地醫院工作，當晚發生的事情後來改編成電影《黑鷹計畫》（*Black Hawk Down*），史稱「摩加迪休之戰」（Battle of Mogadishu），事發經過眾所皆知：原本預計四十五分鐘的行動演變成十七小時的火拚，造成十八名美國士兵陣亡、上百（甚至上千）名索馬利亞民兵喪生，[20]七十三名美國傷兵送到霍康醫生所在的戰地醫院，這些士兵「血流成一團，又是炸傷又是射傷」。他們需要輸血，醫事人員拿出新鮮冷凍血漿解凍（當時已經開始使用血液成分了），紅血球濃厚液用於撐住血容量、新鮮冷凍血漿協助血液凝結，但三分之一的新鮮冷凍血漿袋都破了洞，醫院又沒有血小板（血小板的耐儲時間只有五天，送到戰地就過期了）。沒有血漿，沒有血小板，沒有東西能讓士兵的血液凝結，沒有東西能夠止血。

霍康醫生做出自認創新的舉動：「大家都是年輕的外科醫生，每個人都覺得自己瘋狂了一回。」他們找自願者抽血，抽完直接輸給傷兵，整間戰地醫院共有三分之一的醫事人員自願捐血，捐完後直接回到工作崗位，再用士兵狗牌標示的血型做交叉試驗。事實證明，這根本不是什麼創新的舉動。霍康醫生後來在文獻中讀到：全血曾用於美國南北戰爭、兩次世界大戰、韓戰、越戰，幾乎每次碰到重大衝突（摩加迪休之戰除外），美國輸給休克出血傷兵的都是全血，這是再合理不過的事情。

在摩加迪休之戰中，輸用全血的傷兵復元狀況似乎比較好，光憑這一點，就足以讓美軍展開名為「新鮮溫暖全血」（Warm Fresh Whole Blood）的試驗，這是醫學界少見的大白話，這個圈子的人偏好冷僻艱深的拉丁文和希臘文，可以說「nosocomial」就不說「院內」，可以說「singultus」就不說「打嗝」。新鮮溫暖全血就是當場捐、當場用，最多儲存二十一天。截至二〇一六年十一月，美軍在伊拉克和阿富汗戰場總共輸用一萬零三百單位的全血。[21]在伊拉克則使用活動血庫，[22]部隊在出發前預先篩檢，需要的時候當場捐，捐完再做血液篩檢（愛滋病毒和梅毒篩檢的時間雖然比較長，但也只要二十分鐘就能知道結果），沒問題便直接輸用。活動血庫特別適合軍艦，在軍艦上要使用血液成分很困難，血小板的耐儲時間太短，最近的血庫往往又遠在數日之外，還不如將所有血液成分儲存在人體內，需要時再取用，嚴峻的前線或戰場則另有「搭檔輸血」的做法，也就是急救人員就近找人（通常是傷兵的同袍）、就地輸血。[23]

在搭檔輸血這件事上，挪威的特種部隊走在最前面。為了知道特種部隊身兼輸血分隊會不會影響隊員表現，挪威研究員為隊員採血並分派任務：有的要背二十公斤的背包爬陡坡，有的要做操到爆的運動心電圖檢測外加伏地挺身或仰臥起坐，有的要進行一輪射擊訓練，所有隊員在捐血前十分鐘做前測、捐血後十分鐘做後測，結果發現全員表現持平，但研究者特別指出：對於研究成果須持保留態度，因為這是在無壓力環境下做的測試，而且一般人的體力跟特種部隊不盡相同。[24]全血和血液成分究竟孰優孰劣，各家依舊議論紛紛，軍中則通常為嚴重出血的士兵輸用全血。霍康醫生認為未來醫院可以兩者並行：一個血庫給適用血液成分療法的病患（例如癌症等需要大量輸血者），另一個血庫給嚴重出血的傷患（這些人更適合輸全血），他曾以此為主題進行多場演講，講題都叫「回到未來」。

反對全血的聲浪或許來自血庫，其物流模式和財務模式都以配送血液成分為核心。不過，布羅希醫生認為：血庫將來會慢慢發展出不同的做事方式。越來越多研究顯示：對某些病患來說，貯存血品（包括全血和血液成分）的療效不如新鮮血液，首先，紅血球會添加保存液（包括生理食鹽水、腺嘌呤、葡萄糖、甘露醇），導致攜氧能力受阻；第二，血液跟人一樣會老化，功能也會越變越差，這稱為「儲存傷害」（storage lesion）。布羅希醫生認為儲存傷害不會影響紅血球的攜氧能力，但是「供氧能力會下降，無法將氧氣轉移給細胞組織」。有些研究認為問題出在一氧化氮，紅血球細胞中的一氧化氮會協助撐開微血管，讓紅血球得以傳輸氧氣，換言之，一氧化氮是開路先鋒，為紅血球打開大門；然而，一氧化氮在捐血後會逸失，三小時之內便降到只剩三成，數日後則只剩下一成。[25]其他研究則發現：紅血球老化對輸血結果不會造成太大的影響。「儲存傷害」是否真有其事，正反兩方依然爭論不休，唯一的共識是血液儲存後一定會產生變化，布羅希醫師將「儲存傷害」的議題翻譯給我聽：「意思就是『請用比較新鮮的血』。」

四個半小時後，皇家倫敦醫院的手術團隊替九五九五縫合，停搏的心臟已經恢復了跳動，布羅希醫生明明知道失血成這樣的患者很難撐下去，但還是願意相信九五九五會度過難關，如果真的度過了肯定是奇事一樁，但並非絕無可能。創傷科學中心豐碩的研究成果催生了倫敦重大創傷系統（London Major Trauma System），這項急救分流計畫將危殆傷患送往倫敦四間重大創傷中心，不像以往都是就近送醫。[26]創傷研究、急救分流、損害控制復甦術，這三項加在一起已經產生了可觀的成果。過去五年來，倫敦的創傷急救網路讓嚴重出血傷患的死亡率減半，[27]二〇〇九年死於出血的傷患是三四％，二〇一五年則是一八％。二〇一七年夏夜，三名男子在倫敦橋上駕車衝撞行人，並持刀砍擊、刺傷民眾，共計四十八位傷患送往重大創傷中心，傷口大多嚴重且複雜，有的在十年前大概會被宣告傷重不治，最後全數脫險。[28]

中午過後不久，外傷和侵入治療傷口都已縫合的九五九五再次心搏停止，判定死亡，死得太年輕了。對於像九五九五傷得那麼重、傷口那麼深的傷患，急救團隊已經盡了全力。布羅希醫生說：多數急救人員不會在路邊替九五九五開胸，「因為結果總是哀傷」，換作其他國家，九五九五大概撐不到醫院。「我認為世上多數的急救服務不會花那麼多心力在九五九五身上。」

幾天後，我告訴布羅希醫生：九五九五那天，我離開醫院搭地鐵回家，驚魂未定，連續坐過站兩次。我告訴他：自從九五九五之後，我過馬路都會害怕。我告訴他：九五九五讓我心神恍惚不定，失去了那副讓我無視統計數據的盔甲，不得不正視無法迴避的事實，正是因為那副盔甲，我們才能在路上與公車、卡車並行，或是行走，或是騎腳踏車，並深信自己不會被撞上。我問布羅希醫生：面對像九五九五這樣的醫案，臨床人員該如何自處？我聽到急救人員談她談了一整天。她年紀還那麼輕，跟那些急救人員差不多，真是傷心。急救人員也是人啊。布羅希醫生說：只能盡量找方法紓壓：「手機。酒吧。老婆。老公。獨處。」大家都很難過：「因為她不是頭部重傷患者，而是談話中猝死，如果搶救得當，她就能撐過來、就能回到工作崗位，這就是最令人心痛的地方。明明卡在公車底下時還能說話，到院後卻過世了，明明可以倖存的，為什麼我們沒能救活？」

人體受到創傷後立即發生的變化（俗稱「非常生理機制」）至今依舊成謎，這並非醫界努力不足，關於危殆、急救、搶救、創傷等照護的期刊數都數不完，但要充分研究甫受傷者十分困難，傷患才剛以時速八十英里撞到牆，是要怎麼請人家同意接受隨機對照研究？美國馬里蘭州的創傷醫生想知道：如果降低傷患體溫、減緩新陳代謝，是否能延長黃金一小時、讓醫生更有餘裕搶救？為此，他們在購物中心廣發事前同意書，希望拿到的人哪天出事成為研究對象，[29]至於現行研究則多為回溯性研究（檢視已接受治療且結果變項已發生的病例），普遍認為是標準較低的研究。

目前皇家倫敦醫院已拿到經費研究全血輸血的治療效力，霍康醫生服務的美國德州大學休士頓健康科學中心則試驗在院內及救護直升機上輸用全血。過去十年間，醫界開始注意到輸血，這項常見的醫療程序過去都毫無疑慮，最近則認為需要更仔細的檢視、更充裕的資金、更熱切的關注。布羅希醫生在創傷期刊中寫道：「創傷堪稱是人類的頭號殺手。」人口成長加上氣候變遷將導致創傷更加頻繁也更加嚴重。然而，「儘管創傷對全球具有重大影響，卻非政府的首要之務，也非資助者的首要考量，多數科學家也只有三分鐘熱度」。英國每天死於外傷者平均為四十六人，創傷科學卻只拿到醫學研究資金的一％。[30]我請教布羅希醫生未來十年創傷照護會如何發展？醫院是否會為不同的病患輸用不同的血品？不只交叉試驗血型、也交叉試驗攜氧能力？我以為他的回答會跟醫學、氧合、凝血等專業知識相關，沒想到他說：「我希望到時候倫敦已經禁駛巴士和卡車，行人和腳踏車騎士就能不受衝撞。」至於醫學方面，他說：「在治療上，我們需要在搶救傷患的同時保護好血液細胞，需要什麼就給什麼。」他認為創傷照護會走向個人化，不再「鮮血一袋，救人無數」。只要倫敦人繼續摔出窗外、繼續遇刺、繼續中槍、繼續被輾過、繼續被撞個稀爛，創傷團隊就會繼續搶救、盡力醫好傷患，因為，每發生一次事故，不論是九五九五、黑色警報、正中紅心、卡在車底，每醫治一位重大創傷患者，「我們就又進步了一點」。

Chapter 9

第九章

無血時代：血液的未來

Blood like Guinness: The Future

目前合成血液在影集和小說中都行得通，但在現實世界中還做不到。合成血液的前景有多燦爛，花在尋找合成血液上的經費就有多令人頭暈目眩，成功彷彿近在咫尺卻又遙不可及，就連以嚴謹著稱的科學文獻都以「聖杯」來比喻。

這位加拿大邊境官員跟美國同儕學會了擺架子，冷著一張臉，拒人於千里之外，身材有多結實，態度就有多強硬，一開口就是拷問：來幹嘛的？待多久？做什麼的？證明呢？來參觀血漿診所。不會待太久。寫跟血液有關的書。上網查一下就知道了。

他看著我，表情堅若花崗岩。我等著被拒絕入境、被驅逐出境、被帶進小房間（到處都有這種專收不速之客的小房間），可能被制裁、被訓斥，甚至更慘。

他說：「會有吸血鬼嗎？」

我鬆了一口涼氣，像涼水，滔滔不絕回覆他的問話，也像涼水。會！像臨床吸血鬼症就很有名，美國紐奧良有喝血的地下文化，[1]還有一位英國青年改名「暗黑王子弗拉德三世」（Darkness Vlad Tepes），歷史上的弗拉德三世是外西凡尼亞的邪惡暴君，雖然不是吸血鬼，但卻成為小說家布拉姆·斯托克（Bram Stoker）筆下的吸血鬼德古拉，英國青年以此為名，因而受人霸凌。還有吸血蝙蝠會餵血給還沒吸血的同伴，吸血蝙蝠這麼無私，是不是好棒？[2]加拿大邊境官員一臉失望，他想的是《暮光之城》（*Twilight*）、《魔法奇兵》（*Buffy*）、《噬血真愛》（*True Blood*）或《夜訪吸血鬼》（*Interview with the Vampire*）裡湯姆·克魯斯（Tom Cruise）那種吸血鬼，有著白色利齒，帶著奇幻色彩，不是小屁孩的哥德次文化或吸血蝙蝠。掃描，蓋章，看一眼，放我入關。

多戳歷史幾下，吸血鬼就會現身。我特別推薦歷史學家理查·薩格（Richard Sugg）的吸血鬼學著作，書頁間散逸的不是德古拉出場時的氤氳，而是人類對亙古吸血者的恐懼。[3]吸血鬼恐怖萬狀，吸血鬼無處不在。十九世紀中葉，兩位英國士兵在保加利亞的村莊待了幾個月，鄰村有個嬰孩應該是早夭下葬，但母親聽見嬰孩啼哭，便將墳墓挖開，村人見了嬰孩，議事商討一番，宣告嬰孩是吸血鬼，判以木樁刑，並且真的動刑。太嚇人了。但就像薩格說的：問題不在於大家怎麼可以這麼殘忍，而是在於大家怎麼可以怕成這樣？從羅馬尼亞、保加利亞、希臘、巴爾幹半島、波蘭、俄國到整個歐洲大陸，大家害怕吸血鬼害怕了數百年，「無論是死是活，無論是母子還是孑然一身的陌生人，一律釘樁、砍頭、燒死、埋葬。有人嚇到精神崩潰，有人木然而立，有人甚至死於恐懼」。[4]

大家到底在害怕什麼？十七世紀的吸血鬼可不是斯托克筆下披著黑色披風的優雅貴族，根據歷史學家保羅．巴博（Paul Barber）研究，當時人打開門看見的，應該是「胖墩墩的斯拉夫人，留著長長的指甲，一臉拉碴的鬍子，嘴巴張著，左眼睜著，整張臉又紅又腫，穿著相當尋常（一身亞麻壽衣），怎麼看都像個邋遢的土包子」，[5]或許是想取你性命或痛下毒手，但從吸血鬼歷史來看，其實他對吸你的血沒什麼興趣。

對於十七世紀的歐洲人而言，死亡或許突然，但絕非瞬間之事。有些人認為，死者需要四十天的時間往生，在這四十天裡，死者的肉身已死，但並未完全死透，依據薩格的說法就是「略死」，有些人則在牆上打洞，再用磚砌起來，藉以愚弄那些還想進門的略死之人。由於死屍具有殊能，因此數百年來，（醃製或磨粉的）木乃伊和頭骨苔都是盛行的藥方。

最早的吸血鬼吸血案例之一是阿諾．包洛（Arnold Paole），這位斯拉夫農夫從乾草車上摔下來，（第一次）就這樣死了，其吸血鬼事蹟經約翰．弗勒金爾（Johann Flückinger）記述而廣為流傳，弗勒金爾是駐紮在塞爾維亞的奧地利皇家兵團軍官，他出版了《Visum et Repertum》（常見的譯名為《看到和發現》，但我個人偏好譯為《在彼．睹此》），十分暢銷。據說包洛生前曾經告訴村人，說吸血鬼來找過自己；包洛死後，村民和牲口被吸了血，四名農夫離奇身亡，大家把包洛的屍首挖出來。天啊，有血。這遺體不但沒有腐朽，而且還七孔流血，壽衣上血跡斑斑，指甲似乎是新長出來的，皮膚呈鱗狀，後兩者都是古埃及人認知的屍體分解現象，因此偶爾可見古埃及人將頂針嵌在屍體的指甲上，讓指甲無法生長（包洛「新長出來的」指甲應該是甲床），而現代對於屍體分解的理解又更勝古埃及。[6] 總之，包洛被釘樁、火化，再也無法騷擾村民或牛隻。

弗勒金爾的著作開啟了吸血鬼的新紀元，形塑了吸血鬼在現代人理解中的吸血形象，影響既深且廣，不僅延續至今，而且還流傳至異域，民族誌學者露藝思．懷特（Luise White）在一九五〇年代發現了有力的證據，當時好幾個非洲國家的人民都堅信消防員是吸血鬼，有的則認為私下偷偷飲血的是警察。根據懷特的受訪者口述，一九五二年有個男的回到村裡，讓左鄰右舍大吃一驚，「一九二七年之後就再也沒有見過他了，大家都以為他在一九三〇、四〇年代就被奈洛比的消防隊屠殺取血，送去給醫療部門治療貧血的歐洲人」。這位受訪者是該村的政客，名叫安揚歌．馬洪多（Anyango Mahondo），他認為村民根本胡說八道，只因為消防設備是紅色的，就判定消防員是吸血鬼。安揚歌心裡明白：警察才是真正的吸血鬼，他們把人抓起來關在警察局的地窖。[7] 死亡、殖民主義、對動盪的恐懼，各式各樣的焦慮都可以轉嫁給吸血鬼，還真是好用啊。吸血鬼的強大來自其竊取的物質——效力無窮又神祕無比的血液。

歷史上確實有人類飲血的紀錄，但不是在警察局或消防局，而是在當眾行刑的場合。兩千年前，古羅馬醫生塞爾蘇斯（Celsus）記載羅馬人爭先恐後衝向奄奄一息的角鬥士，從割喉處啜飲熱血，[8] 當時（以及往後兩千年）認為新鮮溫暖全血可以治療癲癇——也就是令人不知所措的「羊癲瘋」。（德國科隆大學醫學與醫學倫理研究所的兩位醫學史專家認為，在塞爾蘇斯之前，「沒有任何證據顯示民眾將遇害角鬥士的紅血液視為癲癇良藥」。）[9]

所有描述羅馬人飲血的羅馬作家都譴責這是野蠻且殘忍的行為，但當時的癲癇患者也只能孤注一擲，還要再過一千九百年，才知道駭人的癲癇並非中了巫術，而是腦細胞異常放電所導致。如果羊癲瘋是體虛的症狀，喝下補身體的人血理應就能治癒。德國、瑞典、奧地利都有癲癇患者飲血的記載，他們帶著大杯子、小杯子來到斷頭台，將就點的就用白手帕。一八五一年，瑞典南部小鎮于斯塔德（Ystad，推理小說中神探韋蘭德的家鄉）難得有罪犯被判斬首，因而引起騷動，天還沒亮，斷頭台所在的平地人山人海，各自帶著「湯碗、茶杯、玻璃杯、平底深鍋」。平底深鍋！人頭一落地，人潮蜂擁而上，但接連被士兵打跑，屍首也迅速用馬匹載走，「刑地也給挖出窟窿，將血跡全數銷毀」。[10]

當時人認為飲用新鮮血液好處眾多，其中最大的好處就是延年益壽。對於上百萬基督徒而言，飲血應該是尋常的概念，畢竟禮拜時都要象徵性地飲用基督寶血，也因此，中世紀羅馬天主教皇英諾森八世（Pope Innocent VIII）的事蹟才會永垂不朽。據傳英諾森八世垂暮之時，三位青年被帶到其病榻前，身上被劃開供教皇飲血，從中獲取青春和生命。在歷史長河中，人類一直努力延長壽命，但如果我們真的那麼聰明，為什麼做不到長生不死呢？形形色色的藥水、理論、實驗因此推陳出新，匈牙利「血腥伯爵夫人」伊莉莎白・巴托里（Elizabeth Báthory）惡名昭彰，據傳都用少女的鮮血泡澡，但當時將其定罪的證詞並未提及此事。十六世紀的明朝嘉靖皇帝也是個不討喜的人物，他聽信飲用祕製湯藥能長生不老，便用鉛、朱砂、少女經血來煉藥，差一點就誤了事——後宮因皇帝煉藥又個性殘暴，故而起義弒君，不幸事跡敗露，參與宮變者被凌遲處死。[11] 嘉靖祕藥並非史上唯一的回春藥物。英國約翰・弗羅爾爵士（Sir John Floyer）一七一五年出版的《冷水浴史》（*The*

Psychrolousia, or The History of Cold Bathing）描述英格蘭北部一名男子，牧牛維生，「年過花甲」（超

過六十歲），每晚都躺在牛隻旁暢飲牛之氣，據其所言，「牛之氣乃甜酒，乏力時飲之，令人神清

氣爽」。牧牛人和牧羊人最懂嗅聞，都在「清晨——在光和熱滅去並奪走舉世無雙的芬芳之前」，

從其牲口之氣息中嗅聞「提神醒腦的嗅鹽」。[12]儘管牛口臭療法並未傳世，但從血液中獲取生命和青

春的做法卻始終盛行。

時間來到一九〇五年的莫斯科，但我們的主角雷奧尼（Leonid）卻在火星上，這位俄國數學家遭到火星人客客氣氣地劫持，在核子光火箭上待了十週，終於抵達這顆紅色星球，遇到一群烏托邦居民，他們講求平等、實行社會主義、擁有多重伴侶，而且一個比一個長壽。雷奧尼在火星上對雷蒂（Netti）日久生情，並認定雷蒂醫生是男性，因此心緒不寧（火星人不對外公開性別，這讓火星上的多重伴侶更值得玩味），雷蒂醫生告訴雷奧尼：五十年的壽命對火星人而言非常年輕，大多數的火星人都能活到一百歲，雷奧尼聽了相當震驚。火星人長壽的祕訣是什麼？

我們會一再新生，雷蒂醫生回答：「這其實非常簡單。」一如細胞彼此餵養、彼此更新，你中有我、我中有你，從而延長生命，火星人也是如此，透過互相輸血來延長壽命、抵抗衰老（而非治癒疾病），做法是將兩位火星人的血液循環系統接合（細節並未解釋，不過火星人向來擅長工程，蓋運河蓋得呱呱叫），讓血液互相交流。「只要預防措施做得好，」雷蒂醫生說，「過程十分安全，一方的血液會存留在另一方的體內，雙方的血液在有機組織裡混合，讓另一方的體內組織徹底

更新。」雷奧尼好奇人類為什麼不學一學火星人？真可惜火星人不會聳肩，否則雷蒂醫生一定會聳聳肩說：「可能是人類非常個人主義，將你我完全區分開來，所以人類的科學家根本沒想過彼此交融這種念頭。」真是可憐又自私的人類，因為我們拒絕這種「同志之間定期的生命交流」，因此壽命只有短短的七十載。[13]

雷奧尼的火星之旅都寫在小說《紅星》（*Red Star*）裡，作者是俄國醫生兼革命家亞歷山大・波格丹諾夫（Alexander Bogdanov），他和列寧、史達林關係密切，是布爾什維克派科幻小說的主力，努力讓科幻小說的科學成分大於虛構，並相信人類也能學火星人「換血」活化自身性能，這在一九二〇年代的俄國和歐洲並非痴人說夢，當時正流行回春和戰勝「老化」這個全新觀念，而回春派學者關注的是性激素，尼古拉・克里門佐夫（Nikolai Krementsov）的大作《困在地球上的火星人》（*A Martian Stranded on Earth*）便對此多加著墨，同時探討波格丹諾夫和蘇維埃政權的科學理念。由於動物腺體萃取液在當時蔚為風潮，報紙漫畫因而可見猴子外送「激素早餐」到莫斯科知名醫院給病患。[14]

一九二六年，史達林出資讓波格丹諾夫在莫斯科成立輸血機構，這可是全球創舉，尤其蘇聯的醫療照護體系並不是特別厲害，能成立這麼一間輸血機構簡直是成就非凡，裡頭進行著各式各樣的輸血實驗，其中最為臭名遠揚的要屬「生理集體主義」，也就是同志間彼此交換血液。波格丹諾夫這時已年逾五十，他找年輕學子換血，聲稱換血延緩了他的禿頭、改善了他的視力。[15]據其革命同志記載：「波格丹諾夫偶爾忘了（自己的年紀和健康狀況），一口氣跑上四、五段樓梯。」其妻娜塔麗亞・波格丹諾夫「也感覺好極了，腳上的痛風全好了，原本只能穿訂製鞋，現在可以穿普通鞋了」。[16]波格丹諾夫看起來年輕了七……不，不止，年輕了十歲，[17]他在兩年內輸了十一公升的血，全部都來自年輕學子，但最後一公升的血卻要了他的命。當時血型的概念雖然已經普及，但抗原、抗體則否，每一次的異體輸血都會刺激波格丹諾夫的免疫系統產生抗體，而第十一公升的血液來自罹患瘧疾和結核病的學生，按照火星人的做法，波格丹諾夫認為換血能治癒這位學生，兩人的血型雖然並未互斥，但波格丹諾夫卻產生輸血反應，後續以輸血搶救卻仍舊回天乏術，儘管學生存活下來，波格丹諾夫卻一命嗚呼，但他對血液回春的看法仍然活在後人心中。

這網站可以說是極簡到了失禮的地步，上頭寫著「Ambrosia」（神仙美饌）、「Young Blood Treatment」（年輕血療），並附上營業據點（包括舊金山、坦帕）和聯絡表單，這就是所有的文字資訊，剩下的只能憑靠意象揣摩：水波粼粼，安詳地泛著漣漪，照片裡的青年坐在長凳上，身旁是經典的公路競賽單車，一頭柔亮的黑髮，肌膚細緻平滑，腳上忘了穿襪，神情憂鬱而俊美，蒼白的皮膚，薔薇的紅唇——看起來像極了吸血鬼。

「真的假的？」傑希．卡馬津（Jesse Karmazin）說，吸血鬼？這不是他的本意，「我想我們本來想走的是運動風，因為有單車嘛，我有空再好好確認一下。」卡馬津跟我七晚八晚在「Skype」上通越洋電話，當時已經超過我的睡覺時間，正值女巫和吸血鬼出沒的子時。一年多前，我用「Google快訊」將「年輕血液」設為關鍵字，結果「卡馬津」的名字不時就會跳出來，就這樣持續了一年多。在通話之前，我好好上網研究了一下這位先生，找到他參加殘障奧運划船比賽的照片（他天生缺半條腿），看起來體魄強健，跟那位畫風唯美的吸血鬼男模沒什麼兩樣。卡馬津參加完殘障奧運後，在史丹佛大學拿到醫學學位，接著前往麻州，在波士頓的布萊根婦女醫院（Brigham and Women's Hospital）擔任精神科醫生，後來則簽署自願協議，答應從此不在麻州執業，走到這一步已經是紀律處分，再下一步就是撤銷醫師執照了，凡是經州政府認定「直接且嚴重威脅到民眾」的醫生，都會被判處放棄執業，這是重要的轉捩點，因為卡馬津事業的第二春是將年輕血液輸給自願患者，他在《困在地球上的火星人》中讀到同志換血一事，波格丹諾夫因此成為他創業的靈感來源。他將公司取名為「Ambrosia」，意指希臘眾神的美饌——神仙之所以長生不老，肯定是吃對了東西——不過，卡馬津說，公司其實大可叫做「波格丹諾夫」，簡單明瞭。

就讀史丹佛大學期間，卡馬津對血液產生好奇。臨床醫生天天都在輸血，接受輸血的人各式各樣，「於是靈光一閃」——如果輸血可以治療病患，為何不將血液的強大療效用在健康的人體身上？血療可以滋補強身，又不含小麥草汁，看起來不會綠糊糊的嚇死人。起初他考慮用紅血球細胞，稱之為血紅素補充包，這是人體不可或缺的蛋白，施打後或許可以提升人體機能。「沒想到補充過多紅血球細胞會導致體內鐵質過量，而且還代謝不掉。」血漿也含有蛋白質，是比血紅素更安全且更佳的選擇，而且還有科學背書。

一九三三年，兩位解剖學家愛德華多·邦斯特（Eduardo Bunster）和羅蘭·K·邁耶（Roland K. Meyer）合著出版論文〈駢體共生的改良法〉，[18]這名稱聽起來有多美好，實際做法就有多嚇人。「駢體共生」的英文「parabiosis」由兩個希臘文組成：「para」（旁邊）和「biosis」（生命），也就是將兩隻生物接合在一起，就像是人造連體嬰或人造陰陽牛，這種破壞生物身體完整的實驗很早就有人做過，我找到一篇很有意思的論文，發表於一九一二年，主題是「駢體雙生的巴西螞蟻」。[19]除此之外，青蛙、水螅、水母類海洋生物都被實驗過，但是，最受青睞的還是大老鼠和小老鼠。

邦斯特和邁耶這篇論文鉅細靡遺，甚至提供讓大老鼠脫毛的配方（三十五公克的硫酸鋇、三十三公克的滑石粉、三十五公克的麵粉，再加上五公克的肥皂片），不曉得這會不會威脅到薇婷（Veet）除毛膏和吉列（Gillette）除毛刀的生意？兩位作者在論文中表示：這些駢體生物都受到妥善照顧，只不過骨頭被針剉傷，縫合之前毛皮被打了洞，以便縫得更緊密，這是很明智的做法。一九五六年，康奈爾大學生物化學家克萊夫．麥凱（Clive McCay）接合了六十九對老鼠，從而學到兩個教訓：第一，同樣劑量的巴比妥類藥物，用在年輕老鼠和年長老鼠身上的作用截然不同；第二，耐心至關重要。「如果兩隻老鼠無法適應彼此，其中一隻就會啃咬另一隻的頭，一直啃咬到爛掉為止。」[20]

在邦斯特和邁耶的插畫中，一隻駢體老鼠伸腳去撫摸另一隻駢體老鼠的腳，彷彿牠們黏在一起是出於選擇而非怪誕，這些老鼠都被剖開來，再用一號黑絲縫線接合，理論上循環系統也完全相連，血液流過兩隻老鼠、兩顆心臟、兩套循環系統，完全混合在一起，確實稱得上是奇觀。不過，接下來二十年間，其他科學家轉而探究更具體的問題：年輕的血液能不能將青春帶進老舊的血液裡？一九七二年，另一項研究發現：將年輕老鼠的血液輸給年長老鼠，年長老鼠就能多活四到五個月。[21]然而，不知道為什麼，駢體共生的實驗沒有繼續做下去。是太噁心了嗎？還是嫌浪費肥皂片？

不論原因為何，近來駢體共生再次回鍋，許多小老鼠、大老鼠，（或許還有）矽谷富豪也跟著回春。所有創傷或輸血專家都曉得：血液的年齡至關重要，年輕、新鮮的血液比老舊、陳腐的血液更好，可是，捐血的年齡層很廣，紅血球品質良莠不齊，保存期限也長短不一。卡馬津說：「我們今天的處境很詭異，美國大多數的捐血人是年長者，年紀都超過六十五歲，所以，如果你年紀輕輕出了意外，可能會輸用年長者捐的血，這縱使能救你一命，卻可能會造成不良影響。」卡馬津搞錯平均捐血年齡了：美國的捐血者大多是白人男性，受過大學教育，年齡介於三十至五十歲之間，已婚，收入高於全國平均，[22]但他的論點大致沒錯：歲月改變了血液，所以何不用血液來改變歲月呢？

二〇一三年，哈佛大學艾美．魏杰絲（Amy Wagers）領導的研究團隊發表了實驗結果，他們將兩隻老鼠接合在一起，一隻年長、一隻年輕（《科學》期刊稱之為「幫幫長者」），[23]結果發現年長老鼠的幹細胞開始表現得像年輕老鼠，修復損傷的能力更強，並認為這與GDF11蛋白有關。後續研究發現：年長老鼠在接合後心臟更強壯、細胞更健康、毛皮更柔亮，這些研究結果具有足夠說服力，人體試驗因而啟動，其中包括「神仙美饌」之流的公司（他們現在已經形成流派了），最初的小規模實驗將年輕血漿輸給十八位阿茲海默症患者，藉以探索其療效，結果發現血漿療法安全無虞（實驗中無人喪生），但研究主持人表示：這十八位患者接受年輕血漿後，似乎有記憶力好轉的「跡象」，會記得吃藥和付帳單。[24]

大腦需要氧氣並仰賴血液供應，跟我們身體其他部位一樣，最近一項人類頭骨演化研究發現：人腦的體積增加了三五〇％，而流入人腦的血液容積增加了六〇〇％——這一點可以從頭骨的孔洞來判斷。大腦的血液由頸動脈供應，總共分為七段：「Cervical」（頸段）、「Petrous」（巖段）、「Lacerum」（破裂孔段）、「Cavernous」（海綿竇段）、「Clinoid」（床突段）、「Ophthalmic」（眼段）、「Communicating」（交通段），後六段可以取英文首字母「P、L、C、C、O、C」來編口訣：「Please Let Children Consume Our Candy」（請讓孩子吃光我們的糖果）。頭骨研究者發現：為了讓更多血液流經腦部，頸動脈通過的孔洞直徑增加了。研究主持人榮譽教授羅傑．希墨（Roger Seymour）表示：「我們認為，隨著思考和學習趨於複雜，大腦神經細胞之間的能量連結隨之增加，因此需要更多血液流經腦部。」[25]看來世上萬物都嗜血，聰明才智也是一樣。

所以GDF11蛋白真的是回春妙方嗎？青春之泉真的是紅色的、容積介於九品脫至十二品脫之間嗎？後續研究發現：過量的GDF11蛋白是毒不是藥，非但不會刺激生長，反而還會造成損傷。[26]由於各方對於換血療法爭執不下，因此，該領域的科學家多半步步為營，只有卡馬津不是這樣，但他就算想謹慎也沒辦法，據他聲稱，他也想按尋常方式找投資人挹注資金來進行試驗，但卻找不到人出資，「這沒辦法取得專利——用年輕血液逆轉老化——這種無法取得專利的事會嚇跑投資人」。於是，他改變做法，開設了兩間診所，並雇用兩位醫生來施用血漿，參與療程的客戶支付八千美元（約台幣二十四萬），從此血液中便多出一百種生物標記，並施用三十五歲以下青年捐贈的血漿，施用前、施用後利用生物標記作分析。這項試驗共計一百人參與，由於試驗結果太過驚人，試驗期程因而縮短。是什麼結果？「我先把話講在前面：這項試驗成果尚未經過同儕審查。」有些病患感覺自己變年輕了，還有病患原本罹患阿茲海默症，其中一位接受神經學團隊評估，認為他可以再次獨立生活。「他們沒有阿茲海默症了。」

抱歉，所以意思是說：換血療法可以根治失智症？

「噢，對啊，這就是學界四分五裂的地方，人家會質疑這怎麼可能。」

但卡馬津並未就此打住，兩公升的血漿可以治癒癌症、心臟病、糖尿病，聽得我心中疑雲四起、警鈴大作，卡馬津還說輸用一次就能見效，這讓我心裡的疑雲更是密布、警鈴更加響亮。「神仙美饌」已經招致眾多抨擊：科學試驗是科學試驗，賺錢企業是賺錢企業，兩者不能混為一談。而且，卡馬津的試驗根本沒有對照組（用生物標記來做前測和後測，意思就是實驗組和對照組是同一群人）。總之，「神仙美饌」值得關切之處多得很，尤其是卡馬津種種浮誇的說詞，他自己也說不敢上電視談這些，也不敢形諸文字出版，「有美國食品藥物管理局在，我們得走完非常長的流程才能說這種話，妳是寫書的，所以我可以跟妳講」。不過，卡馬津打算出版研究結果，但會刊載在「二級期刊」。

關於換血回春，目前最保險的說法是這個領域波濤洶湧——這個詞很適合用來形容騰湧的血流。此外，我要向駢體雙生的大老鼠、小老鼠致敬，現在跟以前不一樣，現在老鼠毛是用刮的，不像以前都用肥皂片，縫合處則是膝蓋和手肘，用不著將整個身軀都接合在一起，而且參與實驗的通常是母老鼠，因為母老鼠比較不會把另一隻母老鼠的頭咬掉。謝謝你，老鼠，謝謝你讓我們可以活得更久一點、實驗的老鼠更多一些。

我知道這話聽起來很粗俗，但我氣的是那些富到流油的富翁，氣他們的虛榮，他們的傳聞令我驚愕，例如Paypal創辦人彼得・提爾（Peter Thiel）身價上億，出資讓自己輸用年輕的血液、血漿，據傳不少富豪都是這樣，不過我倒是很欣賞《矽谷群瞎傳》（*Silicon Valley*）這部諷刺喜劇，其中一集講述矽谷大亨聘請「血弟」定期捐用年輕的血液讓大亨換血回春。泰德・弗蘭德（Tad Friend）在《紐約客》探索長壽產業的文章提及：美國脫口秀主持人史提芬・荷伯（Stephen Colbert）在節目《深夜秀》（*The Late Show*）上告訴年輕人：川普總統要用「老少義務共生」取代「歐巴馬健保」：「他要像喝Capri Sun果汁一樣，直接把吸管插進你的血管裡。」[27]比起延長壽命，我寧願抗老產業主打的是銀髮族健康，例如減緩阿茲海默症、帕金森氏症等隨著人類壽命延長而出現的致命疾病。我親眼看過長者死於失智症。如果失智症真的能靠血液治癒，麻煩誰來拿根吸管給我。

麻煩從擔架床上就開始了。荷瑟．詹金斯（Hazel Jenkins）躺在擔架床上，準備進行手術，她的心情跟其他接受重大手術的病患一樣緊張，但不至於緊張過頭。前年她診斷出罹患大腸癌，並接受手術切除腸子，後來癌細胞擴散到胃部和十二指腸，必須再次開刀切除。她對現代醫學有信心，認為醫生能治好她的病，因此不可能拒絕同意，但她身為耶和華見證人，心裡卻有個障礙過不去。耶和華見證會是基督教派的一支，在全球共有九百萬信徒，他們相信耶穌基督會再來，並在世上治理千年。此外，他們認為過生日是違背《聖經》的異教傳統，也認為信徒不該接受輸血，此一戒規根據的是《聖經》的幾個段落，例如〈申命記〉提到「不可吃血，因為血是生命」，所以「不可將血與肉同吃」；〈使徒行傳〉則禁戒祭牲、牲血、勒死的牲畜；〈利未記〉最為嚴格：吃血會招致上帝強烈反對，「凡吃了血的，必被剪除」。[28]

在我看來，這些段落都像神要世人吃素，不過，第二次世界大戰之後，世人普遍接受輸血具有強大療效，教會長老便把《聖經》中的「吃血」解釋成「輸血」，並認定輸血是罪過。

「血是生命」，荷瑟這樣對我說，我們在里茲一間旅館的會客廳碰面，這裡很安靜，她剛在附近的醫院做完掃描。血液不能揮霍。耶和華見證會和基督科學教會常被搞混，基督科學教會認為醫學是騙術，耶和華見證會則大多接受醫學帶來的一切，並且心存感激。「我們相信慈愛的上帝希望我們的生命延續。」但是，耶和華見證者說什麼也不肯輸血。荷瑟的丈夫坐在會客桌的另一側，名叫鮑伯（Bob），他陪太太到醫院做掃描，本身也是癌症病友，這對夫妻是百分百的約克人，不會滿嘴假仁假義，一開口就直話直說。荷瑟回憶發現罹癌的經過時，說自己當時到了急診室，護士過來量體溫，「看我是不是要嗝屁了，還是能再等上四個鐘頭（等到醫生來看）」。荷瑟和鮑伯在一九六〇年代加入耶和華見證會，一邊研讀聖經，一邊研究經文記載和醫學論述中的血液。「畢竟這是核心信念」，他們想要好好了解。

詹金斯夫婦有五個孩子、四個孫子，儘管分娩時經常需要輸血，但詹金斯夫婦不輸血的堅持一直到最近才受到考驗。起初是鮑伯被診斷出骨髓瘤，這是某種白血球病變導致的癌症，嚴重者通常透過幹細胞移植來治療，過程中會先以化療毒殺骨髓細胞、再輸注幹細胞，如果一切按照計畫，幾週內未受損的全新血液細胞便會再生。儘管毒殺和移植的是「造血幹細胞」，但耶和華見證者卻可以接受輸注。可是，化療那幾週免疫力會下降，對病人而言很危險，因此通常會輸用血品，例如接受骨髓移植治療的白血病患，每年的輸血量可達三十單位。儘管輸血通常與嚴重出血、重大創傷聯想在一起，但事實上這並非輸血在已開發國家的主要用途。最近的英國紅血球使用報告指出：只有四分之一的輸血用於手術，其餘大多用在血液科、腫瘤科等非手術用途。[29]發展中國家的受血者通常是產婦或事故傷患，英國的受血者主要是罹患慢性病的年長者，如果鮑伯不是耶和華見證者，他就會是英國的主要受血者。

由於科學跑得比聖經的禁制還快，擔架床上開始麻煩不斷。耶和華見證者理查・卡特（Richard Carter）任職醫院聯絡委員會（Hospital Liaison Committee），為醫事人員和耶和華見證者提供資訊。理查說起話來慢條斯理，談起醫學術語頭頭是道，在醫院聯絡委員會任職二十七年，多次與血液學者、血液專科醫生共同開會。由於事端頻仍，大大小小的醫院聯絡委員會於一九九〇年代成立，不論是對醫學界還是醫事人員而言，耶和華見證會都是過去數十年來的頭疼問題：不輸血是要怎麼動手術？哪有人開刀不輸血的？血液在臨床上的助益一向不容置疑，一般新藥或療法問世之前，通常必須經歷嚴格的臨床試驗，但在第二次世界大戰後，各地未經嚴格臨床試驗便將血液用於醫療。既然無數士兵都輸過血又搶救回來，證據應該夠充足了吧？醫學期刊《論血》（*Vox Sanguinis*）編輯妲娜·迪凡博士（Dana Devine）表示：「以前不管是什麼血，只要是血就是好，幫病患輸血就像幫車子加油一樣，比起從前，現在對於有效輸血治療的理解強多了。」即使到了一九五六年，都還是有血液專家懷疑這樣大量用血到底明不明智？安不安全？倫敦南部輸血服務中心主任西奧多·澤汀（Theodore Zeltin）在《曼徹斯特衛報》（*Manchester Guardian*，一九五九年更名《衛報》）發表社論，對於「過度使用血液」提出警告，輸血在當時是習以為常的小事，「某些醫院給血比給啤酒還要大方」。[30] 美國國立衛生研究院輸血部部長哈維·克萊因（Harvey Klein）回憶道：大家都覺得血液很好，給血就像給補藥，輸血半公升，元氣護一生。

然而，不知從哪裡冒出這些奇怪的教徒，口口聲聲說不要輸血，但又不想因為不輸血而喪命，最後天不從人願，還常常鬧出官司，兒童醫案尤其如此，醫事人員都很惱火，明明他們的工作是保命，但卻要忍受這種固執，肯定很難受吧？英國廣播公司寫道：耶和華見證會的見解「會引發極度不爽、害死不該死的人，他們要求的無血治療既昂貴又無效，同樣令人不悅」，[31] 時至今日，耶和華見證人依然因為不輸血而喪命。二〇一六年耶誕節前夕，加拿大耶和華見證人愛洛絲·杜普伊（Eloise Dupuis）剖腹產，過程中總計拒絕輸血十次，最後死於失血性休克，享年二十七歲，杜普伊的阿姨譴責醫院聯絡委員會，說搶救當下其成員在場，迫使杜普伊不接受輸血，但驗屍官發現杜普伊事前便決定不輸血，[32] 幾位名醫則公然質疑：病人的自主權和選擇權是否太過頭了。[33]

在理查·卡特看來，醫院聯絡委員會就只是提供援助，為醫學界與耶和華見證人（其轄區內共一萬三千位）建立聯繫，哪有什麼奸險可言？醫院聯絡委員會是雙方的傳聲筒，從來不施壓（但多位前耶和華見證人在大量網誌文章中提出相反的事實），卡特對我也是這樣，熱切灌輸資訊給我，內容既周密又翔實。

他給了我一份耶和華見證人隨身攜帶的醫療指示，其實就只是一張表格，採鏤空設計，上頭寫著「No Blood」（不輸血），文字旁的插圖是一袋血，上面打了個叉，凡是耶和華見證人都將這張表格放在皮夾或手提包裡，雖然不見得都派得上用場，但通常能有效給予醫療指示，畢竟緊急狀況時急著搶救，可能無暇翻看皮夾，而且，根據卡特的說法，急救人員不喜歡翻看手提包。改成掛手鐲會不會比較好？應該會，或者考慮應用程式等數位預警系統。

表格其餘內容都是細項，其中一個大項列出所有禁制血品，包括紅血球細胞、白血球細胞、血漿、血小板這些「大的成分」，至於底下的細項，卡特表示「各憑良心」勾選，都是比較液態的品項。耶和華見證人可以自行決定接不接受自體輸血（預先採存血液再做血液回輸）、自體血液回收（手術中採存紅血球細胞，過濾後再做血液回輸）、纖維蛋白膠及凝合劑、促紅血球生成素（簡稱EPO，能增加血中含氧量、預防貧血發生）等潛在輸用成分。此外，耶和華見證人樂於提供血樣，但研究指出：重症加護病患每天的採血送檢量可達四十毫升，有些醫生稱之為「加護嗜血病房」，並質疑這種做法究竟明不明智？竟然從潛在的貧血病患身上抽這麼多血，還要常常檢測這些需要輸血的病患有沒有輸血的需要。[34]

眼前這三位耶和華見證人看起來都親切有禮，我們好好喝了杯茶，但我不得不深究其教義似乎缺乏邏輯：為什麼輸血不行，但小的血液成分就可以？為什麼（只占總血量一％的）血小板不行，但白蛋白卻可以？為什麼拒絕輸血，但卻提供血樣給病理實驗室？為什麼幹細胞移植就可以？荷瑟說：界線是自己畫的，並引用諾亞的故事來解釋：「大洪水過後，經文提到上帝允許諾亞食用有生命的動物，食用前當然必須放血，但肉攤買的肉排裡面多少還是有血，你拿到水龍頭底下沖一沖就知道，還是會有少量血水流出來，我是覺得不可能完全沖乾淨。這就跟輸血類似，你講到輸血我就想到這個。」荷瑟又說：我想重點在於清楚自己可以容許的極限，有些見證人連「一點血」都無法接受，有些則曾經在垂死關頭接受輸血。二〇〇〇年，耶和華見證會改變教規：接受輸血的見證人會被「開除會籍」，從此逐出教會。[35]在這個深入生活各個層面的教派中，被逐出教會等於一下子沒了家人、沒了朋友、沒了教友。我問荷瑟：現在教規改了，如果接受輸血會怎麼樣？她回答得很謹慎：「這是一項指標，看你是不是真正的見證人，如果對於遵守教規有所選擇，就表示並非真的在見證。」用不著教會判處就自動失格。

如果是發生事故、命懸一線而接受輸血，卡特表示這情有可原，儘管見證人身上都帶著醫療指示，但有時候根本沒人翻看，現場又沒有家屬提醒急救人員，這是常有的事。荷瑟隨身帶著醫療指示，對於血液成分也清楚了解，而且這次開刀跟上次緊急切除腸子不一樣，事前可以規劃和討論，主刀醫生也和上次是同一位，曾經替多位耶和華見證人動手術，荷瑟說醫生「老神在在」，但給藥、輸注血品的是麻醉科醫生，而麻醉科醫生並未參與術前討論，一現身就問荷瑟是否同意輸用某項從未聽過的血液成分，荷瑟當場被難倒，偏偏鮑伯又去醫院餐廳吃早餐了，完全幫不上忙。荷瑟只好對麻醉科醫生說：我相信你。她確實有理由相信，因為幫她開刀的這間醫院做過無血肝移植手術，堪稱醫界創舉。

可是，麻醉科醫生需要她清楚表示同意，於是她躺在病床上打電話，先打給鮑伯、再打給卡特，整個過程有點瘋狂。卡特表示：「我太太都說，如果星期一大清早接到電話，一定是麻醉科醫生做完術前準備在等了。」電話一接通，荷瑟立刻發問。委員會覺得她可以輸用嗎？這是容許的嗎？這是小的成分還是大的成分？問到後來，主刀醫生走出開刀房來關切，問這是在等什麼？了解原委後，主刀醫生說：「噢，那我們就用別的東西啊！」事情就這樣結了，完全就像荷瑟說的「老神在在」，「可見他們的口袋名單超級多」。

這份口袋名單之所以越來越多，全拜血品遭受愛滋病毒汙染所賜，血液突然不再無毒零汙染，血品安全突然被放大檢視，外界的質疑也越來越多。與此同時，病人選擇權的概念漸漸滲入由醫生作主的醫病關係，「我們剛好趕上這波潮流，」卡特說，「在這之前，沒有人會問外科醫生手術要怎麼進行，現在問的人就多了。」各式各樣跟輸血相關的問題都浮上檯面。要輸多少血？輸哪一種血？大家都說輸血好，輸血有沒有壞處？一九九九年，加拿大醫學博士保羅．赫伯特（Paul Hébert）的研究引發譁然，研究對象是八百二十三位重症病患，依據輸血閾值（意即病患的血紅素濃度）為病患輸血，如果血紅素濃度過低，血液就很難將足夠的氧氣送去該送達的地方，這時就會認為病患是嚴重貧血。自從第二次世界大戰之後，輸血閾值一直是每公合血紅素含量小於十公克。赫伯特博士的研究將病患分成兩組，一組採用無限制輸血，醫事人員按照輸血閾值替病患輸用血品，另一組則採限制性輸血，血紅素濃度小於每公合七公克才輸用，實驗結果震驚醫學界：兩組病患的表現竟然並無不同，[36]五十五歲以下的病患對於限制性輸血的反應甚至優於無限制輸血，另一項大型研究「重症加護的輸血需求」（Transfusion Requirements in Critical Care）也支持赫伯特博士的研究結論。

在此之後，輸血閾值下修為每公合七公克，但許多醫生認為：一體適用的輸血閾值太綁手綁腳，於是各種革新紛紛出籠，全都出於這個跳脫窠臼的想法，大家開始拋出問題：血液的好處真的無庸置疑嗎？有沒有替代的方法？如果要限制用血或完全不用血，那就勢必得防止病患出血。早年的替代做法是自體輸血：病患在術前採存血液以便手術時回輸，耶和華見證會對此不太領情，認為血液採存跟血液瀉地沒什麼兩樣。卡特表示：血液一旦添加了保存液就不得輸用，儘管他說其出發點是基於宗教而非醫學考量，但他在定義上似乎更偏好使用醫學術語。此外，卡特還說：縱使自體輸血會將血液回輸，但採存已有貧血之虞的病患真的好嗎？

卡特遞給我一本皇家外科醫學院（Royal College of Surgeons）編纂的小冊子，指引醫事人員碰到病患不輸血時的應變辦法，裡頭列出許多變通方式，[37]例如手術前幾週連續施用促紅血球生成素，讓骨髓製造的紅血球增加七倍，紅血球濃度高就不怕出血，同時肌肉獲得的氧氣也會增加，出力時就比較不費力，因此，大家一提到促紅血球生成素就想到運動員出賽作弊，也因為這樣，耶和華見證人若不是病重等待治療，大概都能輕鬆跑贏馬拉松。撇除手術障礙不談，耶和華見證人其實是聽話的病患。卡特說：「我們的臨床風險滿低的，大家都不抽菸，肺臟很健康，而且血球數低都能自行應付，喝酒也懂得節制，我們雖然不是完人，但紀律和操守是我們的修養，醫生開藥我們都吃，飲食建議也會遵守。」

除了促紅血球生成素之外，術前也可以施打羥乙基澱粉等稀釋劑來防止紅血球流失。在手術中，醫事人員可以夾住血管來減少出血、用腹腔鏡手術取代傳統開腹手術，或用放射性栓塞術（rediological embolization）將微粒球導入血管阻斷血流供應，在藥物方面則可以投予傳明酸（tranexamic acid）等血液凝集藥，另外還有止血帶、血管收縮劑、止血鉗等器具，其中似乎也包括諧波刀，雖然我應該查一下諧波刀是什麼，但我不想破壞腦海中刀光劍影齊聲合唱的畫面。此外，運用常識也能收到邊際效益，例如卡特說：只要抬高病患就能降低動脈壓，現在有些手術擺位便採半坐臥式。

限制性輸血或許是由耶和華見證會起頭，再加上愛滋病和肝炎推波助瀾，但其臨床應用卻已超出以上族群，在外科手術中相當普及，已經自成一套術語：包括零輸血、無血手術、限制性輸血。二〇〇一年還成立了血液管理促進協會（Society for the Advancement of Blood Management），宗旨在於「將血液管理納入標準治療，將輸血視為替代療法」，[38]該協會認為輸血「代價很高，儘管現在輸血比以前更安全，但仍然存在嚴重的健康風險」。血源充足的國家發生急性輸血反應的機率雖然非常低，但不是完全不可能，「文獻中記載的風險包括致命輸血反應、急性肺損傷、免疫系統改變，後者會導致循環超載和增加感染」。輸血會延長病患的住院時間，有些病患則在輸血後產生免疫反應，更有多項研究顯示：「敗血症、手術部位感染等醫療照護相關感染的發生率，確實與無限制輸血有關。」[39]

之所以會這樣，可能是紅血球添加了保存液的緣故，也可能是血品在儲存時發生了變化，只要是細胞就不會是靜態的，三十七天之內可以產生許多改變，有些改變可能不太妙，因此，「適當」成為血液學界的全新概念：既然輸血往往會帶來改變，那動輒就輸血到底應不應該？有鑑於此，十五位專家共同執行了一項研究，全面考察血品在內科、外科、創傷中的輸用，再針對結果進行表決，實驗結果發現：在這些輸血個案中，只有一一．八％是「適當」的，另有二八．九％「無法判定」，而比率最高（將近六〇％）都是「不適當」。[40]無血治療不只適當，而且可以節省預算。在美國，輸用一單位的紅血球要價一千二百美元（約台幣三萬六千元），如果（一如血液管理促進協會所質疑的）半數的輸血都無憑無據，那美國等於每年在毫無意義的事情上花費八十四億美元（約台幣二千五百二十億元）。引進病人血液管理後，紅血球的輸用隨之下降。英國過去十五年的紅血球輸用減少了二五％，[41]美國紅十字會二〇〇九至二〇一六年間蒐集與配給的單位血量縮減了二六．四％，整體輸血量則減少二五％，如果下降的速率維持不變，二〇二〇年則會降低四〇％。[42]

血能救命，也能改善上百萬人的生活，雖然說能捐就捐，但或許能優化輸血程序，或是完全改用替代品。

空空的血管注入了空空的酒，
調製過後變成了紅紅的血流。

——引自克里斯多夫・馬羅（Christopher Marlowe）《帖木兒大帝》（*Tamburlaine the Great*）

伊川健司（Kenji Igawa）博士發明了合成血液，全球對此需求殷切，一來捐血者越來越難找，二來血品安全的監督和維護都很花錢，因此，能創造血液替代品再好不過。比起脆弱又容易腐壞的人血，運送血液替代品到嚴峻的軍事環境簡單許多，而且能填補發展中國家供血不足的罅隙；走投無路的親戚再也不會淪為醫院外頭賣血者的肥羊，也不會再有血品浪費的問題。根據世衛組織估計，全球將近兩百萬的捐贈血因有傳染病之虞而遭到廢棄，[43]另有大量紅血球因為過期而報廢，美國每年因此棄而不用的紅血球共計九％，聽起來雖然不多，但以二〇一五年的紅血球捐贈量（一千兩百五十萬）來計算，全年遭棄置的紅血球超過一百萬單位。[44]

人類從古時候就嘗試模擬血液。英國王室御醫威廉・哈維發現血液是體內循環的液體後，各式各樣能循環的液體都被拿來做實驗，除了動物的血液之外，還包括乳品和葡萄酒。十九世紀末葉，兩位加拿大醫生對於輸血成功率忽好忽壞感到氣餒，但又急於防治當時的霍亂大流行，因而決定用牛奶和羊奶來代替人血，其學理依據十分不可靠，根據其中一位醫師的說法，乳品中的油脂和脂肪微粒會轉化為白血球，而白血球則會轉變成紅血球，儘管學理依據不穩固，一頭乳牛仍然被牽到醫院來榨乳，乳品以紗布過濾後便進行輸用（後來，兩位加拿大醫生向多倫多市申請「優質乳牛」做實驗遭拒，便辭去了其公務職位）。在此之後，美國及英國醫生則用羊奶做試驗，多數病患都出現不良反應，輸用之後便失去性命。某位約瑟夫．豪（Joseph Howe）醫生輸用牛血給結核病患，病患接二連三死去，但豪醫生依舊不屈不撓，決定用母乳療效會更好。

他從健康產婦身上採取三盎司的母乳輸用給罹患肺癰的女病患，才剛開始輸用，女病患便抱怨胸痛、背痛，輸用兩盎司後，女病患便停止呼吸，但在人工呼吸和「注射嗎啡及威士忌」之後，女病患便甦醒過來。[45]

模擬血液的概念和壯志一點也不過時，現今替出血傷患輸用的含鹽溶液（晶體溶液）功用也類似模擬血液，都是用不是血液的液體去替代血液。

因此，伊川博士的合成血液是劃時代的發明，這項產品包含所有血液的特性，而且能發揮血紅素的功效，又具有血液中許多酵素和蛋白質的好處，人體輸用後沒有任何副作用，因此真的可以替代人血，唯一遺憾的是伊川博士的合成血液叫做「貞血」（Tru Blood）而不是「真血」，「貞血」並不是真的，但不是我們希望的那種「不真」，伊川博士是美劇《噬血真愛》中的小角色，「貞血」是劇中吸血鬼的飲品，用以替代人血，目前合成血液在影集和小說中都行得通，但在現實世界中還做不到。

合成血液的前景有多燦爛，花在尋找合成血液上的經費就有多令人頭暈目眩，成功彷彿近在咫尺卻又遙不可及，就連以嚴謹著稱的科學文獻都以「聖杯」來比喻，至今試驗過的人工代血數量眾多，有些在研究程序上甚至走到了命名階段，包括「眾血」（PolyHeme）、「血純」（Hemopure）、「紅海」（ErythroMer）、「潤血」（Sanguinate），大多是血紅素類氧氣載體或人造血紅素，設計來從肺臟運載游離血紅素（像血液一樣），並供氧給各個組織（也像血液一樣）。有些人工代血使用人的血紅素，有些則使用牛的血紅素。不過，血紅素之所以位於紅血球細胞內是有原因的，一旦脫離了細胞的限制，血紅素就會與血管中的一氧化氮結合，因而導致血管收縮、血流下降，並引發中風和心臟病，不論是人的血紅素還是牛的血紅素，結果都一樣。截至目前為止，這些合成血液的共通點就是發揮有限。二〇〇一年，「血純」（又稱HBOC-21）於南非獲准臨床使用，[46]但在英美只允許用於試驗、不准用於治療；[47]「眾血」也遲遲得不到美國食品藥物管理局批准，但已經在未徵得同意的情況下，為美國中西部將近八百位重大傷患輸用（都是重傷送院的病患，想徵得同意也沒辦法），因而引發強烈抗議。[48]

加拿大血液服務局首席醫療暨科學人員妲娜．迪凡博士認為：在她有生之年大概等不到堪用的合成血液問世（我的有生之年大概也等不到）。「大自然比我們聰明太多了，儘管我們現在懂的比以前更多，但依然克服不了取得捐贈血的難題。」比起合成血液，她對實驗室孕育血液懷抱更高的希望。「我們可以採集細胞來培養，用荷爾蒙來逗弄，藉以培育出成熟的血液細胞。」

NHSBT的科學家已經在布里斯托的實驗室培育出血液，他們先採集造血幹細胞（有些來自成年人身上，有些來自產婦捐贈的臍帶血），接著模擬骨髓環境，在實驗室培育出紅血球細胞。實驗室造血並非NHSBT科學家首創。[49]二〇〇八年，美國團隊做過一樣的試驗，三年後（二〇一一年），巴黎的自願者輸用了一百億顆人工培育的紅血球細胞（換算成血量只有兩毫升），二十六天後，這些紅血球細胞仍然在自願者的體內循環，[50]而且（以下照錄迪凡的原話）「沒有任何人倒下」。不過，布里斯托實驗團隊的協同主持人尼克・華金斯博士（Nick Watkins）解釋，NHSBT微調了做法，讓紅血球細胞不會腐壞，這項成就無論名實都令人眼睛為之一亮。華金斯博士說：「從成人血液或從臍帶血中採集幹細胞，再從幹細胞中培育出紅血球細胞，這是線性過程，無法重複。」NHSBT的科學家改變做法，利用蛋白質製造出紅血球母細胞，這是尚未成熟的紅血球細胞，受到信號驅動後才會分化為紅血球。上百萬的紅血球母細胞就像沉睡中的紅血球大軍，靜靜的，等待被催醒，多麼誘人的潛力。「從捐血人身上取得的血中，紅血球的日齡差距極大，有的是零天（才剛剛離開骨髓）、有的是一百二十天（紅血球壽命的極限），凡是捐贈血的紅血球都有這樣的日齡差距，而NHSBT的做法背後，就是希望所有紅血球都是新造的，捐出去的血中不會有一百二十日齡的紅血球，因此可以存活得更久。」未來這些紅血球細胞用於自願者試驗時，會使用「鉻51」作為放射性標記追蹤。我不禁好奇找到自願者的機率有多大。「能麻煩您輸用內含一劑量輻射的偽血嗎？請在這裡簽名。」華金斯博士表示：順利的話，二〇一七年底就能進行人體試驗（但後來並未進行）。

克萊因博士在NHSBT審查委員會任職多年，對於實驗室造血雖然大感佩服，但依舊抱持審慎的態度。他說：「這些都是重大的進展，不過，沒有人懷抱幻覺，以為這項技術在不久的將來便能供應數百萬單位的血品。」因為太昂貴了。「這類血品的供應量遠遠比不上健力士啤酒」，克萊因博士拿啤酒類比血品，出乎我意料之外的程度，冠居所有我訪問過的血液專家。迪凡博士則表示：「幹細胞和造血作用的研究已經取得長足的進展，但『錢』景卻十分黯淡。」對於罹患罕症或血型罕見的病患，輸用實驗室造血或許很管用。華金斯博士舉了個著名的醫案，患者是法國青少年，罹患鐮狀細胞性貧血，由於血紅素基因缺陷導致紅血球在血管中凝聚阻塞引發疼痛，雖然可以透過幹細胞移植來醫治，但找到捐贈者的機率就跟其他移植手術一樣——低到不行。十三歲那年，醫事人員從患者身上採集幹細胞，經基因操縱後，成功製造出功能正常的血紅素基因。兩年後，正常的血紅素基因移植回患者體內，三個月後，這位法國青少年體內製造出血紅素正常的紅血球細胞，從此不再需要高劑量的鴉片類藥物，也不再出現疼痛難忍的狀況，醫生認為他痊癒了。[51]華金斯博士說：「在我的想像中，未來西方世界的情形可能是這樣：鐮狀細胞性貧血的患者可以選擇治療方式：或是輸用捐贈血，或是選擇實驗室造血，或是接受自體基因工程幹細胞移植。我認為這是未來十年、二十年的發展方向，將來的病患會有更多選項。」

華金斯博士說起話來就像個科學家，遣詞用字慎重而嚴謹，但口氣中卻掩不住興奮之情。血液研究的未來光明可期。在各個宣告血液潛力的企業名稱中，我也瞥見了這一絲振奮的光芒。基因定序界龍頭「輝煌」（Illumina）成立了一間新創公司，利用血液來檢測癌症，總計募到十億美元（約台幣三百億元），投資人包括傑夫·貝佐斯（Jeff Bezos）和比爾·蓋茲（Bill Gates），公司名稱則想當然耳叫做「聖杯」（Grail）。[52]我的資料庫裡有上百筆資料和文章，談及血液診斷、治病、抗死的能力隨著液態切片的應用而更加深廣。就我所知，不久之後，只要像人家說的「簡單驗個血」，便能診斷癌症、失智症、憂鬱症。我向迪凡請教液態切片的前景，她的回答跟我詢問的其他血液學家和輸血專家一樣審慎：「液態切片不是萬用法寶，只要讀一讀手邊的文獻，就會明白液態切片的未來就像《星際爭霸戰》（*Star Trek*）的醫用三度儀。」以攝護腺特定抗原（Prostate-Specific Antigen，簡稱ＰＳＡ）為例，理論上攝護腺組織遭到破壞，血液中便能偵測到ＰＳＡ。「幾年前醫學界寄與厚望的就是ＰＳＡ，但隨著資料越來越多，我們發現ＰＳＡ濃度高的人有些確實罹患攝護腺癌，有些則否，有些攝護腺癌患者的PSA濃度卻毫無異常。因此，必須小心再小心。」

相較之下，克萊因樂觀許多：「現在媒體對於精準醫學大肆報導，有些人認為這是刻意炒作，但技術進展十分神速，會不會哪一天液態切片就取代了病理檢驗呢？雖然不至於，但液態切片會讓病理檢驗更簡單、更迅速、更精準，現在我們還得走進病理檢驗室，利用醫學成像找出病灶再進行切片。」

儘管醫用三度儀還要一陣子才會問世，但目前的技術已經夠新潮了，可以捉捕幹細胞，並且利用NHSBT的技術，稱得上可以讓幹細胞「不會腐壞」，而那些同樣被捉捕、被縫在一起的鼠輩，則獻祭給了人類追求的長生不老、靈丹妙藥、雙生血液。「聖杯」追尋的則是簡單驗個血就能得知一切的神奇聖杯。我不禁好奇：質樸嚴謹的科學怎麼會用這麼神話和傳奇的語言？我不禁好奇：科學之所以摘取奇幻和傳奇的字句，是不是因為這些字句比日常言語更有內涵？因此更適合血液，也更適合用來描述血液？儘管大家都說「簡單驗個血」，但血液從來就不簡單。

血液前景看好，一如我們體內的金黃液體，也一如我們體內的星塵，血液的未來閃閃發亮。然而，我們依舊是牧牛人。後代回頭看我們，就像我們看篤信牛氣強身的前人，只會覺得見識真是狹隘，儘管我們能編輯DNA、培育幹細胞、藉由輸血來改變生命，儘管一如五百年前畢博思所述──能夠「借好血來治惡血」確實是非凡之事，但未來一定會更上一層樓，血液的功用還多著呢，現在學都學不完，將來還有更多驚奇在等待。

致謝

本書衍生自拙作《廁所之書》（*The Big Necessity*），《廁所之書》談論公共衛生，出版之後我受人委託，改以經血作為書寫主題，從而越寫越深、越寫越廣，索性寫成一部涵蓋各種血液議題的著作，畢竟一旦開始鑽研血液，就算想停下來也難。話雖然是這樣講，但我越寫越發感到不足，不得不去了解醫學、科學、歷史、文化、宗教、哲學……等領域，而我本身毫無醫學和科學背景，寫作過程中屢屢需要外人幫助，感謝各界伸出援手，但願我記得每一位應該道謝的恩人，倘若掛一漏萬，本人在此致歉同時致謝。

首先，對於我永無止境的提問和一趟又一趟的血液實驗室之旅，我要感謝里茲教學醫院國家健保信託基金會（Leeds Teaching Hospitals NHS Trust）的大衛．鮑文（David Bowen）和朱利安．巴特（Julian Barth）、皇家倫敦醫院創傷科的安妮．韋弗（Anne Weaver）和卡齡．布羅希（Karim Brohi）等人，此外也感謝倫敦空中救護慈善團體及三位直升機緊急醫療服務成員，讓我隨隊搭乘飛快車在倫敦到處值夜勤，這個橋段並未寫進本書，因為——謝天謝地——過程中無人重傷，能和你們一起吃消夜是一大樂事，只是那逼人的橘色飛行服嚇到了其他吃消夜的客人。

我要謝謝安努拉．馬盧（Anurag Maloo）在印度德里的醫院走廊替我口譯（並捐出生平第一袋血），也謝謝勞倫斯．漢伯格（Laurence Hamburger）和惡名電視（Stink TV）在開普敦臨時收留我過夜，同時感謝科林．克萊（Colin Clay）在薩克屯的熱情接待和分享研究技巧。此外，感謝許多文宣部門的同仁耐心回答我的問題，尤其是英國國家健保局血液暨移植署的史帝分・貝利（Stephen Bailey）、幫我安排凱亞利撒之旅的無國界醫生倫敦辦事處、在凱亞利撒接待我的無國界醫生成員，以及水援組織的蘿菈・克勞利（Laura Crowley）等同仁回答我無數關於月經的問題。另外，我要謝謝美國血庫協會迅速回覆「怎麼知道是每兩秒鐘」之類的質疑，不僅回覆速度極快，而且還認真算給我看，非常專業又值得信賴。

在推動我研究血液的這條路上，我要感謝蘇菲・史考特（Sophie Scott）教授、娜塔莉・庫珀（Natalie Cooper）、漢娜・紐曼（Hannah Newman）、克萊爾・布朗利（Claire Bromley），也謝謝牛津大學薩默維爾學院的圖書館員安妮・曼努埃爾（Anne Manuel）允許我進入學院檔案館研究珍妮特・沃恩（Janet Vaughan）。

我厭惡謄打訪談逐字稿（誰喜歡呢？），因此，我要謝謝謄打了無數篇逐字稿的珍・達芙斯（Jane Duffus），儘管內容常常包含艱深的醫學術語，但她總是謄打得又快又好。我也感謝瑪格麗特・麥卡特尼醫生（Dr. Margaret McCartney），她大方幫我詢問有沒有醫生願意閱讀本書的初稿，在此感謝莎拉・沃博伊斯醫生（Dr. Sarah Worboys）、皮特・洛伊醫生（Dr. Pete Lowe）、黛安娜・韋特爾醫生（Dr. Diana Wetherill）撥冗閱讀指正，倘若書中仍有任何醫學訛誤，那全都是我的錯，其他值得信賴的第一手讀者還包括茉莉・麥基（Molly Mackey，號稱柏西・奧利弗的鐵粉）、湯馬士・里奇韋（Thomas Ridgway）和露絲・梅茲斯坦（Ruth Metzstein）。

感謝我的經紀公司威廉莫里斯奮進娛樂（William Morris Endeavor）及經紀人艾琳・馬隆（Erin Malone）和莎帆・奧尼爾（Siobhan O'Neill），她們總是克盡職守，將經紀人的角色發揮到淋漓盡致，永遠殷勤體貼而且呵護備至，任何恐慌到她們手裡都能迎刃而解，就連德國摩比玩具

（Playmobile）的益智手術室模型都變得出來，能和這樣的經紀人合作真是三生有幸。而書稿到了波特貝羅出版社（Portobello Books）手裡後，則多謝蘿拉・巴伯（Laura Barber）和卡・布萊德利（Ka Bradley）的巧手編輯和悉心竭力，並感謝曼迪・伍茲（Mandy Woods）火眼金睛審稿校閱，極富巧思的封面則由詹姆斯・保羅・瓊斯（James Paul Jones）設計。雖然已經合作多年，但我仍然感恩拙著能由大都會出版公司（Metropolitan Books）的麗菈・霍齊曼（Riva Hocherman）經手編輯，她總是詞鋒犀利且一針見血，同時雍容大度又善解人意，具備所有作者夢寐以求的編輯特質。此外，我也要感謝格里高利・托比斯（Grigory Tovbis）、克里斯多福・奧康納（Christopher O'Connell）等大都會出版公司的同仁，感謝你們用心編輯、校閱、出版，而大都會版的熱血封面則多虧了妮可蕾・希貝（Nicolette Seeback）的慧心設計。

兩年前，我被診斷出更年期，現在雖然已經（差不多）調整好用藥，但回首來時路卻是坎坷崎嶇，多少日子輸給了欲振乏力的憂鬱。正在寫書的作家已經十分難搞，一邊寫書一邊更年期的作家更是萬分難搞，因此，我要再次感謝我的編輯和經紀人——他們聽我鼓起勇氣吐露進度落後的原因之後，對我表達了關心和同情。我應付更年期的最佳辦法是越野路跑，因此，我要感謝陪伴以及鼓勵我的跑友和路跑社團員。不過，近距離掃到颱風尾的還是我非比尋常的好友、家人、伴侶，在此感謝我的母親希拉・溫賴特（Sheila Wainwright）、感謝我的手足、我的姪兒、我的甥兒，也謝謝「勇敢小短褲」（Braveshorts）尼爾・華萊士（Neil Wallace）的愛與支持，一路陪伴我越野跑山。最後，謝謝每一位抽血師、醫護員、創傷外科醫生、家庭醫師，以及數百萬替英國國家健保局服務的同仁們，我們受人愛戴又遭到圍剿的健保制度滿七十歲了，眼前正飽受各界攻擊，讓我們向珍妮特・沃恩的治理方式借點智慧，有條不紊，上前應戰。

注釋

※請注意：本著作引用的連結有些可能已經失效。

第一章　漫談血液：我的一品脫

1. 英國每次捐血量是四百七十毫升（https://www.blood.co.uk/the-donation-process/what-happens-on-the-day/）。雖然有精確計算人體血量的方法，但一般是用血量占體重的八%來計算，詳見：https://www.blood.co.uk/the-donation-process/after-your-donation/how-your-body-replaces-blood/，以及：https://www.hematology.org/education/patients/blood-basics。
2. 我體重六十五公斤，乘上八%是五・二公斤，再將公斤轉換成品脫（雖然一個是質量一個是容量）則是九・一五品脫。美國國立衛生研究院輸血部部長哈維・克萊因（Harvey Klein）支持我的說法：「我看過妳的TED演講，沒錯，大約是九品脫。」
3. 紅血球添加保存液之後，在日本的保存期限是二十一天，英國是三十五天，美國、加拿大、中國等國是四十二天，德國則介於四十二至四十九天，視保存液不同而有調整。詳見威利・A・弗萊格爾（Willy A. Flegel）、查爾斯・納坦森（Charles Natanson）、哈維・克萊因（Harvey G. Klein）著，〈長期儲存紅細胞會造成危害嗎？〉載於《英國血液學期刊》，一六五卷，第一期（二〇一四），頁三－一六。
4. 「我杵立，見母來，飲黑血，能識孩，嚎啕哭，與孩語。」引自荷馬著、A・T・莫瑞（A. T. Murray）譯（一九一九），《奧德賽》兩卷，一一五段、十一行，麻省劍橋市：哈佛大學出版社，線上版網址：http://www.perseus.tufts.edu/hopper/text?doc=urn:cts:greekLit:tlg0012.tlg002.perseus-eng1:11.138-11.179（檢索日期：二〇一八年一月）。
5. 關於超新星之死，詳見：https://spaceplace.nasa.gov/review/dr-marc-space/supernovas.html。
6. 「藍斯・阿姆斯壯（Lance Armstrong）使用禁藥（輸血）作弊。推測藍斯・阿姆斯壯在賽前一年先抽血儲存起來，環法自行車賽前夕在隊醫的飯店房間輸用。」引自《根據「世界運動禁藥管制規範」及「美國反禁藥組織協議」進行之訴訟報告》，原告：美國反禁藥組織，被告：藍斯・阿姆斯壯。美國反禁藥組織除賽暨禁賽之附理由裁定，頁

一四、六一、六二。

7. 以下為禁止事項：「無論來源、無論容量，輸用或回輸自體、同種（異體）、跨種的血品或紅血球細胞。」參考世界運動禁藥管制機構（二〇一七年一月），禁用清單，頁五。

8. E・M・羅斯（E. M. Rose）著（二〇一五），《諾里奇市英國少年威廉之死：中世紀歐洲血誣案起源》，紐約：牛津大學出版社。

9. 引自〈哈瑪斯復興逾越節血誣案〉，載於《以色列時報》，二〇一五年十一月三十日。

10. 法蘭克・卡普拉（Frank Capra）導演（一九五七），《血大人》（*Hemo the Magnificent*），www.youtube.com/watch?v=08QDu2pGtkc，二分四十秒至三分三十九秒。

11. 參考皇家病理學家學院（一九九八年十一月十三日），《國際研討會論文集》；引自〈利他主義：還存在嗎？〉，載於《輸血醫學》，第九卷，第四期，一九九九，頁三五八。

12. 紅血球細胞的雙凹圓盤狀，中心扁平，換言之，圓盤的兩面都有淺碗狀的凹痕（詳見：https://www.hematology.org/education/patients/blood-basics）。

13. 馬修・J・羅伊（Matthew J. Loe）、威廉・D・愛德華（William D. Edwards）著（二〇〇四）〈愉悅心看無畏心：從三個標準差看人類心臟（上）〉，載於《心血管病理學》。第十三卷，第五期，頁二八二－二九二。

14. 「血是非常不平凡的汁液」，引自《浮士德》第七章，網址連結：http://gutenberg.spiegel.de/buch/-3664/7。

15. P・H・B・波頓梅格斯（P. H. B. Bolton-Maggs）編（二〇一七年七月），《二〇一六年嚴重輸血意外報告》，英國嚴重輸血意外指導小組出版，網址連結：https://www.shotuk.org/wp-content/uploads/SHOT-Report-2016_web_7th-July.pdf。

16. 日內瓦世界衛生組織（二〇一七），《二〇一六全球用血安全報告》，頁三一。

17. 國際輸血協會「血型系統表」，網址連結：http://www.isbtweb.org/working-parties/red-cell-immunogenetics-and-blood-group-terminology/。

18. 照片可見〈卡爾・蘭希戴納（Karl Landsteiner）小傳〉（網址連結：https://www.nobelprize.org/prizes/medicine/1930/landsteiner/biographical/）。一九三〇年，蘭希戴納赴斯德哥爾摩參加諾貝爾獎頒獎典禮後錄了一段無聲影片（https://www.nobelprize.org/mediaplayer/?id=1099），影片中的他跟照片看起來一樣嚴肅。

19. 卡爾・齊默（Carl Zimmer）著（二〇一四年七月十四日）〈為什麼有血型？〉，網址連結：https://mosaicscience.com/

story/why-do-we-have-blood-types/。

20. 傑森・B・哈里斯（Jason B. Harris）、雷吉・拉羅克（Regina C. LaRocque）著（二〇一六），〈霍亂和ABO血型：了解遠古的聯想〉，載於《美國熱帶醫學與衛生期刊》，第九十五卷，第二期。頁二六三－二六四。

21. F・馬修・庫爾曼（F. Matthew Kuhlmann）、思禮甘・桑瑟蘭姆（Srikanth Santhanam）、帕帝・庫瑪（Pardeep Kumar）等著（二〇一六），〈O型血細胞對霍亂毒素的反應：臨床上和流行病學上與嚴重霍亂的關聯〉，載於《美國熱帶醫學與衛生期刊》，第九十五卷，第二期。頁四四〇－四四三。

22. 埃達・本利（Erdal Benli）、阿卜杜拉・奇拉克魯（Abdullah Çırako lu）、埃爾坎・奧格瑞登（Ercan Ö reden）等著（二〇一六），〈勃起功能會受ABO血型影響嗎？〉，載於《義大利泌尿科與男性學期刊》，第八十八卷，第四期，頁二七〇－二七三。

23. 若想全面審視德國納粹黨與血液，請參閱道格拉斯・史塔（Douglas Starr）著（二〇〇二），《血液：醫學及商業的磅礴歷史》第五章，紐約：佩倫尼爾出版社，頁七二。

24. 露思・伊凡斯（Ruth Evans）著（二〇一二年十一月五日），〈日本與血型：血型能決定個性嗎？〉，載於英國廣播公司新聞頻道，網址連結：https://www.bbc.com/news/magazine-20170787（檢索日期：二〇一七年二月十日）。

25. 艾麗卡・安葛亞（Erica Angyal）的著作從血型的角度探討健康與美麗，例如《美女的血型書》、《血型美人的便當》，皆依據血型給予飲食和運動建議。A型人的祖先生活在農業部落，因此，A型人宜多吃米飯、穀物、蔬果，但忌吃乳製品。B型人吃麵容易變胖，而且需要大量蛋白質，如果攝取不足就會容易疲勞。AB型人吃肉容易消化不良（跟A型人一樣），都吃黃豆就好。所有血型的人都適合做瑜伽，B型可以打高爾夫，AB型可以做有氧運動來「釋放壓力」。詳見〈血型在日本文化中的重要性〉，載於《今日日本》（二〇一二年一月二十日），網址連結：https://japantoday.com/category/features/lifestyle/the-importance-of-blood-type-in-japanese-culture。

26. 詳見露思・伊凡斯（Ruth Evans）著（二〇一二年十一月五日），〈日本與血型：血型能決定個性嗎？〉。

27. 伊麗莎白・K・吳爾芙（Elizabeth K. Wolf）、安妮・E・勞曼（Anne E. Laumann）（二〇〇八），〈冷戰期間血型紋身的使用〉，載於《美國皮膚科學院學報》，第五十八卷，第三期，頁四七三。

28. 原子能委員會、紐約州醫學委員會、芝加哥醫學協會的醫生呼籲將血型紋在手腕或手臂內側，最後決定不紋在手上或腳上，改而選擇紋在腋下，芝加哥醫生安德魯・C・艾維（Andrew C. Ivy）接受《芝加哥論壇報》（*Chicago Tribune*）

訪問時解釋道：這是因為手和腳「可能會在原子彈爆炸中被炸飛」。引自蘇珊．萊德勒（Susan E. Lederer）著（二〇一三）〈血脈：二十世紀美國的血型、身分、聯想〉，載於《皇家人類學雜誌》，第十九卷，第一季，頁一一八－一二九。

29. 伊麗莎白．K．吳爾芙（Elizabeth K. Wolf）、安妮．E．勞曼（Anne E. Laumann）（二〇〇八），〈冷戰期間血型紋身的使用〉，頁四七二。

30. 引自〈我輩之見〉，載於《洛根市先驅報》（一九九九年三月十二日）。

31. 細胞代謝的速率不同，有些細胞（例如心臟、水晶體）不會代謝，但全身細胞大約七年會更新一次，詳見亞當．科爾（Adam Cole）著（二〇一六年六月二十八日），〈人體真的每七年更新一次嗎？〉，載於美國國家公共廣播電台網站，網址連結：https://www.npr.org/sections/health-shots/2016/06/28/483732115/how-old-is-your-body-really（檢索日期：二〇一七年十月十日）。

32. 羅伯特．S．弗朗哥（Robert S. Franco）著（二〇一二），〈測定紅血球的壽命與老化〉，載於《輸血醫學和血液療法》，第三十九卷，第五期，頁三〇二－三〇七。

33. 喬治．雅克頓（George Acton）著（一六六八），《哲學兼數學教授J．丹尼斯（J. Denis）致信法王參贊兼訴願大法官蒙莫爾先生（Monsieur de Montmor），談論透過輸血治癒各種疑難雜症，本書從自然科學角度反思此信》，倫敦：約翰．馬丁出版，位於聖保羅大教堂鐘塔（非聖殿門側），T．R印刷。

34. 醫療服務品質暨公共衛生議題主任博妮思．史坦哈特（Bernice Steinhardt），主管衛生、教育、人資部門，這是她一九九七年三月在人資小組委員會上的發言，華盛頓特區：美國國家審計總署，網址連結：https://www.gao.gov/archive/1997/he97143t.pdf（檢索日期：二〇一八年五月）。

35. 該計畫將血液裝在特殊容器裡，由十二對信鴿子負載運送，這是希拉蕊．桑德斯的點子，她說：「計程車到達德文港醫院平均需要十二分鐘，接著還要花十分鐘才能將血袋送達。這段二英里半的車程讓鴿子飛，要不了五分鐘。」一位醫院工作人員說只看見一隻信鴿帶著血樣起飛，後來就不見蹤影了。詳見莎拉．沃丁頓（Sarah Waddington）著（二〇一八年二月十日），〈普利茅斯的瘋狂點子：用信鴿在醫院間運載血樣〉，載於《普利茅斯先驅報》。

36. 醫學評論（二〇〇七），〈改善全球血液安全〉，載於《柳葉刀》第三七〇卷，第九五八五期，頁三六一。

37. 卡拉．W．斯旺森（Kara W. Swanson）著（二〇一四），《人體銀行：現代美國的血液、母乳、精子交易》，麻省劍橋市：哈佛大學出版社，頁五七。

38. 蘭德公司最近發布一份美國血品供應的完整報告，認為情況「複雜」但「穩健」，哈維・克萊因及同事則持不同看法，並於二〇一七年寫道：大型醫院集團以金融霸凌迫使採血中心降價，價格低到難以維持營運，由於競爭激烈、利潤下滑，研究紛紛削減。詳見安德魯・W・穆爾卡（Andrew W. Mulcahy）、坎迪絲・A・卡平諾（Kandice A. Kapinos）、布萊恩・布里斯科比（Brian Briscombe）等著（二〇一六），《美國邁向永續供血的未來：分析當前趨勢和未來替代方案》（加州聖塔莫尼卡：蘭德公司），網址連結：https://www.rand.org/pubs/research_reports/RR1575.html。哈維・G・克萊因（Harvey G. Klein）、J・克里斯・赫魯達（J. Chris Hrouda）、傑伊・艾斯坦（Jay S. Epstein）著（二〇一七），〈美國供血系統的永續危機〉，載於《新英格蘭醫學期刊》，第三七七卷，第十五期，頁一四八五－一四八八。

39. 薩達辜魯・潘帝（Sadaguru Pandit）著（二〇一七年七月十二日），〈一千萬件捐血個案曝印度愛滋防治組織數據〉，載於《印度斯坦時報》。

40. 雅各・柯普曼（Jacob Copeman）著（二〇〇九），《虔誠奉血：北印度的捐血與宗教經驗》，紐澤西州紐布朗斯克市：羅格斯大學出版社，Kindle版一六八五頁。

41. 雅各・柯普曼（Jacob Copeman）著（二〇一六），〈印度捐血營的宗教、風險、過剩〉，載於喬安・夏邦諾（Johanne Charbonneau）、安得烈・史密斯（André Smith）編，《捐血：利他主義的制度化養成》（阿賓登：羅德里奇出版社），頁一三〇。

42. 同上，頁一三一。

43. 印度血庫必須在兩年內杜絕買血，詳見桑賈伊・庫瑪（Sanjay Kumar）著（一九九六），〈印度最高法院要求供血潔淨〉，載於《柳葉刀》，第三四七號，第八九九四期，頁一一一四。

44. 蘇尼爾・拉曼（Sunil Raman）著（二〇〇八年三月十八日），〈破獲印度非法血牛組織〉，載於英國廣播公司新聞頻道，網址連結：http://news.bbc.co.uk/1/hi/world/south_asia/7302649.stm（檢索日期：二〇一〇年十月三日）。

45. 羅西・辛格（Rohit Singh）著（二〇一七年六月七日），〈非法賣血：阿里夫從工匠變掮客的故事〉，載於《印度斯坦時報》。

46. 尼基爾・M・巴布（Nikhil M. Babu）著（二〇一六年十二月二十四日），〈印度血液黑市內幕〉，載於《商業標準報》，網址連結：www.business-standard.com/article/current-affairs/inside-india-s-blood-black-market-116122400708_1.html（檢索日期：二〇一〇年十月三日）。

47. 蘇立亞・尼亞茲（Shuriah Niazi）著（二〇一六年二月十七日），〈不堪天氣折磨的印度農夫轉而採收新的經濟作物——血液〉，載於路透社。

48. 韋蒂雅・克里西南（Vidya Krishnan）著（二〇一六年五月三十一日），〈惡血：二千二百三十四人輸血後感染愛滋〉，載於《印度報》，印度：新德里。

49. 印度愛滋防治組織（National AIDS Control Organization）回應記者對於知情權的要求時表示：「在所有愛滋病案例中，輸血感染的不到一%。」

50. 各國因輸血感染愛滋病的機率不一，高收入國家為〇・〇〇一%，低收入國家則略高於一%，詳見世界衛生組織參考文件（二〇一七年六月），〈血品安全與供血〉，網址連結：www.who.int/mediacentre/factsheets/fs279/en/（檢索日期：二〇一八年六月四日）。

51. 美國食品藥物管理局著（二〇〇二），〈美國ＦＤＡ人員執法指引二三〇・一五〇：捐血者分類（有償／無償）〉（二〇一一年修訂），網址連結：https://www.fda.gov/ucm/groups/fdagov-public/@fdagov-afda-ice/documents/webcontent/ucm122798.pdf（檢索日期：二〇一八年六月）。

52. 梅麗莎・拉夫斯基（Melissa Lafsky）著（二〇〇七年六月四日），〈一品脫血能換到什麼？〉，載於蘋果橘子經濟學網站，網址連結：http://freakonomics.com/2007/06/04/how-much-for-that-pint-of-blood/（檢索日期：二〇一七年十月三日）。

53. 坎貝爾・羅伯遜（Campbell Robertson）著（二〇一五年十月十九日），〈繳不起罰鍰的違規者，可以選擇捐血或坐牢〉，載於《紐約時報》。

54. 蘇珊・萊德勒（Susan E. Lederer）著（二〇〇八），《肉與血：二十世紀美國的器官移植與輸血》，紐約：牛津大學出版社，頁九三。

55. 基蘭・希利（Kieran Healy）著（二〇〇六），《最後的大禮：利他主義與血品和器官市場》，芝加哥：芝加哥大學出版社，頁七三。

56. 詳見世界衛生組織健康議題（二〇一六年六月十四日），〈血液連結你我：瑞典的捐血簡訊服務〉，網址連結：https://

www.euro.who.int/en/health-topics/Health-systems/blood-safety/news/news/2016/06/blood-connects-us-all-blood-donation-text-message-service-in-sweden（檢索日期：二〇一七年十月三日）。

57. 引自麥克・史崔德（Mike Stredder）訪談。

58. 蘇珊・萊德勒（Susan E. Lederer）著（二〇〇八），《肉與血：二十世紀美國的器官移植與輸血》，紐約：牛津大學出版社，頁一一七。

59. 威廉・H・施耐德（William H. Schneider）著（二〇〇三），〈一戰與二戰之間的輸血〉，載於《醫學暨相關科學史》，第五十八卷，第二期，頁一八七－二二四。

60. 蘇珊・萊德勒（Susan E. Lederer）著（二〇〇八），《肉與血：二十世紀美國的器官移植與輸血》，紐約：牛津大學出版社，頁一三五。

61. 引自麥克・史崔德（Mike Stredder）訪談。

62. 日內瓦世界衛生組織（二〇一七），《二〇一六全球用血安全報告》，頁六。

第二章　珍奇爬蟲：水蛭療法

1. 喬治・霍恩（George Horn）著（一七九八），《水蛭新解：清楚列舉這最為珍奇、最有價值的爬蟲之性質、特性、用途》，倫敦：H・D・西蒙茲出版。

2. D・P・湯瑪士（D. P. Thomas）著（二〇一四），〈放血療法的式微〉，載於《愛丁堡皇家醫學院學報》，第四十四卷，第一期，頁七二。

3. 同上，頁七三。

4. 奧黛麗・戴維斯（Audrey Davis）、托比・艾培（Toby Appel）著（一九七九），〈美國國家歷史與技術博物館的放血器具〉，載於《史密森學會歷史及技術研究（第四十一卷）》，華盛頓特區：史密森學會出版社，頁一〇。

5. 由於放血療法盛行一時，權威醫學期刊《柳葉刀》便得名於此。

6. 羅姆尼濕地地方計畫，〈羅姆尼濕地的醫療水蛭〉，網址連結：www.rmcp.co.uk/MedicinalLeech.html（檢索日期：二〇一〇年十月四日）；英格蘭林業委員會（二〇一六年十月二十五日），〈喜憂參半：找尋新的森林水蛭族群〉，第一六六二六號新聞稿。

7. 羅伯特・N・莫里（Robert N. Mory）、大衛・A・明戴（David A. Mindell）、大衛・A・布魯姆（David A. Bloom）著（二〇〇〇），〈水蛭與醫生：醫療水蛭的生物學、詞源學、醫療用途〉，載於《世界外科雜誌》，第二十四卷，第七期，頁八七八－八八三。

8. 美國國立自然史博物館，無脊椎動物科，〈摩西奶奶〉，網址連結：http://invertebrates.si.edu/Features/stories/haementeria.html（檢索日期：二〇一七年十月四日）。

9. 英國廣播公司第四台自然史節目（二〇一六年八月八日），〈水蛭〉，網址連結：https://www.bbc.co.uk/programmes/b07m5gwr（檢索日期：二〇一七年十月十日）。

10. 二〇〇七年前，歐洲醫蛭就是醫療水蛭，後來水蛭專家馬克・E・希達爾（Mark E. Siddall）及其同事發現：「歐洲醫蛭」有三種基因型，商用養殖的大多是馬鞭水蛭，詳見馬克・E・希達爾（Mark E. Siddall）、彼得・特隆泰利（Peter Trontelj）、賽吉・Y・烏傑夫斯基（Serge Y. Utevsky）等著（二〇〇七），〈各種分子資料證實市售醫蛭並非「醫療水蛭」〉，載於《皇家學會學報（生物學）》，第二七四卷，第一六一七期，頁一四八一。

11. 約翰・貝里・海克拉夫特（John Berry Haycraft）拿狗做實驗，證明水蛭的唾液具有抗凝血功效，而且功效在水蛭拿開後持續發揮，除了讓狗「有些可憐」之外，水蛭的唾液沒有其他副作用。水蛭素由德國團隊分離出來，一九〇五年由默克公司取得專利並作為藥物販售。詳見羅伯特・G・W・柯克（Robert G. W. Kirk）、尼爾・潘伯頓（Neil Pemberton）著（二〇一三），《水蛭》，倫敦：反應出版社，頁一六一。

12. J・哈斯法爾（J. Harsfalvi）、J・M・司迪生（J. M. Stassen）、M・F・霍伊拉特斯（M. F. Hoylaerts）等著（一九九五），〈醫療水蛭之「心」：靜止和流動下與膠原蛋白結合的溫韋伯氏因子抑制劑〉，載於《血液》第八十五卷，第三期，頁七〇五－七一一。

13. 正常情況下，膠原蛋白會與血小板結合，幫助血小板聚集凝結，而「強效膠原介導之血小板黏附及活化抑制劑」則會與膠原蛋白結合，「生物製藥廠」的研究員將之比喻為「膠原蛋白塗料」，詳見羅伊・T・索耶爾（Roy T. Sawyer）著（一九九一），〈水蛭身上的新心血管藥物〉，載於《威爾斯科學暨科技大學評論》，第八卷，頁三－一二。亦可見J・哈斯法爾（J. Harsfalvi）等著（一九九五），〈醫療水蛭之「心」：靜止和流動下與膠原蛋白結合的溫韋伯氏因子抑制劑〉，載於《血液》第八十五卷，第三期，頁七〇五－七一一。

14. 歐洲及世界專利資料庫（Espacenet）檢索結果，網址連結：https://worldwide.espacenet.com/searchResults?submitted=true&locale=en_EP&DB=EPODOC&ST=advanced&TI=&AB=&PN=&AP=&PR=&PD=&PA=Biopharm&IN=Sawyer&CPC=&IC=&Submit=Search（檢索日期：二〇一〇年十月四日）。

15. 水蛭的古英文「laece」來自中古荷蘭文，意思是「蟲子」。此外，根據《世界外科雜誌》中對於水蛭歷史的全面介紹，「laece」這個古英文也可以指「醫生」，源自古菲士蘭文的「letza」、古撒克遜文的「laki」、古高地德文的「lakki」，詳見羅伯特・N・莫里（Robert N. Mory）等著（二〇〇〇），〈水蛭與醫生：醫療水蛭的生物學、詞源學、醫療用途〉。

16. 羅伊・T・索耶爾（Roy T. Sawyer）著，〈水蛭醫學用途背後的科學依據〉，可上Researchgate查詢，網址連結：https://www.researchgate.net/profile/Roy_Sawyer。

17. 尼坎得或許並非真有其人，又或許是幾位詩人合稱，不論尼坎得究竟是誰，讀者未必都對其詩讚譽有佳。「尼坎得的詩將近一千六百行，不是寫蛇就是寫蜘蛛，不然就是寫毒藥，詩風晦澀、用字凝鍊，偶然翻到的讀者通常很難愛上，古希臘羅馬文化研究者對尼坎得有時也是避之唯恐不及，就像看到有毒生物一樣，逃得比什麼都快。」詳見恩里科・馬格內利（Enrico Magnelli）著，〈尼坎得〉，載於詹姆斯・J・克勞（James J. Clauss）、馬拉庭・克伊珀斯（Maratine Cuypers）編（二〇一〇），《希臘文學指南》，麻州莫爾登：布萊克威爾出版社，頁二一一。N・巴芭弗拉米度（N. Papavramidou）、H・克里斯托普洛阿雷塔（H. Christopoulou-Aletra）著（二〇〇九），〈古希臘、古羅馬、早期拜占庭作家筆下水蛭的藥用〉，載於《內科期刊》，第三十九卷，第九期，頁六二四－六二七。

18. 羅伯特・G・W・柯克、尼爾・潘伯頓著（二〇一三），《水蛭》，倫敦：反應出版社，頁四七。

19. 伊本・西那（Avicenna）著（一九七三），《醫典》，紐約：AMS出版社，頁五〇一。

20. 同上，頁五〇二。

21. 赫曼・賽謬爾・葛拉夏伯（Hermann Samuel Glasscheib）著、默文・薩維爾（Mervyn Savill）譯（一九六四），《醫學的進展：現代醫學的興起與勝利》，紐約：普特南出版社，頁一五六。

22. 儘管中世紀歷史學家凱瑟琳・哈維（Katherine Harvey）認為書面證據相當零星，但英國醫生吉爾伯特（Gilbertus Anglicus）寫道：「淋病」是因「血盛」而「悖志遺精」所導致，可以透過放血來緩解，引自筆者與凱瑟琳・哈維博士的通訊，亦可見斐兒・M・蓋茲（Faye M. Getz）著（一九九一），《中世紀英格蘭的醫療與社會：英國醫生吉爾伯特著作的中古英文譯本》，麥迪遜：威斯康辛大學出版社，頁二七二－二七三。

23. 湯馬士．達德利．福斯布洛克（Thomas Dudley Fosbroke）著（一八四三），《英國修道院生活：英格蘭修士與修女的規矩與習俗》，倫敦：M．A．納塔利出版，頁二三四。

24. 理髮名家公會，〈本會會史〉，網址連結：http://barberscompany.org/history-of-the-company/（檢索日期：二〇一七年十月四日）。

25. 李察．惠廷頓（Richard Whitington）、約翰．卡本特（John Carpenter）編，亨利．湯瑪斯．雷麗（Henry Thomas Riley）譯（一八六一），《倫敦白皮書》，倫敦：理查德．格里芬出版，頁二三六。

26. 亨利八世在位三十二年通過之第四十條公共法〈醫生特權法〉；悉尼．揚（Sidney Young）著（一八九〇），《倫敦理髮外科醫生年鑑》，倫敦：布萊斯、伊斯特、布萊斯出版。

27. 羅伊．T．索耶爾（Roy T. Sawyer）著（二〇一三），〈愛爾蘭的水蛭貿易史（一七五〇－一九一五）：一項全球商品的縮影〉，載於《醫學史》，第五十七卷，第三期，頁四二〇－四四一。

28. 詹姆斯．韋伯斯特（James Webster）著（一八三〇），《克里米亞、土耳其、埃及遊歷（一八二五－一八二八）》，倫敦：亨利．科爾本和理查德．本特利出版，頁三三六－三三七。

29. I．S．惠特克（I. S. Whitaker）、J．勞爾（J. Rao）、D．伊薩迪（D. Izadi）、P．E．巴特勒（P. E. Butler）著（二〇〇四），〈醫療水蛭：醫蛭的古往今來〉，載於《英國口腔頜面外科期刊》，第四十二卷，第二期，頁一三三－一三七。

30. 羅伯特．G．W．柯克、尼爾．潘伯頓著（二〇一三），《水蛭》，倫敦：反應出版社，頁五七。

31. 原文為「Ces sangsues ne doivent pas être épargnées, surtout lorsque le cas est traumatique, lorsque, par exemple, une roue à passé sur le corps.」詳見弗朗索瓦．約瑟夫．維克多．布魯塞斯（François-Joseph-Victor Broussais）著（一八三四），《精神病研究與治療（第二卷）》，巴黎：J．B．巴里耶爾出版，頁二二六。網址連結：http://gallica.bnf.fr/ark:/12148/bpt6k77300x?rk=64378;0。

32. 原文為「Vous enlevez en un instant une phlegmasie de six pouces à un pied d'étendue.」引用出處同上，頁一五六。

33. 羅伯特．G．W．柯克、尼爾．潘伯頓著（二〇一三），《水蛭》，倫敦：反應出版社，頁五九。

34. 「一貧如洗採蛭佬，來此湖區採蛭忙，採蛭危險又疲勞！種種辛酸腹裡吞：雲遊池塘與荒野，棲息上帝的恩典，如此老實地掙錢。」引自威廉・華茲華斯（William Wordsworth）（著）（一八〇七），《詩集（兩卷）》，倫敦：朗文、赫斯特、里斯、奧姆出版，頁八九－九七。

35. 馬汀・休伯特佩里耶（Martine Hubert-Pellier）著（二〇〇七），〈血釣〉，載於《希農老城之友》，第十一卷，第一期，頁四一。原文為C'était ce qu'on nommait, au pays, "la pêche au sang". [···] On voyait soudain une fille s'amollir, vaciller, comme prise d'ivresse ou de vertige, quelquefois même s'avachir dans la barbotière, les fesses dans le bourbier mais l'esprit dans les nuages. Ses compagnes savaient ce qu'une telle défaillance signifiait: un affaiblissement de la volonté causé par le vampirisme insatiable des sangsues. Alors elles s'empressaient de hisser l'étourdie hors de la gadouille pour la libérer de ses parasites visqueux. Une franche rasade de pinard achevait de la requinquer.

36. 希卡杭貝（Ricarimpex），〈公司史〉，網址連結：https://leeches-medicinalis.com/the-company/history/（檢索日期：二〇一七年十月六日）。

37. 馬汀・休伯特佩里耶著（二〇〇七），〈血釣〉，頁四二。

38. 同上，頁四四－四五。

39. 羅伊・T・索耶爾（Roy T. Sawyer）著（二〇一五），〈十九世紀葡萄牙水蛭貿易：醫蛭越洋貿易之濫觴〉，載於《大西洋歷史研究中心年鑑》，第七卷，頁二八三－三二二。

40. 法蘭西・布魯諾（Francis Bruno）著（一八二五年一月二十八日），〈致編輯〉，載於《泰晤士報》。

41. 〈摘錄拜倫勛爵最後的希臘之旅〉（一八二五年一月二十二日），載於《倫敦文學報》，第四一八卷。

42. A・R・米爾斯（A. R. Mills）著（一九九八），〈拜倫勛爵之末病〉，載於《愛丁堡皇家醫學院學報》，第二十八卷，第四期，頁七六。

43. 約瑟馬利・奧丁盧弗（Joseph-Marie Audin-Rouvière）著（一八二七），《別再用水蛭！》，巴黎：諾爾芒之子出版。

44. J・D・羅爾斯頓（J. D. Rolleston）著（一九三九年一月十一日），〈F・J・V・布魯塞斯（一七七二－一八三八）：生平與學說〉，載於《皇家醫學會論文集》，第三十二卷，頁四〇八。

45. 載於《泰晤士報》（一八三八年十一月二十一日）。

46. 布魯塞斯醫學中心（Centro Medico François Broussais）位於羅馬Largo Antonio Sarti，布魯塞斯醫院（Hôpital Broussais）則位於巴黎第十四區。

47. 水蛭的義大利文是「sanguisuga」、法文是「sangsue」，直譯都是「吸血者」，簡單明快。

48. 美國衛生及公共服務部食品藥物管理局（二〇〇四年六月二十一日），〈致希卡杭貝的布莉姬・拉特里爾〉，網址連結：www.accessdata.fda.gov/cdrh_docs/pdf4/k040187.pdf（檢索日期：二〇一七年十月十日）。

49. 生物製藥廠還販售「蛭鹽」（HirudoSalt，加水後可製成養蛭用的食鹽溶液）、「水蛭溫床」（HirudoMix，人工打造的潮濕環境，無需頻繁換水）、「蛭膠」（HirudoGel，革命性材質，讓水蛭在醫院藥房裡保持健康），網址連結：www.biopharm-leeches.com/maintenance-products1.html（檢索日期：二〇一七年十月十日）。

50. 基斯・L・穆提默爾（Keith L. Mutimer）、約瑟夫・C・班尼斯（Joseph C. Banis）、約瑟夫・厄普頓（Joseph Upton）著（一九八七），〈全耳割裂的微細血管再植手術〉，載於《整形與重建手術》，第七十九卷，第四期，頁五三五－五四一。

51. 丹尼爾・Q・漢尼（Daniel Q. Haney）著（一九八五年九月二十四日），〈醫生用現代顯微外科手術結合古老醫蛭化瘀術挽救耳朵〉，載於美聯社，網址連結：www.apnewsarchive.com/1985/Doctors-Combine-Modern-Microsurgery-and-Ancient-Leeching-To-Save-Ear/id-f271f9b1c1cbd5dba4bbb17eeca88e83（檢索日期：二〇一七年十月十日）。

52. 同上。

53. 事實上，在拉夫里克教授（Professor Lavric）的指導下，斯洛維尼亞首都盧比安納的外科診所長期使用水蛭，主要用於治療血栓和靜脈炎。根據兩位斯洛維尼亞的外科醫生所述：「此事至關緊要，在盧比安納這間擁有兩千個床位的醫院，藥劑師從來不缺水蛭來滿足醫療需求。」引自M・德甘克（M. Derganc）、F・茲德拉維奇（F. Zdravic）著（一九六〇），〈用水蛭治療皮瓣靜脈充血〉，《英國整形外科期刊》，第十三卷，頁一八七－一九二。

54. 詹姆斯・哈姆布林（James Hamblin）著（二〇一六年八月九日），〈拜託，菲爾普斯！別再拔罐了〉，載於《大西洋》。

55. 「布倫喬爾森（Brynjolfsson）和麥克費（McAfee）認為：這樣的討論根本沒有討論到重點，撕毀貿易協議來保住工作，就跟用水蛭治療頭傷一樣有效。」引自伊麗莎白・科爾伯特（Elizabeth Kolbert）著（二〇一六年十二月十九－二十六日），〈我們的自動化未來〉，載於《紐約客》。

56. 〈有史以來最奇怪的十五種療法〉，載於美國電視廣播網哥倫比亞廣播公司新聞網站，網址連結：https://www.cbsnews.com/pictures/15-most-bizarre-medical-treatments-ever/2/（檢索日期：二〇一八年五月三日）。

57. I・S・惠特克（I. S. Whitaker）、D・伊薩迪（D. Izadi）、D・W・奧立佛（D. W. Oliver）等著（二〇〇四），〈醫療水蛭與整形外科醫生〉，載於《英國整形外科期刊》，第五十七卷，第四期，頁三五一。

58. 羅伊・T・索耶爾（Roy T. Sawyer）著（一九九八），〈嗜血之戀：兩千年用蛭醫史〉，載於《醫療與健康年刊》，倫敦：大英百科全書，頁九七。
59. 網址連結：https://cites.org/eng/app/appendices.php（檢索日期：二〇一八年一月十日）。
60. I・S・惠特克等著（二〇〇四），〈醫療水蛭與整形外科醫生〉，頁三五一。
61. 道格拉斯・B・切佩哈（Douglas B. Chepeha）、布萊恩・努森鮑姆（Brian Nussenbaum）、卡羅・R・布拉德福德（Carol R. Bradford）、西奧多羅斯・N・泰克諾斯（Theodoros N. Teknos）著（二〇〇二），〈水蛭療法：醫治血管重建皮瓣移植術引發之無可挽救靜脈阻塞〉，載於《耳鼻喉科檔案：頭頸手術期刊》，第一二八卷，第八期，頁九六一。
62. 蓋伊和聖托馬斯英國國家健保局信託基金會，〈水蛭療法〉，載於《病患用藥說明書》，網址連結：www.guysandstthomas.nhs.uk/resources/patient-information/surgery/Plastic-surgery/leech-therapy.pdf（檢索日期：二〇一七年八月二十五日）。
63. 薇勒莉・柯蒂斯（Valerie Curtis）、妮可・馮肯（Nicole Voncken）、莎瑪莉・辛格（Shyamoli Singh）著（一九九九），〈汙穢與厭惡：從達爾文主義看衛生學〉，載於《人類學雜誌》，第十一卷，第一期，頁一四八。
64. 出處同上，頁一四九。
65. 羅伯特・G・W・柯克等著（二〇一三），《水蛭》，頁一三七。
66. 麥坤・雅格娜森（Mukund Jagannathan）、維斌・巴斯瓦（Vipin Barthwal）、麥薩・德維拉（Maksud Devale）著（二〇〇九），〈美觀且有效的水蛭施用〉，載於《整形、重建暨美容外科期刊》，第一二四卷，第一期，頁三三八。
67. 佚名著（一八四九），〈水蛭喝醉會吸血到酒醒〉，載於《柳葉刀》（讀者來函），第二卷，頁六八三。
68. 詹姆斯・羅林斯・詹森（James Rawlins Johnson）著（一八一六），《醫蛭專論：藥用史、自然史、構造解剖及醫蛭的疾病、保育、管理》，倫敦：朗文、赫斯特、里斯、奧姆、布朗出版）。
69. 艾莉森・蕾若（Alison Reynolds）、寇姆・歐伯利（Colm OBoyle）著（二〇一六），〈從護理師角度談整形與重建手術中的水蛭療法〉，載於《英國護理期刊》，第二十五卷，第十三期，頁七二九－七三三。
70. 克萊爾・洛瑪克斯（Claire Lomax）著（二〇〇七年十月七日），〈水蛭如何救我的命〉，載於《電訊衛報》。
71. 〈吸血水蛭拯救癌症婦女〉，載於《每日郵報》（二〇〇七年十月九日）。
72. 梅爾・費爾赫斯特（Mel Fairhurst）著（二〇〇八年五月七日），〈不敵癌症的蜜雪兒〉，載於《電訊衛報》。

73. 格林·梅波（Glynn Maples）著（一九八九年九月二十一日），〈威爾斯的史雲斯農場，分分鐘都騙人上當〉，載於《華爾街日報》。
74. M·德甘克、F·茲德拉維奇著（一九六〇），〈用水蛭治療皮瓣靜脈充血〉，頁一八九。
75. 湯馬斯·摩爾（Thomas Moore）著、威爾弗雷·道頓（Wilfred S. Dowden）編（一九八三），《湯馬斯·摩爾手札》，紐瓦克：德拉瓦大學出版社，頁一四五〇。
76. 喬治·梅里韋瑟（George Merryweather）著（一八五一年二月二十七日），〈詳解萬國工業博覽會場之暴風雨偵測器〉，惠特比文學與哲學學會。網址連結：https://archive.org/stream/b2804163x/b2804163x_djvu.txt（檢索日期：二〇一七年十月十日）。
77. 梅里韋瑟在其發表的論文中向「勞合社管理委員會的諸位委員致謝，感謝彬彬有禮的接待，也感謝代為宣傳本人的實驗」。至於勞合社的測試，詳見羅伯特·G·W·柯克、尼爾·潘伯頓著（二〇一三），《水蛭》，頁一〇八。
78. 羅伊·T·索耶爾著（一九九八），〈嗜血之戀：兩千年用蛭醫史〉，頁九六。
79. 〈國家出口配額〉，《瀕臨絕種野生動植物國際貿易公約》，網址連結：www.cites.org/eng/resources/quotas/export_quotas（檢索日期：二〇一八年二月十日）。
80. 理查·菲迪恩格林（Richard Fiddian-Green）著（二〇〇〇），〈用放血和水蛭治療心臟衰竭和敗血症〉，載於《英國醫學期刊》（讀者來函），第三二〇卷，第七二二六期，頁三九。
81. 傑克·麥克林托克（Jack McClintock）、埃琳諾·卡魯奇（Elinor Carucci）著（二〇〇一年十二月一日），〈水蛭〉，載於《發現》。

第三章　血液捐輸：珍妮特與柏西

1. 牛津大學醫學院校友：珍妮特·瑪麗亞·沃恩女爵士（Dame Janet Maria Vaughan）。網址連結：https://www.medsci.ox.ac.uk/about/the-division/history/women-in-oxford-medical-sciences/dame-janet-vaughan-1899-1993（檢索日期：二〇一七年十月十一日）。
2. 二〇一五年採集的紅血球細胞共計一二五九一〇〇〇單位，輸注一一三四九〇〇〇單位，加上血小板輸注一九八三〇〇〇單位、血漿二七二七〇〇〇單位，再除以一年三一五三六〇〇〇秒，等於一・〇一八四五五〇九九，這是筆者致信美國血庫學會（American Association of Blood Banks）得到的計算結果，數據來自Katherine D. Ellingson（凱瑟琳・D・埃林森）、馬修・R・P・薩皮亞諾（Matthew R. P. Sapiano）、凱瑟琳・A・哈斯（Kathryn A. Haass）等著（二〇一七），〈二〇一五年：美國採集和輸用血量持續下降〉，載於《輸血》，第五十七卷，第二季，頁一五八八－一五九八。亦可參考〈嚴重短缺影響美國供血〉，載於「美國血庫學會新聞稿」（二〇一六年七月十一日）。

3. 英國國家健保局血液暨移植署（NHSBT）著（二〇一六年九月二十六日），〈捐血救命七十載〉，網址連結：https://www.blood.co.uk/news-and-campaigns/news-and-statements/70-years-of-life-saving-blood-donations/（檢索日期：二〇一八年五月）。

4. 英國國家健保局血液暨移植署（NHSBT），〈本署工作〉，網址連結：https://www.nhsbt.nhs.uk/what-we-do/blood-services/blood-donation/（檢索日期：二〇一八年二月）；美國紅十字會，〈血液的事實與數據〉，網址連結：https://www.redcrossblood.org/donate-blood/how-to-donate/how-blood-donations-help/blood-needs-blood-supply.html（檢索日期：二〇一八年二月）。

5. 詳見世界衛生組織參考文件（二〇一七年六月），〈血品安全與供血〉，網址連結：www.who.int/mediacentre/factsheets/fs279/en/（檢索日期：二〇一七年十月十二日）。

6. 珍妮特・沃恩（Janet Vaughan）著，《緩緩前行：一位博士的書寫》（未出版手稿），牛津大學薩默維爾學院館藏。

7. 薇吉妮亞・吳爾芙（Virginia Woolf）著（二〇一五），《戴洛維夫人》，澳洲：阿得雷德大學電子書，網址連結：https://ebooks.adelaide.edu.au/w/woolf/virginia/w91md/（檢索日期：二〇一八年五月）。

8. E・科巴姆・布魯爾（E. Cobham Brewer）著（一八九八），《片語及典故辭典》，費城：H・阿爾特莫斯出版。

9. 珍妮特・沃恩著，《緩緩前行：一位博士的書寫》。

10. 同上。

11. 一九二〇年，牛津大學決議准許女性成為正式成員，讓女性有資格從牛津大學畢業（在此之前，許多念牛津大學的女性都乘船到都柏林獲取同等學力證明，因而有「汽船淑女」之稱）。詳見牛津大學，〈牛津女學生〉，網址連結：www.ox.ac.uk/about/oxford-people/women-at-oxford（檢索日期：二〇一八年二月）；〈英國奇聞〉，載於《每日電訊報》（二〇一六年十月七日）。

12. 英國廣播公司（一九八四年八月三日），〈二十世紀傑出女性〉，英國廣播公司第二台首播。

13. 同上。

14. 珍妮特·沃恩，《緩緩前行》。

15. 喬治·麥諾特（George Minot）於一九三四年榮獲諾貝爾生理醫學獎，一同獲獎的包括喬治·H·惠普爾（George H. Whipple）和威廉·P·莫菲（William P. Murphy），獲獎原因是「發現治貧血的生牛肝療法」，網址連結：www.nobelprize.org/nobel_prizes/medicine/laureates/1934/minot-facts.html（檢索日期：二〇一七年十月十二日）。

16. 珍妮特·沃恩，《緩緩前行》。一九三二年出版的《愛丁堡簡易食譜》包含了生牛肝料理，「以供惡性貧血患者食用」，由愛丁堡皇家醫院營養師霈帛思護理長調配。霈帛思護理長建議以牛肝為佳，雞肝或豬肝勉強可用，找不到生肝則用腎臟代替。第一步將生肝剁碎成泥：先取五盎司生肝，加水後打成濃稠的生肝泥，若要做生肝三明治，則切一片黑麵包，抹上薄薄一層奶油，再塗上馬麥（Marmite）酵母醬或保衛爾（Bovril）牛肉醬，生肝泥先以少許檸檬汁、胡椒、鹽提味，再抹到麵包上。端出生肝泥時，「勿在病患面前將蓋子掀開，因為味道可能令人反胃」。引自《愛丁堡簡易食譜》（一九三二），倫敦：湯瑪士·尼爾森出版社，頁三〇八。

17. 馬克斯·布萊特（Max Blythe）博士訪問（一九八七），〈珍妮特·沃恩訪談紀錄〉，英國皇家內科醫學院／牛津布魯克斯大學醫學系訪談檔案。

18. 因為這段碎牛肝的故事，吳爾芙覺得珍妮特有趣多了，珍妮特當時二十六歲，吳爾芙在日記裡寫到：「正經八百的珍妮特（……）跟我們同流合汙了。」引自薇吉妮亞·吳爾芙（Virginia Woolf）著（二〇〇一），《自己的房間》，彼得堡：遠景出版社，頁九八。亦參考薇吉妮亞·吳爾芙（Virginia Woolf）（一九二六年五月十三日），《吳爾芙日記》，網址連結：http://www.woolfonline.com/?node=content/contextual/transcriptions&project=1&parent=41&taxa=42&content=6317&pos=21（檢索日期：二〇一八年五月）。

19. 馬克斯·布萊特（一九八七），〈珍妮特·沃恩訪談紀錄〉。

20. 「哈佛不收女學生，問題就來了。我呢，您看看，拿了洛克菲勒獎學金，他們不能不收，但我是女的，不能跟病患接觸，所以我決定找老鼠共事，我請管家幫忙訂老鼠，結果老鼠沒來，我跑去找管家，為什麼老鼠沒來？呃，波士頓的老鼠不多。我說：費城有很多很棒的老鼠，費城有一種老鼠非常有名，費城的老鼠是眾所周知的。所以，好吧，沒有老鼠。於是就只剩鴿子了。」馬克斯·布萊特（一九八七），〈珍妮特·沃恩訪談紀錄〉。

21. 珍妮特・沃恩，《緩緩前行》。
22. 同上。
23. 馬克斯・布萊特（一九八七），〈珍妮特・沃恩訪談紀錄〉。
24. 珍妮特・沃恩，《緩緩前行》。
25. 「然而，我從來就不是好黨員，對學習《共產黨宣言》興趣缺缺，感覺那太浪費時間了，我一心都在輸血服務、空襲傷亡、醫學研究上，沒加入幾個月就退黨了。」引自珍妮特・沃恩，《緩緩前行》。
26. 確切的預估數字是六十萬人喪生、一百二十萬人傷亡。理查・M・提特莫斯（Richard M. Titmuss）著（一九五〇），《社會政策問題》，倫敦：皇家文書署，頁一三。網址連結：www.ibiblio.org/hyperwar/UN/UK/UK-Civil-Social/UK-Civil-Social-2.html#fn2（檢索日期：二〇一八年五月）。
27. 珍妮特接受記者波莉・湯因比（Polly Toynbee）專訪時，表示當時聽說傷亡人數將達三萬七千人，而在《緩緩前行》中則說是五萬七千人。
28. 馬克斯・布萊特（一九八七），〈珍妮特・沃恩訪談紀錄〉。
29. 奧維德（Ovid）著，《變形記》，第七卷，頁二三四－二九三，網址連結：http://ovid.lib.virginia.edu/trans/Metamorph7.htm（檢索日期：二〇一七年十一月七日）。
30. 威廉・哈維（William Harvey）應該是一六一六年在倫敦聖巴多羅買醫院（St. Bartholomew's Hospital）的儒穆立講座講學時，發展出了血液循環理論。傑佛瑞・凱因斯（Geoffrey Keynes）著（一九二二），《輸血》，倫敦：亨利・弗洛德暨霍德與斯托頓初版，二〇一五年李奧波德經典圖書再版。
31. 荷莉・塔克（Holly Tucker）著（二〇一一），《血之祕史：科學革命時代的醫學與謀殺故事》，紐約：W・W・諾頓出版社，頁二二。
32. 〈英國醫生威廉・哈維〉，載於《大英百科全書》，網址連結：www.britannica.com/biography/William-Harvey（檢索日期：二〇一七年十一月七日）。
33. 約翰・奧布里（John Aubrey）著、安德魯・克拉克（Andrew Clark）編（一八九八），《奧布里小傳》，倫敦：亨利・弗洛德出版，頁三〇〇。
34. 傑佛瑞・凱因斯著（一九二二），《輸血》。

35. 理查・羅爾（Richard Lower）著，〈動物對動物輸血的方法〉，載於《自然科學會報（一六六五－一六七八）第一卷（一六六五－一六六六）》，倫敦：英國皇家學會出版，頁三五三－三五八。
36. H・F・布魯爾（H. F. Brewer）等著、傑佛瑞・凱因斯（Geoffrey Keynes）編（一九四九），《輸血》，倫敦：約翰・萊特家族出版，頁九。
37. J・丹尼斯（J. Denis）著（一六六六），〈致信法王參贊兼訴願大法官蒙莫爾先生談論透過輸血治癒各種疑難雜症〉，載於《自然科學會報》第二卷，第二十七期，頁四八九－五〇四。
38. J・丹尼斯（J. Denis）著（一六六六），〈摘錄巴黎哲學、數學、物理學教授J・丹尼斯的信，談及新近藉由輸血拔除瘋病的病根〉，載於《自然科學會報》第二卷，第三十二期，頁六二一。
39. 「他只拿了二十先令，卻因此飽受折磨，而且還要接受一次同樣的實驗——他是英格蘭首位接受輸血實驗的健康者。」引自塞繆爾・畢博思（Samuel Pepys）（一六六七年十一月三十日），《日誌》，網址連結：www.pepysdiary.com/diary/1667/11/30/（檢索日期：二〇一八年五月）。
40. H・F・布魯爾等著（一九四九），《輸血》，頁一六。
41. 傑佛瑞・凱因斯著（一九二二），《輸血》，頁九。
42. 詹姆斯・布倫岱爾（James Blundell）著（一八三四），《當代產科原理和實踐》，倫敦：E・考克斯出版，頁四二〇。
43. 英國皇家婦產科醫學會（二〇一三），〈產後大出血〉，載於《概要說明書》，網址連結：www.rcog.org.uk/globalassets/documents/…/heavy-bleeding-after-birth.pdf（檢索日期：二〇一八年一月二十二日）。
44. 哈洛・W・瓊斯（Harold W. Jones）、古爾登・麥克莫（Gulden Mackmull）著（一九二八），〈詹姆斯・布倫岱爾對輸血發展的影響〉，載於《醫學史年鑑》，第十卷，頁二四二－二四八。
45. 〈伊西多爾・古拉斯：短小精悍的英國人〉，載於《莫爾比昂進步報》（一九一四年十一月十四日），網址連結：www.bannalec.fr/isidore-colas-lhistoire-de-la-transfusion-sanguine/（檢索日期：二〇一八年五月）。
46. 同上。
47. 英國資訊部（一九四五），《生命之血：用血記錄正史》，倫敦：皇家文書署，頁四。
48. 休・J・麥考里奇（Hugh J. McCurrich）著（一九三六），〈讀者來函〉，載於《英國醫學期刊》，第三九六〇期，頁一一一〇。

49. 英國資訊部（一九四五），《生命之血：用血記錄正史》，頁三。

50. 同上，頁一五。

51. H・M・涅特（H. M. Nieter）導演（一九四一），《輸血》，英國資訊部宣傳片。

52. 「最佳血液」是柏西・萊恩・奧利弗（Percy Lane Oliver）演講時的口頭禪，根據《薩里鏡報》（*Surrey Mirror*）一九三二年九月三十日報導，柏西在英格蘭霍利的電影講座〈輸血傳奇〉上就講了好幾次「最佳血液」。

53. 里奇・卡爾德（Ritchie Calder）著（一九四五年三月二十二日），〈他們也用熱血服務：輸血服務正史〉，載於《林肯郡之聲》。

54. 「根據英國紅十字會坎伯韋爾區分會紀要，國王學院醫院早在十個月之前（一九二〇年十二月）就有叫血紀錄，還有『幾位會員在這之前就自願』捐過血。」引自晶・沛莉絲（Kim Pelis）著（二〇〇七），〈坎伯韋爾區的瘋子：柏西・萊恩・奧利弗與英國兩次世界大戰之間的無償捐血〉，載於羅伯塔・比文斯（Roberta Bivins）、約翰・V・匹克斯通（John V. Pickstone）編，《醫學、瘋狂與社會史：羅伊・波特紀念論文集》，倫敦：帕爾格雷夫・麥克米蘭出版社，頁一五一。

55. 威廉・麥克弗森（W. G. MacPherson）等編（一九二二），《一戰時的醫療及外科手術》，倫敦：皇家文書署，頁一一一。

56. 同上，第一章，頁一。

57. 哈維・庫興（Harvey Cushing）著（一九三六），《一窺外科醫生的日記（一九一五－一九一八）》，波士頓：利特爾與布朗出版，頁二五九。

58. 尼古拉斯・惠特菲爾德（Nicholas Whitfield）著（二〇一三），〈誰是我的小天使？戰時倫敦的贈血源起（一九三九－一九四五）〉，《皇家人類學期刊》，第九卷，第五十一期，頁九五－一一七。

59. 艾雷斯泰・麥森（Dr. Alastair Masson）著（一九八九），《蘇格蘭醫學史學會開會記錄（一九八八－一九八九）》，愛丁堡：蘇格蘭醫學史學會，頁一三。

60. 法蘭西斯・亨利（Francis Hanley）著（一九九八），《輸血服務之光：英國紅十字會輸血服務中心的個人回憶錄（一九二一－一九八六）》，英國瑟比頓、薩里：JRP出版，頁二六。

61. 蘇珊・萊德勒著（二〇〇八），《肉與血》，頁八二。

62. 傑佛瑞・凱因斯（Geoffrey Keynes）著（一九二四），〈輸血〉，載於《英國醫學期刊》，第三三二七期，頁六一三－六一五。
63. 佚名著（一九三七），〈巴黎國際輸血大會〉，載於《英國醫學期刊》，第四〇〇九期，頁九二四。
64. 佚名著（一九四二）〈醫學評論〉，載於《英國醫學期刊》，第四二六三期，頁三四二－三四三。
65. 威廉・H・施耐德著（二〇〇三），〈一戰與二戰之間的輸血〉。
66. 蘇珊・萊德勒著（二〇〇八），《肉與血》，頁八八。
67. 查爾斯・V・尼莫（Charles V. Nemo）著（一九三四年二月），〈我賣血〉，載於《美國信使》，頁一九四－二〇三。
68. 蘇珊・萊德勒著（二〇〇八），《肉與血》，頁八四。
69. J・巴哥・歐登（J. Bagot Oldham）著（一九三二年九月十日），〈致《英國醫學期刊》的一封信〉。
70. 湯姆・理查茲（Tom Richards）著，《柏西・萊恩・奧利弗（一八七八－一九四四）獲頒大英帝國官佐勛章》，發表於英國輸血協會網站，網址連結：www.bbts.org.uk/downloads/03_article_written_by_tom_richards_in_1994.pdf/（檢索日期：二〇一七年十月十八日）。
71. 佚名著（一九四二），〈對捐血者的需求〉，載於《英國醫學期刊》，第四二六二期，頁三四二－三四三。
72. 晶・沛莉絲著（二〇〇七），〈坎伯韋爾區的瘋子〉。
73. 弗雷德里・沃特・米爾斯（Frederick Walter Mills）著，〈倫敦血液服務及捐贈者心理〉，載於H・F・布魯爾等著（一九四九），《輸血》，頁三五三。
74. 佚名著（一九三六），〈輸血的問題〉，載於《英國醫學期刊》，第三九五九期，頁一〇三五。
75. 〈無償捐血者協會一週年晚宴〉，載於《諾丁漢晚報》，一九三四年三月五日。
76. 佚名著（一九三五），〈無償捐血者協會〉，載於《英國醫學期刊》，第三九〇七期，頁一〇一四。
77. 晶・沛莉絲著（二〇〇七），〈坎伯韋爾區的瘋子〉，頁一五二。
78. 弗雷德里・沃特・米爾斯著，〈倫敦血液服務及捐贈者心理〉，頁三五四。
79. 佚名著（一九四二）〈醫學評論〉，載於《英國醫學期刊》，頁三四二－三四三。
80. 佚名著（一九三七年八月七日），〈女性捐血者最佳；全球共襄盛舉〉，載於《格洛斯特公民報》。
81. 晶・沛莉絲著（二〇〇七），〈坎伯韋爾區的瘋子〉。

82. 佚名著（一九三二年十月七日），〈德比人的日記〉，載於《德比每日電訊報》。
83. 法蘭西斯・亨利著（一九九八），《輸血服務之光》，頁一二。
84. 同上，頁四五。
85. 弗雷德里・沃特・米爾斯著，〈倫敦血液服務及捐贈者心理〉，頁三五八。
86. W・艾迪森（W. Addison）（著）（一九三二年二月二十日），〈輸血〉，載於《週六評論報》。
87. 艾雷斯泰・H・B・麥森（Alastair H. B. Masson）著（一九九三），《愛丁堡輸血服務史》，愛丁堡：愛丁堡暨蘇格蘭東南部輸血協會，頁一四。
88. 法蘭西斯・亨利著（一九九八），《輸血服務之光》，頁二二。
89. 佚名著（一九三七），〈巴黎國際輸血大會〉，載於《英國醫學期刊》，第四〇〇九期，頁九二四。
90. H・M・涅特導演（一九四二），《輸血》，英國資訊部宣傳片。
91. T・H・歐布萊恩（T. H. O'Brien）著（一九五五），《第二次世界大戰史：民防》，倫敦：皇家文書署、朗文與格林出版社，頁一六五。
92. 同上，頁三三〇。
93. 彼得・路易（Peter Lewis）著（一九八六），《人民戰爭》，倫敦：泰晤士・梅休因出版社，頁八。
94. 茉莉・潘多恩（Mollie Panter-Downes）著（一九三九年九月九日），〈倫敦來函〉，載於《紐約客》。
95. 英國國會議事錄，會議紀錄案號HC Deb 27 April 1937, vol 323 col.154。
96. 根據一九三八年《倫敦輸血服務中心年度報告》記載，倫敦郊區琴畝的「防彈」建物裡設置了大型供血站，可儲存一千品脫的血品，開戰七天內便能啟動並運轉，此外，四間倫敦郡議會醫院各儲備了兩品脫的血品，以備緊急生產之需。詳見艾雷斯泰・麥森著（一九八九），《蘇格蘭醫學史學會開會記錄（一九八八－一九八九）》，愛丁堡：蘇格蘭醫學史學會，頁二五。
97. 「甚至還有玻璃工匠胡安・托雷羅（Juan Torrero）和助手薩爾瓦多・富恩特斯（Salvador Fuentes），專門量身吹製處理及儲存血品的安瓿。」引自琳達・帕爾弗雷曼（Linda Palfreeman）著（二〇一五），《西班牙流血》，英國伊斯特本：薩塞克斯學術出版社，頁四一。
98. 同上，頁四九。

99. H・M・涅特導演（一九四一），《輸血》，英國資訊部宣傳片。
100. 〈緊急輸血服務計畫的紀要〉，倫敦：惠康圖書館館藏。
101. 「尤金教授推廣的輸用血採血法在斯戈立法所夫斯基（Sklifassovski）醫院施行，凡是自殺、交通事故、心絞痛的死者，逝世六小時內皆可抽血，按血型分類並進行瓦氏梅毒篩檢，通過後便可置於安瓿中進冰櫃儲藏。」引自喬治・薩克斯（George Sacks）著（一九三五年十二月七日），〈莫斯科手術筆記〉，載於《英國醫學期刊》，第三九〇九期，頁一一一八。
102. 佚名著（一九三九年六月十五日），〈戰時儲血〉，載於《泰晤士報》。
103. 麥可・奇林許（Michael Gearin-Tosh）著（二〇一〇），《推倒癌峰的勇士》，紐約：斯克里布納出版社（電子書版）。
104. E・T・伯客（E. T. Burke）著（一九三九），〈戰時輸血服務〉，載於《英國醫學期刊》，第四〇九九期，頁二四七－二四八。
105. 佚名著（一九三六），〈輸血的問題〉，載於《英國醫學期刊》，第三九五九期，頁一〇三五。
106. 柏西・萊恩・奧利弗（Percy Lane Oliver）著（一九三六），〈請求召開全國輸血大會〉，載於《英國醫學期刊》，第三九五九期，頁一〇三二。
107. 馬克斯・布萊特（一九八七），〈珍妮特・沃恩訪談紀錄〉。
108. 英國醫學研究委員會（一九四七），《戰爭中的醫學研究：英國醫學研究委員會的報告（一九三九－一九四五）》，倫敦：皇家文書署，頁一八三。
109. 網址連結：http://withlovefromgraz.blogspot.com/2013/11/5-april-1940.html，經羅蘭・弗格森（Loraine Fergusson）同意轉載。
110. 珍妮特・沃恩（Janet Vaughan），〈倫敦供血站（一九三九－一九四五）〉，《二戰醫學史》草稿，倫敦：惠康圖書館館藏，檔案號：GC/186/2。
111. O・M・蘇蘭德（O. M. Solandt）著（一九四一），〈倫敦應急供血站的作為〉，載於《加拿大醫學協會期刊》，第四十四卷，第二期，頁一八九－一九一。
112. 美國聯邦審計署著（二〇〇二年九月十日），《緊急準備：供血充足是關鍵》，頁七－八。
113. 珍妮特・沃恩（Janet Vaughan），〈倫敦供血站（一九三九－一九四五）〉。

114. 歷史紀錄，《遠距離損害控制復甦術》，網址連結：http://rdcr.org/wp-content/uploads/2017/02/A-RDCR-HISTORY-MODULE-1-edited-sm.compressed.pdf（檢索日期：二〇一七年十月十九日）。

115. 佚名著（一九四五年一月二十七日），〈貝弗利市的太太小姐捐血拯救歐洲性命〉，載於《德里菲爾德時報》。

116. 英國資訊部（一九四五），《生命之血：用血記錄正史》。

117. 佚名著（一九四三年八月五日），〈捐血者的羅曼史〉，載於《登地郵報》。

118. 佚名著（一九四三年五月三日），〈以前要付錢才能捐血〉，載於《格洛斯特回聲報》。

119. 佚名著（一九四二年二月六日），〈歹毒之舉：寄白色羽毛給少女〉，載於《七橡樹紀事報》。

120. 佚名著（一九四二年十二月二十九日），〈捐血者的抗辯〉，載於《蘭開夏晚報》。

121. 作此答覆的捐血者是已婚男性，四十七歲，育有三子，職業是業務代表，週薪二十至三十英鎊（約台幣二千四百至三千六百元），曾捐血十次。詳見李察・提墨斯（Richard Titmuss）著（一九七〇），《捐贈關係》，倫敦：喬治・艾倫與安文出版，頁二三一。

122. 海麗葉・普勞馥（Harriet Proudfoot）著（一九九三），〈那名醫者〉，載於寶琳・亞當斯（Pauline Adams）編《珍妮特・瑪麗亞・沃恩（一八九九－一九九三）紀念文集》，牛津：薩默維爾學院（自印出版），頁一八。

123. 馬克斯・布萊特（一九八七），〈珍妮特・沃恩訪談紀錄〉。

124. 珍妮特・沃恩（Janet Vaughan），〈倫敦供血站（一九三九－一九四五）〉。

125. W・H・奧格威（W. H. Ogilvie）著（一九四五），〈二戰期間的外科進展〉，載於《皇家陸軍醫療部隊期刊》，第八十五卷，第六期，頁二五九－二六五。

126. 佚名著（一九四三），〈陸軍輸血服務〉，載於《英國醫學期刊》，第四二九七期，頁六一〇－六一一。銀頂針基金於一九一五年由賀璞・伊麗莎白・霍普克拉克小姐創立，創立動機是有在刺繡的人一定都弄壞過頂針，何不將這些頂針熔一熔來募資購買醫療設備？從一九一五至一九一九年，六萬只頂針及其他小飾品募到的資金，購買了十五輛救護車、五艘醫療艇、兩台牙科手術車、一台消毒器。詳見銀頂針基金會網站，網址連結：https://historicengland.org.uk/listing/what-is-designation/heritage-highlights/how-did-thimbles-help-thousands-of-servicemen-in-the-first-world-war（檢索日期：二〇一八年一月）。

127. 想將全血運到大西洋彼岸，除了會遭遇敵人襲擊帶來的危害，究其根本也毫無成功的希望，因為這段航程至少需要五天，差不多就是全血的保存期限了，相較之下，血漿運送容易，在航程中不會腐壞，而且，就算交叉比對出了差錯，血漿也不會引發輸血反應，比起輸用全血效率更好、用處更多。參閱道格拉斯・史塔著（二〇〇二），《血液：醫學及商業的磅礴歷史》，頁九三－九八。

128. 珍妮特・沃恩著，《緩緩前行：一位博士的書寫》。

129. 英國醫學研究委員會（一九四七），《戰爭中的醫學研究》，頁一八三－一八四。

130. 珍妮特・沃恩著，《緩緩前行：一位博士的書寫》。

131. 佚名著（一九四五），〈倫敦西南供血備忘錄〉，英國衛生部，網址連結：https://wdc.contentdm.oclc.org/digital/collection/health/id/1896（二〇一七年十月二十四日於華威大學數位典藏檢索）。

132. 珍妮特・沃恩著，《緩緩前行：一位博士的書寫》。

133. 珍妮特・沃恩著（一九四五年五月十二日），〈致信喬治・麥諾特〉，惠康圖書館典藏。

134. 珍妮特・沃恩著（一九四五年五月十二日），〈致信茉莉・霍伊爾〉，牛津大學薩默維爾學院館藏。

135. 芭芭拉・哈維（Barbara Harvey）、露易絲・約翰遜（Louise Johnson）（一九九三年一月十二日），〈珍妮特・沃恩女爵士訃告〉，載於《獨立報》。

136. 佚名著（一九七三年七月十四日），〈榮譽學位頒獎典禮演說〉，利物浦大學，牛津大學薩默維爾學院館藏。

137. 希拉・卡倫德（Sheila Callender）著，〈珍妮特・沃恩誄讚〉，牛津大學薩默維爾學院館藏。

138. 珍妮・亞當・史密斯（Janet Adam Smith）著，〈珍妮特・沃恩誄讚〉，牛津大學薩默維爾學院館藏。

139. 芭芭拉・哈維（Barbara Harvey）著，〈追思致詞〉，載於《珍妮特・瑪麗亞・沃恩（一八九九－一九九三）紀念文集》。

140. 克麗斯婷・帕勒姆（Christian Parham）著，〈追思致詞〉，載於《珍妮特・瑪麗亞・沃恩（一八九九－一九九三）紀念文集》。

141. 法蘭西斯・亨利著（一九九八），《輸血服務之光》，頁一。

142. 網址連結：https://www.kch.nhs.uk/patientsvisitors/wards/m-o（檢索日期：二〇一七年十月二十四日）。

143. 網址連結：https://www.english-heritage.org.uk/visit/blue-plaques/oliver-percy-lane-1878-1944（檢索日期：二〇一七年十月二十四日）。

144. 詹姆斯・帕克（James Park），〈一家人〉，載於《珍妮特・瑪麗亞・沃恩（一八九九－一九九三）紀念文集》。

145. 芭芭拉・哈維（Barbara Harvey）著，〈追思致詞〉，載於《珍妮特・瑪麗亞・沃恩（一八九九－一九九三）紀念文集》。
146. 愛麗絲・普羅哈斯卡夫人（Dame Alice Prochaska）著（二〇一一年七月十四日），《院長日記》，網址連結：https://principal2010.wordpress.com/2011/07/14/departures-and-returns/（檢索日期：二〇一七年十月二十四日）。
147. 引自珍妮特接受波莉・湯因比的專訪。
148. 網址連結：http://withlovefromgraz.blogspot.com/2013/11/5-april-1940.html，經羅蘭・弗格森（Loraine Fergusson）同意轉載。

第四章　血液傳染：愛滋病毒

1. 南非最新的人口普查結果人口總數為三十九萬一千七百四十九（網址連結：www.statssa.gov.za/?page_id=4286&id=328），根據政府統計，住在正式住宅的人口是四四・六%。
2. 〈我們可以打擊凱亞利撒節節攀升的犯罪率〉，西開普省政府新聞稿，網址連結：www.westerncape.gov.za/khayelitsha（檢索日期：二〇一八年三月二十三日）。
3. 引自筆者與圖度瑟拉照護中心嘉西亞醫生（Dr. Genine Josias）的訪談。
4. 國際殺菌劑合作夥伴組織（International Partnership for Microbicides）著（二〇一七年七月），〈概要說明〉，網址連結：https://www.ipmglobal.org/sites/default/files/attachments/publication/ipm_general_fact_sheet_121217.pdf。世界衛生組織（World Health Organization）著，〈女性健康〉，參考文獻第三三四號（二〇一三年九月更新），網址連結：www.who.int/mediacentre/factsheets/fs334/en/。
5. 聯合國愛滋病規劃署（Joint United Nations Programme on HIV/AIDS）著（二〇一五），《愛滋病如何改變了一切》，日內瓦：聯合國愛滋病規劃署，頁四三六，網址連結：http://www.unaids.org/sites/default/files/media_asset/MDG6Report_en.pdf（檢索日期：二〇一〇年五月）。
6. 艾米・麥克斯曼（Amy Maxmen）著（二〇一六），〈老男人包養少女導致南非愛滋病大流行〉，載於《自然》，第七六一二期，頁三三五。
7. 瑪姬・諾里斯（Maggie Norris）、唐娜・瑞・齊格弗里德（Donna Rae Siegfried）著（二〇一一），《初級解剖生理學》，紐澤西霍博肯：約翰威立出版社，頁二五八。

8. 蒂姆·瓊斯（Tim Jonze）著（二〇一七年九月四日），〈「非生即死——瀕死青年充斥病房」：話當年「別死於無知」的愛滋宣導〉，載於《衛報》。

9. 某些州和國家針對愛滋病毒立法，例如德州就有民眾因為隨地吐痰被捕，並依加重攻擊罪起訴，某位名叫威利·坎貝爾（Willie Campbell）的遊民便於二〇〇八年因為對著警察的眼睛和嘴巴吐口水而判處三十五年有期徒刑，詳見〈愛滋病帶原者朝員警吐口水判處三十五年監禁〉，載於《美聯社》，二〇〇八年五月十五日。

10. 引自筆者與艾瑞克·高梅爾（Eric Goemaere）的訪談。

11. 聯合國愛滋病規劃署（Joint United Nations Programme on HIV/AIDS）著（二〇一六），〈從數字看愛滋：愛滋病可以終結但尚須努力〉，日內瓦：聯合國愛滋病規劃署，頁三。

12. 全球愛滋病毒相關之旅遊及居留限制資料庫，網址連結：www.hivtravel.org（檢索日期：二〇一八年五月）。

13. 美國疾病管制與預防中心，〈移民健檢取消愛滋病毒篩檢之最終施行細則〉，網址連結：www.cdc.gov/immigrantrefugeehealth/laws-regs/hiv-ban-removal/final-rule.html（檢索日期：二〇一八年五月）。梅毒、傳染性痲瘋、淋病、開放性肺結核患者則無法入境美國。

14. 聯合國愛滋病規劃署（二〇一六），〈從數字看愛滋：愛滋病可以終結但尚須努力〉，頁七。

15. 聯合國愛滋病規劃署（Joint United Nations Programme on HIV/AIDS）著（二〇一七年七月二十日），〈天秤傾斜：聯合國愛滋病規劃署宣布，自二〇〇五年起共計一千九百五十萬人接受有效治療，愛滋病相關死亡人數減半〉，聯合國愛滋病規劃署新聞稿。

16. 愛滋病毒教育研究基金會（AIDS Virus Education Research Trust），〈愛滋病（毒）在南非〉，網址連結：https://www.avert.org/professionals/hiv-around-world/sub-saharan-africa/south-africa（檢索日期：二〇一八年三月二十三日）。

17. 聯合國愛滋病規劃署的南非概況，網址連結：https://www.unaids.org/en/regionscountries/countries/southafrica（檢索日期：二〇一八年三月二十三日）。

18. 艾米·麥克斯曼（二〇一六），〈老男人包養少女導致南非愛滋病大流行〉。

19. 英國愛滋與國際發展聯合團（UK Consortium on AIDS and International Development）著（二〇一三年七月），〈對婦女施暴與愛滋病毒〉，載於《概況介紹》。

20. 引自筆者與山姆・威爾森（Sam Wilson）的訪談。
21. 瑪塔・達德（Marta Darder）、麗慈・麥格雷戈（Liz McGregor）、凱蘿・迪瓦恩（Carol Devine）等著（二〇一四），《凡山谷必有陰影：無國界醫生在南非爭取便宜的抗反轉錄病毒藥物》，布魯塞爾：無國界醫生組織，頁一七。
22. 同上，頁一八。
23. 引自筆者與前副衛生部長諾齊茲・馬達拉羅德里奇（Nozizwe Madlala-Routledge）的訪談。
24. 蘿絲・喬治（Rose George）著（二〇一五年七月六日），〈十九世紀的流行病〉，網址連結：https://mosaicscience.com/story/19th-century-epidemic/（檢索日期：二〇一八年五月）。S・J・康諾利（S. J. Connolly）著（一九八三），〈「神聖草皮」：一八三二年六月—霍亂與愛爾蘭全民恐慌〉，載於《愛爾蘭歷史研究》，第二十三卷，第九十一期，頁二一四—二三二。
25. 約翰・唐納利（John Donnelly）著（二〇〇一年六月十八日），〈社運人士納悶：美國的愛滋病政策是在學電視嗎？〉，載於《波士頓環球報》。
26. 根據統合分析，研究人員發現共計七七%撒哈拉沙漠以南的非洲民眾遵守醫囑，美國則是五五%，詳見E・J・米爾斯（E. J. Mills）、J・B・納切加（J. B. Nachega）、I・布坎南（I. Buchanan）等著（二〇〇六），〈統合分析：北美及撒哈拉沙漠以南民眾遵守醫囑的情況〉，載於《美國醫學會期刊》，第二九六卷，第六期，頁六七九—六九〇。
27. 治療行動運動（Treatment Action Campaign）著（二〇一〇），《生存戰：治療行動運動史（一九九八—二〇一〇）》，開普敦：治療行動運動。
28. 佚名著（二〇〇七），〈玉米粉裡的祕密〉，載於《人權觀察報告》，第十九卷，第十八（A）期，頁二六。
29. 二〇一六年，超過三分之二的愛滋病帶原者知道自己病況，七七%的知情者服用藥物，八二%的服藥者成功抑制病毒量。然而，在中東、東歐與中亞，愛滋病死亡率分別上升了四八%和三八%，偏離「九〇—九〇—九〇」的目標。詳見聯合國愛滋病規劃署（Joint United Nations Programme on HIV/AIDS）著（二〇一七年七月十日），《終結愛滋病：邁向「九〇—九〇—九〇」的目標》。
30. 引自筆者與艾瑞克・高梅爾的訪談。
31. 喬恩・寇恩（Jon Cohen）著（二〇一六年七月二十五日），〈大型研究突顯預防愛滋病防治的局限〉，載於《科學》。
32. 這名女童有「密西西比寶貝」之稱，兩年來都沒有在她體內發現病毒。參閱莎拉・波塞利（Sarah Boseley）著（二〇一四年七月十五日），〈逼殺：治療愛滋病的最佳新療法？〉，載於《衛報》；〈研究發現：「密西西比寶貝」體內測出愛滋病毒〉，載於「美國國家過敏與傳染病研究所新聞稿」（二〇一四年七月十日）。

33. 英國防治愛滋病組織（StopAIDS）著，〈愛滋病尚未根除〉，網址連結：https://stopaids.org.uk/our-work/why-hiv-matters/it-aint-over/（檢索日期：二〇一七年三月二十三日）。

34. 泰瑞莎・威爾許（Teresa Welsh）著（二〇一八年四月二十五日），〈「總統防治愛滋病緊急救助計畫」表示：全球處於愛滋病大流行危機〉，載於Devex。

35. 莎拉・波塞利（Sarah Boseley）著（二〇一六年七月三十一日），〈愛滋病絕跡了？早得很！可能還每下愈況〉，載於《衛報》。

36. 愛德華・C・格林（Edward C. Green）、丹尼爾・T・哈珀林（Daniel T. Halperin）、維南德・南圖利亞（Vinand Nantulya）、珍妮絲・A・霍格（Janice A. Hogle）著（二〇〇六），〈烏干達成功防治愛滋病：性行為改變和國家應變的作用〉，載於《愛滋病與行為》，第十卷，第四期，頁三三五－三四六。

第五章　血液買賣：黃金血漿

1. 英國國家健保局，〈捐血要做什麼？〉，網址連結：www.blood.co.uk/why-give-blood/how-blood-is-used/blood-components/plasma/（檢索日期：二〇一八年四月三日）。

2. 英國國家健保局血品與捐血價目表，網址連結：https://hospital.blood.co.uk/media/29056/price_list_bc_nhs_2017-18.pdf（檢索日期：二〇一八年三月二十三日）。

3. 靜脈注射免疫球蛋白的價格為每克三十九歐元，詳見格溫達爾・勒馬森（Gwendal Le Masson）、吉楊萊・索雷（Guilhem Solé）、克勞德・德斯努（Claude Desnuelle）等著（二〇一八），〈成本最小化分析：自體免疫神經病變的居家與醫院免疫球蛋白治療〉，載於《大腦與行為》，第八卷，第二期，頁e〇〇九二三。此外，醫療數據解決方案及服務提出的《二〇一五／二〇一六免疫球蛋白數據庫報告》，英國的靜脈注射免疫球蛋白平均為每克三十五英鎊（約台幣一千四百七十元），網址連結：igd.mdsas.com/wp-content/uploads/ImmunoglobulinDatabaseReport201516.pdf（檢索日期：二〇一八年四月三日）。根據美國貴金屬公司，當前黃金現貨價格每克四十二美元，網址連結：www.moneymetals.

com/precious-metals-charts/gold-price（檢索日期：二〇一八年五月）。

4. 這些出口數據來自「BACI國際貿易數據庫」，並由美國麻省理工學院「經濟複雜性觀測站」視覺化呈現，可以上他們的網站看看（https://oec.world/en/visualize/tree_map/hs92/export/usa/all/show/2016/，檢索日期：二〇一八年三月二十三日），保證可以消磨許多時間。

5. 「血漿輸出國組織」一詞並非美國血液中心總裁吉姆．麥克弗森（Jim MacPherson）的專利。詳見安德魯．波拉克（Andrew Pollack）著（二〇〇九年十二月五日），〈金錢正在汙染供血嗎？〉，載於《紐約時報》。

6. 科瑞思與歐洲健康溝通協會歐盟委員會著（二〇一五年四月八日），《科瑞思報告：概述歐盟血品、血液成分、血漿產品市場及供應情況》。

7. 美國國家血友病基金會，〈情報速覽〉，網址連結：www.hemophilia.org/About-Us/Fast-Facts（檢索日期：二〇一八年三月二十三日）。

8. 國際血友病聯盟，〈什麼是血友病〉，網址連結：www.wfh.org/en/page.aspx?pid=646（檢索日期：二〇一八年六月八日）。

9. 國際血友病聯盟，〈血友病的嚴重程度〉，網址連結：www.wfh.org/en/page.aspx?pid=643（檢索日期：二〇一八年四月三日）。

10. 「四千六百八十九」這個數字來自英國血友病中心醫生聯會（UK Haemophilia Centres Doctors' Organisation），倖存人數則來自二〇一八年一月二十九日的議會書面質詢紀錄，相減後再加上蘇格蘭的死亡人數（二百二十人）。參考西蒙．海頓史通（Simon Hattenstone）著（二〇一八年三月三日），〈英國血品汙染醜聞：我要他們承認殺了我的兒子〉，載於《衛報》；《英國血友病中心醫生聯會的出血性疾病數據》，頁四一，網址連結：www.ukhcdo.org/docs/AnnualReports/2011/UKHCDO%20Bleeding%20Disorder%20Statistics%20for%202010-2011.pdf（檢索日期：二〇一八年六月八日）。

11. 血友病及血品汙染國會小組（APPG）著（二〇一五年一月），《英國血品汙染醜聞受害者之支持度調查》，頁九。

12. 彭羅斯調查（The Penrose Inquiry）著（二〇一五年三月），《最終報告（第一卷）：患者經歷》，頁二八。

13. 參考英國廣播公司節目《廣角鏡》（*Panorama*）於二〇一七年七月十七日播出的〈血品汙染：追查真相〉。

14. 加拿大政府血液系統調查委員會（一九九七），《結案報告：霍瑞斯．克雷沃執行（第二卷）》（全三卷），安大略省渥太華：加拿大血液系統調查委員會，頁三七〇。

15. 詳見朱利安・米勒（Julian Miller）上《好健康》（*Good Health*）節目訪談，網址連結：www.youtube.com/watch?v=mvOHWRxuBYM。
16. 引自道格拉斯・史塔（Douglas Starr）著（二〇〇二），《血液：醫學及商業的磅礡歷史》，頁二四〇。
17. 詳見美國食品藥物管理局「CPG Sec.230.150」，〈血品捐贈分類聲明：「有償捐贈」或「自願捐贈」〉，網址連結：https://www.fda.gov/ucm/groups/fdagov-public/@fdagov-afda-ice/documents/webcontent/ucm122798.pdf（檢索日期：二〇一八年六月）。
18. 艾倫・M・霍恩布朗（Allen M. Hornblum）著（一九九七），〈便宜又唾手可得：美國二十世紀初期用於人體試驗的囚犯〉，載於《英國醫學期刊》第三一五卷，第七一二〇期，頁一四三七。
19. 截至一九四五年，七萬一千三百五十名重罪犯共計捐出十萬品脫的血液。詳見蘇珊・萊德勒（Susan E. Lederer）著（二〇〇八），《肉與血》，頁九三。
20. 同上。
21. 瑪拉・勒維里特（Mara Leveritt）著（二〇〇七年八月十六日），〈糟到吐血！金錢與政治汙染阿肯色州的監獄捐漿計畫〉，載於《阿肯色時報》。
22. 傑佛瑞・聖克萊爾（Jeffrey St. Clair）著（二〇一五年九月四日），〈阿肯色州的吸血鬼：柯林頓夫婦、囚犯、血液貿易〉，載於《反擊》。亦可參考詹姆斯・里奇韋（James Ridgeway）著（二〇〇四），《什麼都賣：全球資源的控制》（北卡羅來納州達勒姆市：杜克大學出版社），頁一八四。
23. J・嘉羅特・艾倫（J. Garrott Allen）著，〈致信W・達・麥考克（W. D'A. Maycock）〉，下載網址：www.taintedblood.info。社運團體「感染之血」（Tainted Blood）提出資訊公開的要求後，相關文件先後釋出，但因為即將展開公開徵詢及訴訟，相關資料因而無法取得。
24. 詳見英國時事調查節目《全球運轉》（*World in Action*）「血錢」（Blood Money）的逐字稿，轉引自彭羅斯調查（The Penrose Inquiry）著（二〇一五年三月），《最終報告》，網址連結：www.penroseinquiry.org.uk/downloads/transcripts/PEN0131400.pdf（檢索日期：二〇一八年一月十八日）。
25. 英國廣播公司（一九八八年一月二十六日），〈一週又一週〉，英國廣播公司威爾斯頻道首播，網址連結：www.youtube.com/watch?v=Ir0qLl3n94o（檢索日期：二〇一八年四月四日）。

26. 魯伯特・哈利・米勒（Rupert Harry Miller）著（二〇一四），《推銷員之生：真人實事》（*Life of a Salesman: A True Story*）（自印出版），Kindle版頁三五。
27. 德國反拜耳危害聯盟（Coalition Against Bayer Dangers）著（二〇一〇年一月二十四日），新聞稿。
28. 加拿大政府血液系統調查委員會（一九九七），《結案報告：霍瑞斯・克雷沃執行（第三卷）》（全三卷），安大略省渥太華：加拿大血液系統調查委員會，頁七五八。
29. 同上，頁七六〇。
30. 佚名著（一九八四年十二月二十九日）〈醫學評論〉，載於《柳葉刀》，第三二四卷，第八四一七－八四一八期，頁一四三三。
31. 沃爾特・博格達尼奇（Walt Bogdanich）、艾瑞克・寇里（Eric Koli）著（二〇〇三年五月二十二日），〈一九八〇年代拜耳製藥的兩條路線：危途通往了海外〉，載於《紐約時報》。
32. 同上。
33. 凱蘿・葛雷森（Carol Anne Grayson）著（二〇〇七），《血液不僅流過靜脈也流過心靈：全球血液政治如何影響英國血友病民眾？》，未出版之碩士論文，桑德蘭大學，網址連結：http://haemophilia.org.uk/support/day-day-living/patient-support/contaminated-blood/dissertation-carol-grayson-contaminated-blood-products/（檢索日期：二〇一八年五月）。
34. 瑪麗安・巴里奧（Marianne Barriaux）著（二〇一四年十二月十八日），〈愛滋病奪走五性命！伊拉克父親爭取正義〉，載於《中東之眼》／法新社。
35. 亞瑟・伯倫（Arthur Bloom）著（一九八二年一月十一日），〈致信所有血友病中心主任〉。
36. 西蒙・海頓史通（Simon Hattenstone）著（二〇一八年三月三日），〈英國血品汙染醜聞〉，載於《衛報》。科林・史密斯（Colin Smith）的父母接受英國廣播公司節目《廣角鏡》（*Panorama*）訪問，當集節目名稱為〈血品汙染：追查真相〉，二〇一七年七月十三日首播。
37. 安模（Armour）隔了兩年才改善製程一事，引自加拿大政府血液系統調查委員會（一九九七），《結案報告：霍瑞斯・克雷沃執行（第二卷）》（全三卷），安大略省渥太華：加拿大血液系統調查委員會，頁五〇六。
38. 參考英國衛生部財務組公告，一九八五年三月五日。
39. 傑夫・里奧（Geoff Leo）著（二〇一五年六月三日），〈薩省原住民保留區愛滋病感染率高於非洲國家〉，加拿大廣播公司。

40. 馬克・萊姆斯崔（Mark Lemstra）、柯里・紐多夫（Cory Neudorf）著（二〇〇八）〈薩克屯健康差距：介入分析〉，薩克屯衛生局出版。

41. 加拿大血友病學會（Canadian Hemophilia Society）著，〈血品汙染悲劇紀念〉，網址連結：www.hemophilia.ca/en/commemoration-of-the-tainted-blood-tragedy/（檢索日期：二〇一八年四月）。

42. 加拿大衛生部，〈加拿大血漿捐贈概況〉，網址連結：www.canada.ca/en/health-canada/services/drugs-health-products/biologics-radiopharmaceuticals-genetic-therapies/activities/fact-sheets/plasma-donation-canada.html（檢索日期：二〇一八年四月）。

43. 安潔拉・科切爾加（Angela Kocherga）著（二〇一二年二月二十七日），〈邊境上欣欣向榮的血漿生意〉，美國廣播公司（ABC）地方分台KVIA，網址連結：www.kvia.com/news/plasma-is-big-business-along-the-border/53247859（檢索日期：二〇一八年四月）。

44. 羅伯特・C・詹姆士（Robert C. James）、卡麥隆・A・馬仕達（Cameron A. Mustard）著（二〇〇四），〈美國商用血漿捐贈診所地理位置（一九八〇－一九九五）〉，載於《美國公共衛生期刊》，第九十四卷，第七期，頁一二二四－一二二九。

45. 安娜麗蒂・歐秋本達聶（Analidis Ochoa-Bendaña）著（二〇一六年六月十六日），〈血漿生意興旺〉，載於「二美元過一天」網誌，網址連結：www.twodollarsaday.com/blog/2016/6/16/the-big-business-of-blood-plasma（檢索日期：二〇一八年四月）。

46. 同上。

47. 美國食品藥物管理局允許美國民眾每週最多可賣兩次血漿。「每一次血漿分離機的採集量應遵循生物製劑研究暨評估中心（Center for Biologics Evaluation and Research）主任的核示，兩次採集之間必須間隔兩天以上，一週不能超過兩次。」詳見美國食品藥物管理局，《聯邦管制法規》，第七卷，第二十一篇，頁六四〇，〈人類血液和血品的附加規範〉，第六四〇・六五節，網址連結：www.accessdata.fda.gov/scripts/cdrh/cfdocs/cfcfr/CFRSearch.cfm?CFRPart=640&showFR=1&subpartNode=21:7.0.1.1.7.7（檢索日期：二〇一八年五月）。

48. 德瑞克・諾福克（Derek Norfolk）編（二〇一三），《輸血醫學手冊（第五版）》，倫敦：皇家文書署，頁一六。

49. 凱瑟琳・J・艾丁（Kathryn J. Edin）、H・盧克・沙伊弗（H. Luke Shaefer）著（二〇一五），《二美元過一天：一文不名地在美國生活》，頁九三。

50. 戴洛・勞倫佐・威靈頓（Darryl Lorenzo Wellington）著（二〇一四年五月二十八日），〈扭曲的血漿生意〉，載於《大西洋》。戴洛認為捐贈血漿影響健康原因在於用於血品保存的檸檬酸鈉。

51. R・勞布（R. Laub）、S・鮑林（S. Baurin）、D・提默曼（D. Timmerman）等著（二〇一〇），〈不同來源的血漿中的特定蛋白質含量與捐贈頻率的影響〉，載於《論血》，第九十九卷，第三期，頁二二〇－二三一。

52. 安大略省立法議會社會政策常設委員會第二十一號法案（二〇一四年十二月一日），《保衛醫療誠信法案》公聽會，網址連結：http://www.ontla.on.ca/web/committee-proceedings/committee_transcripts_details.do?locale=en&Date=2014-12-01&ParlCommID=9003&BillID=3015&Business=&DocumentID=28419（檢索日期：二〇一八年五月）。

53. 同上。

54. 露西・雷諾茲（Lucy Reynolds）著（二〇一三年四月二十四日），〈將安全賣給最高出價者：英國血漿資源私營化〉，載於開放民主網，網址連結：https://www.opendemocracy.net/ournhs/lucy-reynolds/selling-our-safety-to-highest-bidder-privatisation-of-plasma-resources-uk。

55. 蘇珊・雪萊（Suzanne Shelley）著（二〇一六年四月四日），〈免疫球蛋白（IG）推動血漿治療市場〉，載於《製藥商貿》。

56. 百特藥廠的早期試驗結果雖然振奮人心，但第三階段顯示「連續十八個月隔週施用靜脈注射免疫球蛋白，未能改善輕度至中度阿茲海默症患者的認知或功能表現」。詳見諾曼・R・雷金（Norman R. Relkin）、羅納德・G・湯馬士（Ronald G. Thomas）、羅伯特・I・里斯曼（Robert I. Rissman）等著（二〇一七），〈用靜脈注射免疫球蛋白治療阿茲海默症的第三期試驗〉，載於《神經病學》，第八十八卷，第十八期，頁一七六八－一七七五。美朵琳・鮑曼・羅傑斯（Madolyn Bowman Rogers）著（二〇一六年二月二十五日），〈開動嘍！內源性抗體促使微膠細胞吃掉類澱粉蛋白堆積物〉，載於阿茲海默症研究論壇（Alzforum），網址連結：www.alzforum.org/news/research-news/bon-appetit-endogenous-antibodies-prod-microglia-eat-av-deposits（檢索日期：二〇一八年四月六日）。

57. S・凱爾（S. Kile）、W・歐（W. Au）、C・巴黎士（C. Parise）等著（二〇一七），〈用靜脈注射免疫球蛋白治療阿茲海默症引起的輕度認知障礙：腦萎縮、認知、失智療效的隨機雙盲探索性研究〉，載於《神經學、神經外科學、精神病醫學期刊》，第八十八卷，第二期，頁一〇六一一一一。

58. 安妮．金斯頓（Anne Kingston）著（二〇一七年一月十四日），〈用血漿牟利的診所對公共醫療的意義〉，載於《麥克林雜誌》。

59. 索妃雅．柴斯（Sophia Chase）著（二〇一二），〈血淋淋的真相：從阿肯色州監獄血漿醜聞審視美國的血品產業及侵權責任〉，載於《威廉瑪麗商法評論》，第三卷，第二期，頁五九七。

60. 歐洲血液協會（European Blood Alliance）著（二〇一三），《人類血液、組織、細胞：歐洲血液協會的觀點》，阿姆斯特丹：歐洲血液協會，頁七四。

61. 加拿大廣播公司（二〇一八年二月二十五日），〈加拿大人該不該賣血漿？〉。

62. 英國衛生部（Department of Health）著（二〇〇二年十二月十七日），〈衛生部為國家健保民眾取得長期穩定的血漿供應〉，新聞稿。

63. 該公司以英鎊二億三千萬元（約台幣九十八億七千萬元）賣給貝恩資本（Bain Capital），英國政府保留兩成持股，四年後，貝恩資本和英國政府以「總現金代價」英鎊八億二千萬元（約台幣三百五十一億）轉賣給科瑞集團（Creat Group）。詳見保羅．蓋拉格（Paul Gallagher）著（二〇一四年六月十一日），〈政府私有化無極限？英國血漿供應庫賣給美國私募資金公司貝恩資本〉，載於《獨立報》；亦可見〈科瑞集團同意收購生物產品實驗室（Bio Products Laboratory）〉，載於貝恩資本網頁，二〇一六年五月十八日新聞稿。

64. 伊莎貝爾．提歐多尼歐（Isabel Teotonio）著（二〇一四年七月十八日），〈從美國靜脈到加拿大靜脈〉，載於《多倫多星報》。

65. 英國下議院辯論會（二〇一六年十一月二十四日），〈血液及血品汙染〉，載於《英國國會議事錄》，第六一七卷，網址連結：https://hansard.parliament.uk/commons/2016-11-24/debates/9369C591-D01B-4479-B78A-E7424314２B88/ContaminatedBloodAndBloodProducts（檢索日期：二〇一八年四月五日）。

66. 大衛．沃特斯（David Watters），〈安齊調查報告證詞〉，二〇一二年一月十九日。

67. 血漿蛋白製劑協會（Plasma Protein Therapeutics Association，PPTA）著（二〇一八年三月十六日），〈血漿蛋白製劑協會針對「血漿公司鎖定美國貧民」的聲明〉。

68. 醫學評論（二〇一七），〈龐大的血漿產業〉，載於《柳葉刀：血液病學》，第四卷，第十期，頁四五二。

第六章　經血禁忌：餿掉的醬菜

1. 香緹・卡達里亞（Shanti Kadariya）、艾嘉・R・阿若（Arja R. Aro）著（二〇一五），〈從倫理角度分析尼泊爾的月經女屋傳統〉，載於《德孚醫藥期刊：法醫學和生物倫理學》，第五卷，頁五三—五八。「padi」雖然通常譯為「女子」，但也可以譯為「存在」。尼泊爾生殖照護中心（Nepal Fertility Care Center）著（二〇一五年三月），《尼泊爾月經女屋評估研究：以降低傷害策略為主》，頁三。網址連結：nhsp.org.np/wp-content/uploads/formidable/7/Chhaupadi-FINAL.pdf（檢索日期：二〇一八年五月）。
2. 戈帕爾・夏爾馬（Gopal Sharma）著（二〇一六年十二月二十日），〈尼泊爾少女因經期隔離而窒息身亡〉，路透社。
3. 拉傑尼什・班達里（Rajneesh Bhandari）、妮妲・納賈（Nida Najar）著（二〇一七年七月九日），〈經期迴避：尼泊爾婦女遭蛇咬致死〉，載於《紐約時報》。
4. 尼泊爾生殖照護中心（Nepal Fertility Care Center）著（二〇一五年三月），《尼泊爾月經女屋評估研究：以降低傷害策略為主》，頁四。
5. 尼泊爾中央統計局（Government of Nepal Central Bureau of Statistics）、聯合國兒童基金會（UNICEF）著（二〇一二），《尼泊爾多指標類集調查最終報告（二〇一〇）》，加德滿都，頁一〇八。
6. 我今年四十八歲，初經在十三歲。根據英國國家健保局的數據，每次月經來平均血量為三十至四十毫升，六十至八十毫升則為經血過多。我從來沒有懷孕過，三十五年來每個月都來月經，由於子宮內膜異位症，經血過量的次數應該很多，因此每個月五十毫升，乘上四百二十個月，就是二萬一千毫升，也就是二十一公升。英國國家健保局精選，〈經血過多〉，網址連結：www.nhs.uk/conditions/heavy-periods/。
7. 莎菈・L・瑞德（Sara L. Read）著（二〇一〇），《天賜甜美汁液：近代英格蘭月經史》，未出版之博士論文，羅浮堡大學。讀者可至羅浮堡大學機構典藏網站查詢，網址連結：https://dspace.lboro.ac.uk/2134/6542。
8. 這項調查於二〇一五年執行，共收到九萬筆回覆，網址連結：https://helloclue.com/survey.html（檢索日期：二〇一八年三月三十一日）。
9. D・艾瑪拉（D. Emera）、R・羅梅羅（R. Romero）、G・華格納（G. Wagner）著（二〇一二），〈月經的演變：遺傳同化新模型——解釋母體對胎兒侵略反應的分子起源〉，載於《生物學論文集》，第三十四卷，第一期，頁二六—三五。
10. 同上。

11. 蘇珊・薩德丹（Suzanne Sadedin）著（二〇一六年五月六日），〈女性如何又為何演化月經？〉，載於《富比士》，網址連結：www.forbes.com/sites/quora/2016/05/06/how-and-why-did-women-evolve-periods/#641868c57a3（檢索日期：二〇一八年五月）。

12. 戴雅妮・路易（Dyani Lewis）著（二〇一三年六月十七日），〈釋疑：女性為何來月經〉，載於《對話》，網址連結：https://theconversation.com/explainer-why-do-women-menstruate-13744（檢索日期：二〇一八年三月三十一日）。

13. M・F・艾希禮・蒙塔古（M. F. Ashley-Montagu）著（一九四〇），〈月經禁忌的生理機制與由來〉，載於《生物學評論季刊》，第十五卷，第二期，頁二一一—二二〇。

14. 老普林尼（Pliny the Elder）著、約翰・保斯托（John Bostock）編（一八五五），《自然史》，第七卷，第十三章，倫敦：泰勒與法蘭西斯出版，網址連結：www.perseus.tufts.edu/hopper/text?doc=Perseus%3Atext%3A1999.02.0137%3Abook%3D7%3Achapter%3D13。

15. 同上，第二十八卷，第二十三章，網址連結：http://www.perseus.tufts.edu/hopper/text?doc=urn:cts:latinLit:phi0978.phi001.perseus-eng1:28.23。

16. 珍妮絲・狄朗尼（Janice Delaney）、瑪麗・珍・盧普頓（Mary Jane Lupton）、愛蜜麗・托特（Emily Toth）著（一九八八），《夏娃的天譴》，厄巴納：伊利諾大學出版社，頁三。

17. 〈利未記〉第十五章，第十九節，載於《新美國標準聖經》。

18. 克里斯・庫柏（Chris Cooper）著（二〇一六），《簡明血液介紹》，牛津：牛津大學出版社，頁五。

19. 赫伯・伊恩・霍格賓（Herbert Ian Hogbin）著（一九九六），《月經男人之島：巴布亞紐幾內亞沃吉歐島的宗教》，伊利諾州朗格羅夫：韋夫蘭出版社，頁八八—八九。

20. 湯瑪士・巴克利（Thomas Buckley）、愛瑪・荀特利布（Alma Gottlieb）編（一九八八），《血魔法：月經人類學》，柏克萊：加州大學出版社，頁二七九。

21. 薇妮・馬姬（Wynne Maggi）著（二〇〇一），《我們的婦女很自由：興都庫什山的性別與種族》，安娜堡：密西根大學出版社。

22. 薇吉妮雅・史密斯（Virginia Smith）著（二〇〇七），《清潔：個人衛生和潔淨史》，頁三二。

23. 同上，頁三五。

24. 聯合國駐地和人道協調員辦事處（二〇一一年四月），〈遠西省的月經女屋〉，載於《外地公報》，第一期，頁三。
25. 印度常見節日，網址連結：https://www.festivalsofindia.in/rishipanchmi/rishi-panchmi.aspx。
26. 聯合國人道協調員辦事處（二〇一二），〈尼泊爾內戰報告〉，日內瓦，頁三。
27. 蘿絲・喬治（Rose George）著（二〇一三），〈歡慶女性：改善月經衛生管理便能改善健康、衛生、日常工作〉，供水和衛生合作理事會，頁六。
28. 莎拉・豪斯（Sarah House）、泰瑞莎・馬洪（Thérèse Mahon）、蘇・卡維爾（Sue Cavill）著（二〇一二），《月經衛生的重要性》，倫敦：水援組織，頁二一六。
29. 帕茲曼・巴索榭（Pazhman Pazhohish）著（二〇一六年九月二十七日），〈阿富汗：打破月經禁忌〉，戰爭與和平報導研究所。
30. 凱瑟琳・多蘭（Catherine S. Dolan）、凱特琳・R・琉斯（Caitlin R. Ryus）、蘇・多普森（Sue Dopson）等著（二〇一四），〈女子教育的盲點：迦納的初潮及其排除網絡〉，載於《國際發展期刊》，第二十六卷，第五期，頁六四八。
31. 瑪麗・萊德斯（Marie Lathers）著（二〇一〇），《太空異事：流行電影及文化中的女性與太空（一九六〇－二〇〇〇）》，紐約：連續出版社，頁三九。
32. 美國太空總署強森太空中心口述歷史計畫（二〇〇二年十月二十二日），莎莉・K・萊德（Sally K. Ride）接受蕾貝嘉・萊特（Rebecca Wright）採訪，載於《口述歷史紀錄》，網址連結：www.jsc.nasa.gov/history/oral_histories/RideSK/RideSK_10-22-02.htm（檢索日期：二〇一八年三月三十一日）。
33. 莎拉・卡普蘭（Sarah Kaplan）著（二〇一六年四月二十二日），〈在外太空月經來會發生什麼事？〉，載於《華盛頓郵報》。
34. 傑克・歐爾森（Jack Olsen）著（二〇一四），《灰熊之夜》，犯罪經典，頁二〇〇（電子書版）。
35. 卡羅琳・P・伯德（Caroline P. Byrd）著（一九八八），《女性與熊：月經吸引熊的假說研究》，未出版之碩士論文，蒙大拿大學，編號七七二〇，頁二。
36. 同上。
37. 美國國家森林局與美國國家公園管理局（一九八一），《熊出沒注意》，華盛頓特區：美國農業部森林局，網址連結：https://ia800708.us.archive.org/19/items/grizzlygrizzlygr239unit/grizzlygrizzlygr239unit.pdf（檢索日期：二〇一八年五月）。

38. 布魯斯·S·顧盛（Bruce S. Cushing）著（一九八〇），〈月經等氣味與環斑海豹叫聲對北極熊的影響〉，未出版之碩士論文，蒙大拿大學，編號七二五七。

39. 貝拉·錫克（Béla Schick）一九二〇年談及月經毒素的論文英譯可至月經博物館線上版查詢（可惜實體博物館已不復存在），網址連結：www.mum.org/menotox.htm。

40. 美國電視劇《勁爆女子監獄》（*Orange Is the New Black*）的主角派波兒（Piper）在監獄的浴室裡拍打牆壁，守衛威脅說要對她「下手」（意指紀律處分），派波兒說：「對不起。我月經來，都是該死的月經害的。」守衛說：「噁耶！滾！」終究是沒下手。

41. 一九七四年，V·R·畢寇斯（V. R. Pickles）在信中指出：月經毒素既毒害不了大鼠（大鼠身上已有細菌感染），也毒害不了植物，至於是否跟經前憂鬱有關則需要更多證據證明，信末則說：若有人對此議題感興趣，他樂於傾聽。載於《柳葉刀》，第三〇三卷，第七八六九期，頁一二九二。

42. 二〇一一年，知名壽司店「數寄屋橋次郎」創辦人小野二郎之子告訴《華爾街日報》，其店內沒有任何女性，「因為女性有月經。專業壽司師傅的味覺必須很穩，女性受到月經週期影響，味覺很不穩定，因此當不了壽司師傅。」詳見瑪麗·M·萊恩（Mary M. Lane）著（二〇一一年二月十八日），〈為什麼女性當不了壽司師傅〉，載於《華爾街日報》網誌，網址連結：https://blogs.wsj.com/scene/2011/02/18/why-cant-women-be-sushi-masters/（檢索日期：二〇一八年四月）。

43. 托米安·羅伯茲（Tomi-Ann Roberts）、潔咪·L·高登博（Jamie L. Goldenberg）、凱瑟琳·鮑爾（Cathleen Power）、湯姆·皮津斯基（Tom Pyszczynski）著（二〇〇二），〈「女性防護」：月經對女性態度的影響〉，載於《女性心理學季刊》，第二十六卷，第二期，頁一三一－一三九。

44. 同上，頁一三二。

45. 英國輿觀調查公司（YouGov）詢問二千一百四十名男性和女性對於月經的態度，儘管將近半數女性表示與父親討論月經會感到尷尬，但只有九%的男性表示與女兒討論月經會不自在，詳見行動救援組織二〇一七年五月二十三日網誌，〈四分之一的女性不了解月經週期〉，網址連結：https://www.actionaid.org.uk/blog/news/2017/05/24/1-in-4-uk-women-dont-understand-their-menstrual-cycle。

46. 澳洲水援組織（二〇一六年五月二十五日），〈外漏、經痛、暴食：多數女性恐懼「經期帶來的不便」而調整生活作息〉，網址連結：www.wateraid.org/au/articles/leaks-cramps-and-cravings-majority-of-women-adapt-their-lifestyle-because-of-a-fear-of。亦可見蘿絲·喬治（Rose George）著（二〇一六年八月十六日），〈我心中的冠軍得主：傅園慧公開談論月經〉，載於《衛報》。

47. 法蘭克·布雷斯（Frank Bures）著（二〇一六），《瘋狂地理學：陰莖竊賊、巫毒死亡、尋找世間怪病的意義》，紐約布魯克林：梅爾維爾出版社，頁三九。

48. 瑟薇·T·何泰（Thwe T. Htay）著，〈經前不悅症的臨床表現〉，載於MedScape.com，網址連結：https://emedicine.medscape.com/article/293257-clinical（檢索日期：二〇一八年四月一日）。

49. 梅雷迪思·布蘭德（Meredith Bland）著（日期不詳），〈男人問：「真的有經前綜合症？」女人回：「你他媽的，當然有。」〉，網址連結：http://www.scarymommy.com/man-asks-is-pms-real/（檢索日期：二〇一八年五月）。

50. 艾琳·貝雷西尼（Erin Beresini）著（二〇一三年三月二十五日），〈子宮移位的迷思〉，載於《戶外探索》，網址連結：https://www.outsideonline.com/1783996/myth-falling-uterus。

51. 崔維斯·桑達斯（Travis Saunders）著（二〇一二年二月十四日），〈冬奧跳台滑雪完賽，並無傳出子宮爆裂〉，載於公共科學圖書館網誌，網址連結：http://blogs.plos.org/obesitypanacea/2014/02/14/olympic-ski-jumping-competition-completed-without-a-single-uterus-explosion/（檢索日期：二〇一八年四月一日）。

52. 美國國立衛生研究院（二〇一七年一月三日），〈對性荷爾蒙敏感的基因複合體可能與經前症候群有關〉，網址連結：https://www.nih.gov/news-events/news-releases/sex-hormone-sensitive-gene-complex-linked-premenstrual-mood-disorder（檢索日期：二〇一八年四月一日）。

53. 科林·桑普特（Colin Sumpter）、貝倫·托隆德爾（Belen Torondel）著（二〇一三），〈系統性回顧月經衛生管理對健康和社會的影響〉，載於《公共科學圖書館期刊》，第八卷，第四期，頁e六二〇〇四。

54. 世界銀行（二〇一七年十月五日），〈高等教育〉，網址連結：https://www.worldbank.org/en/topic/tertiaryeducation。

55. 聯合國教科文組織（二〇一二年十月），〈巴基斯坦的教育〉，載於《全民教育全球監測報告》，概況說明，網址連結：https://en.unesco.org/gem-report/sites/gem-report/files/EDUCATION_IN_PAKISTAN_A_FACT_SHEET.pdf。

56. 戴安娜·E·霍夫曼（Diana E. Hoffmann）和安妮塔·J·塔茲安（Anita J. Tarzian）著（二〇〇一），〈叫痛的女孩：女性在疼痛治療遭遇的偏見〉，載於《法律、醫學和倫理期刊》，第二十九卷，第一期，頁一三—二七。

57. 坤德雅・辛哈（Kounteya Sinhal）著（二〇一一年一月二十三日），〈研究指：七成女性買不起衛生棉〉，載於《印度時報》。
58. 艾米・基根（Amy Keegan）著，〈殭屍數據：除之方得進步〉，網址連結：https://washmatters.wateraid.org/blog/zombie-statistics-to-make-progress-we-need-to-kill-them-off-for-good（檢索日期：二〇一八年五月）。
59. 莎拉・杰威特（Sarah Jewitt）、哈里特・萊利（Harriet Ryley）著（二〇一四），〈女孩私事：肯亞的生理期、出席率、空間流動、性別不平等〉，載於《地理論壇》，第五十六期，頁一三七—一四七。
60. 莎拉・豪斯（Sarah House）等著（二〇一二），《月經衛生的重要性》，倫敦：水援組織，頁三一。
61. 聯合國兒童基金會（二〇一三），〈西非法語國家的校內月經衛生：以二〇一三年的布吉納法索和尼日為例〉。
62. 社區領導全面衛生計畫（二〇一七年二月八日），〈倫敦大學衛生學院「ＳＨＡＲＥ」研究計畫對於月經衛生管理的政策簡介〉，頁四。
63. 莎莉・派珀・皮利特里（Sally Piper Pillitteri）著（二〇一一），〈馬拉威的學校經期衛生管理：只建廁所還不夠〉，「ＳＨＡＲＥ」／水援組織。
64. 保羅・蒙哥馬利（Paul Montgomery）、茱莉・亨內根（Julie Hennegan）、凱瑟琳・多蘭（Catherine Dolan）等著，〈月經與貧富世襲：烏干達給予衛生棉和青春期教育的群組準隨機對照試驗〉，載於《公共科學圖書館期刊》，第十一卷，第十二期，頁e〇一六六一二二。

第七章　衛生棉：骯髒的破布

1. 印度健康家庭福利部，《全國家庭健康研究（二〇一五—一六）》，頁六。
2. 這篇文章刊於「石英財經網」，並分類在「禁忌」底下。詳見伊莎貝拉・斯蒂格（Isabella Steger）、鄭秀景（Soo Kyung Jung）著（二〇一七年六月十一日），〈抗議自製鞋墊衛生棉讓月事成為韓國焦點熱議〉，載於《石英財經網》。
3. 維貝克・維內瑪（Vibeke Venema）著（二〇一四年三月四日），〈印度衛生棉革命〉，載於《英國廣播公司新聞》。
4. 穆魯嘉名列百大人物榜單中的「先驅者」，詳見芮琪拉・古塔（Ruchira Gupta）著（二〇一四年四月二十三日），〈雅魯納恰朗・穆魯嘉南森〉，載於《時代雜誌》。

5. 佳芽思瑞實業，網址連結：http://newinventions.in/project-overview/。
6. 國際世界癌症研究基金會，〈子宮頸癌統計數據〉，網址連結：https://www.wcrf.org/dietandcancer/cancer-trends/cervical-cancer-statistics。
7. 社區領導全面衛生計畫（二〇一七年二月八日），〈倫敦大學衛生學院「SHARE」研究計畫對於月經衛生管理的政策簡介〉，頁三。
8. 我對市場研究預測向來審慎看待，市場研究公司（Research and Market）二〇一六年估計女性衛生用品產業的市值為二百三十億美元（約台幣六千九百億），並預測二〇二二年將增長到三百二十億美元（約台幣九千六百億），詳見市場研究公司（二〇一七年十二月七日），〈女性衛生用品市場：市場研究公司發布二〇二二年全球行業趨勢與預測〉，載於《美國商業資訊》，網址連結：https://www.businesswire.com/news/home/20171207005496/en/Feminine-Hygiene-Products-Market-Global-Industry-Trends。同年美國聯合市場研究公司（Allied Market Research）也發布預估報告，認為二〇二二年女性衛生用品產業的市值將達到四百二十七億美元（約台幣一兆二千八百一十億），兩份報告的估值頗見差距，詳見聯合市場研究公司（二〇一六年四月十三日），〈二〇二二年全球女性衛生用品市場達四百二十七億美元〉，載於《美通社》（*PR Newswire*），網址連結：https://www.prnewswire.com/news-releases/world-feminine-hygiene-products-market-is-expected-to-reach-427billion-by-2022-575532151.html。
9. 一五六〇年《日內瓦聖經》的〈以賽亞書〉第三十章第二十二節原文如下：And ye shall pollute covering of the images of silver, and the riche ornament of thine images of golde, & cast them away as a menstruous cloth, and thou shalt say unto it, Get thee hence. 莎菈・L・瑞德（Sara L. Read）著（二〇〇八），〈爾之公義實乃月經布：近代英國的衛生習慣和偏見〉，載於《近代女性：跨學科期刊》，第三卷，第十四期。
10. 約翰・班揚（John Bunyan）著（一八四一），《約翰・班揚著作集（附亞歷山大・菲利普牧師著〈班揚其人其作初探〉）卷四》，倫敦：G. King出版社。
11. 莎菈・L・瑞德著（二〇〇八），〈爾之公義實乃月經布〉，頁六。
12. 詳見專利（一九〇二），網址連結：https://patents.google.com/patent/US737258。
13. 韋恩・布洛（Vern Bullough）著（一九八五），〈衛生棉的銷售：莉蓮・吉爾布雷斯一九二七年的調查〉，載於《標誌：婦女文化與社會期刊》，第十卷，第三期，頁六一五。

14. 雷曼兄弟收藏，〈金百利克拉克〉，網址連結：https://www.library.hbs.edu/hc/lehman/Deal-Books?company=kimberly_clark_corporation。
15. 莎菈．L．瑞德著（二〇一〇），《天賜甜美汁液：近代英格蘭月經史》。
16. 佚名著（一八七九），〈艾弗林醫生的陰道用導管棉條〉，載於《英國醫學期刊》，第一卷，第九五六期，頁六三三。
17. 傑佛瑞．凱因斯著（一九二二），《輸血》，頁二六。
18. 佚名著（一九八一年五月五日），〈衛生棉條發明者確信產品可安全使用〉，載於《芝加哥論壇報》。
19. 伊勒．C．哈斯（Earle C. Haas），經血裝置，專利號碼：1964911A，一九三四年由美國專利局批准。
20. 詳見網址連結：https://www.reddit.com/r/IAmA/comments/jmthl/i_design_tampons_ama/。
21. 根據「衛紗」（Tampax）官方網站，哈斯醫生於一九三六年將專利售出，詳見「衛紗的歷史」（網址連結：https://tampax.com/en-us/about/our-story/history-of-tampax/?rd=301&rd_source=https://tampax.com/en-us/history-of-tampax）。至於《小奇蹟》（Small Wonder）這本記載「衛紗」母公司「衛品」（Tambrands）的官方著作中，則說哈斯醫生於一九三三年十月十六日將專利售出，詳見羅納德．H．貝利（Ronald H. Bailey）著（一九四六），《小奇蹟：衛品的起源、繁榮與發展》，衛品出版，可至月經博物館線上版查詢，網址連結：http://www.mum.org/smallw.htm。
22. 同上，頁九。
23. 莫娜．查拉比（Mona Chalabi）著（二〇一五年十月一日），〈有多少女性不用衛生棉條?〉，載於《五三八》，網址連結：https://fivethirtyeight.com/features/how-many-women-dont-use-tampons/（檢索日期：二〇一八年四月一日）。
24. 珍妮絲．狄朗尼等著（一九八八），《夏娃的天譴》，頁一三七。
25. 杜克大學圖書館數位典藏了靠得住的經典廣告，網址連結：https://library.duke.edu。
26. 瑪麗．G．卡德威爾（Mary G. Cardwell）著（一九四二），〈讀者來函：生理期衛生棉條〉，載於《英國醫學期刊》，第一卷，第四二四二期，頁五三七。
27. 引自筆者與英國廣告標準管理局通訊，亦可參考：www.asa.org.uk/type/broadcast/code_section/32.html。
28. T．L．史丹利（T. L. Stanley）著（二〇一一年七月七日），〈衛生棉廣告大膽呈現紅色經血〉，載於《廣告周刊》。
29. 同上。
30. 玟蒂．妮可（Wendee Nicole）著（二〇一四），〈女性健康問題：女性衛生用品和潤滑劑中的化學物質〉，載於《環境健康展望》，第一二二卷，第三期，頁A七〇－A七五。

31. 同上。

32. 艾德．楊（Ed Yong）著（二〇一六年一月八日），〈你體內的微生物可能沒有那麼多〉，載於《大西洋》。

33. 研究人員調查北美三千零一十二名適逢生理期的女性，結果發現體內有金黃色葡萄球菌的黑人女性（一四%）雖然多於白人女性（八%），但其中一五%的白人女性帶有產毒葡萄球菌株，黑人女性則是六%，詳見傑夫利．帕森內（Jeffrey Parsonnet）、梅蘭妮．A．漢斯曼（Melanie A. Hansmann）、瑪麗．狄朗尼（Mary Delaney）等著（二〇〇五），〈生理期女性體內的中毒性休克症候群毒素與此超級抗原的抗體〉，載於《臨床微生物學期刊》，第四十三卷，第九期，頁四六二八－四六三四。

34. 詹姆斯．陶德（James Todd）、M．費休（M. Fishaut）、F．卡普拉爾（F. Kapral）、T．韋爾奇（T. Welch）著（一九七八），〈中毒性休克症候群與噬菌體第一群的關聯〉，載於《柳葉刀》第二卷，第八一〇〇期，頁一一一六－一一一八。

35. 美國疾病管制中心，〈從美國歷史（一九八〇－一九九〇）看經期中毒性休克症候群的發病率降低〉，網址連結：https://www.cdc.gov/mmwr/preview/mmwrhtml/00001651.htm（檢索日期：二〇一八年四月一日）。

36. 菲利普．鐵諾（Philip Tierno）著（二〇〇二），《細菌的私密生活》，紐約：口袋書店，頁七三。

37. 莎拉．路易絲．沃斯特羅（Sharra Louise Vostral）著（二〇〇八），《遮掩：月經衛生科技史》，馬里蘭州拉納姆：萊星頓出版社，頁一五八。

38. 婦女聲援世界（Women's Voices for the Earth）著（二〇一三），《化學毒物報告：女性護理產品中的毒性化學物質對健康的潛在影響》。

39. 世界衛生組織（二〇一六年十月），〈概述戴奧辛及其對人體健康的影響〉，網址連結：https://www.who.int/en/news-room/fact-sheets/detail/dioxins-and-their-effects-on-human-health（檢索日期：二〇一八年四月十一日）。

40. 麥可．J．德維托（Michael J. DeVito）、阿諾德．施克特（Arnold Schecter）著（二〇〇二），〈使用衛生棉條和尿布對戴奧辛的暴露評估〉，載於《環境健康展望》，第一一〇卷，第一期，頁二三。

41. 衛紗（Tampax），〈衛生棉條的成分有哪些？〉，網址連結：https://tampax.com/en-us/tips-and-advice/period-health/whats-in-a-tampax-tampon（檢索日期：二〇一八年四月二日）。

42. 美國食品藥物管理局著（二〇〇二），〈衛生棉條中的戴奧辛〉，網址連結：https://www.fda.gov/scienceresearch/specialtopics/womenshealthresearch/ucm134825.htm（檢索日期：二〇一八年四月二日）。

43. 婦女聲援世界著（二〇一三），《化學毒物報告：女性護理產品中的毒性化學物質對健康的潛在影響》，頁一〇。

44. 美國食品藥物管理局著（二〇〇五年七月二十七日），〈衛生棉條及棉片上市前送審文件提交指南（510(k)s）〉，網址連結：www.fda.gov/downloads/MedicalDevices/DeviceRegulationandGuidance/GuidanceDocuments/ucm071799.pdf（檢索日期：二〇一八年四月二日）。

45. 佚名著（二〇一五年十月二十日），〈拉普拉塔的藥棉、紗布、棉花棒、濕紙巾、衛生棉條含有嘉磷塞〉，載於Infobae.com，網址連結：https://www.infobae.com/2015/10/20/1763672-hallaron-glifosato-algodon-gasas-hisopos-toallitas-y-tampones-la-plata/（檢索日期：二〇一八年四月二日）。前行研究發現：普埃雷迪翁區（General Pueyrredón）的城市和農村居民的尿液中含有嘉磷塞，而這些居民從未直接接觸過嘉磷塞。

46. 珍・岡特（Jen Gunter）著（二〇一五年十月二十四日），〈誰說妳的衛生棉條是滿載基改植物的致癌棒！〉，網址連結：https://drjengunter.com/2015/10/24/no-your-tampon-still-isnt-a-gmo-impregnated-toxin-filled-cancer-stick/（檢索日期：二〇一八年四月二日）。

47. 佚名著（二〇一七年三月二日），〈瑞士的衛生棉條和衛生棉宣稱很安全〉，載於《瑞士快訊》，網址連結：https://www.swissinfo.ch/eng/toxic-chemicals_tampons-and-sanitary-pads-in-switzerland-declared-safe-/43000250（檢索日期：二〇一八年四月二日）。

48. 美國食品藥物管理局《聯邦管制法規》第八〇一節：標示─有香味和無香味的衛生棉條製造商需列出產品吸收性和中毒性休克症候群風險，網址連結：https://www.accessdata.fda.gov/scripts/cdrh/cfdocs/cfCFR/CFRSearch.cfm?fr=801.430（檢索日期：二〇一八年四月二日）。

49. 關於「一九九九年衛生棉條安全暨研究法」，詳見：https://www.govtrack.us/congress/bills/106/hr890。

50. 關於「二〇一七年蘿蘋・丹尼爾森女性衛生用品安全法」，詳見：https://www.govtrack.us/congress/bills/115/hr2379。

51. 凱洛琳・梅隆尼（Carolyn Maloney）著，〈既然知道衛生棉條怎麼用，也該知道衛生棉條裡面用了什麼了〉。

52. 「全球女性衛生用品產業市值將在二〇二二年達到四百二十七億美元（約台幣一兆二千八百一十億）。」

53. 歐睿國際（Euromonitor International），〈二〇一七年衛生防護報告（經費：八百七十五英鎊／一千三百二十五美元）〉，網址連結：www.euromonitor.com/category-update-sanitary-protection/report。

54. 安娜蘇雅・巴宿（Anasuya Basu）著（二〇一八年一月三十日），〈可分解的衛生棉──月經衛生的永續解決方案？〉，載於《快報》。

55. 供水和衛生合作理事會（二〇一三），〈歡慶女性〉，日內瓦：供水和衛生合作理事會，頁一一。

56. 格布來・E・柴蓋（Ghebre E. Tzeghai）、方蜜菈尤・O・雅加伊（Funmilayo O. Ajayi）、肯尼斯・W・米勒（Kenneth W. Miller）等著（二〇一五），〈女性護理臨床研究計畫改變了女性的生活〉，載於《全球衛生科學期刊》，第七卷，第四期，頁四五－五九。

57. 吉兒・克雷格（Jill Craig）著（二〇一二年二月十四日），〈奈洛比貧民窟：賣淫買衛生用品〉，載於《美國之音》。

58. 潘妮洛普・A・菲利普斯霍華德（Penelope A. Phillips-Howard）、喬治・奧蒂諾（George Otieno）、芭芭拉・伯曼（Barbara Burmen）等著（二〇一五），〈肯亞農村女性的生理期需求與性及生育風險之關聯：與愛滋病毒感染率相關之橫斷式行為調查法〉，載於《婦女健康雜誌》，第二十四卷，第十期，頁八〇一－八一一。

59. 迦納教育服務局著（二〇一六年十月七日），〈學童以性交易換購衛生棉〉，載於GhanaWeb.com。

60. 琳妲・梅森（Linda Mason）、伊麗莎白・尼索赫（Elizabeth Nyothach）、凱麗・亞歷山大（Kelly Alexander）等著（二〇一三），〈我們保密不讓人知道：肯亞西部在學少女對月經的態度和經歷之質性研究〉，載於《公共科學圖書館期刊》，第八卷，第十一期，頁e七九一三二。

61. 漢娜・派瑞（Hannah Parry）著（二〇一五年三月二十一日），〈黎巴嫩機場海關緝獲半公噸輻射超標衛生棉〉，載於《每日郵報》網路版。

62. 多米尼・傑克森（Dominic Jackson）著（二〇一五年三月二十三日），〈黎巴嫩查獲來自中國的輻射超標衛生棉〉，載於《上海人》（該網站目前無法連上，檢索日期：二〇一七年九月）。

63. 佚名著（二〇一三年五月十五日），〈破獲衛生棉仿冒集團〉，載於《中國日報》。

64. 印度標準局（Bureau of Indian Standards）著（一九九三年三月），〈印度衛生棉規範〉，一九八〇年五月初版。

65. 格布來・E・柴蓋等著（二〇一五），〈女性護理臨床研究計畫改變了女性的生活〉。

66. 美國材料試驗學會（ASTM International），〈膝窩測試標準方法：用於評估反覆或長期接觸皮膚之產品和材料對皮膚的刺激性〉，網址連結：www.astm.org/Standards/F2808.htm。

67. 關於「健康生息」（HERproject），詳見：https://herproject.org。

68. 莉迪亞・德皮利斯（Lydia DePillis）著（二〇一五年四月二十三日），〈兩年前孟加拉工廠倒塌意外造成一千一百二十九名工人死亡，問題至今未獲解決〉，載於《華盛頓郵報》。

69. 企業個案研究（Business Case Studies），〈超越企業社會責任：平價服飾品牌Primark案例研究〉，網址連結：https://businesscasestudies.co.uk/primark/beyond-corporate-social-responsibility/the-value-of-the-herproject.html（檢索日期：二〇一八年四月二日）。

70. 同上。

71. 詳見：https://herproject.org/impact。

72. 蘿絲・喬治著（二〇一六年八月十六日），〈我心中的冠軍得主：傅園慧公開談論月經〉。

73. 克萊爾・奧康納（Clare O'Connor）著（二〇一六年十二月二十二日），〈為什麼二〇一六年有這麼多女性創業者開設月經企業？〉，《富比士》。

74. 郭麗麗（Lily Kuo）著（二〇一七年六月二十三日），〈肯亞保證提供免費衛生棉幫助女孩就學〉，載於《石英財經網》，網址連結：https://qz.com/1012976/uhuru-kenyatta-promises-free-sanitary-napkins-for-kenyan-school-girls/（檢索日期：二〇一八年四月二日）。

75. 佚名著（二〇一七年二月十五日），〈穆塞維尼的承諾跳票：烏干達沒有經費供學校買衛生棉〉，載於《監測日報》，（檢索日期：二〇一七年九月）。

76. 艾隆・穆西格瓦（Alon Mwesigwa）著（二〇一七年六月十九日），〈因罵烏干達總統是「一對屁股蛋」而入獄！維權人士誓言抗議！〉，載於《衛報》。

77. 艾蜜莉・韋克斯（Emily Wax）著（二〇〇五年十月七日），〈烏干達打擊愛滋病，童貞淪為商品〉，載於《華盛頓郵報》。

78. 拉德卡・桑加尼（Radhika Sanghani）著（二〇一五年十一月二十三日），〈印度婦女抗議廟方偵測女性是否正值「骯髒」生理期〉，載於《每日電訊報》。

79. 姬妲・雅札德（Nikita Azad）著（二〇一六年八月三十日），〈一封給您的公開信：寄自「年輕、流著血」撼動沙巴瑞瑪拉的少女〉，載於《青年之聲》，網址連結：www.youthkiawaaz.com/2016/08/happy-to-bleed-open-letter-nikita-azad/（檢索日期：二〇一八年五月）。

80. 美國公民自由聯盟（ＡＣＬＵ）二〇一四年提起集體訴訟，控訴馬斯基根郡監獄等，詳見：https://www.aclumich.org/sites/default/files/2014_MuskegonComplaint.pdf，頁一三。

81. 布魯克林辯護服務（二〇一六年六月二日），〈安卓雅・尼維斯（Andrea Nieves）在紐約市議會婦女事務委員會的證詞〉，網址連結：http://bds.org/andrea-nieves-testifies-in-support-of-council-bill-requiring-doc-to-provide-free-feminine-hygiene-products-in-city-jails/。

82. 艾米・費帝（Amy Fettig）著（二〇一八年二月九日），〈亞利桑那州需立法保護女性囚犯月經健康〉，載於《美國公民自由聯盟》，網址連結：https://www.aclu.org/blog/prisoners-rights/women-prison/arizona-needs-laws-protect-women-prisoners-menstrual-health（檢索日期：二〇一八年三月十四日）。

83. 吉米・詹金斯（Jimmy Jenkins）著（二〇一八年二月十二日），〈「衛生棉、衛生棉條、經期困擾」：男委員審議亞利桑那州女受刑人之衛生用品法案〉，載於《KJZZ》網站，網址連結：https://kjzz.org/content/602963/pads-and-tampons-and-problems-periods-all-male-committee-hears-arizona-bill-feminine。

84. 根據修改後的稅率，女性衛生產品的稅率是五%，包括衛生棉、護墊、（非失禁用）棉墊、衛生棉條、（搭配扣環衛生棉的）月經帶、月亮杯（及置入式承接經血的生理用品）、承接惡露的產褥墊（包括血液、黏液、子宮分泌物……等在產後從陰道排出），詳見：https://www.gov.uk/guidance/vat-on-womens-sanitary-products-notice-70118（檢索日期：二〇一八年四月三日）。

85. 麥克・布萊（Damian McBride）著（二〇一三），《權力之旅：十年政策、謀略與宣傳》，倫敦：反唇出版社。

86. 伊瑪・薩格納（Ema Sagner）著（二〇一八年三月二十五日），〈多州相繼撤銷有歧視婦女之嫌的「月經稅」〉，載於《美國公共廣播電台》，網址連結：https://www.npr.org/2018/03/25/564580736/more-states-move-to-end-tampon-tax-that-s-seen-as-discriminating-against-women。

87. 英國廣播公司（二〇一六年九月十四日），〈為什麼美國的「月經稅」這麼討人厭？〉，網址連結：http://www.bbc.co.uk/news/world-us-canada-37365286（檢索日期：二〇一八年四月三日）。

88. 佚名著（二〇一六年十月四日），〈月經稅抗議者染紅蘇黎世噴泉〉，載於《地方報》網站，網址連結：https://www.thelocal.ch/20161004/tampon-tax-protest-turns-zurich-fountains-red（檢索日期：二〇一八年四月三日）。

89. 英國政府承諾將一千五百萬英鎊（約台幣六億元）的月經稅收用於資助「各項計畫來打擊性暴力、消弭社會排除、改善心理健康」，要改善我的心理健康很容易，提供免費的衛生用品就行。詳見班恩・昆音（Ben Quinn）著（二〇一七年十月二十八日），〈英國將用月經稅收資助反墮胎慈善團體〉，載於《衛報》。英國政府（二〇一八年三月二十六日），〈一千五百萬英鎊月經稅收用於嘉惠女性〉，新聞稿，網址連結：https://www.gov.uk/government/news/women-and-girls-set-to-benefit-from-15-million-tampon-tax-fund。
90. 莎拉・奧斯汀（Sara Austin）著（二〇一六年十一月十七日），〈三位女性如何實現「月經平等」〉，載於《柯夢波丹》。
91. 葛洛利雅・史坦能（Gloria Steinem）著（一九七八年十月），〈如果男人有月經〉，載於《Ms.》雜誌。

第八章　大出血：紅色警戒

1. 引自〈約翰福音〉第十一章、第四三－四四節，英文原文出自《新國際譯本聖經》，網址連結：http://biblehub.com/niv/john/11.htm（檢索日期：二〇一七年十月二十六日）。
2. 哈森・博頓（Hazen Burton）著（二〇〇八），〈「血液界鐵三角」：羅伯遜、艾齊博、麥可連——加拿大在第一次世界大戰中對輸血的貢獻〉，載於《戴爾豪斯醫學期刊》，第三十五卷，第一期，頁二一。
3. 世界衛生組織的最新數字是五百八十萬，詳見世界衛生組織，〈損傷與暴力之概況〉，網址連結：https://www.who.int/violence_injury_prevention/key_facts/en/（檢索日期：二〇一七年十月二十六日）。
4. 同上。
5. 根據世界衛生組織《二〇一五年全球健康評估》，共計七十六萬零七十三名非洲人死於愛滋病（毒），九十三萬零一百七十八名非洲人死於創傷（其中包括自戕者）。網址連結：www.who.int/healthinfo/global_burden_disease/estimates/en/index1.html（檢索日期：二〇一七年十月二十六日）。
6. B・J・伊斯特里奇（B. J. Eastridge）、M・哈丁（M. Hardin）、J・坎特雷爾（J. Cantrell）等著（二〇一一年七月），〈戰死沙場：戰傷救護改善的成因與啟示〉，《創傷與急症護理外科期刊》，第七十一卷，增刊第一期，頁S四一八。
7. 珍妮佛・M・格尼（Jennifer M. Gurney）、約翰・B・霍康（John B. Holcomb）著（二〇一七），〈從軍方看輸血：讓上世紀的標準沿用至今〉，載於《當前創傷報告》，第三卷，第二期，頁一四四。
8. 約翰・B・霍康（John B. Holcomb）著（二〇一七），〈過去二十年創傷領域習得之重大科學課題〉，載於《公共科學圖書館醫學期刊》，第十四卷，第七期，頁e一〇〇二三三九。
9. 約翰・B・霍康（John B. Holcomb）著（二〇一八），〈到院前及手術室止血至關重要：改善嚴重軀幹重傷之癒後〉，載於《重症醫學期刊》，第四十六卷，第三期，頁四四七。

10. 引自筆者與卡齡・布羅希的訪談。

11. J・F・勒帕吉（J. F. LePage）著（一八八二），〈論輸血〉，載於《柳葉刀》，第二十卷，第三〇九二期，頁九七〇。

12. 陸軍准將道格拉斯・B・肯德里克（Douglas B. Kendrick）著，《第二次世界大戰美國陸軍醫療部：第二次世界大戰中的血液計畫》，美國陸軍醫療部醫學史辦公室，網址連結：http://history.amedd.army.mil/booksdocs/wwii/blood/chapter3.htm（檢索日期：二〇一八年四月六日）。

13. 柯琳・S・伍德（Corinne S. Wood）著（一九六七），〈輸血簡史〉，載於《輸血期刊》，第七卷，第四期，頁三〇二。

14. 馬丁・D・齊林斯基（Martin D. Zielinski）、唐納德・H・詹金斯（Donald H. Jenkins）、喬伊・D・休斯（Joy D. Hughes）等著（二〇一四），〈回到未來：大出血傷患輸用全血之捲土重來〉，載於《外科期刊》，第一五五卷，第一期，頁八八三－八八六。這篇論文的題目靈感來自同名電影《回到未來》，影片中愛默・布朗博士（Dr. Emmer Lathrop "Doc" Brown）說：「我去了一間醫美診所，全身上下都整修了一番，除皺、植髮、換血，讓我多活三十到四十年，怎麼樣？」

15. 倫敦空中救護慈善團體（二〇一二年三月四日），〈英國首架滿血上工的空中救護直升機〉，新聞稿，網址連結：https://www.londonsairambulance.co.uk/news-and-stories（檢索日期：二〇一八年五月）。

16. 馬修・A・博格曼（Matthew A. Borgman）、菲利普・斯皮內拉（Philip C. Spinella）、傑瑞米・G・珀金斯（Jeremy G. Perkins）等著（二〇〇七），〈輸用血品的比率影響戰地醫院接受大量輸血傷患的死亡率〉，載於《創傷期刊》，第六十三卷，第四期，頁八〇五－八一三。

17. 二〇一四年，直升機緊急醫療服務（HEMS）率先採用急救性血管內氣球阻斷術（REBOA），詳見倫敦空中救護慈善團體（二〇一四年六月十六日），〈到院前REBOA全球首例〉，網址連結：https://www.londonsairambulance.co.uk/our-service/news/2014/06/we-perform-worlds-first-pre-hospital-reboa。該技術於韓戰期間由陸軍中校C・W・休斯（C. W. Hughes）所創，詳見C・W・休斯（C. W. Hughes）著（一九五四），〈主動脈內球囊導管填塞控制腹腔內出血之應用〉，載於《外科期刊》，第三十六卷，第一期，頁六五－六八。

18. 美國國立衛生研究院國家癌症研究所（一九七一），〈國家癌症法〉，網址連結：https://www.cancer.gov/about-nci/overview/history/national-cancer-act-1971（檢索日期：二〇一八年四月四日）。

19. 卡爾・W・沃特（Carl W. Walter）著（一九八四），〈血袋的發明與發展〉，載於《論血》，第四十七卷，第四期，頁三一八－三二四。

20. 派翠克・J・基格（Patrick J. Kiger），〈摩加迪休之戰內幕〉，載於《國家地理》，網址連結：http://channel.nationalgeographic.com/no-man-left-behind/articles/behind-the-battle-of-mogadishu/（檢索日期：二〇一八年一月）。
21. 珍妮佛・M・格尼、約翰・B・霍康著（二〇一七），〈從軍方看輸血〉，頁一四九。
22. R・L・戴維斯（R. L. Davies）著（二〇一六），〈該不該用全血取代防休克包？〉，載於《皇家陸軍醫療部隊期刊》第一六二卷，第一期，頁五－七。
23. G・史川德斯（G. Strandenes）、A・P・克普（A. P. Cap）、D・卡西奇（D. Cacic）等著（二〇一三），〈血液上前線：針對嚴峻環境的全血研究和培訓計畫〉，載於《輸血期刊》，第五十三卷，第S1期，頁一二四S－一三〇S。
24. G・史川德斯（G. Strandenes）、H・斯科格蘭（H. Skogrand）、P・C・斯皮內拉（P. C. Spinella）等著（二〇一三），〈特種部隊的戰備技能在捐血後表現持平：一項支持發展到院前輸用新鮮全血的研究〉，載於《輸血期刊》，第五十三卷，第三期，頁五二六－五三〇。
25. 佚名著（二〇〇七年十月十一日），〈血液好簡單〉，載於《經濟學人》。亦可參考詹姆斯・D・雷諾茲（James D. Reynolds）、格雷戈里・S・阿赫恩（Gregory S. Ahearn）、邁克爾・安傑洛（Michael Angelo）等著（二〇〇七），〈亞硝基硫醇血紅蛋白缺乏：庫存血液喪失生理活性的機制〉，載於《美國國家科學院院刊》，第一〇四卷，第四十三期，頁一七〇五八－一七〇六二。
26. 倫敦重大創傷系統的服務範圍超出倫敦，延伸到東南方的肯特郡，包含四間重大創傷中心和三十五間醫院，其服務地圖可見網址連結：https://www.c4ts.qmul.ac.uk/london-trauma-system/london-trauma-system-map。
27. 倫敦瑪麗王后大學（二〇一五年十月二十七日），〈倫敦重大創傷系統大大降低死亡率〉，新聞稿。
28. 羅斯・利達（Ross Lydall）著（二〇一七年六月九日），〈醫療奇蹟：四十八名倫敦橋恐攻傷患全數生還〉，載於《倫敦晚報》。而根據布羅希醫生的網誌，傷患人數則是三十六位，詳見：http://blogs.bmj.com/bmj/2017/08/04/trauma-networks-and-terrorist-events/。
29. 妮可・崔立（Nicola Twilley）著（二〇一六年十一月二十八日），〈降低體溫搶救槍擊受害者可行嗎？〉，載於《紐約客》。
30. 巴茲慈善機構，〈扭轉創傷〉，網址連結：https://bartscharity.org.uk/get-involved/appeals/transform-trauma/（檢索日期：二〇一八年四月五日）。

第九章　無血時代：血液的未來

1. 約翰・艾德格・布朗寧（John Edgar Browning）著（二〇一五），〈紐爾良和水牛城的真正吸血鬼：比較民族誌研究紀要〉，載於《巴葛瑞夫通訊》，第一卷，第一五〇〇六期，網址連結：https://www.nature.com/articles/palcomms20156（檢索日期：二〇一八年五月）。亦可參考約翰・艾德格・布朗寧著（二〇一五年三月二十五日），〈黑暗中的身影：我邂逅了真正的紐爾良吸血鬼〉，載於《對話》，網址連結：https://theconversation.com/what-they-do-in-the-shadows-my-encounters-with-the-real-vampires-of-new-orleans-39208（檢索日期：二〇一八年五月），這篇報導的照片說明寫著：「在此先回答您：他們大概沒看過《暮光之城》。」
2. G・G・卡特（G. G. Carter）、G・S・威爾金森（G. S. Wilkinson）著（二〇一三），〈吸血蝙蝠共享食物是出於互助而非血親或騷擾〉，載於《皇家學會學報（生物學）》，第二八〇卷，第一七五三期，二〇一二二五七三。
3. 理查・薩格（Richard Sugg）著（二〇一九），《真正的吸血鬼：死亡、恐怖、超自然現象》，斯特勞德：安伯利出版公司。亦可參考理查・薩格著（二〇一六），《木乃伊、食人族和吸血鬼：從文藝復興到維多利亞時代的屍體入藥史》，紐約：羅德里奇出版社。
4. 理查・薩格著（二〇一九），《真正的吸血鬼：死亡、恐怖、超自然現象》。
5. 保羅・巴博（Paul Barber）著（一九九〇），〈真正的吸血鬼〉，載於《自然史》，第九十九卷，第十期，頁七四。
6. 同上。
7. 露藝思・懷特（Luise White）著（二〇〇〇），《與吸血鬼交談：非洲殖民地的謠言和歷史》，柏克萊：加州大學出版社，頁四。
8. 理查・薩格（Richard Sugg）著（二〇〇八），〈醫之藝：屍體入藥——木乃伊、食人族、吸血鬼〉，載於《柳葉刀》，第三七一卷，第九六三〇期，頁二〇七八—二〇七九。
9. 費迪南・彼得・穆格（Ferdinand Peter Moog）、亞歷克斯・卡倫伯格（Alex Karenberg）著（二〇〇三），〈恐懼與希望之間：古代醫學以角鬥士的血治療癲癇〉，載於《神經科學史期刊》，第十二卷，第二期，頁一三八。
10. 理查・薩格著（二〇一六），《木乃伊、食人族和吸血鬼：從文藝復興到維多利亞時代的屍體入藥史》，頁一二四。

11. 謝寶華（Hsieh Bao Hua）著（二〇一四），《明清時期的後宮與奴役》，馬里蘭州拉納姆：萊星頓出版社，頁一九七。
12. 約翰・弗羅爾爵士（Sir John Floyer）、愛德華・貝納德博士（Dr. Edward Baynard）著（一七一五），《冷水浴史》，倫敦：威廉・英尼斯出版，頁四〇九－四一〇。
13. 亞歷山大・波格丹諾夫（Alexander Bogdanov）著，勞倫・R・格朗姆（Loren R. Graham）、理查・史帝斯（Richard Stiles）編，查爾斯・魯格（Charles Rougle）譯（一九八四），《紅星：第一個布爾什維克的烏托邦》，布魯明頓：印第安納大學出版社，頁八三－八六。
14. 尼古拉・克里門佐夫（Nikolai Krementsov）著（二〇一一），《困在地球上的火星人：亞歷山大・波格丹諾夫、輸血、無產階級科學》，芝加哥：芝加哥大學出版社，頁八一。
15. 新世界百科全書，〈亞歷山大・波格丹諾夫〉，網址連結：https://www.newworldency clopedia.org/entry/Alexander_Bogdanov（檢索日期：二〇一八年五月）。
16. 尼古拉・克里門佐夫著（二〇一一），《困在地球上的火星人》，頁五九－六〇。
17. 同上，頁六〇。
18. 愛德華多・邦斯特（Eduardo Bunster）、羅蘭・K・邁耶（Roland K. Meyer）著（一九三三），〈駢體共生的改良法〉，載於《解剖學紀錄》，第五十七卷，第四期，頁三三九－三四三。
19. 威廉・M・曼恩（William M. Mann）著（一九一二），〈史丹佛大學赴巴西考察：駢體雙生的巴西螞蟻〉，載於《蝴蝶》，第十九卷，第二期，頁三六－四一。
20. C・M・麥凱（C. M. McCay）、F・波普（F. Pope）、W・倫斯福德（W. Lunsford）著（一九五六），〈試驗性延長壽命〉，載於《紐約醫學會學報》，第三十二卷，第二期，頁九一－一〇一。亦可參考C・M・麥凱（C. M. McCay）、F・波普（F. Pope）、W・倫斯福德（W. Lunsford）著（一九五七），〈年輕老鼠與年長老鼠駢體共生〉，載於《老年病學》，第一卷，第一期，頁七－一七。
21. 佚名著（二〇一七年七月十五日），〈年輕動物的血液可以讓年老動物恢復活力〉，載於《經濟學人》。
22. 美國血庫協會，〈血液常見問題〉，網址連結：http://www.aabb.org/tm/Pages/bloodfaq.aspx（檢索日期：二〇一八年四月五日）。
23. M・辛亥（M. Sinha）、Y・C・張（Y. C. Jang）、J・歐（J. Oh）等著（二〇一四），〈提升ＧＤＦ１１濃度逆轉小

鼠體內因老化造成的骨骼肌功能障礙〉，載於《科學》，第三四四卷，第六一八四期，頁六四九－六五二。

24. 史丹佛醫學院新聞中心（Stanford Medicine News Center）著（二〇一七年十一月四日），〈臨床試驗發現輸注血漿治療阿茲海默症很安全且大有可為〉，新聞稿。

25. 阿德雷得大學（University of Adelaide）著（二〇一六年八月三十日），〈大腦越聰明越嗜血〉，新聞稿。

26. 關於GDF11蛋白是否能回春，眾家仍各執一詞。喬斯林・凱澤（Jocelyn Kaiser）著（二〇一五年十月二十一日），〈哈佛團隊聲稱：逆齡蛋白確有其事〉，網址連結：https://www.sciencemag.org/news/2015/10/antiaging-protein-real-deal-harvard-team-claims（檢索日期：二〇一八年五月）。

27. 塔德・弗蘭（Tad Friend）著（二〇一七年四月三日），〈矽谷的長生追尋〉，載於《紐約客》。

28. 〈申命記〉第十二章、第二十三節：「只是你要心意堅定，不可吃血，因為血是生命；不可將血與肉同吃」。〈使徒行傳〉第十五章、第二十節：「只要寫信，吩咐他們禁戒偶像的汙穢和姦淫，並勒死的牲畜和血。」〈利未記〉第七章、第二十七節：「凡吃了血的，必被剪除。」以上英文原文出自《新國際譯本聖經》。

29. 皇家內外科醫師學會（Royal College of Physicians）、英國血液輸用比較稽核（National Comparative Audit of Blood Transfusion）、英國國家健保局血液暨移植署（National Health Service Blood and Transplant）著（二〇一五年七月），〈英國血液輸用比較稽核：二〇一五年選擇性、可排程手術病患之血液管理審計〉。

30. 李察・丹尼爾（Richard Daniel）著（二〇一二），《不輸血也可以》，丹尼爾醫療法律，頁四。

31. 克萊爾・墨菲（Clare Murphy）著（二〇〇七年十一月五日），〈為耶和華而死的權利〉，載於英國廣播公司新聞頻道。

32. 希達莎・班納吉（Sidhartha Banerjee）著（二〇一七年十一月十四日），〈魁北克驗屍官表示：耶和華見證人有權利拒絕輸血〉，載於《加拿大新聞社》。

33. 兒科急診醫生葛依倫・拉羅絲（Guylaine LaRose）和蒙特婁聖賈斯汀醫院（Sainte-Justine Hospital）倫理委員會召集人安東・裴尤（Antoine Payot）呼籲修訂《魁北克民法典》，讓醫生在攸關性命的情況下得以無視病人拒絕輸血的聲明，參考史蒂芬・史密斯（Stephen Smith）著（二〇一六年十一月二十六日），〈耶和華見證人逝世，醫界呼籲修改民法〉，載於《加拿大廣播公司新聞》。

34. 塔瑪・拉瑪辛格（Tamra Ramasinghe）、威廉・D・弗里曼（William D. Freeman）著（二〇一三），〈「加護嗜血病房」：替重病患者抽血應更為審慎〉，載於《英國血液學期刊》，第一六四卷，第二期，頁三〇二－三〇三。

35. 村本修（Osamu Muramoto）著（二〇〇一），〈從生命倫理學角度探討耶和華見證會改變拒絕捐血的教規〉，載於《英國醫學期刊》，第三二二卷，第七二七七期，頁三七－三九。

36. 保羅・C・赫伯特（Paul C. Hébert）、喬治・威爾斯（George Wells）、莫里斯・A・布萊奇曼（Morris A. Blajchman）等著（一九九九），〈臨床照護中輸血治療的多中心隨機對照試驗〉，載於《新英格蘭醫學期刊》，第三四〇卷，第六期，頁四〇九－四一七；瓦西里・西姆（Vasiliy Sim）、莉蓮・S・高（Lillian S. Kao）、斯皮羅斯・弗蘭戈斯（Spiros Frangos）著（二〇一五），〈老狗學得會「重症加護的輸血需求」嗎？針對美國創傷外科學會成員輸用紅血球濃厚液情形之調查研究〉，載於《美國外科期刊》，第二一〇卷，第一期，頁四五－五一。

37. 皇家外科醫學院（Royal College of Surgeons）著（二〇一六年十一月），《照護拒絕輸血的病患：針對耶和華見證人等拒絕輸血患者之外科治療指南》。

38. 血液管理促進協會（Society for the Advancement of Blood Management），〈本會宗旨〉，網址連結：https://sabm.org/mission/（檢索日期：二〇一八年四月六日）。

39. K・D・艾林森（K. D. Ellingson）、M・R・P・薩皮亞諾（M. R. P. Sapiano）、K・A・哈斯（K. A. Haass）著（二〇一七），〈二〇一五美國血液採集和輸血量持續下降〉，載於《輸血期刊》，第五十七卷，第S2期，頁一五八八－一五九八。

40. A・尚德（A. Shander）、A・芬克（A. Fink）、M・哈維德羅齊（M. Javidroozi）等著（二〇一一），〈異體輸用紅血球適當與否：輸血成效的國際共識會議〉，載於《輸血醫學評論》，第二十五卷，第三期，頁二三二－二四六，e五三。

41. 梅根・羅利博士（Dr. Megan Rowley），〈血往何處去？〉，英國國家健保局血液暨移植署演講，網址連結：https://www.transfusionguidelines.org/uk-transfusion-committees/regional-transfusion-committees/london/education（檢索日期：二〇一八年五月）。

42. 哈維・G・克萊因（Harvey G. Klein）、J・克里斯・赫魯達（J. Chris Hrouda）、傑伊・艾斯坦（Jay S. Epstein）著（二〇一七），〈美國供血系統的永續危機〉，載於《新英格蘭醫學期刊》，第三七七卷，第十五期，頁一四八五－一四八八。

43. 世界衛生組織，〈捐血者的挑選和諮詢〉，網址連結：https://www.who.int/bloodsafety/voluntary_donation/blood_donor_selection_counselling/en/（檢索日期：二〇一八年四月）。

44. 引自《二〇一五美國血液收集和輸用調查》，實際數據為一千二百五十九萬一千。詳見K・D・艾林森等著（二〇一七），〈二〇一五美國血液採集和輸血量持續下降〉。

45. 感謝詹姆斯・波維爾（James Bovell）博士和埃德溫・霍德（Edwin Hodder）博士，讓我能創出「輸奶」一詞，詳見H・A・奧伯曼（H. A. Oberman）著（一九六九），〈早期的血液替代品：輸奶〉，載於《輸血期刊》，第九卷，第二期，頁七四－七七。

46. 拉維・內斯曼（Ravi Nessman）著（二〇〇一年四月十六日），〈南非批准人工代血〉，載於《洛杉磯時報》。

47. 詳見約翰霍普金斯大學研究，〈擴大範圍協定：「血純」輸用〉，網址連結：https://clinicaltrials.gov/ct2/show/NCT02684474。亦可見美通社（二〇一七年十月十八日），〈血氧療法有限公司宣布：首創使用「血純」進行離體常溫機器灌注完成肝臟移植手術〉Hemopure進行異位常溫機灌注後，宣布了世界上第一個人類肝移植。

48. 布蘭登・凱姆（Brandon Keim）著（二〇〇七年五月二十四日），〈引發爭議的人工代血恐有致命之虞〉，載於《連線》。

49. 布里斯托大學（二〇一七年三月二十三日），〈紅血球細胞製造的重大突破〉，新聞稿，網址連結：http://www.bristol.ac.uk/news/2017/march/blood-cells.html（檢索日期：二〇一八年四月五日）。亦可參考尼克・華金斯（Nick Watkins）著（二〇一八年二月二十三日），〈研究、開發、創新：劃世代的血品〉，英國國家健保局血液暨移植署的網誌文章。

50. 瑪麗・凱瑟琳・賈拉塔娜（Marie-Catherine Giarratana）、海倫・勞德（Hélène Rouard）、艾尼絲・杜蒙（Agnes Dumont）等著（二〇一一），〈輸用人工培育紅血球細胞之原理驗證〉，載於《血液期刊》，第一一八卷，第十九期，頁五〇七一－五〇七九，網址連結：https://ashpublications.org/blood/article/118/19/5071/29349/Proof-of-principle-for-transfusion-of-in-vitro（檢索日期：二〇一八年四月五日）。科林・巴拉斯（Colin Barras）著（二〇一五年六月二十五日），〈何謂人工代血？為什麼英國要試用？〉，載於《新科學人》。

51. 讓・安托萬・里貝爾（Jean-Antoine Ribeil）、沙里馬・哈辛貝阿比納（Salima Hacein-Bey-Abina）、伊曼紐爾・佩恩（Emmanuel Payen）等著（二〇一七），〈鐮狀細胞性貧血患者接受基因療法〉，載於《新英格蘭醫學期刊》，第三七六卷，第九期，頁八四八－八五五。安迪・科格蘭（Andy Coghlan）著（二〇一七年三月一日），〈基因療法「治癒」血液病童，預計可造福上百萬人〉，載於《新科學人》。

52. 安東尼奧・雷加拉多（Antonio Regalado）著（二〇一七年六月五日），〈「聖杯」燒十億美元做出完美的癌症檢測〉，載於《麻省理工科技評論》，網址連結：https://www.technologyreview.com/2017/06/05/4591/grails-1-billion-bet-on-the-perfect-cancer-test/（檢索日期：二〇一八年四月六日）。

延伸閱讀

Bivins, Roberta, and John V. Pickston, eds. *Medicine, Madness and Social History: Essays in Honour of Roy Porter*. London: Palgrave Macmillan, 2007.

Bogdanov, Georgi. *Red Star: The First Bolshevik Utopia*. Bloomington: Indiana University Press, 1984.

Carney, Scott. *The Red Market: On the Trail of the World's Organ Brokers, Bone Thieves, Blood Farmers, and Child Traffickers*. New York: William Morrow, 2011.

Charbonneau, Johanne, and André Smith, eds. *Giving Blood: The Institutional Making of Altruism*, New York: Routledge,2016.

Coles, K. A., R. Bauer, Z. Nunes, and C. L. Peterson, eds. *The Cultural Politics of Blood, 1500-1900*. Basingstoke: Palgrave Macmillan, 2015.

Cooper, Christopher. *Blood: A Very Short Introduction*. Oxford: Oxford University Press, 2016.

Edin, Kathryn J., and H. Luke Shaefer. *$2.00 a Day: Living on Almost Nothing in America*. Boston: Mariner Books, 2016.

Hayes, Bill. *Five Quarts: A Personal and Natural History of Blood*. New York: Ballantine Books, 2005.

Healey, Kieran. *Last Best Gifts: Altruism and the Market for Human Blood and Organs*. Chicago: Chicago University Press, 2006.

Hill, Lawrence. *Blood: A Biography of the Stuff of Life*. Toronto: Oneworld, 2014.

Houppert, Karen. *The Curse: Confronting the Last Unmentionable Taboo: Menstruation*. London: Profile Books, 2012.

Keynes, Geoffrey. *Oxford Medical Publications: Blood Transfusion*. South Yarra, Victoria: Leopold Classic Library, 2015.

Kirk, Robert G. W., and Neil Pemberton. *Leech*. London: Reaktion Books, 2013.

Krementsov, Nikolai. *A Martian Stranded on Earth: Alexander Bogdanov, Blood Transfusions, and Proletarian Science*. Chicago: University of Chicago Press, 2011.

Lederer, Susan E. *Flesh and Blood: Organ Transplantation and Blood Transfusion in Twentieth-Century America*. New York: Oxford

University Press, 2008.

Miller, Jonathan. *The Body in Question*. London: Jonathan Cape, 1979.

Palfreeman, Linda. *Spain Bleeds: The Development of Battlefield Blood Transfusion During the Civil War*. Eastbourne: Sussex Academic Press, 2016.

Parsons, Vic. *Bad Blood: The Tragedy of the Canadian Tainted Blood Scandal*. Toronto: Lester Publishing, 1995.

Picard, André. *The Gift of Death: Confronting Canada's Tainted Blood Tragedy*. Toronto: HarperCollins Canada, 1995.

Rose, E. M. *The Murder of William of Norwich: The Origins of the Blood Libel in Medieval Europe*. Oxford: Oxford University Press, 2015.

Seeman, Bernard. *The River of Life*. London: Lowe & Brydone, 1962.

Starr, Douglas. *Blood: An Epic History of Medicine and Commerce*. New York: Harper Perennial, 2002.

Stein, Elissa, and Susan Kim. *Flow: The Cultural Story of Menstruation*. New York: St. Martin's Griffin, 2009.

Steinberg, Jonny. *Three Letter Plague: A Young Man's Journey Through a Great Epidemic*. London: Vintage Books, 2008.

Sugg, Richard. *Mummies, Cannibals and Vampires: The History of Corpse Medicine from the Renaissance to the Victorians*. London: Routledge, 2016.

Swanson, Kara W. *Banking on the Body: The Market in Blood, Milk and Sperm in Modern America*. Cambridge, MA: Harvard University Press, 2014.

Tierno, Philip M. *The Secret Life of Germs: What They Are, Why We Need Them, and How We Can Protect Ourselves Against Them*. New York: Atria Books, 2003.

Titmuss, Richard. *The Gift Relationship: From Human Blood to Social Policy*. London: Allen & Unwin, 1970.

Tucker, Holly. *Blood Work: A Tale of Medicine and Murder in the Scientific Revolution*. London: W.W. Norton, 2012.

聯經文庫

九品脫：打開血液的九個神祕盒子，探索生命的未解之謎與無限可能

2022年3月初版 定價：新臺幣480元

著者	Rose George
譯者	張綺容
叢書主編	王盈婷
校對	馬文穎
內文排版	林婕瀅
封面設計	許晉維

出版者	聯經出版事業股份有限公司
地址	新北市汐止區大同路一段369號1樓
叢書主編電話	(02)86925588轉5316
台北聯經書房	台北市新生南路三段94號
電話	(02)23620308
台中分公司	台中市北區崇德路一段198號
暨門市電話	(04)22312023
台中電子信箱	e-mail：linking2@ms42.hinet.net
郵政劃撥帳戶第	0100559-3號
郵撥電話	(02)23620308
印刷者	文聯彩色製版印刷有限公司
總經銷	聯合發行股份有限公司
發行所	新北市新店區寶橋路235巷6弄6號2樓
電話	(02)29178022

副總編輯	陳逸華
總編輯	涂豐恩
總經理	陳芝宇
社長	羅國俊
發行人	林載爵

行政院新聞局出版事業登記證局版臺業字第0130號

本書如有缺頁，破損，倒裝請寄回台北聯經書房更換。 ISBN 978-957-08-6201-0 (平裝)
聯經網址：www.linkingbooks.com.tw
電子信箱：linking@udngroup.com

國家圖書館出版品預行編目資料

九品脫：打開血液的九個神祕盒子，探索生命的未解之謎與無限可能/Rose George著．張綺容譯．初版．新北市．聯經．2022年3月
384面．17×23公分（聯經文庫）
譯自：Nine pints: a journey through the money, medicine, and mysteries of blood
ISBN 978-957-08-6201-0（平裝）

1.CST：血液學

398.32 111000825